Was heißt: In Würde sterben?

Thomas Sören Hoffmann • Marcus Knaup
(Hrsg.)

Was heißt: In Würde sterben?

Wider die Normalisierung des Tötens

 Springer VS

Herausgeber
Thomas Sören Hoffmann
Institut für Philosophie
FernUniversität in Hagen
Hagen, Deutschland

Marcus Knaup
Institut für Philosophie
FernUniversität in Hagen
Hagen, Deutschland

ISBN 978-3-658-09776-9   ISBN 978-3-658-09777-6 (eBook)
DOI 10.1007/978-3-658-09777-6

Die Deutsche Nationalbibliothek verzeichnet diese Publikation in der Deutschen Nationalbi-
bliografie; detaillierte bibliografische Daten sind im Internet über http://dnb.d-nb.de abrufbar.

Springer VS

Gedruckt auf säurefreiem und chlorfrei gebleichtem Papier

Springer Fachmedien Wiesbaden ist Teil der Fachverlagsgruppe Springer Science+Business Media
(www.springer.com)

Inhalt

Theologische und philosophische Grundlagenfragen

Dokumentationsteil

Vorwort

„Neque enim qui se occidit aliud quam hominem occidit."[1]

Augustinus

In Deutschland steht – spätestens seit Bundesgesundheitsminister Hermann Gröhe 2014 eine Reform der gesetzlichen Regelung der ärztlichen Suizidbeihilfe angekündigt hat – die Frage, was ein „gutes Sterben" sein könnte, im Zentrum öffentlicher Debatten. Im Deutschen Bundestag ebenso wie auf den verschiedensten Foren wird die Frage der Suizidbeihilfe diskutiert und erörtert, wie ein „selbstbestimmtes" bzw. „menschenwürdiges" Sterben aussehen sollte. Freilich: Diese Debatte hat Vorläufer, und sie hat selbstverständlich auch Parallelen in anderen Ländern. Sie liegt, wie es scheint, im Trend einer Zeit, in der sich vor allem die physisch alternden Gesellschaften des Westens dazu entschieden haben, das Leben und Sterben von Menschen möglichst umfassend durchzuregulieren. In der Tat unterlaufen die seit alters „anarchischen" Extreme des Menschenlebens – das Geborenwerden und Sterben des einzelnen – alle Planungssicherheit; sie erscheinen unberechenbar und gefährlich. Die Suggestion läuft mit, dass durch die Verwandlung des Geborenwerdens und Sterbens in gesellschaftliche Funktionen die Geburt ihre Irritationen, der Tod seine Schrecken verlöre.

Es verwundert in diesem Sinne kaum, dass gleichzeitig zu den Debatten über ärztliche Suizidbeihilfe in Deutschland über Methoden des *Social Egg Freezing* debattiert wird, also die Möglichkeit, Eizellen ohne medizinischen Grund einzufrieren. War dies zunächst noch als eine Option für Krebspatientinnen gesehen worden, nach ihrer Therapie doch noch ein Kind zu bekommen, boten im Oktober 2014 die Konzerne *Apple* und *Facebook* ihren Mitarbeiterinnen an, die Kosten für derartige Eingriffe zu übernehmen, wenn sie die Familienplanung erst einmal auf Eis legten. Offensichtlich gewinnt eine *Mentalität des Machens* immer mehr an Boden: Das Leben wird nicht mehr als Geschenk, als Vor-Gabe, betrachtet, sondern als Machwerk, etwas, das in unserer Macht liegt. Davon soll – durchaus folgerichtig – auch das

---

[1] Augustinus: *De civitate Dei* I, 20.
[Übersetzung: „Denn auch wer sich selbst tötet, tötet nichts anderes als einen Menschen."]

Sterben nicht ausgenommen sein. Auch der Tod soll gemacht und seiner Unverfügbarkeit entzogen, das Sterben kontrolliert werden. Eine Normalisierung des Tötens wird in Kauf genommen. Und das bedeutet, dass man andere dabei in die Pflicht nehmen möchte.

Erstaunlich ist allerdings, was in den aktuellen Debatten regelmäßig verschwiegen wird. Verschwiegen wird zum Beispiel sehr gerne, dass im Hintergrund der Debatte über alle Formen des sozial regulierten Ablebens längst die Debatte über eine sogenannte „Pflicht zu sterben" begonnen hat – und niemand wird glauben, dass die juridisch-institutionelle Etablierung von Räumen der Euthanasie und Selbsttötung diese Hintergrunddebatte aufhalten und nicht vielmehr beschleunigen wird. Verschwiegen wird sodann, dass die Anzahl der Tötungen ohne alles Verlangen in den Niederlanden und Belgien seit nunmehr vielen Jahren erschreckend groß ist – eine Befragung von Ärzten zur Euthanasiepraxis in Flandern im Jahre 2007 dokumentiert einen Prozentsatz von 32 % für Euthanasien ohne Einwilligung der Opfer, als deren Begründung dann zumeist die Vermeidung „unnützer Lebensverlängerung" oder eine „für die Famnilie unzumutbare Situation" angegeben wurden.[2] Verschwiegen wird ferner, dass bei Suizidbegehren genauso wie bei dem Wunsch nach Euthanasie die nach außen gekehrte, „gesellschaftstaugliche" Begründung keineswegs der eigentlichen Motivlage, wenn nicht dem „Motivationschaos" der jeweiligen Person entsprechen muss. Verschwiegen wird schließlich, dass es keineswegs nur um die Bereitschaft geht, sich Sterbewünschen zu stellen: es geht vielmehr evident darum, die Bereitschaft zur einfachst möglichen Erfüllung solcher Wünsche – die Bereitschaft, zu töten und das Töten als gesellschaftliche Funktion zu akzeptieren – zu erhöhen.

Wird das Töten zu einer „normalen" Option, hat dies ohne weiteres Konsequenzen für das Zusammenleben. Oder um es mit den Worten von Jakob Augstein zu sagen: „Wenn das Schule macht, wird die Frage ‚Wohin mit Oma?' bald einen anderen Tonfall bekommen."[3] Die Menschen werden heute immer älter, die Kosten für Pflege steigen. Nach einer Studie der Universität

---

[2] Chambaere, K. / Bilsen, J. / Cohen, J. et al.: Physician-assisted deaths under the euthanasia law in Belgium: a population-based survey, in: *Canadian Medical Association Journal* 182,9 (2010), 895-901.
[3] Augstein, J.: *Verschont den Tod! Eine Kolumne von Jakob Augstein*, http://www.spiegel.de/ politik/deutschland/sterbehilfe-jakob-augstein-ueber-die-wuerde-des-tods-a-1002693.html (zuletzt eingesehen am 26. Febr. 2015).

Köln gibt es derzeit bereits etwa 650.000 Menschen, die älter als 90 Jahre sind – Tendenz steigend.[4] Der Verdacht liegt zumindest nahe, dass auch aus Gründen der Kostenersparnis die Diskussion um den assistierten Suizid neu entflammt ist.

Der vorliegende Sammelband greift die Frage der ärztlichen Suizidassistenz aus unterschiedlichen Fachdisziplinen auf und fragt, wie ein würdiges Sterben aussehen könnte. Ausgewiesene Vertreter aus der Rechtswissenschaft und der Medizin, der Philosophie und der Theologie bringen ihre Einsichten und ihre jeweilige Fachperspektive ein. Abgerundet wird der vorliegende Band durch einen Dokumentationsteil, der zunächst den über 2.400 Jahre alten Hippokratischen Eid (I.) in Erinnerung ruft, welchen Generationen von Ärzten geschworen haben und der sich in aller Klarheit dagegen ausspricht, einem Patienten ein Mittel zu verabreichen, das den Tod herbeiführt bzw. ihn dahingehend zu beraten, wie er sein Leben beenden kann. Es schließen sich daran Stellungnahmen der Lehrstuhlinhaber für Palliativmedizin in Deutschland (II.), des *Deutschen Hospiz- und PalliativVerbands* (III.), der *Deutschen Gesellschaft für Palliativmedizin* (IV.) sowie des *Nationalen Suizidpräventionsprogramms für Deutschland* (NaSPro) und der *Deutschen Gesellschaft für Suizidprävention* (V.) zur aktuellen Sterbehilfe-Diskussion an. Abschließend stellen wir ein Dokument der ARGE „Ethik" der *Österreichischen Gesellschaft für Anästhesiologie, Reanimation und Intensivmedizin* (VI.) sowie der *British Medical Association* (VII.) zur Verfügung, deren Argumente auch für die deutschen Debatten hilfreich sein können.

Wir hoffen, dass der vorliegende Band über Fachkreise hinaus die Diskussion befruchten und vertiefen und das Bewusstsein dafür schärfen kann, was tatsächlich der Wahrung der Würde des Menschen auch in seinem Sterben dient. Den Herausgebern bleibt an dieser Stelle, sich der angenehmen Pflicht einer Dankesleistung zu stellen. An erster Stelle danken wir all unseren Beiträgern, die ihre Texte (zumal in äußerst knapp bemessener Zeit) für den vorliegenden Band zur Verfügung gestellt haben. Ebenso herzlich danken wir Herrn Benedict Maria Mülder für sein Geleitwort, das er als ALS-Patient nur

---

[4] Vgl. Bomsdorf, E. / Winkelhausen, J: Der demographische Wandel bleibt ungebrochen – trotz höherer Zuwanderung. Bevölkerungsvorausberechnung für Deutschland bis 2060 auf der Basis des Zensus 2011, in: *ifo Schnelldienst* 22 / 2014, 67. Jg., 27. Nov. 2014.

mit der Kraft seiner Augen verfasst hat. Herrn Frank Schindler und dem
Verlag Springer VS danken wir für die gute Zusammenarbeit.

Hagen, im Februar 2015
Die Herausgeber

Benedict Maria Mülder

Zum Geleit

„Auch werde ich niemandem ein tödliches Gift geben,
auch nicht, wenn ich darum gebeten werde,
und ich werde auch niemanden dabei beraten."
Eid des Hippokrates

Ein Freund, den ich allmorgendlich im Schwimmbad traf, empfahl Massagen, als ich ihm von meinen zunehmenden Wadenkrämpfen erzählte. Es folgten Stolpereien ohne Grund. Ich fiel hin. Muskelspiele, die unter die Haut gingen, Faszikulationen bildeten die nächste Etappe. Das war im Jahr 2008. Im Spätherbst diagnostizierte am Potsdamer Platz in Berlin ein Neurologe, der aus der Nachbargemeinde – ein Zufall – meines westfälischen Heimatortes kam, ALS (Amyotrophe Lateralsklerose) und eine Lebenserwartung von drei bis fünf Jahren. Eine Freundin bahnte noch am gleichen Tag den Weg zu den ALS-Experten von der Charité. Am Abend fielen die entscheidenden Worte meiner Frau: „Das stehen wir zusammen durch." Worte von optimistischem Trost, für die ich meiner Frau ewig dankbar bin. Schwere und schöne Zeiten lagen vor uns, eine Herausforderung.

Ich war schon ein später Vater. Nun wurde ich auch ein später Ehemann. Meine Frau machte mir einen Heiratsantrag, und Ende des Jahres 2009 schlossen wir den Bund der Ehe…Bis daß der Tod uns scheidet. Der Rollator hatte bereits den Handstock abgelöst.

Ich gehöre zu einer Generation, die es in den Sog von `68 zog. Der *Selbstismus* dieser „Bewegung" fiel bei uns auf fruchtbaren Boden. Wir forderten Selbstbestimmung statt autoritäre Fremdbestimmung, waren für Selbstverwirklichung (und übersahen, daß sich Nazi-Schergen einst auch selbstverwirklichten) und kämpften für ein selbstverwaltetes Jugendzentrum. Sicher, das Haus Deutschland mußte durchlüftet werden. Aber vom *Selbstismus* ist es nur ein kurzer Weg zur Selbstermächtigung (die RAF war der extremste Ausdruck dieser Selbstermächtigung und endete in zahlreichen Morden und Selbstmorden). Hedonistische Strömungen kamen hinzu, durchdrungen von einer ungeduldigen Portion *Sofortismus*. Wir wollen alles, aber subito! „Wer zwei Mal mit der Selben pennt, gehört schon zum Establishment." „Mein Bauch gehört mir!" Mit diesem Verschwinden an Verbindungen, verschwinden auch die Verbindlichkeiten. Die Selbstmonadisierung – beziehungslose und seelenlose Teilchen im Universum – löste einen beispiellosen Individualisierungsschub aus mit Folgen, Defamiliarismus, Single- und Patchworkkultur, und vor allem bereitete es den Wandel der Mentalitäten auf das digitale Zeitalter vor, der Mensch als Alleinherrscher über sich selbst, die Glücksverheißung per Knopfdruck. Heute gilt alles als planbar und machbar, Leben, Liebe, Geburt und Tod, künstliche Befruchtung, Präimplantationsdiagnostik, Social Freezing und die falsche Hoffnung, seinem Schicksal ein Schnippchen zu schlagen. Vielleicht ist das der Preis der Säkularisierung, Menschenwürde und Schicksal zu trennen? Sein Schicksal annehmen und gestalten, ist nicht nach dem Geschmack der Selbstbestimmer. Den Selbstmord eines Kranken feiern sie euphemistisch als Freitod. Ich bin weit davon entfernt, über jeden Akt der Selbsttötung den Stab zu brechen, auch das gehört zur Freiheit, aber ich glaube fest daran, daß ein solcher verzweifelter Akt die Sozialität der Gesellschaft in Frage stellt. Wieviel Aggression steckt in einem Pistolenschuß gegen sich selbst, auch eines Kranken, gegen das heimische Umfeld? Wollen wir die Dystopie einer suizidalen Gemeinschaft, in der die gewaltsame Beseitigung des Lebens, unter Beteiligung von Ärzten als Todesboten, als normal hingenommen wird? Ist die Selbsttötung mit der Menschenwürde vereinbar? Schon wird die Frage aufgeworfen, ob Lebensmüden nicht das gleiche Recht eingeräumt werden muss, wie Alten und Kranken? Nirgendwo steht geschrieben, daß es ein Recht auf Vermögen, auf Schönheit und vor allem Gesundheit gibt. Das Leben ist kein und, wie Edo Reents in der *FAZ* hinzufügte, genauso wenig wie das Sterben ein Wunschkonzert.

Die Lebendigkeit des Menschen wird nicht prinzipiell durch eine schwerwiegende Krankheit in Frage gestellt. Auf Hilfe, auf einander angewiesen sein, ist keine Schande. Der eine trage des anderen Last. Noch nennen es viele Nächstenliebe oder Solidarität. Der Mensch ist fragil, leicht verletzbar, ein Verkehrsunfall mit tödlichem Ausgang, ist meist menschenunwürdiger als der natürliche Tod am Lebensende. Doch sind wir ihm hilflos ausgeliefert. Unterwegs zu den Todesfilialen in der Schweiz kann uns ein tödliches Unglück ereilen. Der Tod gehört niemandem, schrieb mir ein jugendlicher

Freund. Der Verfügbarkeit des Menschen ist der Tod entzogen, unabwend-
bar, unausweichlich. Die Knopfdruck-Gesellschaft will damit Schluß machen.

Man wird der Unbarmherzigkeit geziehen, wenn man den Erlösungsstra-
tegien des „schönen Todes" eine Absage erteilt. Die Euthanasie ist keine Er-
findung der Nazis. „Ich klage an", heißt ihr Film über zwei unheilbar Kranke,
die eine an MS erkrankt, verlangt den Tod, der andere, nach einer Hirnhaut-
entzündung gelähmt und geistig behindert, wird zum Abschuß frei gegeben.
Barmherzig soll die Vernichtung von „unwertem Leben" sein. Heute gilt der
beschämende Satz: „Ich möchte niemandem zur Last fallen." Das schlechte
Gewissen, der Allgemeinheit oder der Familie zu Last zu werden, das Einfallstor der vermeintlichen Selbstbestimmung, geht einher mit einer Zerset-
zung des Lebenswillens und der Selbstachtung. Über dem unheilbar Kranken
schwebt ein Fallbeil. Dabei ist zu wünschen, daß er wie ein Schatz behandelt
wird, nicht nur wegen seines Reichtums an Erfahrungen, sondern als Reso-
nanzraum für ungewöhnliche Perspektiven. Einsam, dösend dahindäm-
mernd in einem Pflegeheim stärkt nicht die Lebensgeister. Die Gesellschaft
soll Lebenssinn stiften, Lebenshilfe statt Sterbehilfe, Ehrenamt und Paten-
schaften. An dieser Stelle muß man dafür dankbar sein.

Die Politik bemüht sich um einen Ausbau von Palliativ- und Hospizstruk-
turen. Niemand darf abgewiesen werden. Unzureichend ist die Unterstützung für die Familien, die nach wie vor die meisten Angehörigen pflegen.

Mich tragen meine Familie und ein großer Verwandten- und Freundes-
kreis sowie eine freundliche Pflege. Inzwischen bin ich ans Bett gefesselt,
wahlweise an den Rollstuhl. Nach einem Luftröhrenschnitt bin ich sprachlos,
die Hilfsmittel Sprachcomputer, Buchstabentafel und Kopfklingel sind an-
strengend und erfordern viel Geduld. Ich werde künstlich beatmet und werde
durch eine Sonde ernährt, pürierte Biokost und manchmal Bier und Cham-
pagner (zu wenig). Autonom sind nur meine Gedanken und Gefühle, Momente des Leids und des Glücks.

Ich bewundere die Haltung meiner Mutter, die im vergangenen Jahr als
rüstige Urgroßmutter ihren 100. Geburtstag feierte. Gelernt habe ich auch,
daß Kranke eine Verantwortung tragen. Wenn das Leben ein Abschied von
der Kindheit ist, dann wird es gelebt auf einen Punkt hin. Mit wieviel Demut,
Gelassenheit und Reife erwarten wir den Tod?

Mein Herz hüpft vor Freude und Beruhigung, wenn ich die Haustür schlagen höre und die Schritte meiner Frau oder meines Sohnes. Nun habe ich die Prognose des Arztes mehr als ein Jahr schon überlebt. Ich bete zu Gott, daß er mir genügend Zeit gibt, das Zeitliche zu segnen.

Politik und Recht

Susanne Kummer

Ex in the City

1   Sprachverschleierung „Sterbehilfe“: Ist Töten eine neue Therapieform?

Die meisten Menschen sterben im Bett. Sie sterben einen leisen Tod, ohne eine Mediennachricht wert zu sein. Sie sterben, weil ihr Leben zu Ende geht, privat, im Krankenhaus oder zu Hause, meist im Kreis ihrer Lieben. Bei einem gewaltsamen Tod entscheiden verschiedene Faktoren darüber, ob und wieviel Platz ihm in den Medien eingeräumt wird, auch der Grad der Betroffenheit spielt dabei eine Rolle. Besonders heikel ist die mediale Berichterstattung aber bei spezieller Gewalt: da, wo Menschen sich selbst das Leben nehmen. Bei Suiziden.

Zwei Fälle von Selbsttötung in den USA waren 2014 international medial präsent. Beide Suizide standen mit Krankheit in Verbindung, doch medial wurden sie höchst unterschiedlich bewertet. Während der eine Suizid generell als tragisch dargestellt wurde und die Betroffenheit hoch war, wurde der andere vielfach als eine mutige und in gewisser Weise lösungsorientierte Handlung präsentiert.

In dieser – relativ neuen – Ambivalenz in der Bewertung des Suizids wird die Spannbreite der Schwierigkeiten deutlich, die die Debatte über Sterbehilfe und das Recht auf assistierten Suizid mit sich bringen. Einerseits versucht man für Suizidprävention, Sterbebegleitung und Würde bis zuletzt zu sensibilisieren und beklagt Unwissen und Entsolidarisierung, andererseits soll der Zugang zur Beihilfe zum Suizid zunächst ein legales und dann quasi ein normales Standardangebot für unheilbar Kranke werden, die sich dafür selbst entscheiden. Was genau heißt hier „Selbstbestimmung“, „freier Wille“, „unerträgliches Leiden“, „unheilbar krank“? Und wie ist der Todeswunsch eines Menschen einzuschätzen – nicht abstrakt, sondern ganz konkret, Fall für

Fall? Ein Hilfeschrei? Ein Notruf, nicht zur Last fallen zu wollen? Nicht mehr leben, *so* leben zu wollen? Sich selbst zu vernichten?

Jeder Mensch hofft auf ein menschenwürdiges Sterben. Doch ist der vorzeitige Tod als Dienstleistung für alle – Junge und Alte, Kranke oder lebensmüde Gesunde, ausgeführt von staatlich geprüften Fachleuten – jene Zukunft des Sterbens, die wir uns wünschen? Zeigt sich echtes Mitleid darin, den Leidenden zu beseitigen? Oder darin, sein Leid zu lindern? Ist die Aufgabe des Arztes Sterbehilfe im Sinne von Beihilfe zur Selbsttötung oder Töten auf Verlangen – oder Lebenshilfe im Sinne von Schmerzlinderung und Beistand?[1] In Großbritannien startet die Generationen übergreifende Kampagne „No One Should Have No One", um solidarisch gegen die schlimmste Krankheit der wachsenden Population alter Menschen zu kämpfen: gegen die Vereinsamung und soziale Isolation. Zeitgleich kommt die von Lord Falconer eingebrachte „Assisted Dying Bill" im Januar 2015 bereits zur zweiten parlamentarischen Lesung. Sie dauerte 10 Stunden.[2] Auf Wunsch des Patienten solle „ein Arzt helfen" dürfen, dass dieser „sein Leben beenden" darf. Kritiker merken an, dass der Text irreführend sei: Das Wort Suizid sei in der Vorlage des gesamten Gesetzestextes tunlichst vermieden worden und komme nur einmal kurz in einem Unterparagraphen vor. Außerdem werde so getan, als ob Töten eine Therapieform ist, durch Medikamente, die „vom Arzt verschrieben werden", die es laut Gesetz „der Person ermöglichen, ihr eigenes Leben zu beenden". Statt von Medikamenten sollte man besser von Präparaten mit tödlicher Wirkung sprechen, oder wie die Past-Präsidentin der *Royal Society of Medicine* Ilora Finlay, selbst Palliativmedizinerin, sagt, von „Medikamenten die wie eine ‚geladene Waffe' wirken".

Die *British Medical Association* bekräftigt ihren Standpunkt angesichts der wieder aufflammenden Debatte: Sie erteilt dem ärztlich assistierten Suizid eine klare Absage[3] und kündigt an, sich ab 2015 in einem Forschungsprojekt

---

[1] Vgl. Euthanasie aus ethischer Sicht: *Imabe-Info*, Mai 2014, http://www.imabe.org/index.php?id=2062 (zuletzt eingesehen am 23. Febr. 2015).

[2] Protokoll der Britischen Parlamentsdebatte: House of Lords, Friday, 16 January 2015, Assisted Dying Bill, http://www.publications.parliament.uk/pa/ld201415/ldhansrd/text/150116-0001.htm#15011659001145 (zuletzt eingesehen am 23. Febr. 2015).

[3] BMA reiterates opposition to assisted dying, online 2 July 2014, http://bma.org.uk/news-views-analysis/news/2014/july/bma-reiterates-opposition-to-assisted-dying (zuletzt eingesehen am 23. Febr. 2015).

gemeinsam mit Ärzten und Patienten die Frage der Patientenversorgung und -begleitung am Lebensende genauer anzusehen. Überraschend schwenkte das Publikationsorgan der BMA, das *British Medical Journal* kürzlich in einem Editorial aus dieser offiziellen Linie aus,[4] was die Herausgeber respektierten, sich aber zugleich erneut von einer Legalisierung des assistierten Suizids klar distanzierten.

Mit der sogenannten Sterbehilfe-Debatte öffnet sich der Graben einer Doppelmoral. Wir predigen Suizidprävention und fordern gleichzeitig die Bereitstellung von tödlichen Medikamentencocktails für Suizidwillige. Wir erheben Autonomie und Selbstbestimmung zur Bedingung eines guten Todes, stellen aber gleichzeitig enge Regeln auf, unter welchen dann ein Todeswunsch auch wirklich echt ist, um offiziell zertifizierte Tötungen als ordnungsgemäß einzustufen. Wir verpflichten Ärzte und Pfleger zum Heilen, Schmerz lindern und trösten – und wollen von ihnen verlangen, ihr Berufsethos an den Nagel zu hängen und zeitweilig in die Rolle des Todesengels zu schlüpfen, um „Leid zu ersparen". Wir wollen Einzelfälle durch Gesetze regeln – und übersehen, dass dem Recht eine Schutzfunktion für die Allgemeinheit innewohnt, die im Falle des Grundrechts auf Leben nicht ohne gesellschaftliche Kollateralschäden über Bord geworfen werden kann.

Am Beispiel des derzeit diskutierten sog. ärztlich assistierten Suizids / Beihilfe zum Selbstmord oder neuerdings euphemistisch genannt „Recht auf ein selbstbestimmtes Lebensende" oder „Hilfe beim Sterben" zeigt sich, dass der Rekurs auf den Respekt vor der Autonomie des Patienten, gekoppelt an dessen lebensbedrohliche Erkrankung, die ärztliche Beratungspflicht und damit kolportierte Rechtssicherheit eine ambivalente, mitunter auch explosive Mischung ist. Sie stellt nicht nur Ärzte, Pflegefachleute und Angehörige vor große Herausforderungen im Umgang mit Suizidwünschen, sondern auch die Gesellschaft. Und die mediale Berichterstattung.

Wer die Deutungshoheit über die Begriffe an sich reißen will, muss zunächst die Sprache verändern: Wolf Biermann beschrieb dies als eines der bedrückendsten Momente des DDR-Regimes: dass man die Dinge nicht mehr beim Namen nennen durften. Statt Mauer musste man „antifaschistischer Schutz-

---

[4] Ebd.

wall"[5] sagen. Ähnliches lässt sich derzeit in der sogenannten „Sterbehilfe"-Debatte beobachten, in der bewusst Sprachverschleierung betrieben wird. Sprache kann Wirklichkeit klarer machen, aber auch verschleiern. Das hat Rückwirkungen auf das Denken und die Meinung der Menschen.

Die Freigabe der sog. „Sterbehilfe" wird mit edlen Rechtfertigungsgründen debattiert: einerseits mit Motiven der Barmherzigkeit und des Mitleids, etwa um jemandem „unnötiges Leiden" oder ein „nicht mehr sinnvolles Leben" zu ersparen – oder aber unter Berufung auf das Selbstbestimmungsrecht, wonach jeder sich frei und autonom zum Suizid entscheiden könne, und der Staat sich nicht einzumischen habe, wenn ein Arzt ihm dabei zur Seite steht. Beide Begründungen zeigen eine offenbar gezielt betriebene Sprachverwirrung, die zu einer semantischen Veredelung führen soll. Auch die Verwendung des Wortes „Sterbehilfe" für vorsätzliche Tötung auf Verlangen kommt einer gefährlichen Sprachverschleierung gleich mit dem Ziel, die Bereitschaft zum Suizid oder der Tötung auf Verlangen gesellschaftsfähig zu machen.

Eine Gallup-Meinungsumfrage unter US-Bürgern im Jahr 2013 zum ärztlich assistierten Suizid zeigt, wie die Formulierung der Frage – also Sprache – die Antworten veränderte. Je nach Wortwahl sank die Zustimmung der 1.535 Befragten zur Beihilfe zum Selbstmord um fast 20 %. Als die Teilnehmer gefragt wurden, ob sie befürworten, das „Leben eines Patienten möglichst schmerzfrei zu beenden", waren 70 % dafür. Wenn die Formulierung hingegen lautete: „dem Patienten zu helfen, sich das Leben zu nehmen"[6] sank der Prozentsatz auf 51. „Je schwammiger und weichgespülter die Sprache, desto akzeptabler wird der Satz" unterstrich der Labour-Abgeordnete Daniel Brannan in der britischen Parlamentsdebatte über die Beihilfe von Ärzten beim Selbstmord und ergänzt: „Je klarer die Sprache ist, desto näher sind wir an der Realität und desto besser können wir Entscheidungen treffen."[7] Das gilt auch für die Sprache der Bilder.

---

[5] Zum 1961 in der DDR eingeführten Begriff „Antifaschistischer Schutzwall": Chronik der Mauer, 1961-1989/90, 17. Oktober, http://www.chronik-der-mauer.de/index.php/de/Chronical/Detail/month/Oktober/year/1961 (zuletzt eingesehen am 23. Febr. 2015).
[6] Gallup 2013 U.S. Support for Euthanasia Hinges on How It's Described; Link zu den Ergebnissen: http://www.gallup.com/poll/162815/support-euthanasia-hinges-described.aspx (zuletzt eingesehen am 23. Febr. 2015).
[7] Protokoll der Britischen Parlamentsdebatte, ebd., Spalte 1005.

2   WHO-Report: „Jeder Suizid ist eine Tragödie"

„Jeder Suizid ist eine Tragödie, die Familien, Gemeinden und ganze Länder betrifft", betonte WHO-Generaldirektorin Margaret Chan anlässlich der Präsentation des ersten WHO-Reports 2014 zur Suizidprävention.[8] 800.000 Menschen nehmen sich weltweit jährlich das Leben, das heißt, alle 40 Sekunden einer. Nicht jeder, der sich tötet, will sterben. Oft aber fehlt die Hilfe, den Menschen ihren Lebenswillen zurückzugeben.

In Österreich nahmen sich laut den aktuellen Zahlen der WHO im Jahr 2012 rund 1.300 Menschen das Leben, in Deutschland rund 10.000. Der weltweite Durchschnitt liegt bei 11,4 Selbstmorden pro 100.000 Einwohner. Mit 11,5 liegt Österreich knapp darüber, gleichauf mit Äthiopien. Deutschland liegt mit 9,2 unter dem Durchschnitt, die USA mit 19,4 erschreckend hoch. Die Weltgesundheitsorganisation geht davon aus, dass von jeder Selbsttötung durchschnittlich sechs andere Personen existenziell betroffen sind.

Die WHO forderte die Gesundheitsminister der Welt und die Regierungen auf, Präventionsmaßnahmen zu erstellen und bestehende Hilfsangebote zu verbessern. Es gelte, „Suizid behutsam aber entschieden zu thematisieren und Pläne zu erstellen, wie gefährdeten Menschen geholfen werden soll."[9]

Der weltweite WHO-Präventionsbericht präsentierte ein Bündel von Maßnahmen zur Suizidprävention und wies dabei auch auf einen bislang wenig beachteten Punkt hin: Medien sollten über Suizide zurückhaltend berichten und darauf verzichten, die Umstände einer Selbsttötung detailliert zu beschreiben, so eine der Forderungen.

Während das Sterben weitgehend ein Tabuthema ist, berichten Medien geradezu euphorisch von einem „würdevollen" und selbstbestimmten Tod, wenn Prominente heute Beihilfe zum Selbstmord in Anspruch nehmen. Studien belegen klar, dass dies bei gefährdeten Menschen einen Nachahmungseffekt auslösen kann (sog. „Werther-Effekt").

---

[8] WHO-Report: „Preventing Suicide – a global Imperative 2014" http://www.who.int/mental_health/suicide-prevention/world_report_2014/en/ (zuletzt eingesehen am 23. Febr. 2015).
[9] Stockrahm (2014).

Bereits im Jahr 2008 hatte die WHO deshalb eigene Richtlinien zur Darstellung von Suizid in Medien erlassen.[10] Sie fordert darin Medienschaffende auf, sowohl eine „Sensationssprache" als auch „normalisierende Darstellung von Selbstmord als Lösung für Probleme" zu vermeiden, ebenso eine „prominente Platzierung von Geschichten über Selbstmord" sowie eine „explizite Beschreibung der verwendeten Methode". Besondere Zurückhaltung sollte bei der Berichterstattung über Promi-Selbstmorde geübt werden. Umgekehrt können Medien auch einen suizidprotektiven Effekt haben, wie eine österreichische Studie[11] zeigt, etwa durch Berichte über Betroffene, die Krisensituationen konstruktiv und ohne suizidales Verhalten bewältigen konnten („Papageno-Effekt").

3   Die zwei Gesichter des Suizids

Fall 1: Der „schlechte" Suizid
Robin Williams, das Tabu Depression und der Ruf nach Suizidprävention

11. August 2014: Der 63-jährige Oscar-Preisträger und Hollywood-Schauspieler Robin Williams – er hatte seit Jahren gegen Alkoholprobleme und Depressionen gekämpft – nimmt sich das Leben. Sein Tod kam überraschend und schockierte die Öffentlichkeit. Die tragische Selbsttötung des beliebten Komikers lenkte medial die Aufmerksamkeit auf das Thema der Suizidprävention und darauf, dass Depression immer noch eine tabuisierte Krankheit ist.[12] Öffentlich über die eigene Krebserkrankung zu sprechen, ist salonfähig, nicht aber über Depression und psychische Erkrankungen. Diese stigmatisieren immer noch. Williams habe „den Kampf gegen die Depression verloren", so der mediale Tenor zum Suizid des Schauspielers. Psychische Erkrankungen sollten aus der Tabuzone geholt werden, auch die Bestürzung

---

[10] WHO 2008: Preventing Suicide. A Resource for Media Professionals Link: http://www.who.int/mental_health/prevention/suicide/resource_media.pdf (zuletzt eingesehen am 23. Febr. 2015).

[11] Niederkrotenthaler (2010), 234-243.

[12] Vgl. dpa: Depression. Fans nach Tod von Robin Williams bestürzt, in: *Handelsblatt*, 13.08.2014, http://www.handelsblatt.com/panorama/aus-aller-welt/depression-fans-nach-tod-von-robin-williams-bestuerzt/10326544.html (zuletzt eingesehen am 23. Febr. 2015).

wurde thematisiert, im eigenen Umfeld manchmal vielleicht nicht rechtzeitig erkannt zu haben, wie ernst die Lage eines Suizidgefährdeten war, auch die Ohnmacht, warum es nicht gelingt, jemanden davor zu bewahren, sich das Leben zu nehmen. Es folgte ein breiter Appell, alles nur Mögliche zu tun, um Suizidwillige von ihrem Vorhaben abzubringen.

Hat es Sinn zu versuchen, jemand vom Suizid abzubringen? Es hat. Die Annahme, wer sich einmal umbringen wollte, der tötet sich irgendwann zwingend sowieso, ist vielfach widerlegt. Suizidverhalten, sagen die Experten, ist „krisenorientiert und von akuter Natur". Das bedeutet: je mehr Akuthilfe, desto weniger Suizidtote.[13] Suizidale haben zwar ein erhöhtes Suizidrisiko, die überwältigende Mehrheit aber ist dankbar, über den aktuellen Moment hinweg gerettet zu werden und überlebt. Das belegt auch eine Langzeitstudie der *University of California Berkeley* von 1978, die bis heute als Meilenstein der Suizidforschung gilt. Von 515 Menschen, die innerhalb von 34 Jahren am Geländer der Golden Gate Bridge in San Francisco von Patrouillen am Suizid gehindert wurden, waren im Schnitt mehr als 90 % nach 25 Jahren noch am Leben oder inzwischen eines natürlichen Todes gestorben. Die verbreitete Aussage, „dass die doch einfach woanders hingehen", schreibt Studienautor und Psychiater Richard H. Seiden, „ist durch die Daten eindeutig nicht ge- stützt"[14]. In San Francisco rückte im Jahr 2014 der Konsens näher, nach mitt- lerweile 1.600 Selbstmorden durch einen Sprung von der Golden Gate seit ihrer Eröffnung im Jahr 1937 Sicherheitsnetze zur Suizidprävention einzu- bauen.[15] Auch in Bern hat die Stadtregierung 2014 erst nach jahrlangem Lobbying der Suizidprävention eingewilligt, mit 6,5 Millionen Franken zwei häufig von Suizidalen genutzte Brücken mit festen Netzen zu sichern. „Stoppt Suizide, baut Netze", hatte die Forderung gelautet. Auffangnetze bauen: Ein Bild sagt mehr als tausend Worte. Haben die Auffangnetze bei der US-Amerikanerin Brittany Maynard versagt?

---

[13] Vgl. Kühni (2014).
[14] Seiden (1978), 203-216.
[15] Polgash (2014).

*Fall 2: Der „gute" Suizid: Brittany Maynard, die suizidale Selbstbestimmung
und das „Sterben in Würde"*

06. Oktober 2014: „Ich werde in meinem Bett sterben, mit meinem Ehemann
und meiner Mutter an der Seite und im Hintergrund eine Musik, die ich
mag."[16] Eine junge, gut aussehende US-Amerikanerin kündigt via Youtube[17]
ihren Plan an: „Ich habe mich dazu entschieden, am 1. November zu sterben." Die strahlende, frisch verheiratete 29-jährige, der wenige Monate zuvor
ein aggressiver Gehirntumor[18] diagnostiziert wurde, spricht öffentlich über
ihren Suizid: „Ich will nicht sterben, aber ich sterbe. Und ich will so sterben,
wie ich es für richtig halte." Die Deutung ihres freiwilligen Aus-dem-Leben-
Scheidens mittels tödlicher Überdosis an Barbituraten übernahm Maynard in
den Video-Botschaften auch selbst: „Wer kann mir vorschreiben, wie viel
Leid ich zu tragen habe? Niemand kann für mich bestimmen, es ist meine
Wahl." Innerhalb weniger Wochen wurde ihre emotionale Video-Botschaft
millionenfach auf Youtube angeklickt und erreicht weltweit ein enormes
mediales Echo. Maynard wird zum neuen Aushängeschild der *Death with
Dignity*-Bewegung (deutsch: Ein Tod in Würde) in den USA. In Internetbot-
schaften forderte sie die generelle Zulassung des assistierten Suizids („ärztliche Sterbehilfe") für alle todkranken Menschen. Die Psychologin und Absol-
ventin der *University of California Berkeley*, die wenige Monate zuvor gehei-
ratet hatte, wird dabei von der Sterbehilfeorganisation *Compassion and
Choices* (früher: *Helmlock Society*[19]), die sich ebenfalls für „selbstbestimmtes
Sterben" einsetzt, unterstützt. Der PR-mäßig hochprofessionell erstellte

---

[16] Briggs (2014).
[17] Youtube vom 06.10.2014: *The Brittany Maynard Fund*, https://www.youtube.com/watch?v=yPfe
3rCcUeQ (zuletzt eingesehen am 23. Febr. 2015).
[18] Brittany Maynard war Eizellen-Spenderin (was mit einer erheblichen Hormonbelastung einhergeht). Es ist nicht ausgeschlossen, dass ihre Erkrankung in so jungen Jahren damit im Zusammenhang stehen könnte. Das durchschnittliche Alter für die Erkrankung an einem Glioblastom liegt laut
Daten der Deutschen Tumorhilfe zwischen 50 und 60 Jahren. Männer erkranken doppelt so oft an
diesem Krebs wie Frauen. (Vgl. Navarro Silvera (2006), 1321-1324).
[19] Erst im Jahr 2003 wurde die im Jahr 1980 gegründete *Hemlock Society* umbenannt in *Compassion
and Choices*. Die *Hemlock Society* sprach sich unumwunden auch für das Recht auf Euthanasie und
assistierten Suizid für Behinderte („hoffnungslos Kranke") aus.

Kurzfilm von 6,30 Minuten wurde im Youtube-Kanal von *Compassion and Choices* veröffentlicht.[20]

In den Schlagzeilen galt Maynard „als die Frau, die beschlossen hat, am 1. November zu sterben". Davor erfüllte sie sich noch einige Träume, wie etwa eine Reise zum Grand Canyon gemeinsam mit ihrem Mann. Auch diese Botschaft war neu: eine attraktive junge Frau, die ihr dem Tod geweihtes Leben noch einmal genießt, für eine Legalisierung der Beihilfe zum Selbstmord kämpft und selbst vor diesem Schritt – mutig und tapfer – nicht zurückschreckt. Ihr Suizid kommt nicht überraschend, sondern „wie angekündigt". Und veröffentlicht. Die Inszenierung, die die Verfechter des assistierten Suizids vornehmen, ist medientechnisch betrachtet perfekt. WHO-Richtlinien aus dem Jahr 2008 wirken dagegen verstaubt.

Für Maynard stand fest, dass sie einen assistierten Suizid für sich als Todesart bestimmen wollte – nicht den Krebs. Da ihr Heimatstaat Kalifornien Beihilfe zum Selbstmord („Sterbehilfe") verbietet, zog sie mit ihrem Ehemann, ihrer Mutter, ihrem Stiefvater und den beiden Hunden im Sommer von San Francisco nach Portland in Oregon.[21] Oregon ist einer von fünf der 50 US-Bundesstaaten, in denen der assistierte Suizid unter bestimmten Bedingungen erlaubt ist. Die „*Death with Dignity*"-Akte erlaubt Medizinern seit 1997 volljährigen, unheilbar erkrankten Patienten mit einer Lebenserwartung von nur sechs Monaten auf deren Wunsch hin und nach entsprechender Aufklärung ein tödlich wirkendes Mittel zu verschreiben, mit dem sich die Antragsteller selbst das Leben nehmen. Im März 1998 fanden die ersten beiden Suizide mit ärztlicher Unterstützung statt. Nach diesem Muster wurde auch die derzeit debattierte „Assisted Dying Bill" in Großbritannien entworfen. Befürworter des Oregon-Modells in Deutschland und Österreich stellen es gerne als Vorzeigemodell für eine strenge und bestens funktionierende ärztliche Hilfe beim Suizid dar.

---

[20] Youtube vom 06.10.2014: *The Brittany Maynard Fund*, https://www.youtube.com/watch?v=yPfe3rCcUeQ (zuletzt eingesehen am 23. Febr. 2015).
[21] Heil (2014).

4   Die Scheinfreiwilligkeit: Warum wählen Menschen den Suizid?

Sieht man sich die Begründungen an, mit der die an einem unheilbaren Ge-
hirntumor erkrankte junge Amerikanerin ihren Suizid gemeinsam mit dem
Sterbehilfeverein *Compassion and Choices* plante und durchführte, decken sie
sich mit den Angaben der überwältigenden Mehrheit der Oregon-Opfer.
Denn es wird Zeit, dass wir beginnen von Opfern zu sprechen. Aus ihren
Interviews kristallisieren sich folgende Punkte heraus. Die Patientin hatte

-   Angst, „die Kontrolle zu verlieren" und „zu lange zu warten und ir-
    gendwann nicht mehr selbstbestimmt handeln zu können";
-   Angst vor dem körperlichen Verfall: Gewichtszunahme und Haar-
    ausfall wegen der Therapien, möglicher Verlust des Augenlichts,
    Sprachverlust;
-   Angst vor Identitätsverlust: nach einem epileptischen Anfall habe sie
    ihren Mann zwar erkannt, konnte aber seinen Namen nicht ausspre-
    chen.

-   Der Suizid ermögliche ein „Sterben in Würde": er geschehe „selbst-
    bestimmt", erspare Leiden und „anderen zur Last [zu] fallen".
-   Der assistierte Suizid schaffe die richtige Atmosphäre für einen gu-
    ten Tod: „kontrolliert", „friedlich", „zu Hause", „im Kreise meiner
    Lieben".

Die Erkenntnis des bevorstehenden Lebensendes löst Gefühle von Entsetzen,
Schock, Angst, Flucht, Wut, Verzweiflung und Depression aus. Das ist die
eine, emotionale Seite. Kann angesichts dieser teils dramatischen Reaktionen
und Existenzängste überhaupt von einem „freiverantwortlichen Suizidwillen"
ausgegangen werden?[22]
    Die andere Seite ist die Verrechtlichung. Voraussetzung für die Verabrei-
chung einer tödlichen Substanz ist, dass der Patient seine Entscheidung nach
vorheriger Information getroffen hat, dass es sich also um eine „informed
decision" handelt. Wo Information, da ist die Bedingung der Autonomie und

---

[22] Vgl. Duttge (2014), 621-625.

Selbstbestimmung gegeben. Doch lässt sich das Selbstbestimmungsrecht als Begründung der Beihilfe zur Selbsttötung überhaupt heranziehen?

Wenn man dies ernst nähme, müsste man voraussetzen, dass der Sterbe-wunsch des Patienten immer als sein eigentlicher Wille angesehen werden muss. Dem widerspricht wiederum die Praxis. Jeder Arzt hat die Erfahrung gemacht, dass „schwerkranke Patienten oft den Mut verlieren und direkt oder indirekt, mehr oder weniger explizit den Wunsch äußern, nicht weiter behandelt werden zu wollen. Manchmal handelt es sich nur um eine Klage, manchmal aber um einen bedingten Wunsch („Wenn es so weiter geht, las-sen Sie mich sterben") und manchmal um eine klare Bitte [...]. Die ärztliche Praxis und viele Untersuchungen zeigen, dass dieser Wunsch meist nicht mit dem eigentlichen Willen des Patienten übereinstimmt. Patienten sind für gewöhnlich, sobald es ihnen besser geht, sehr froh und unendlich dankbar dafür, dass der Arzt den Wunsch nicht ernst genommen hat."[23]

Ulrich Hegerl, Vorstandsvorsitzender der *Stiftung Deutsche Depressions-hilfe*, beschäftigt sich seit Jahren mit der Berichterstattung über Suizide. Wenn in den Medien darüber sehr emotionalisierend berichtet wird, bestehe immer das Risiko von Nachahmungssuiziden, sagt Hegerl. Vor allem, „wenn der Suizid als nachvollziehbare Reaktion auf schwierige Lebensumstände dargestellt wird. Das ist der Suizid aber in den allermeisten Fällen nicht, son-dern er ist Folge einer meist nicht optimal behandelten psychiatrischen Er-krankung"[24], am häufigsten einer Depression, die dazu führt, dass die beste-henden Probleme als unüberwindbar und riesengroß wahrgenommen wer-den.

5   Suizidopfer: Zwischen Mitleid, Motiven und der Macht der Bilder

Maynard war massiv von ihren Zukunftsängsten gepeinigt. Das Angebot einer Schmerztherapie hat sie nicht beruhigen können, eine Chemotherapie hat sie abgelehnt. Die Sätze vor laufender Kamera wirken wie internalisierte *Death with Dignity*-Botschaften. Maynards Fall ist tragisch. Niemand von

---

[23] Prat (2014), 245-248, hier 247.
[24] Wenn Schlagzeilen Menschenleben kosten. in: *Bildblog*, 06.02.2014, http://www.bildblog.de/62734/ wenn-schlagzeilen-menschenleben-kosten/ (zuletzt eingesehen am 23. Febr. 2015).

uns weiß, wie er oder sie auf so eine harte Diagnose reagieren würde. Die
mediale Bilderwelt des Falls Maynard muss aber kritisch hinterfragt werden.
Sie stirbt nicht nur ihren eigenen Suizid, sie stirbt auch für ein Gesetz: Beihilfe zum Suizid solle als Recht jedem Menschen zustehen, damit „jeder Mensch
in Würde sterben kann, wie ich es konnte". Die Maynards schafften es dank
der unermüdlichen PR-Arbeit von *Compassion and Choices* auf die Titelseite
der US-amerikanischen Promizeitschrift *People-Magazine*.[25] Ihr Schicksal
löste in den USA eine breite Sterbehilfe-Diskussion aus. *Compassion and
Choices* hatte kritisiert, dass in den USA das Sterben verdrängt werde. Maynard habe in ihren Augen die Auseinandersetzung mit dem Tod „real" gemacht. In Wahrheit hat die Sterbehilfe-Lobby ihr eigenes Ziel erreicht: Maynard, die Suizid begeht, wird zur heroischen Figur. Der Tod ist geplant, auf
den Tag genau, unter Kontrolle. Er ist nicht mehr ein unbeherrschbares
Schicksal, sondern das Ergebnis einer Wahl, einer Entscheidung. Der Tod
verliert scheinbar seinen Schrecken, wenn er nicht als unvermeidbare Übermacht, sondern als frei gewählte Tat erscheint.[26] Zumindest oberflächlich.
Der Suizid steht nämlich auch als Fluchtbewegung vor uns, ausgelöst durch
Angst und Panik, getrieben in die höchste Form der Auto-Aggression, der
Selbstvernichtung, die zugleich alle Freiheit vernichtet, nämlich die Person
selbst.

Man muss der Furcht ihren Stachel ziehen, denn Furcht lähmt und führt
zu Tatenlosigkeit: In einem zweiten mithilfe von *Compassion and Choices*
produzierten Abschiedsvideo lässt Maynard unmittelbar vor ihrem Suizid die
Öffentlichkeit an ihren Ängsten teilhaben: Sie wisse nicht, ob nun schon
tatsächlich der Zeitpunkt gekommen sei, sich das Leben zu nehmen.
„Brittany Maynard verschiebt ihren angekündigten Suizid" hieß es am 29.
Oktober auch in deutschen Medien.[27] Sie will das Leben aber hinter sich

---

[25] Das *People-Magazine* gehört zum Verlags-Riesen Time Inc. und ist als Zeitschrift über Prominente
und Celebritys seit Jahrzehnten eine Macht in den USA. Die verkaufte Print-Auflage liegt bei 3,5
Millionen Ausgaben in der Woche. Die Marke erreiche 58 Millionen Konsumenten in den USA und
hat Expansionsbestrebungen Richtung Deutschland als Konkurrent von *Bunte* und *Gala* (vgl. Handelsblatt: *Bauer plant deutsche Ausgabe des People-Magazine*, 25.01.2014).
[26] Vgl. Gronemeyer ([5]2014).
[27] http://www.welt.de/videos/article133936682/Brittany-Maynard-waehlt-den-Freitod.html (zuletzt
eingesehen am 23. Febr. 2015).

bringen, solange sie noch die Kontrolle hat – noch bevor es fertig gelebt ist und etwas mit ihr tut, was sie glaubt, nicht zu ertragen.

Später gibt *Compassion and Choices* zu, dass das Video schon drei Wochen zuvor gedreht worden war, dramaturgisch war es jedoch geschickt, dieses drei Tage vor dem geplanten Suizid ins Netz zu stellen: die Einschaltquoten waren damit gesichert. Die Momente der Furcht machten aus der sonst als allzu heroisch erscheinenden Suizidanwärterin noch einmal einen Menschen, mit dem man sich identifizieren konnte.

Inzwischen berufen sich sämtliche Senatoren, die Gesetzesentwürfe zur Legalisierung eines sog. selbstbestimmten Todes von unheilbar Kranken in ihren jeweiligen US-Bundesstaaten einbringen, auf die mutige Brittany.[28] Im Februar 2015 spricht *Compassion and Choices* auf seiner Webseite von einem „*Death with Dignity*-Boom", den Brittany verdienstvoll mitangestoßen habe. 26 US-Bundestaaten würden ihr Anliegen unterstützen. Bislang ist der assistierte Suizid – wie gesagt – nur in fünf der 50 US-Bundesstaaten straffrei: Oregon, Washington, Vermont sowie Montana und New Mexiko.

Nun gab es auch zahlreiche Gegenstimmen: Einer der führenden Experten in den USA, der Palliativmediziner Ira Byock, warnte vor einer Legalisierung ärztlicher Sterbehilfe im Sinne *Compassion and Choices* und Maynards. Er widersprach Maynards Darstellung, wonach nur der Suizid ein Weg für ein Sterben in Würde gewesen wäre. Dagegen hätte die Palliativmedizin viele Möglichkeiten der Hilfe und Begleitung. Der Suizid mit ärztlicher Hilfe sei jedenfalls nie bloß eine individuelle Tat, sondern immer eine soziale, so Byock.[29] Maggie Karner, dreifache Mutter, die zur gleichen Zeit wie Maynard ein Glioblastom diagnostiziert bekommen hatte, appelliert in einer Video-Botschaft an Maynard, von ihrem Vorhaben abzulassen. Sie erinnerte daran, dass ihr Vorhaben auch Vorbild-Charakter habe, ja, eine Botschaft an alle Schwerstkranke sei, selbst diesen Weg des Suizids in Betracht zu ziehen: „Nobody is judging, but everyone is watching."[30]

Am 03. November 2014 erfährt die Welt schließlich auf der Facebook-Seite von *Compassion and Choices*, dass sich Maynard „wie angekündigt" am

---

[28] Compassion and Choices (2015).
[29] Weisensee Egan (2014).
[30] Karner, M.: *A Letter to Brittany Maynard*, 29.10.2014, https://www.youtube.com/watch?v=1ZR-qB3HaQY (zuletzt eingesehen am 23. Febr. 2015).

01. November 2014 das Leben genommen hat. Sie sei sanft nach Einnahme einer Überdosis von Barbituraten im Kreis ihrer Familie gestorben. Ihr Mann bestätigt dies Mitte Januar anlässlich des 30. Geburtstags von Brittany in einer prominenten US-TV-Talkshow: Am 01. November seien sie ausgiebig spazieren gewesen, dann hätte sie die Pulver, die sie schon lange bei sich hatte, gemischt und eingenommen. Nach 30 Minuten war sie tot. Auch auf der Titelseite des *People-Magazins* ist Dan Diaz wieder erschienen: Er trauert um Brittany – und kämpft für *Death with Dignity*. Wieviel Druck auf ihr gelastet hat, die selbsterfüllende Prophezeiung (self-fulfilling prophecy) auch bis zum bitteren Ende durchzuziehen, weiß letztlich niemand.

Am Beispiel Maynard und Williams zeigt sich die unterschiedliche Rezeption der beiden Fälle: Im Gegensatz zum Hollywood-Schauspieler Williams wird die junge Frau im öffentlich-medialen Kontext nicht als Opfer möglicher Ängste oder Depressionen beklagt, sondern gelobt ob ihrer „mutigen", ja geradezu heroischen Selbstbestimmung. Sterbehilfeorganisationen wie *Compassion and Choices* in den USA bzw. die organisierten „Sterbehilfevereine" *Exit* (Ausgang) oder *Dignitas* (Würde) in der Schweiz agieren medienwirksam, sie tragen zum Abbau von natürlicher Abscheu / Ablehnung gegenüber dem Suizid bei. Sie geben Anleitung zum Selbstmord, stellen Hilfsmittel zur Verfügung und üben durch die Bejahung des Suizids als „Lösung" Druck auf den zweifelnden Suizidalen aus. So erhöhten sich nach dem Erscheinen des Buches *Final Exit*, in dem zum Suizid durch Ersticken mittels Plastiksack und zur Vergiftung mit Medikamenten angeleitet wird, die Suizide mittels Plastiksack um 31 % und die Medikamentenvergiftungen um 5,4 % innerhalb eines Jahres.[31]

Kein einziges Mal fiel im medialen Kontext des Falles Maynard das Wort „Suizidprävention". 11,6 Millionen Mal wurde ihre Video-Botschaft angeklickt. Bis heute fehlt bei *Compassion and Choices* ein WHO-tauglicher Verweis für suizidgefährdete Menschen, die in ausweglos erscheinenden Situationen Hilfe suchen. Wie frei fühlt sich eine suizidwillige Person noch vor der Kamera, den Suizid *nicht* zu begehen, wenn sie bei bereits 8 Millionen Menschen im Wort steht, ihre Ankündigung wahr zu machen? Die Antwort auf

---

[31] Vgl. Kleer (2003), 37-44.

diese Frage hat Maynard wohl für immer mit ihrer ausgestreuten Asche mitgenommen.

6 Der Arzt als zertifizierter Tötungsgehilfe: Vom Wunschbild zu den Fakten

Ist das Tabu der Tötung auf Verlangen einmal gebrochen, ist der Schritt zu einer gesellschaftlichen Akzeptanz, die schließlich nach und nach in eine soziale Pflicht mutiert, nicht weit. Kranke, schwache oder vulnerable Menschen fühlen sich in unserer dominierenden Leistungsgesellschaft ohnehin schon häufig als „Last" für die anderen. Der Gedanke, dass sie das alles ja ihrer Umgebung jederzeit ersparen könnten – sie können sich ja frei entscheiden –, schwingt stillschweigend mit oder wird anhand ökonomischer Kosten-Nutzen-Rechnungen illustriert. Der Pflegebedürftige gerät unter einen Rechtfertigungsdruck, aber auch ein Gesundheitssystem, das sich Therapie oder Pflege noch leistet. Wer möchte unter solchen Umständen weiterleben? Aus dem Recht auf den „begleiteten Selbstmord" wird so eine Pflicht zum „sozialverträglichen Frühableben".

Die Entwicklungen der „aktiven Sterbehilfe" in Europa sind besorgniserregend. In der Schweiz ist die Zahl der Menschen, die über Organisationen wie *Exit* oder *Dignitas* Beihilfe zum Suizid in Anspruch nehmen, in den letzten 10 Jahren kontinuierlich angestiegen:[32] Im Jahr 2012 waren es 508 Schweizer und 172 Ausländer. *Exit* hat nun offiziell beschlossen, auch gesunde Senioren mit Selbstmord-Medikamenten zu bedienen. Kritik an den Plänen von *Exit* kam von Ärztevertretern und Politikern. „Damit will die Sterbehilfe-Industrie ganz offensichtlich ihr Geschäftsmodell weiter ausdehnen", kritisierte die Schweizer CVP-Nationalrätin Barbara Schmidt-Federer.[33] Sie sowie Jürg Schlup, Präsident der *Verbindung der Schweizer Ärztinnen und Ärzte* (FMH) distanzierten sich von den Statutenänderungen, die den Druck auf ältere Menschen begünstigen, vorzeitig aus dem Leben zu scheiden.

---

[32] Vgl. Donzé (2014).
[33] Schmid-Federer (2014).

Von der Tendenz, dass sich in der Schweiz immer mehr Menschen, die nicht todkrank sind, das Leben nehmen, berichtete bereits 2008 eine Schweizer Studie.[34] 33 % der Menschen, die zwischen 2001 und 2004 in Zürich von der Sterbehilfeorganisation *Exit* Beihilfe zum Selbstmord verlangten, litten nicht an einer tödlichen Krankheit. Zum Vergleich: Zwischen 1990 und 2000 waren es erst 22 %. Bei der zweiten umstrittenen Schweizer Organisation *Dignitas*, deren Klientel zu 91 % aus Sterbewilligen aus dem Ausland besteht, lag die Zahl nicht tödlich Kranker bei rund 21 %. Bei den nicht tödlich Kranken handle es sich meist um alte Menschen mit Krankheiten wie rheumatischen Beschwerden oder Schmerzsyndromen, erklärt Studienleiterin Susanne Fischer. Lebensmüdigkeit und ein allgemein schlechter Gesundheitszustand sei in dieser Gruppe das Hauptmotiv, sterben zu wollen, so die Soziologin. Sowohl *Dignitas* als auch *Exit* hatten laut Studie in einzelnen Fällen auch bei psychisch Kranken Suizidbeihilfe geleistet. Dies gilt als besonders umstritten, weil in der Schweiz nur urteilsfähigen Personen Beihilfe geleistet werden darf. Suizidbeihilfe ist in der Schweiz legal. Jeder Fall wird durch eine Untersuchungsbehörde geprüft.

Angesichts der demographischen Entwicklungen und der Kostenspirale im Gesundheitswesen rechnen politische Beobachter damit, dass der Ruf nach der Freigabe von Euthanasie und assistiertem Suizid in den kommenden Jahren lauter werden wird. Bereits 1998 hatten US-Wissenschaftler ein nationales „Einsparungspotenzial" für das amerikanische Gesundheitssystem in der Höhe von jährlich 627 Millionen Dollar errechnet, sollte aktive Sterbehilfe bei Terminalkranken legalisiert werden.[35]

In den Niederlanden ist die Beihilfe zur Selbsttötung und Tötung auf Verlangen seit 2001 erlaubt, sie wird meist von Hausärzten ausgeführt. Die Zahl der assistieren Suizide und der Euthanasie-Fälle ist laut dem aktuellen Jahresbericht der Regionalen Prüfungskommissionen *Regionale Toetsingcommissies Euthanasie*[36] um 15 % gegenüber 2012 gestiegen und betrug 4.829 Fälle. Das sind 13 Todesfälle pro Tag.

---

[34] Fischer (2008), 810-814.
[35] Vgl. Emanuel (1998), 167-172.
[36] Niederlande: *Regionale toetsingscommissies euthanasie Jaarverslag 2013*, http://www.euthanasiecommissie.nl/Images/Jaarverslag2013_NL_tcm52-40686.pdf (zuletzt eingesehen am 23. Febr. 2015).

Auch die aktuelle Statistik des *Euthanasie-Berichts 2014* aus Belgien zeigt
einen neuen Rekordstand von Fällen von Tötung auf Verlangen oder Beihilfe
zur Selbsttötung: Laut Euthanasie-Kommission stiegen sie in 11 Jahren kontinuierlich an, von 24 Fällen im Jahr 2002 auf 1.807 im Jahr 2013.[37] Täglich
sterben also fünf Belgier im Rahmen des Euthanasiegesetzes. Die vulnera-
belste Personengruppe sind ältere Menschen zwischen 60 und 90 Jahren: Sie
machen Dreiviertel aller Fälle „aktiver Sterbehilfe" aus (75 %), 99 % aller
Betroffenen sterben durch eine tödliche Injektion von Thiopental, eine Substanz, die auch als Giftspritze zur Exekution der Todesstrafe in den USA
verwendet wird. Hauptgrund für die Tötung auf Verlangen ist die Erkrankung an Krebs (73 %). In 69 Fällen wurde die Euthanasie auch bei nicht an-
sprechbaren Personen durchgeführt, sie hatten dies in einer Patientenverfügung vorab schriftlich festgelegt.

Das Gesetz schützt vielleicht die Ärzte, sicher aber nicht die vulnerable
Gruppe der Patienten und seelisch Verzweifelten. Und es schafft neue Grau-
bereiche statt Transparenz. Die Dunkelziffer der nichtgemeldeten Fälle oder
jener bei dementen oder komatösen Patienten auch ohne deren Einwilligung
hat Kenneth Chambaere von der *Vrije Universiteit* in Brüssel untersucht,
selbst ein Befürworter der dortigen Euthanasie-Regelung. Er befragte flämi-
sche Ärzte zu einer repräsentativen Stichprobe von 6.927 Todesfällen.[38] Sie
haben auch ohne Zustimmung den Patienten einen „Gnadentod" gewährt.
Gefährdet für Tötung ohne Zustimmung waren überwiegend Patienten über
80 Jahren (53 %), die zumeist im Krankenhaus starben (67 %). Es handelte
sich überwiegend um demente oder komatöse Patienten. Diese Gruppe wird
laut Studie durch die belgische Gesetzgebung einem erhöhten Risiko ausgesetzt, getötet zu werden.

Laut einer im Fachjournal *Lancet* 2010 publizierten Studie[39] werden 23 %
aller dem Euthanasie-Gesetz entsprechenden Todesfälle aber erst gar nicht
gemeldet – obwohl das niederländische Gesetz dies vorschreibt. Die Ärzte
und ambulanten Todesteams fühlen sich überfordert: medizinisch, seelisch,

---

[37] Belgien: Secrétariat de la Commission Euthanasie: *Rapport Euthanasie 2014*, http://www.health.
fgov.be/eportal/Healthcare/Consultativebodies/Commissions/Euthanasia/Publications/index.htm#.V
NTGE52G9qU (zuletzt eingesehen am 23. Febr. 2015).
[38] Chambaere (2010).
[39] Onwuteaka-Philipsen (2012), 908-915.

empathisch oder bürokratisch. Sie geben zu, aus Mitleid ohne expliziten Willen Patienten getötet zu haben, oder die Fälle nicht gemeldet zu haben, weil ihnen der bürokratische Aufwand schlicht zu mühsam war.

Belgische Ärzte beschweren sich darüber, dass sie für ihre Sterbehilfe-Dienste unterbezahlt seien. Wim Distelmans, Vorsitzende der *Ärztekommission für Sterbehilfe* erklärt, dass die 400 Ärzte, die als professionelle „Lebensbeender" ausgebildet sind, mehrere Stunden in Zweitgutachten bzw. Fahrten zu den Sterbewilligen investieren müssten, um ihnen die tödliche Injektion zu verabreichen. In den Niederlanden würden sie für Zweitgutachten 330 Euro erhalten, was laut Diestelmans angemessen sei, in Belgien wären 160 Euro vorgesehen, aufgrund der steigenden Nachfrage sei aber das zur Verfügung stehende Budget längst ausgeschöpft.[40]

Die empirischen Daten der Länder, die Beihilfe zum Suizid oder Töten auf Verlangen als Ausnahme bereits vor Jahren erlaubt haben, sind erschreckend genug. Nach außen wurde – so wie wir es heute erleben – für Gesetzesänderungen pro „Sterbehilfe", „Sterben in Würde" „Recht auf einen selbstbestimmten Tod", geschmückt mit wohlklingenden Epitheta wie Mitleid, Barmherzigkeit, Beistand usw. Werbung gemacht, weil sie scheinbare Rechtssicherheit und Transparenz, Kontrolle und Schutz vor Missbrauch gewähren sollten. Die Gesellschaft wurde durch geschickte Propaganda langsam an den Gedanken gewöhnt, dass der „Freitod" und das Töten unter Bedingungen eine selbstbestimmte Lösung ist. Die Ausnahmen hebeln das Prinzip aus, Suizid soll an sich selbst nichts schlechtes mehr sein, der Rest folgt mehr oder weniger pragmatischen Regelungen, die in der Praxis immer weiter dehnbar sind – wie die offiziellen Daten aus dem US-Bundesstaat Oregon oder der Schweiz, den Niederlanden oder Belgien zeigen –, nicht kontrollierbar und eine erschreckende Zahl von Dunkelziffern mit sich bringen.

Insbesondere Oregon wird auch in der Debatte um den Suizid im deutschen Sprachraum gerne als Paradebeispiel einer gelungenen und vorbildlichen Gesetzgebung dargestellt. Ein Blick auf die Daten des offiziellen Oregon-Reports zeigt dagegen ein weitaus düsteres Bild als das von den Befürwortern vermittelte.

---

[40] Beel (2013).

7 Der Oregon-Effekt: Das Arzt-Patient-Vertrauen wird untergraben

Wo Beihilfe zum Suizid legalisiert wird, steigt die Zahl der Fälle. Der 3,9 Millionen Einwohner zählende US-Bundesstaat Oregon wird in Europa als Vorzeigeland für eine bestmögliche Selbstbestimmung am Ende des Lebens dargestellt: mit der legalen Möglichkeit eines Suizids. Doch ein Blick auf die offiziellen Statistiken Oregons, wo es Ärzten seit 1997 erlaubt ist, Beihilfe zum Suizid zu leisten, beunruhigt zutiefst.

So hat sich die Zahl der Patienten, die sich seit 1998 mit ärztlicher Unterstützung das Leben nahmen, laut aktuellem *Death with Dignity Act*-Report[41] bis 2013 verfünffacht (16 auf 75), zwei von 1.000 Todesfällen gehen bereits auf ärztlich-assistierten Suizid zurück. Als Hauptgründe geben die Suizidwilligen nicht, wie man meinen würde, unerträgliche Schmerzen an. Für 93 % lag der Wunsch nach Suizid in der Angst vor einem „Verlust von Autonomie" und damit in der Sorge, eine Last für andere zu werden; 89 % sagten, sie seien „weniger in der Lage, an Aktivitäten teilzuhaben, die dem Leben Freude geben"; 73 % fürchteten einen „Verlust an Würde".

Entgegen aller Beteuerungen, dass die gesetzlichen Regelungen zur Beihilfe zum Selbstmord in Oregon modellhaft seien: Eine Legalisierung der medizinisch assistierten Selbsttötung untergräbt das Vertrauensverhältnis zwischen Ärzten und Patienten.

Dafür gibt es Belege: Von zwei Krebspatienten, die nur über die staatliche Sozialhilfe-Krankenversicherung *Medicaid* verfügten, wird berichtet, dass ihnen per amtlichem Schreiben die zu teure Chemotherapie verweigert, gleichzeitig aber angeboten wurde, einen assistierten Suizid als Alternative bezahlt zu bekommen. Beide wollten jedoch leben und behandelt werden. Erst als der Fall von Randy Stroup 2009 an die Öffentlichkeit kam, wurde ihm eine Chemotherapie zugestanden.[42] In rund 17 % der Fälle stellten die Ärzte entgegen der gesetzlichen Kriterien auch bei chronischen Erkrankungen ohne infauste Prognose Bewilligungen für eine Beihilfe zur Selbsttötung

---

[41] Oregon Health Authoritiy: Oregon's *Death with Dignity Act-2013*, (http://public. health.oregon.gov/ProviderPartnerResources/EvaluationResearch/DeathwithDignityAct/Documents/ year16.pdf (zuletzt eingesehen am 23. Febr. 2015).
[42] Smith (2009).

aus. Ist das nun die Realität eines Gesetzes, dass „vor Missbrauch schützt", wie Befürworter es formulieren?

Das Oregon-Gesetz verlangt eine zu erwartende Lebenszeit von maximal sechs Monaten. Wie schwer es in der Praxis ist, solche Prognosen zu stellen, zeigt der Fall Maynard. Ihr war klar, dass sie länger leben würde. Die Angst vor den noch nicht eingetretenen Symptomen gekoppelt mit der Angst, dass es länger als sechs Monate dauern würde, führten sie zu ihrer Verzweiflungstat. Der assistierte Suizid engt Lebensmöglichkeiten ein, indem er sich auf Todeszeitpunkte fixiert: Maynard wurde das Opfer ihrer Angst. Es gibt kein Leben vor dem Tod mehr für sie, weshalb sie ihr Leben überspringt, ihr Sterben beschleunigt – und sich tragisch selbst vernichtet. Das Gesetz entschuldigt jene, die nicht nur zugesehen, sondern mitgeholfen haben. Darin liegt die zweite Tragik.

8   Der überwachte Tod: Der Staat am Krankenbett

Gian Domenico Borasio ist ein prominenter Palliativmediziner. Er betont einerseits, dass die Palliativmedizin über Jahrzehnte ein Stiefkinddasein führte und selbst heute noch darum kämpft, entsprechend in der Aus- und Weiterbildung anerkannt und vom Gesundheitssystem dotiert zu werden. Seit 2011 ist er an der schweizerischen *Universität Lausanne* tätig, wo auch legal Beihilfe zum Suizid praktiziert wird. Dann kam der Überraschungseffekt: Borasio legte 2014 gemeinsam mit drei Medizinethikern und Juristen einen Gesetzesvorschlag für Deutschland vor, wonach Beihilfe zum Suizid in Ausnahmen erlaubt werden soll – durchgeführt durch Angehörige, nahestehende Personen oder eben Ärzte. Sein Argument: Es brauche Rechtssicherheit für die verunsicherten Ärzte, der Staat müsse seiner „Fürsorge" nachkommen: „Es kann nicht Aufgabe des Staates sein, in diesem höchst persönlichen Bereich den Bürgern ethisch einseitige Vorgaben zu machen. Wohl aber muss der Staat seinen Bürgern gegenüber gerade in verzweifelten Notsituationen Fürsorge entgegenbringen."[43] Angestrebt werden sollte ein Gesetz wie in Österreich, wo Beihilfe zum Suizid – im Gegensatz zu Deutschland – unter

---

[43] Borasio (2014), 107.

Strafe steht. Gleichzeitig sollten aber auch Ausnahmen festgelegt werden, unter denen der assistierte Suizid dann straffrei ist. Sollen Ärzte in Zukunft nach diesem Handlungsmuster bei unheilbar Kranken vorgehen? Ist die geforderte Beihilfe zum Suizid durch einen Arzt einfach die positive Verlängerung ärztlicher Sterbehilfe?

In der Frage des Grund-Menschenrechts auf Leben und damit der Grundpflicht des Staates, das Leben eines Menschen zu schützen, ist das Muster „Verbot mit strengen Ausnahmen" jedoch eine Mogelpackung. Prinzipielle Gründe für ein Verbot der Tötung eines Menschen werden aufgeweicht, durch pragmatische (Ausnahmeregelung) ersetzt – und diese sind dehnbar und entziehen sich im konkreten Fall schließlich auch der Kontrolle, wie die empirischen Daten zur Handhabung der Euthanasie aus den Niederlanden und Belgien zeigen.

Zum einen: Erst die Beihilfe zum Suizid holt den Staat ans Sterbebett, wo der Staat eigentlich aber nichts verloren hat. Man könnte es noch schärfer formulieren: Es gibt kaum einen so bürokratischen Tod wie den assistierten Suizid. Zuerst wird eine Regel gemacht, deren Ausnahmen zwar nicht im Detail überprüft, aber penibelst dokumentiert werden müssen. Dafür braucht es einen enormen bürokratischen Aufwand: extreme Staatsnähe an der Bettkante des Kranken.

Zum anderen: Das Recht auf Selbsttötung fürsorglich achten – gibt es so ein Recht überhaupt?[44] Der Staat will nur offiziell zertifizierte Todeswünsche als selbstbestimmt gelten lassen, beschränkt auf Schwerkranke. Warum gerade die Autonomie des Kranken, der durch physische und psychische Nöte beeinträchtigt ist, für den Gesetzgeber höherwertiger ist als jene des Gesunden, bleibt fraglich. Stillschweigend schwingt hier wohl das Urteil des Gesunden mit, der den Suizid eher „exkulpiert", wenn ihm die Gründe nachvollziehbar scheinen.

Wer es aber ernst meinte mit dem Recht auf Selbstbestimmung, dürfte das Recht auf Suizid ja nicht auf Kranke beschränken, sondern müsste ihn auch bei Liebeskummer oder allgemeiner Lebensmüdigkeit erlauben.[45] Die

---

[44] Vgl. Schmoller (1999), 115-130.
[45] Vgl. Spaemann / Fuchs (1997).

Schweiz ist diesen Schritt mit dem Angebot des „Altersfreitod" auch ohne unheilbare Krankheit, wie erwähnt, schon gegangen.

Nun versuchen sich Suizid-Befürworter in Deutschland und Österreich tunlichst von Ländern, in denen Euthanasie oder organisierter Suizid erlaubt ist, abzugrenzen: Nur der assistierte Suizid soll in Ausnahmefällen erlaubt werden, Töten auf Verlangen jedoch untersagt bleiben. Dann käme es über die Jahre zu keinem nennenswerten Anstieg der Fälle von Patienten, die sich mit Hilfe von Angehörigen oder des Arztes ihr Leben nehmen. Aber selbst dort, wo Tötung auf Verlangen erlaubt sei, gäbe es „keinerlei Anzeichen für die Entstehung oder massive Zunahme eines solchen sozialen Drucks"[46] auf gefährdete Menschen, meint Borasio.

Das Argument, es habe keinen nennenswerten Anstieg von Suiziden nach der Einführung des *Death with Dignity-Act* in Oregon gegeben,[47] entbehrt nicht eines gewissen Zynismus. Für ein Land wie Österreich würden die Zahlen aus Oregon bedeuten, dass sich pro Jahr 140 Menschen mit Hilfe von Ärzten das Leben nehmen. Das entspricht der aktuellen Zahl der Drogentoten in Österreich. Als 2013 die Zahl der Drogentoten auf 138 zurückgegangen ist, wurde von einem „positiven Trend" gesprochen, denn: Jeder Mensch zählt. Warum nicht dann auch beim ärztlichen Suizid? Warum tut man hier so, als ob 140 Menschen quasi eine vernachlässigbare Größe wären?

Suizidbefürworter loben, dass sich die Palliativmedizin in Oregon und der Schweiz, wo der assistierte Suizid, und den Niederlanden, wo auch Tötung auf Verlangen erlaubt ist, stetig verbessert habe, ja auf international höchstem Niveau sei.

Auch Gerbert van Loenen hält, wie Borasio, fest, dass die staatliche Förderung der Behindertenbetreuung und am Pflegesektor in den Niederlanden großzügig sei. Doch Loenen schaut genauer hin: Das vorherrschende, medial und durch Thesen wie jener eines Rechts auf Beihilfe zum Suizid genährte Bild eines guten Lebens führe dazu, dass jene, die „trotz aller Fürsorge, trotz aller guten Absichten" nicht imstande seien, „bis zum erstrebten Niveau eines selbstbestimmten, kommunizierenden, sich entwickelnden Individuums aufzusteigen", wer „abhängig bleibt, nichts kann, nichts wird und nicht an-

---

[46] Borasio (2014), 113.
[47] Borasio (2014), 113.

genehm kommuniziert", könne „aus der Gemeinschaft der Menschen ausge-
stoßen werden." In solchen Fällen werde argumentiert, dass „der Tod die
beste Lösung für diese Person sei"[48]. Loenen schreibt als Betroffener: Er hatte
seinen Freund Nick, der an einem Gehirntumor erkrankt war, bis zu dessen
Tod zehn Jahre lang gepflegt.

Es gehe letztlich „um die Vorstellung, die wir uns vom ‚Menschen' machen. Je mehr es unserem Idealbild entspricht, dass der Mensch sein Leben
selbstbewusst in die Hand nimmt, desto höher ist das Risiko, dass dabei
Menschen über Bord gehen, die dem nicht entsprechen können."[49] Loenen
spricht von einem „Paradoxon der guten Betreuung" in den Niederlanden
und zeigt, dass „ein idealistisches Menschenbild, eine gute Betreuung und
eine menschenbedrohende Praxis Hand in Hand gehen" können. „Wir hegen
derart hehre Ideale in Bezug auf das Menschsein, dass wir enttäuscht werden,
wenn jemand trotz unserer Fürsorge nicht diesen Idealen entspricht."[50]

Wenige Jahre nach der Legalisierung des assistierten Suizids und der Tötung auf Verlangen wurde die Sprache führender Ärzte etwas, sagen wir,
„direkter". Das Leben ihrer dementen Patienten erschienen ihnen als lebensunwert, was beim Vorsitzenden der *Niederländischen Vereinigung für ein
freiwilliges Lebensende* (NVVE) in einem Interview dann so klang: Er plädiert
für aktive Sterbehilfe bei Demenzkranken, wenngleich es auch das Recht
jedes einzelnen bleiben müsse, „als Zombie in Kackwindeln dahinzusie-
chen"[51]. Die Maske fällt, rascher als die Verfechter der Selbstbestimmung am
Lebensende es wahr haben möchten. Gesetze schaffen Kultur, ein Klima, eine
Atmosphäre. Das zeigt die abschätzig (ver)urteilende Bemerkung des NVVE-
Vorsitzenden deutlich. Verächtlich zieht der Arzt über hilfsbedürftige Kranke her – und verkauft dies als Plädoyer für mehr Selbstbestimmung.

Auch bei Borasio finden sich verstörende Sätze: Über den lapidar hinge-
worfenen Satz im Kontext der Pro-Argumente für einen assistierten Suizid:
warum es denn als „ethisch minderwertig und ablehnungswürdig" einzustufen sei, wenn ein Schwerkranker „den Wunsch" habe, „die eigene Familie zu

---

[48] Van Loenen (2014), 216.
[49] Van Loenen (2014), 215.
[50] Van Loenen (2014), 216.
[51] Zitiert nach Van Loenen (2014), 205.

entlasten"[52], sollte man lange und scharf nachdenken, bevor man ihn wiederholt. Die Gewalt in Taten führt zur Gewalt in der Sprache – und umgekehrt.

9   Der Suizid ist keine Privatsache: Wider die Heroisierung der Selbsttötung.

In den allermeisten Fällen ist der Todeswunsch eines Patienten Ausdruck und Symptom einer schweren psychischen Krise. Depression im Alter wird oft übersehen, vor allem in Altersheimen. Experten gehen davon aus, dass 14 % aller älteren Menschen, die in Pflegeeinrichtungen wohnen, depressiv sind – deutlich mehr als Gleichaltrige, die in ihren eigenen vier Wänden wohnen. Psychotherapeutische Hilfe findet für die Betroffenen – in Deutschland geht man von 100.000 Menschen aus – aber nicht statt.[53] Wenn offenbar jeder siebte Altersheimbewohner an Depression leidet, sein Leben als sinnlos und sich selbst zunehmend als Last empfindet: Wie lässt sich da noch von Autonomie beim Wunsch nach Beihilfe zum Suizid sprechen?

Ein Suizidgefährdeter will gar nicht dem Leben, sondern vielmehr dem Leiden entrinnen. Er oder sie will nicht *nicht* leben, sondern anders leben. Die Daten der Sterbehilfe-Organisationen zeigen, wie wir gesehen haben, dass das Hauptmotiv für den Todeswunsch nicht körperlicher Schmerz ist, sondern psychische Belastungen wie Depression, Hoffnungslosigkeit und Angst. Die Antwort auf Depressionen und Hoffnungslosigkeit kann aber nicht Tötung sein, sondern ruft nach medizinischer Hilfe, Beratung und Beistand. Der Todeswunsch ist häufig ein Hilfeschrei – und nicht die Forderung nach einem „kostenlosen Todesstoß" (Axel W. Bauer). In einer Situation, wo gerade viele ältere Menschen vereinsamen, den sogenannten „Altersfreitod" als Option anzubieten, halten Kritiker in der Schweiz für zynisch; diese werfe ein „düsteres Bild auf die Humanität unserer Gesellschaft" (Ruth Baumann-Hölzle).[54]

Die Überhöhung der Autonomie und die Heroisierung des selbstbestimmten Todes übersieht die existentiell soziale Dimension des Menschen: seine

---

[52] Borasio (2014), 112.
[53] Hauschild (2014).
[54] Vgl. Kummer (2014), 166-168.

fundamentale Angewiesenheit auf andere, sein Eingebundensein in Gemein-schaft.[55] Suizid ist nicht bloß Privatsache. Kein Mensch wird für sich allein geboren, kein Mensch lebt für sich allein – und kein Mensch stirbt für sich allein. Es ist die moralische Bankrotterklärung einer Kultur, die ihre Kompe-tenz im Umgang mit Leidenden verloren hat und im Rückzugsgefecht die legale Tötung als Befreiung feiert, noch dazu jener, die besonders vulnerabel und schutzbedürftig sind.[56] Das Angebot des assistierten Selbstmords wäre der menschenverachtendste Ausweg, den die Gesellschaft sich ausdenken kann, um sich der Solidarität mit den Schwächsten zu entziehen.

10 Schluss

Es geht in der Debatte um „aktive Sterbehilfe" nicht um die Frage von Einzel-fällen, sondern um die Frage, wie wir als Gesellschaft in Zukunft leben wol-len. Der Staat hat Schutzpflichten gegenüber dem Gemeinwohl und muss nachhaltig handeln, das heißt: über Generationen hinweg müssen grundle-gende Güter durch Gesetze geschützt werden. Wer meint, es müsse jeder Generation demokratiepolitisch selbst überlassen werden, ob sie Tötung auf Verlangen erlaube oder nicht, argumentiert gefährlich. Der Schutz des Le-bens ist ein vorpolitisches Recht. Es steht also über der Demokratie, deshalb kann man darüber auch nicht abstimmen.[57]

In Österreich sind Nachhaltigkeit, Tier- und Umweltschutz als Staatsziel-Bestimmungen festgeschrieben. Auch der Schutz des Menschen, insbesonde-re in vulnerablen Phasen seines Lebens, wie Krankheit und Alter es sind, sollte in den Kreis solcher Zielbestimmungen Eingang finden – in Österreich und auch sonst.[58]

---

[55] Vgl. Spieker (2005), 47-61.

[56] Vgl. IMABE-Stellungnahme: "Klares Nein zu ärztlicher Beihilfe zur Selbsttötung - Für eine Kultur des Beistandes", 16.10.2014, http://www.imabe.org/index.php?id=2118 (zuletzt eingesehen am 23. Febr. 2015).

[57] vgl. Pernthaler (2005), 117-128, hier 118.

[58] Vgl. Überlegungen des österreichischen Strafrechtlers Peter Lewisch in der parlamentarischen Enquete „Würde am Ende des Lebens", 66/KOMM XXV. GP - Ausschuss NR – Kommuniqué, 21. Jänner 2015, 63-64, http://www.parlament.gv.at/PAKT/VHG/XXV/KOMM/KOMM_00066/fname_382468.pdf (zuletzt eingesehen am 23. Febr. 2015).

Wenn wir als Gesellschaft menschenwürdig, solidarisch und mit Respekt vor einer richtig verstandenen Autonomie leben wollen, dann muss der Schutz von besonders verwundbaren Personen vor Tötung oder Beihilfe zur Selbsttötung ein Fundament der Rechtsordnung bleiben.

Literatur

Borasio, G. D.: *selbst bestimmt sterben. Was es bedeutet. Was uns daran hindert. Wie wir es erreichen können*, München 2014.

Chambaere, K. et al.: Physician-assisted deaths under the euthanasia law in Belgium: a population-based survey, in: *Canadian Medical Association Journal* 2010, DOI:10.1503/cmaj.091876.

Duttge, G.: Der assistierte Suizid: Ein Dilemma nicht nur der Ärzteschaft, in: *MedR* (2014) 32, S. 621-625.

Emanuel, E. J. et al.: What Are the Potential Cost Savings from Legalizing Physician-Assisted Suicide?, in: *NEJM* 339 (3), 1998, S. 167-172.

Fischer, S. et al: Suicide assisted by two Swiss right-to-die organisations, in: *Journal of Medical Ethics* (34) 2008, S. 810-814.

Gronemeyer, M.: *Das Leben als letzte Gelegenheit. Sicherheitsbedürfnisse und Zeitknappheit*, Darmstadt ⁵2014.

Kleer, R.: Der Todeswunsch aus psychiatrischer Sicht, in: *Imago Hominis* (2003); 10(1), S. 37-44.

Kummer, S.: Lebenshilfe statt Tötungslogik. Für eine neue Kultur des Beistands, in: *Imago Hominis* (2014), 21(3), S. 166-168.

Navarro Silvera, S. A. et al.: Hormonal and reproductive factors and risk of glioma: A prospective cohort study, in: *International Journal of Cancer*, 2006: 118, 5, S. 1321-1324.

Niederkrotenthaler, T. et al.: Role of media reports in completed and prevented suicide: Werther v. Papageno effects, in: *British Journal of Psychiatry* 2010; 197, S. 234-243; DOI: 10.1192/bjp.bp.109.074633 Published 31 August 2010.

Onwuteaka-Philipsen, B. D. et al.: Trends in end-of-life practices before and after the enactment of the euthanasia law in the Netherlands from 1990 to 2010: a repeated cross-sectional survey, in: *Lancet* 2012; 380, S. 908-915.

Pernthaler, P.: Menschenrechte und Schutz des Embryos. Volles Recht auf Leben?, in: *Imago Hominis* (2005); 12(2), S. 117-128.

Prat, E.: Die Freiheit im Widerspruch: ein Selbstbestimmungsrecht, sich selbst zu töten?, in: *Imago Hominis* 2014, 21(4), S. 245-248.

Schmoller, K.: Euthanasie und Rechtsordnung. Rahmenbedingungen einer juristischen Diskussion über Euthanasie, in: *Imago Hominis* (1999); 6(2), S. 115-130.

Seiden, R.: Where Are They Now? A Follow-up Study of Suicide Attempters from the Golden Gate Bridge, in: *Suicide and Life-Threatening Behavior*, (8) 1978, Volume 8, Issue 4, S. 203-216.

Spaemann R. / Fuchs T.: *Töten oder sterben lassen?*, Freiburg 1997.

Spieker, M.: Euthanasie, die tödlichen Fallen der Selbstbestimmung, in: Spieker, M.: *Der verleugnete Rechtsstaat*, Paderborn 2005, S. 47-61.

Van Loenen, G.: *Das ist doch kein Leben mehr. Warum aktive Sterbehilfe zu Fremdbestimmung führt*, Frankfurt 2014.

Internetpublikationen

Beel, V.: Te weinig artsen willen helpen met euthanasie, in: *De Standaard*, 24.06.2013, http://www.standaard.be/cnt/dmf20130623_032 (zuletzt eingesehen am 23. Febr. 2015).

Belgien: Secrétariat de la Commission Euthanasie: *Rapport Euthanasie 2014*, http://www.health.fgov.be/eportal/Healthcare/Consultativebodies/Commissions/Euthanasia/Publications/index.htm#.VNTGE52G9qU (zuletzt eingesehen am 23. Febr. 2015).

Bildblog: *Wenn Schlagzeilen Menschenleben kosten*, 06.02.2014, http://www.bildblog.de/62734/wenn-schlagzeilen-menschenleben-kosten/ (zuletzt eingesehen am 23. Febr. 2015).

BMA reiterates opposition to assisted dying, online 2 July 2014, http://bma.org.uk/news-views-analysis/news/2014/july/bma-reiterates-opposition-to-assisted-dying (zuletzt eingesehen am 23. Febr. 2015).

Briggs, B.: Why Newlywed Brittany Maynard Is Ending Her Life in Three Weeks, in: *NBC News*, 09.10.2014, http://www.nbcnews.com/health/cancer/why-newlywed-brittany-maynard-ending-her-life-three-weeks-n221731 (zuletzt eingesehen am 23. Febr. 2015).

Brittany Maynard wählt den Freitod, in: *Die Welt*, 03.11.2014, http://www.welt.de/videos/article133936682/Brittany-Maynard-waehlt-den-Freitod.html (zuletzt eingesehen am 23. Febr. 2015).

Chronik der Mauer: Zum 1961 in der DDR eingeführten Begriff „Antifaschistischer Schutzwall", http://www.chronik-der-mauer.de/index.php/de/Chronical/Detail/month/Oktober/year/ 1961 (zuletzt eingesehen am 23. Febr. 2015).

Compassion and Choices: *Death-With-Dignity Boom: 26 States Now Considering Laws*, online 03.02.2015, https://www.compassionandchoices.org/2015/02/03/death-with-dignity-boom-25-states-now-considering-laws/ (zuletzt eingesehen am 23. Febr. 2015).

Donzé, R.: Exit plant Anpassung der Statuten. Sterbehelfer machen Druck für Suizid gesunder Senioren, in: *Neue Zürcher Zeitung*, 09.03.2014, http://www.nzz.ch/aktuell/startseite/sterbehelfer-machen-druck-fuer-suizid-gesunder-senioren-1.18259084 (zuletzt eingesehen am 23. Febr. 2015).

dpa: Depression. Fans nach Tod von Robin Williams bestürzt, in: *Handelsblatt*, 13.08.2014, http://www.handelsblatt.com/panorama/aus-aller-welt/depression-fans-nach-tod-von-robin-williams-bestuerzt/10326544.html (zuletzt eingesehen am 23. Febr. 2015).

Gallup 2013 U.S. Support for Euthanasia Hinges on How It's Described, http://www.gallup.com/poll/162815/support-euthanasia-hinges-described.aspx (zuletzt eingesehen am 23. Febr. 2015).

Hausschild, J.: 100.000 Altenheimbewohner leiden an Depression. Hilfsbedürftig, aber nicht hoffnungslos, in: *Tagesspiegel*, online, 21.01. 2014, http://www.tagesspiegel.de/wissen/100-000-altenheimbewohner-leiden-an-depression-hilfsbeduerftig-aber-nicht-hoffnungslos/9359808.html (zuletzt eingesehen am 23. Febr. 2015).

Heil, C.: Sterbehilfe in Amerika. Ein tödliches Medikament für die Würde, in *FAZ*, 02.11. 2014, http://www.faz.net/aktuell/gesellschaft/menschen/brittany-maynard-und-die-debatte-ueber-sterbehilfe-in-amerika-13243768.html, (zuletzt eingesehen am 23. Febr. 2015).

Imabe–Info, Mai 2014,
http://www.imabe.org/index.php?id=2062
(zuletzt eingesehen am 23. Febr. 2015).

IMABE-Stellungnahme: "Klares Nein zu ärztlicher Beihilfe zur Selbsttötung - Für eine
Kultur des Beistandes", 16.10.2014,
http://www.imabe.org/index.php?id=2118
(zuletzt eingesehen am 23. Febr. 2015).

Karner, M.: *A Letter to Brittany Maynard*, 29.10.2014,
https://www.youtube.com/watch?v=1ZR-qB3HaQY
(zuletzt eingesehen am 23. Febr. 2015).

Kommuniqué der Enquete-Kommission zum Thema „Würde am Ende des Lebens",
66/KOMM XXV. GP - Ausschuss NR – Kommuniqué, 21. Jänner 2015, S. 63-64,
http://www.parlament.gv.at/PAKT/VHG/XXV/KOMM/KOMM_00066/fname_382468.p
df
(zuletzt eingesehen am 23. Febr. 2015).

Kühni, O.: Suizid: Sie wollen gar nicht gehen, in: *Die Zeit*, 27. Okt. 2014,
http://www.zeit.de/2014/44/suizid-schweiz-hilfe
(zuletzt eingesehen am 23. Febr. 2015).

Niederlande: *Regionale toetsingscommissies euthanasie Jaarverslag 2013 (August 2014)*,
http://www.euthanasiecommissie.nl/Images/Jaarverslag2013_NL_tcm52-40686.pdf
(zuletzt eingesehen am 23. Febr. 2015).

Oregon Health Authoritiy: *Oregon's Death with Dignity Act-2013*,
http://public.health.oregon.gov/ProviderPartnerResources/EvaluationResearch/Deathwith
DignityAct/Documents/year16.pdf
(zuletzt eingesehen am 23. Febr. 2015).

Polgash, C.: Suicides Mounting, Golden Gate Looks to Add a Safety Net, in: *New York
Times*, 26.03.2014,
http://www.nytimes.com/2014/03/27/us/suicides-mounting-golden-gate-looks-to-add-a-
safety-net.html?_r=0
(zuletzt eingesehen am 23. Febr. 2015).

Protokoll der Britischen Parlamentsdebatte: House of Lords, Friday, 16 January 2015, Assisted Dying Bill, http://www.publications.parliament.uk/pa/ld201415/ldhansrd/text/150116-0001.htm#15011659001145 (zuletzt eingesehen am 23. Febr. 2015).

Schmid-Federer, B.: *Stellungnahme zur Sterbehilfe von gesunden Seniorinnen und Senioren, Pressemitteilung,* 25.05.2014, http://www.schmid-federer.ch/aktuell/mai-2014/stellungnahme-zur-sterbehilfe-fur-gesunde-seniorin.aspx (zuletzt eingesehen am 23. Febr. 2015).

Smith, W.: 'Right to die' can become a 'duty to die'. Vulnerable people can be bullied into assisted suicide, believes Wesley Smith, in: *Daily Telegraph,* online, 20.02. 2009, http://www.telegraph.co.uk/comment/personal-view/4736927/Right-to-die-can-become-a-duty-to-die.html (zuletzt eingesehen am 23. Febr. 2015).

Stockrahm, S.: WHO-Bericht: Ein Suizid alle 40 Sekunden, in: *Die Zeit,* 04.09.2014, http://www.zeit.de/wissen/gesundheit/2014-09/who-suizid-praevention-bericht/komplettansicht (zuletzt eingesehen am 23. Febr. 2015).

Weisensee Egan, N.: Brittany Maynard to Dr. Ira Byock: Quit Talking About Me, in: *People,* 23.01.2014, http://www.people.com/article/Brittany-Maynard-death-with-dignity-Ira-Byock (zuletzt eingesehen am 23. Febr. 2015).

WHO 2008: *Preventing Suicide. A Resource for Media Professionals,* http://www.who.int/mental_health/prevention/suicide/resource_media.pdf (zuletzt eingesehen am 23. Febr. 2015).

WHO-Report: *Preventing Suicide – a global Imperative 2014,* http://www.who.int/mental_health/suicide-prevention/world_report_2014/en/ (zuletzt eingesehen am 23. Febr. 2015).

Youtube vom 06.10.2014: *The Brittany Maynard Fund,* https://www.youtube.com/watch?v=yPfe3rCcUeQ (zuletzt eingesehen am 23. Febr. 2015).

Axel W. Bauer

Notausgang assistierter Suizid?
Die Thanatopolitik in Deutschland vor dem Hintergrund des demografischen Wandels

1 Die lebensgefährliche Illusion vom „selbstbestimmten" Tod

Im medizinethischen und medizinrechtlichen Diskurszusammenhang handelt es sich bei dem aus der Würde des Menschen[1] und dem Persönlichkeitsrecht[2] abgeleiteten Recht auf Selbstbestimmung primär um ein individuelles Abwehrrecht, durch dessen Beachtung verhindert werden soll, dass – in der Regel ärztliche und pflegerische – Maßnahmen gegen den Willen eines Patienten vorgenommen werden. In dieser Form präsentierte sich jene Botschaft der ersten Jahre der modernen Medizinethik, die in der Öffentlichkeit am meisten wahrgenommen wurde, weil sie im Gegensatz zu den traditionellen Werten Fürsorge, Schadensvermeidung und Gerechtigkeit als der einzige „innovative" moralische Wert erschien.[3]

In den letzten Jahren hat sich indessen eine Tendenz gezeigt, das Selbstbestimmungsrecht von Patienten in medizinethischen Debatten dominant und solitär in den Vordergrund zu rücken. Es liegt eine gewisse Tragik dieser Entwicklung darin, dass es ausgerechnet die Sterbehilfe ist, an der sich das Selbstbestimmungsrecht vorrangig bewähren soll.[4] Man gewinnt den Eindruck, dass das Recht auf Selbstbestimmung von libertären Medizinethikern neuerdings mit einem Recht auf den selbst bestimmten Todeszeitpunkt geradezu identifiziert wird. Eine solche Verkürzung der Selbstbestimmung wäre jedoch eine semantische Entstellung dieses Begriffs. Die ständig wiederholte

---

[1] Artikel 1 Absatz 1 GG.
[2] Artikel 2 Absatz 1 GG.
[3] Brody (1992), 48.
[4] Bauer (2009a), 169-180.

Rede vom *selbstbestimmten Sterben* oder gar vom *Sterben in Würde* wirkt irritierend, denn man will uns damit einreden, wir hätten ungeahnte Spielräume ausgerechnet beim Sterben, und ein natürlicher Tod sei letztlich würdelos.

„Sei gesund und fit – oder stirb wenigstens rasch!" So könnte man jene inhumane Alternative in einem knappen Satz zusammenfassen, die – als Selbstbestimmungsrecht verpackt – den älter werdenden Menschen Tag für Tag auf mehr oder weniger subtile Weise nahegebracht wird. Nicht wenige Juristen und Medizinethiker behaupten, der Suizid sei ein genuiner Ausdruck der personalen Autonomie, die Selbsttötung demnach eine zumindest grundsätzlich respektable Ausdrucksform menschlichen Handelns.[5] Doch stimmt das wirklich? Die Autonomie im Sinne Immanuel Kants (1724-1804) als die Fähigkeit des mit Vernunft begabten Menschen, sich vernünftige (und nicht etwa beliebige) moralische Gesetze zu geben und nach diesen zu handeln, hat ihren unhintergehbaren Grund in der physischen Existenz der Person. Sie ist also Folge und nicht Ursache unserer biologischen Konstitution. Daher beschränkt sich die Reichweite der menschlichen Selbstbestimmung legitimer Weise auf den Bereich diesseits ihrer physischen Grundlage. Der Mensch ist zwar faktisch in der Lage, sich selbst zu töten, doch kann er diesen Schritt ethisch nicht einfach unter Berufung auf die Selbstbestimmung legitimieren. Ein Akteur, der wohl überlegt diejenige physische Struktur irreversibel zerstört, die seine Handlungsfreiheit durch ihre Existenz überhaupt erst ermöglicht, handelt moralisch nicht legitim, sondern – um es mit einem etwas aus der Mode gekommenen Ausdruck zu benennen – frevelhaft, und dies selbst dann, wenn seine Motivation zur Selbsttötung emotional nachvollziehbar wäre. Außerdem sind Nachvollziehbarkeit einerseits und moralische Billigung andererseits zwei strikt zu trennende Zugangsweisen zu diesem Problem. Nicht alles, was man irgendwie verständlich findet, kann – zum Beispiel aus strafrechtlichen oder aus sozialethischen Gründen – auch moralisch für gut befunden werden.

---

[5] Diese Auffassung prägt zum Beispiel den weiter unten thematisierten Gesetzentwurf zur Regelung des assistierten Suizids von Borasio, Jox, Taupitz und Wiesing. Siehe: Pressemitteilung (2014), 5.

2 Verbreitung und Ursachen suizidalen Verhaltens

Die meisten Menschen, die eine Suizidbegleitung wünschen, befinden sich in einer Phase schwerer Depression, sodass der Begriff des „Freitodes" schon aus diesem Grund geradezu absurd klingt. Die Neigung zur Selbsttötung, insbesondere aber der Suizid selbst, stehen in deutlichem Zusammenhang mit psychischen Erkrankungen. Die Zahl der gemeldeten Suizide in Deutschland liegt seit annähernd zehn Jahren bei ungefähr 10.000 pro Jahr.[6] Durch Selbsttötung sterben also dreimal so viele Menschen wie durch den Straßenverkehr (Verkehrstote 2013: 3.339).[7] Insbesondere der sogenannte Alterssuizid nimmt signifikant zu. Die Zahl der „gescheiterten" Suizidversuche liegt mindestens zehnmal so hoch wie die der „erfolgreichen", also bei deutlich mehr als 100.000 pro Jahr.

Ursächlich für versuchte Selbsttötungen sind vor allem psychische Erkrankungen mit depressiver Symptomatik sowie akute und chronische Belastungssituationen, die durch hinzutretende soziale Probleme wie Arbeitslosigkeit, gesellschaftliche Isolation oder Angst vor unzureichender pflegerischer Versorgung bei chronischer Krankheit im Einzelfall als unerträglich erlebt werden. Bei Menschen jenseits des 65. Lebensjahrs steigt die Suizidrate deutlich an, da sich gerade im höheren Lebensalter verschiedene Ängste und Belastungen bis hin zu einer völligen Perspektivlosigkeit verdichten können. Dann scheint es manchmal nur noch den Ausweg der Selbsttötung zu geben.

In Deutschland kommen mindestens 100.000 Personen im Jahr nach Suizidversuchen mit dem medizinischen Versorgungssystem in Kontakt. Der Suizidversuch wird heute als das Resultat eines komplexen Bedingungsgefüges angesehen, in dem biologische Faktoren, körperliche Bedingungen, personale Faktoren und die Umwelt eine Rolle spielen. Als bedeutsam gelten die Zugehörigkeit zu bestimmten Risikogruppen psychisch Kranker (Depression,

---

[6] Vollendete Suizide 2011: 10.144, 2012: 9.890, 2013: 10.076. Quelle: Anzahl der Sterbefälle durch vorsätzliche Selbstbeschädigung (Suizide) in Deutschland in den Jahren von 1980 bis 2013. http://de.statista.com/statistik/daten/studie/583/umfrage/sterbefaelle-durch-vorsactzliche-selbstbeschaedigung / (Stand: 21.12.2014).

[7] Statistisches Bundesamt: Polizeilich erfasste Unfälle / Unfälle und Verunglückte im Straßenverkehr. https://www.destatis.de/DE/ZahlenFakten/Wirtschaftsbereiche/TransportVerkehr/Verkehrsunfaelle/Tabellen/UnfaelleVerunglueckte.html?nn=50922 (Stand: 21.12.2014).

Schizophrenie, Sucht), das Vorhandensein zusätzlicher Elemente wie Hoffnungslosigkeit, Resignation, Isolations-, Wertlosigkeits-, Schuldgefühle, Wahn, Halluzinationen, Panikzustände und schließlich suizidale Krisen oder Suizidversuch in der Vorgeschichte, in der Familie oder dem näheren Umfeld.

Suizidalität tritt vor allem in Lebensphasen biologischer und sozialer Krisen auf, die mit erheblichen Veränderungen einhergehen. Unter den sozialen Faktoren, die einen Suizid auslösen können, sind schlechte ökonomische Bedingungen, Arbeitslosigkeit, berufliche und finanzielle Probleme besonders hervorzuheben. Angehörige sozial benachteiligter Gruppen ohne Hoffnungen und Zukunftsperspektiven, aber auch Menschen mit Migrationshintergrund weisen ein erhöhtes Risiko auf. So finden sich signifikant erhöhte Suizidversuchsraten in der Gruppe der Migranten, insbesondere bei Mädchen ab der Pubertät und bei jungen Frauen.[8]

Psychisch Kranke brauchen fachmännische Hilfe und keine Fahrkarte in den Tod. Die in der gesellschaftlichen Debatte vertretene Ansicht, der Suizid sei Ausdruck autonomer Selbstbestimmung (daher die Bezeichnung „Freitod"), hat mit der Realität und den Ergebnissen der Suizidforschung wenig zu tun. Selbsttötungen sind fast immer Ausdruck depressiver Verstimmung, erlebter Einschränkung und subjektiver Unfreiheit. Die Entscheidung zum Suizid ist nicht frei, die Selbsttötung erscheint nur als der einzige Ausweg, den der Suizident momentan noch sieht. Zu echter Entscheidungsfreiheit gehört aber eine wählbare und akzeptable Alternative. Wenn es eine solche nicht gibt, dann sollte man den Euphemismus „Freiheit" meiden, denn dieser anspruchsvolle Begriff trägt hier nichts zur Erhellung der Sachlage bei. Die Wahl zwischen Suizid und Weiterleben hat eine vollkommen andere Qualität als die Auswahl zwischen einem Buch, einem Theaterbesuch oder einer Grillparty.

---

[8] Schmidtke (2012).

3   Aktive Sterbehilfe für Minderjährige: Belgien als warnendes Beispiel

Mit dem Suizid nimmt sich der Mensch tatsächlich die Freiheit weg, und zwar für immer, denn der Suizid bringt unwiderruflich das Ende jeder zukünftigen Handlungsfreiheit mit sich. Der ethisch, politisch und rechtlich immer stärker enttabuisierte assistierte Suizid erscheint heute jedoch nicht mehr nur als ein „Notausgang" für alte Menschen, denn inzwischen sind auch Kinder und Jugendliche zu Zielgruppen des geplanten Todes geworden. Als eines der ersten Länder der Welt hat ausgerechnet Belgien, dessen Bevölkerung zumindest formal überwiegend katholisch ist, am 13. Februar 2014 die aktive Sterbehilfe, also die Tötung auf Verlangen, für Minderjährige erlaubt. Die Abgeordnetenkammer verabschiedete nach einer zweitägigen Debatte das entsprechende Gesetz. Im Parlament stimmten 86 Abgeordnete für die neuen Regeln, 44 dagegen, 12 Parlamentarier enthielten sich. Die Gesetzesänderung erlaubt es Kindern und Jugendlichen, die „unheilbar krank" sind und „unerträgliche Schmerzen" haben, über den Zeitpunkt ihres Todes zu entscheiden. Sie benötigen die Zustimmung der Eltern, zudem müssen der behandelnde Arzt, unabhängige Kollegen und ein Psychologe einwilligen. Doch die grundsätzliche Entscheidung liegt beim Kind.

Vor allem die katholische Kirche hatte bis zuletzt gegen dieses Gesetz gekämpft. Der Erzbischof von Mechelen-Brüssel, André-Joseph Léonard (geb. 1940), zugleich Vorsitzender der Belgischen Bischofskonferenz, kritisierte den Widerspruch, dass man Jugendliche zwar als rechtlich nicht geeignet ansehe, wichtige wirtschaftliche Entscheidungen zu treffen, doch plötzlich sollten diese fähig sein, zu entscheiden, dass man sie sterben lässt. Kritische Ärzte schrieben in einem offenen Brief, es gebe keine objektive Methode, um die geforderte Entscheidungsfähigkeit der Minderjährigen festzustellen. Das Gesetz sieht keine kalendarisch definierte Altersuntergrenze vor. Jeder Fall soll einzeln von Experten betrachtet und beweitet werden. In der EU ist aktive Sterbehilfe für Minderjährige sonst nur noch in den Niederlanden zulässig; dort gilt jedoch ein Mindestalter von zwölf Jahren.[9]

---

[9] Gesetzesänderung: Belgien ebnet Weg für aktive Sterbehilfe für Minderjährige. Spiegel online vom 13.02.2014, http://www.spiegel.de/panorama/gesetzesaenderung-belgien-ebnet-weg-fuer-aktive-sterbehilfe-fuer-minderjaehrige-a-953181.html (Stand: 21.12.2014).

Die neue Gesetzeslage in Belgien wirft ethisch bedeutsame Fragen auf: Welche Signale sendet eine Gesellschaft aus, die dem „Sterbewunsch" von Kindern und Jugendlichen stattgibt? Nimmt diese Gesellschaft die jungen Menschen in ihren tatsächlichen Bedürfnissen nach Fürsorge und Zuwendung überhaupt ernst? Es sind schließlich die Erwachsenen, die ihrer Fürsorgepflicht in vielen Fällen nicht mehr gerecht werden. Die von diesen Erwachsenen dekretierte Verabsolutierung des Selbstbestimmungsrechts von Kindern und Jugendlichen bürdet gerade bei einer so elementaren Entscheidung wie der über den eigenen Tod den betroffenen jungen Menschen eine Last auf, die man ihnen guten Gewissens nicht zumuten darf. Es sind eher die Wünsche der Erwachsenen, mitunter auch die der Eltern, die unbewusst darauf zielen, das Leiden des Kindes und das Mitleiden der Familie möge ein Ende nehmen. Das kranke Kind erspürt diese latenten und unausgesprochenen Gedanken seiner Angehörigen mit hoher Sensitivität und reagiert darauf womöglich mit der Ausbildung eines eigenen Sterbewunsches, dessen eigentliches Ziel jedoch nicht der Tod, sondern vielmehr der Abbau jener zwischenmenschlichen emotionalen Spannungen ist, die das Kind in der nonverbalen Kommunikation wahrgenommen hat. Indem Eltern, Ärzte und Psychologen in den Prozess der Entscheidungsfindung lenkend eingreifen, kann nicht ernsthaft davon gesprochen werden, dass es sich schlussendlich um eine autonome Wahl des angeblich sterbewilligen jungen Menschen handelt.

Die Suizidforschung zeigt, dass nur sehr wenige Suizide von sterbenskranken Menschen verübt werden. In der überwiegenden Mehrzahl der Fälle ereignen sich Suizide vor dem Hintergrund psychischer Erkrankung oder infolge einer biografischen Lebenskrise, die zu einer nur zeitweiligen Depression geführt hat. Dies ist auch und gerade bei Minderjährigen in der Phase der Adoleszenz keine seltene Konstellation. Suizidale Äußerungen und suizidale Handlungen dürfen also nicht als Ausdruck des unbedingten Willens zum Sterben verstanden werden, sondern als ein Symptom des deprimierenden Gefühls, unter den derzeit gegebenen Umständen nicht mehr weiter leben zu können.

4   Der assistierte Suizid als rechtspolitisches Thema in Deutschland

Nach deutschem Recht sind alle Formen der Anstiftung und Beihilfe zur
Selbsttötung nicht strafbar, wenn der Entschluss zur Selbsttötung „freiverantwortlich" war. Aufgrund der genannten empirischen Tatsachen und Studien aus der Suizidforschung liegt dieser Sichtweise jedoch ein verkürztes
und realitätsfernes Freiheitsverständnis zugrunde: Während die Freiheit des
Staatsbürgers im liberalen Rechtsstaat in der ungehinderten Wahl zwischen
verschiedenen Lebensentwürfen bestehen sollte, liegt der Entscheidung für
die Selbsttötung in der Lebenswirklichkeit regelmäßig eine als ausweglos
empfundene Zwangslage zugrunde, die gerade keine freie Wahl mehr zulässt.
Mit dem Tod ist dann auch jeder zukünftigen Entscheidungsfreiheit die
Grundlage entzogen.

Allerdings sind nach dem Rechtsgrundsatz der Akzessorietät von Täterschaft und Teilnahme als Folge dieser Grundentscheidung im deutschen
Strafrecht auch Anstiftung und Beihilfe (§§ 26 und 27 StGB) zur Selbsttötung
bisher strafrechtlich nicht erfasst, da die Haupttat, der Suizid, nicht strafbar
ist. Sogar ein im eigenen finanziellen Interesse handelnder „Sterbehelfer", der
vom Tod des Suizidenten profitierte, dürfte diesen nach geltendem Recht zur
Selbsttötung anstiften, ihm die Tatmittel beschaffen und ihn auch sonst bei
der Tatausführung unterstützen, ohne dass er sich strafbar machte. In anderen Rechtsordnungen wird die Mitwirkung am Suizid dagegen generell (so in
Österreich und Großbritannien) oder zumindest teilweise (Schweiz) strafrechtlich geahndet.

Der Suizid ist in Deutschland seit dem 19. Jahrhundert zwar nicht mehr
mit Strafe bedroht, er wird jedoch von der Rechtsordnung deshalb noch
längst nicht gebilligt. Der Strafverzicht hat nicht zuletzt pragmatische Gründe, denn im Falle eines gelungenen Suizids lebt der Täter nicht mehr, während im Fall eines womöglich schwer verletzt überlebenden Suizidenten eine
Bestrafung nicht angemessen erschiene. Wichtiger wäre hier eine wirksame
Suizidprävention. Aus dem Grundgesetz lässt sich ebenfalls kein „Recht auf
Selbsttötung" ableiten. Weder das durch Artikel 2 Absatz 2 GG geschützte
Grundrecht auf Leben noch das in Artikel 2 Absatz 1 GG verankerte Grundrecht auf die freie Entfaltung der Persönlichkeit gestatten es ihrem Träger,
jene physische Grundlage zu beseitigen, welche die unabdingbare materielle

Voraussetzung für die Gewährleistung dieser beiden Grundrechte ist. Im Hinblick auf die beide Grundrechte legitimierende Würde des Menschen nach Artikel 1 Absatz 1 GG steht darüber hinaus auch dem Grundrechtsträger selbst keine „Lebenswertbestimmung" zu, wie dies von Befürwortern des assistierten Suizids neuerdings gefordert wird.[10] Die Straflosigkeit des Suizids bedeutet insoweit also nicht dessen gesellschaftliche oder rechtliche Anerkennung.

Das deutsche Strafrecht verbietet durch § 216 StGB die *Tötung auf Verlangen* nicht nur wegen des Übergangs der Tatherrschaft auf einen Dritten, wodurch das aus der Würde des Menschen und dem Persönlichkeitsrecht abgeleitete Recht auf Selbstbestimmung in unzulässiger Weise eingeschränkt werden würde. Diese Bestimmung setzt darüber hinaus der meist fälschlich als „Autonomie" bezeichneten Willkür des Einzelnen strafrechtliche Grenzen, indem sie die staatliche Missbilligung der durch die Tötung auf Verlangen artikulierten Geisteshaltung zum Ausdruck bringt. Die unter Berufung auf die Autonomie ausgeführte Tötungs- oder Selbsttötungshandlung zöge nämlich die irreversible Aufgabe jeder zukünftigen Autonomie des betreffenden Individuums nach sich, und sie zerstörte gerade jene physischen Voraussetzungen, auf denen die Autonomie des Menschen beruht. Der erste Aspekt führt in einen performativen Widerspruch, der zweite Aspekt enthüllt die ethische Illegitimität dieser Handlungsweise.

Der Suizid ist in den meisten Fällen Ausdruck der momentanen Verzweiflung eines Menschen, die in einer konkreten Lebenslage zwar nachvollziehbar sein mag, die jedoch zu einer Handlung führt, durch welche jede zukünftige Handlungsfreiheit irreversibel zerstört und somit das in Artikel 2 Absatz 1 GG gewährleistete Grundrecht der freien Entfaltung der Persönlichkeit geradezu konterkariert wird. Wer hieran als Dritter mitwirkt, verletzt somit das genannte Grundrecht. Hinter dem Begriff der Beihilfe, also der Vorstel-

---

[10] Im Gegensatz dazu stehen Punkt 7 und Punkt 10 einer gemeinsamen Pressemitteilung der *Deutschen Gesellschaft für Humanes Sterben*, der *Giordano-Bruno-Stiftung*, der *Humanistischen Union* und des *Humanistischen Verbands Deutschland* vom 12.03.2014, in: *Neue Rheinische Zeitung*, Online-Flyer Nr. 450 vom 19.03.2014, http://www.nrhz.de/flyer/beitrag.php?id=20133 (Stand: 21.12.2014). Die ethische Problematik impliziter Lebenswert-Urteile bei auf Kosten- und Nutzenbewertungen basierenden Entscheidungen im Gesundheitswesen hat unlängst der Deutsche Ethikrat in einer umfangreichen Stellungnahme dargelegt. Vgl. Deutscher Ethikrat (2011).

lung einer Hilfeleistung durch einen nahen Angehörigen oder den mitfühlenden Arzt, verbirgt sich in Wahrheit eine Debatte um den Wert beziehungsweise den Unwert bestimmter Formen menschlichen Lebens. Denn der spätere Gehilfe einer Selbsttötung billigt die Wertentscheidung des Suizidenten, er „hilft" nicht nur, sondern er macht sich diese Entscheidung zu eigen, gibt zu ihrer Ausführung sogar den letzten Anstoß. Anders als etwa bei der Beihilfe zum Diebstahl kann der Gehilfe der Suizidassistenz nicht weggedacht werden, ohne dass der Taterfolg wegfiele. Der Gehilfe hat hier einen wesentlichen Anteil an der Tat und somit auch an der Tatherrschaft.

Verfassungsrechtlich durchaus zulässig wäre für die strafrechtliche Bewertung der Beihilfe zum Suizid eine Lösung, wie sie in Österreich gewählt wurde, wo die *Mitwirkung am Selbstmord* (§ 78 öStGB) als eigenständige Haupttat strafbar ist. Die dogmatische Begründung für eine Strafbarkeit der Mitwirkung liegt darin, dass der Suizident sein *eigenes* Leben beendet, der Teilnehmer aber, also der Anstifter oder der Helfer, sich gegen das Leben eines *anderen* Menschen vergeht, das heißt ein fremdes Rechtsgut verletzt. Die Mitwirkung an der Selbsttötung eines anderen Menschen stellt eine abstrakte Gefährdung des Lebens vieler Bürgerinnen und Bürger dar. Bei abstrakten Gefährdungsdelikten kommt es nicht darauf an, dass im Einzelfall eine konkrete Gefahr entsteht und nachgewiesen werden kann, sondern dass eine generell als gefährlich erscheinende Tätigkeit verhindert werden soll, wie zum Beispiel beim Tatbestand der *Trunkenheit im Verkehr* nach § 316 StGB.

In Deutschland fehlt es jedoch in allen politischen Lagern am Gestaltungswillen für eine solche Option. Hier wird stattdessen seit Jahren mit Hingabe an Nebenkriegsschauplätzen gekämpft, allerdings an höchst gefährlichen. So sollte kurz vor dem Ende der 17. Legislaturperiode des Deutschen Bundestages zu Beginn des Jahres 2013 nach dem Willen der damaligen Bundesregierung aus CDU, CSU und FDP ein Gesetz beschlossen werden, das durch einen neu zu schaffenden § 217 StGB die in Deutschland derzeit quantitativ irrelevante *gewerbsmäßige Förderung der Selbsttötung* unter Strafe gestellt hätte. Dieses Vorhaben wurde jedoch am 03. Mai 2013, viereinhalb Monate vor der Bundestagswahl am 22. September 2013, von der Bundeskanzlerin höchstpersönlich gestoppt. Streit mit den Kirchen könne Angela

Merkel im Wahljahr nicht brauchen, so kommentierte diesen Schritt der Journalist Robin Alexander vermutlich sehr treffend.[11]

Der vom Bundesjustizministerium im Sommer 2012 vorgelegte Entwurf zum § 217 StGB bezog die tatsächlich existierende geschäftsmäßig organisierte und die private Suizidbeihilfe im engsten Familienkreis, bei denen keine Gewinnerzielungsabsicht erkennbar ist, nicht in die geplante Strafbarkeit mit ein. Vereine, die keine gewerbsmäßige Suizidbegleitung im engeren Sinne leisteten, wie etwa *Dignitas Deutschland* oder *Sterbehilfe Deutschland*, hätten sich künftig in ihrem Tun sogar legitimiert und geradezu bestätigt fühlen können. Viel interessanter als das, was der Gesetzentwurf zu regeln vorgab, erscheint daher das, was er ausdrücklich ungeregelt lassen wollte und somit geradezu privilegiert hätte.

Was waren die offiziell genannten Gründe für diesen, sein vorgebliches Ziel verfehlenden Gesetzestrojaner?[12] Ethisch überzeugende Argumente konnten es jedenfalls nicht sein, denn eine an sich gute oder wenigstens moralisch neutrale Handlung wird nicht dadurch schlecht, dass sie Geld kostet. Niemand würde beispielsweise von einem Bäckermeister verlangen, dass er seine Brötchen verschenken müsse, um nicht einer „sozial unwertigen" Kommerzialisierung der Nahrungsmittelversorgung Vorschub zu leisten. Auch würde niemand von einem Bildenden Künstler fordern, dass er die von ihm gemalten Bilder kostenlos abzugeben habe, damit er nicht eine „sozial unwertige" Kommerzialisierung der Kunst befördere.

Umgekehrt aber wird eine an sich schlechte Handlung auch nicht dadurch gut, dass sie gratis zu haben ist. So wird etwa die Tat eines Denunzianten auch dann nicht als lobenswert betrachtet, wenn er seine Freunde lediglich privat und im Rahmen eines Hobbys verrät, ohne Geld für die weitergegebenen Informationen zu verlangen. Und ein Hehler, der Diebesgut ohne eigenen Gewinn in den Verkehr brächte, wäre kein Wohltäter, sondern allenfalls töricht. Die richtige Intuition, dass die Mitwirkung am Suizid eines anderen Menschen keine ethisch akzeptable Tat ist, gründet in der Sache selbst und nicht im etwaigen finanziellen Gewinn des Sterbehelfers.

---

[11] Alexander (2013).
[12] Bauer (2013b).

Es musste wohl andere Gründe für die übers parlamentarische Knie ge-
brochene, nur scheinbare strafrechtliche Begrenzung einer Mitwirkung am
Suizid geben.[13] Nun bringt es die prognostizierte demografische Alterung der
Bevölkerung in Deutschland mit sich, dass immer mehr Menschen in abseh-
barer Zukunft ein wesentlich längeres Dasein im Ruhestand erleben werden
als ihre Eltern oder Großeltern, und dies selbst dann, wenn das Rentenein-
trittsalter auf 67 oder gar 70 Jahre angehoben werden sollte. Mit zunehmen-
dem Alter kommen mehr und kostspieligere Krankheiten auf uns zu. Wer
sich mithilfe körperlicher Aktivität lange fit hält, wird die Krankheiten, die
seine Eltern mit 75 Jahren trafen, gegebenenfalls erst mit 85 erleben; erspart
bleiben sie ihm jedoch nicht. Damit steigen auch die Krankheits- und Pflegekosten während der letzten Phase des Lebens an. Denn es wäre eine Illusion
zu glauben, wir würden in der näheren Zukunft nicht nur später, sondern
sozusagen in „kerngesundem" Zustand von heute auf morgen sterben.

Wie sähe nun das Ende alter und kranker Menschen im Jahre 2025 oder
2030 aus, wenn es gelänge, sie schon weit im Vorfeld des Todes davon zu
überzeugen, dass ein freiwilliger Abgang nach einem erfüllten Leben eine
Tugend, gar eine soziale Verpflichtung sei? Schon heute kennen wir jene
euphemistischen Begriffe, mit denen in der akademischen Medizinethik gerne gearbeitet wird, um unangenehme Tatsachen schönzufärben. So macht es
eben einen erheblichen semantischen Unterschied, ob man von *aktiver Sterbehilfe* oder von *Tötung auf Verlangen* spricht. Der erste Begriff klingt nach
einem Akt der Humanität, der zweite nach einem strafbewehrten Delikt gegen das Leben. Gemeint ist aber jeweils ein und derselbe Sachverhalt.

Derzeit werden in Deutschland von den rund 2,2 Millionen Pflegebedürftigen etwa 1,5 Millionen Menschen (68 %) zu Hause gepflegt, während etwa
700.000 Pflegebedürftige (32 %) in Heimen leben. Eine Situation, in der ausgerechnet Angehörigen und womöglich Hausärzten ein strafrechtlich abgesi-
chertes Privileg beim assistierten Suizid eingeräumt würde, wäre für pflegebedürftige Menschen schon heute lebensgefährlich. Wir müssen aber zur
Kenntnis nehmen, dass unsere Gesellschaft demografisch altert. Zwischen
1950 und 1970 wurden in Deutschland jährlich nahezu doppelt so viele Kinder geboren wie in der Gegenwart. Es geht folglich um über 20 Millionen

---

[13] Beihilfe zur Selbsttötung (2013).

Menschen, deutlich mehr als ein Viertel aller Bürgerinnen und Bürger dieses
Landes, die 2015 zwischen 45 und 65 Jahren alt sind und die in den kommenden drei Jahrzehnten die Senioren unserer Gesellschaft darstellen werden. Das Problem der hohen Renten-, Krankheits- und Pflegekosten wird
dann eskalieren.

In dieser Lage käme ein angeblich „selbstbestimmt" herbeigeführter „Freitod" älterer Menschen gerade im richtigen Augenblick zur Auswirkung.
Denn in den Jahren nach 2025 müssen immer weniger arbeitsfähige Bürger
die Renten für die Senioren dieser Kohorte erwirtschaften. Angesichts der
wenig erfreulichen Aussicht, dass infolge der in Deutschland vergleichsweise
moderaten Löhne und der niedrig angesetzten Beitragssätze zur gesetzlichen
Rentenversicherung das relative Rentenniveau in zehn oder fünfzehn Jahren
deutlich unter dem gegenwärtigen liegen wird, muss man durchaus die Frage
stellen, ob sich die auffällige politische Toleranz für die Mitwirkung am Suizid künftig tatsächlich nur auf Schwerstkranke in einem medizinischen Fi-
nalstadium bezöge, wie derzeit in beschwichtigender Absicht meistens argumentiert wird.

Der von dem Berliner Hochschullehrer Christoph Wilhelm Hufeland
(1762–1836) überlieferte Ausspruch, der Arzt, der sich an der Tötung eines
Patienten beteilige, sei „der gefährlichste Mann im Staate", findet heute kaum
noch öffentliche Resonanz. Die theoretische Richtigkeit des diesem Satz zugrunde liegenden Arguments der „schiefen Ebene" (*slippery slope argument*)
wird von manchen Ethikern gern bestritten, obwohl das Faktum selbst jedenfalls historisch gut belegt ist. Die von diesem Argument prognostizierte zwar
allmähliche, aber praktisch so gut wie unaufhaltsame mentale Nivellierung
moralischer Grenzen im Bewusstsein der Bürgerinnen und Bürger benötigt
allerdings geraume Zeit, und deshalb müsste ein Gesetz, das die Sterbehilfe
eher fördern als hemmen sollte, etwa zehn Jahre früher in Kraft treten als
dies praktisch gesehen erforderlich wäre.

Dann würden Hemmschwellen fallen, die heute vor allem noch deshalb
vorhanden sind, weil 93 % der Bürger die diesbezügliche Rechtslage nicht
kennen und irrtümlich glauben, Anstiftung und Beihilfe zum Suizid seien in

Deutschland derzeit strafbar.[14] Doch Unwissenheit bietet keinen hinreichenden Lebensschutz, denn eine deutliche Mehrheit der Bundesbürger ist, zumindest wenn man ihnen geschickt formulierte Fragen stellt, inzwischen dafür, die Suizidassistenz zuzulassen. Nach einer im Januar 2014 im Auftrag des Magazins ZEIT *online* durchgeführten Umfrage unter 1.014 Personen forderten nur noch 17 % deren Verbot.[15] Eine am 06. Oktober 2014 veröffentlichte repräsentative Umfrage des *Instituts für Demoskopie Allensbach* wiederum ergab, dass rund 60 % der Deutschen die Zulassung privater Sterbehilfeorganisationen wie in der Schweiz befürworteten. Lediglich jeder fünfte Befragte trat dafür ein, Sterbehilfeorganisationen zu verbieten. Die Zustimmung zur aktiven Sterbehilfe geht offenbar quer durch alle Bevölkerungsschichten, und sie ist weitestgehend unabhängig von Geschlecht, Alter, Bildung oder Konfessionszugehörigkeit. So traten 70 % der Männer und 65 % der Frauen für die Möglichkeit einer aktiven Sterbehilfe ein. In allen Bildungsschichten war mit 64 bis 70 % eine große Mehrheit dafür, dass schwerkranke Menschen dabei unterstützt werden sollten, ihr Leben auf eigenen Wunsch hin zu beenden. Auch unter Katholiken und Protestanten sprach sich jeweils eine große Mehrheit für die Zulassung der aktiven Sterbehilfe aus, also für eine Legalisierung der durch § 216 StGB strafbewehrten Tötung auf Verlangen.[16]

In der jüngeren Medizinethik wird zunehmend versucht, die methodisch äußerst fragwürdige Arbeitstechnik zu etablieren, normative Fragestellungen auf der Basis demoskopischer Meinungsumfragen zu beantworten, um damit auf die staatliche Thanatopolitik aktiv Einfluss zu nehmen. Ethische Reflexion wird somit ihres reflexiven Kerns beraubt. So hat eine im Dezember 2014 vom *Institut für Medizinische Ethik und Geschichte der Medizin der Ruhr-Universität Bochum* publizierte Querschnittsumfrage unter 734 zufällig ausgewählten Ärztinnen und Ärzten ergeben, dass sich 40,2 % der Befragten eine

---

[14] Assistierter Suizid. Ergebnisse einer repräsentativen Erhebung – Tabellarische Übersichten. Eine Studie von Infratest dimap im Auftrag der „Stiftung Ja zum Leben", Berlin 12.05.2011 (67.10.122341). Die Studie wurde bislang nicht publiziert.

[15] Callsen (2014).

[16] Allensbacher Kurzbericht vom 06.10. 2014: *Deutliche Mehrheit der Bevölkerung für aktive Sterbehilfe.* http://www.ifd-allensbach.de/uploads/tx_reportsndocs/KB_2014_02.pdf (Stand: 21.12.2014).

ärztliche Suizidassistenz unter bestimmten Bedingungen vorstellen konnten. Das berufsrechtliche Verbot der ärztlichen Assistenz zur Selbsttötung durch die Bundesärztekammer aus dem Jahre 2011 wurde von 33,7 % abgelehnt und von 25,0 % befürwortet, während 41,4 % unentschieden waren. Allerdings hatten 12 von 17 Landesärztekammern eine Teilnahme ihrer Mitglieder an der Umfrage aus methodischen und inhaltlichen Bedenken gegen die Form der Fragestellung abgelehnt, sodass lediglich Mitglieder der Ärztekammern Nordrhein, Westfalen-Lippe, Saarland, Thüringen und Sachsen antworteten. Von den Autoren wurde dieser Sachverhalt jedoch nicht zum Anlass für Selbstkritik genommen, vielmehr warfen sie den ablehnend oder gar nicht antwortenden Landesärztekammern eine mangelnde Kooperationsbereitschaft vor.[17]

In Aldous Huxleys (1894–1963) Roman *Schöne neue Welt*, erschienen 1932, scheiden die Menschen aus dem Leben, bevor sie ernsthaft erkranken und die Wiederherstellung ihrer Gesundheit Kosten verursacht. Huxley hat seine dystopische Erzählung im Jahr 2540 angesiedelt. Man muss, wenn man ehrlich ist, feststellen, dass wir diesem ernüchternden Gesellschaftsentwurf mittlerweile gefährlich nahe gekommen sind, jedenfalls viel näher, als die zeitliche Differenz von derzeit 525 Jahren vermuten lassen würde. Es ist erstaunlich, wie der damals 38-jährige Autor vor nunmehr 83 Jahren eine technisch perfektionierte Zivilisation des inhumanen Grauens prognostiziert hat. Ob er zu optimistisch war, als er dieses Szenario rund 600 Jahre in die Zukunft verschob? Vermutlich hat er die Geschwindigkeit der Entwicklung unterschätzt.

So ließ 1978 der schwedische Autor Carl-Henning Wijkmark (geb. 1934) in seinem Buch *Der moderne Tod. Vom Ende der Humanität* einen (fiktiven) Medizinethiker behaupten, viele Männer und Frauen, die – als Ärzte oder als Angehörige – eine Langzeitpflege und die Pflege „hoffnungsloser Fälle" aus der Nähe erlebt hätten, verspürten den innigen Wunsch, ihnen selbst möge später das Leiden, das sich dort gezeigt habe, erspart bleiben. Wijkmarks Novelle beschrieb ein als Zukunftsszenario dargestelltes, in den 1990er Jahren spielendes Symposium hochrangiger schwedischer Politiker und Wissenschaftler über die Frage, wie man des Problems zu vieler alter und kranker

---

[17] Schildmann et al. (2014).

Menschen in Zeiten des bedrohten Wohlstands Herr werden könnte. Aus der Retrospektive von mittlerweile 37 Jahren wirkt das Buch geradezu prophetisch und beklemmend. Wir sind der „schönen neuen Welt" bereits viel näher als wir glauben.[18]

5   Ein neuer Anlauf zum § 217 StGB: Die thanatopolitische „Agenda 2015"

Diejenige Handlungsweise, die 2013 verboten werden sollte, nämlich nur die gewerbsmäßige Mitwirkung an der Selbsttötung, die dann vorliegt, wenn jemand sich aus wiederholter Begehung einer Tat eine fortlaufende Haupteinnahmequelle oder auch nur Nebeneinnahmequelle von einiger Dauer und einigem Umfang schafft, spielt in der Praxis der organisierten Sterbehilfe in Deutschland keine wesentliche Rolle. Einerseits lassen sich daraus erzielte Einnahmen relativ leicht als Gebühren oder Mitgliedsbeiträge deklarieren, andererseits würde die Mitwirkung am Suizid eines anderen Menschen auch nicht dadurch ethisch legitimer, dass sie für den Suizidenten kostenlos zu erhalten wäre. Profitieren würden davon allenfalls dessen spätere Erben. Das Verbot allein der gewerbsmäßigen Suizidhilfe hätte im Umkehrschluss zu einer rechtlichen Privilegierung und moralischen Aufwertung der nicht kommerziellen Mitwirkung am Suizid geführt, und hier wären naturgemäß Ärzte aufgrund ihrer Ausbildung am ehesten in der Lage, entsprechend tätig zu werden. Wir stünden dann am Beginn des ärztlich assistierten Suizids als einer schon bald von den gesetzlichen Krankenkassen finanzierten Abschlussleistung für ihre Versicherten.[19]

Nun plant die Bundesregierung in der laufenden 18. Legislaturperiode einen neuen Anlauf zum § 217 StGB; es geht dabei um eine Art thanatopolitische „Agenda 2015". Diesmal ist davon die Rede, dass auch die geschäftsmäßige Suizidhilfe unter Strafe gestellt werden solle. Anders als im Falle der Gewerbsmäßigkeit, bei der eine Gewinnerzielungsabsicht bestehen muss, liegt geschäftsmäßiges Handeln im strafrechtlichen Sinne bereits dann vor,

---

[18] Rehder (2014), 3.
[19] Bauer (2013c).

wenn der Täter – wenn auch nur bei einer einzelnen Tat – beabsichtigt, die Wiederholung gleichartiger Taten zum Gegenstand seiner wirtschaftlichen oder beruflichen Betätigung zu machen, auch wenn er damit keine Erwerbsabsicht verbindet. Mit einem entsprechenden Gesetz könnte man, so lautet die Hoffnung, die Tätigkeit von Vereinen wie *Dignitas Deutschland* oder *Sterbehilfe Deutschland* eindämmen oder gar zum Erliegen bringen. Aus genau diesem Grund planen indessen libertäre Politiker aus allen Fraktionen des Deutschen Bundestages entsprechende Gegenentwürfe, durch welche die Suizidassistenz nicht etwa begrenzt, sondern im Gegenteil noch ausgeweitet werden soll.

Die Geschäftsführenden Vorstände der beiden Koalitionsfraktionen aus CDU / CSU und SPD präsentierten auf einer Klausurtagung in Königswinter am 29. April 2014 den folgenden Zeitplan[20] für das Gesetzesvorhaben:

1. Fraktionsinterne Orientierungsveranstaltungen im 2. Quartal 2014.
2. Fraktionsübergreifende Orientierungsveranstaltung im Bundestag im 3. Quartal 2014 nach der Sommerpause.
3. Gruppenfindung und Erarbeitung der einzelnen Gesetzentwürfe im 4. Quartal 2014 (Wahl der Gruppensprecher und der Vorsitzenden, Aufstellung eines Zeitplans innerhalb der einzelnen Gruppen sowie gruppeninterne Abstimmungsgespräche).
4. Parlamentarische Beratung mit Erster Lesung im 1. Quartal 2015, Anhörung im 2. Quartal 2015 und 2. / 3. Lesung im 3. Quartal 2015.

Die Koalitionsfraktionen beabsichtigten durch diesen Zeitplan, auch in der Öffentlichkeit eine möglichst breite gesellschaftliche Debatte über den Umgang mit Mitmenschen am Lebensende und den Grundwerten unserer Gesellschaft auszulösen. Wir erleben es daher seit dem Spätsommer 2014 fast Tag für Tag, dass die Medien die großzügig bemessene Zeit dazu nutzen, um den Bürgerinnen und Bürgern das unerträgliche Leiden schwerstkranker Menschen hautnah und mit Gruseleffekten versehen frei Haus zu servieren. Der Druck in Richtung auf das Ziel einer vermeintlichen „Liberalisierung"

---

[20] CDU / CSU-Fraktion im Deutschen Bundestag und SPD-Bundestagsfraktion: Beschluss der Geschäftsführenden Vorstände vom 29.04.2014. Würdevolles Sterben - Umgang mit Sterbehilfe klären. https://www.cducsu.de/sites/default/files/uploads/top4-sterbehilfe.pdf (Stand: 21.12.2014).

und „Privatisierung" des assistierten Suizids steigt, als stecke dahinter ein generalstabsmäßig organisierter Masterplan. Die Berichterstattung und die öffentlichen Reaktionen auf die in einem Illustrierten-Interview am 15. Juli 2014 bekundete persönliche Bereitschaft des damaligen EKD-Vorsitzenden Nikolaus Schneider (geb. 1947), seiner krebskranken Ehefrau gegebenenfalls seelischen Beistand durch seine Anwesenheit bei ihrer etwaigen assistierten Selbsttötung in der Schweiz leisten zu wollen, und dies seiner eigenen theologischen Überzeugung zuwider, machten deutlich, wie leicht sich dieses ernste Thema als Betroffenheits-Rührstück inszenieren und für politische Zwecke instrumentalisieren lässt.[21]

Am 08. Mai 2014 legte die *Deutsche Stiftung Patientenschutz* einen Gesetzesentwurf vor, der die Strafbarkeit der geschäftsmäßigen Förderung der Selbsttötung zum Ziel hat. Erstellt hatten diesen Entwurf, der sich direkt an die Abgeordneten des Deutschen Bundestages richtete, der Gießener Professor für Öffentliches Recht Steffen Augsberg und Eugen Brysch, Vorstand der *Deutschen Stiftung Patientenschutz*.[22] Der Entwurf stellte allein auf die Geschäftsmäßigkeit der Suizidbeihilfe ab, also auf die Absicht, solche Angebote wiederholt zu betreiben. Dabei sollte es keine Rolle spielen, ob Geld fließt oder nicht. Allein die gewerbsmäßige Suizidbeihilfe zu verbieten genügte den Autoren nicht, denn nicht gewerblich handelnde Suizidhelfer würden sich dadurch sogar legitimiert fühlen.

Der Entwurf stellte die Suizidentscheidung des Einzelnen, die es zu respektieren gelte, nicht infrage. Straffrei bliebe daher nach wie vor die (private) Hilfe dazu. Auch die Teilnahme am geschäftsmäßigen Handeln Dritter bliebe straffrei, sofern es um Angehörige und nahe stehende Personen ginge. Für Pflegekräfte und Ärzte gelte dies im normalen Behandlungsverhältnis nicht, so hieß es in dem Gesetzentwurf. Die reine Werbung für ein Suizidangebot sowie das Schaffen von Kommunikations- und Informationsforen sollten mit Blick auf die freie Meinungsäußerung nicht verboten werden.[23]

---

[21] Posche / Hauser (2014). Genau genommen wäre Nikolaus Schneider „nur" bereit, mit seiner Frau in die Schweiz zu reisen und ihr die Hand zu halten, während sie einen dort zur Verfügung gestellten Giftbecher trinken würde. Er selbst leistete dann formal keine Beihilfe zur Selbsttötung im engeren Sinne.
[22] Augsberg / Brysch (2014).
[23] Pressemeldung (2014).

Schon im November 2012 hatte der CDU-Abgeordnete Hubert Hüppe einen Gesetzentwurf erarbeiten lassen, der deutlich restriktiver war als der Entwurf von Augsberg / Brysch, da er die organisierte, geschäftsmäßige oder selbstsüchtige Handlungsweise bei der Förderung von Suiziden verhindern wollte. Ferner sollte nach diesem Entwurf auch die Werbung zur Förderung von Selbsttötungen strafrechtlich verboten werden.[24] Dieser Gesetzesentwurf wurde im Juli 2014 durch seine Veröffentlichung in der *Zeitschrift für Lebensrecht* erstmals publiziert, aber in der Folge kaum noch rezipiert und diskutiert. Schlagzeilen machten vielmehr jene Protagonisten, die einer „Liberalisierung" des Strafrechts das Wort redeten.

6   Ärzte als Suizidbegleiter und der kalkulierte Verrat am Hippokratischen Eid

Wie steht es nun mit Ärztinnen und Ärzten als den zukünftigen Suizidbegleitern? Im Zusammenhang mit der Sterbehilfe wird oft der Hippokratische Eid angeführt, der um 400 v. Chr. entstanden ist. Sein Namensgeber Hippokrates von Kos (460–377 v. Chr.) war vermutlich nicht selbst der Verfasser des Eides, doch kommt dieser Text der Haltung des Autors der als authentisch geltenden *Hippokratischen Schriften* (*Epidemien III*, *Epidemien I* und *Prognostikón*) durchaus nahe. Der Eid enthielt – nach einem formalen Lehrvertrag – wichtige Leitlinien für die Medizinerausbildung, das Arzt-Patienten-Verhältnis und den Arztberuf. Solche Leitlinien benötigte der Arzt der griechischen Antike, um medizinisch erfolgreich wirken und ökonomisch überleben zu können.

Für den Hippokratischen Arzt kam es nicht nur aus ethischen Gründen darauf an, Schaden von seinen Patienten abzuwenden; es ging dabei auch um seine eigene berufliche Existenz. Angesichts der beschränkten therapeutischen Möglichkeiten konnte es in vielen Fällen klüger sein, lieber nichts zu tun und damit zusätzlichen Schaden für den Kranken zu vermeiden, als durch eine falsche Behandlung die Krankheit womöglich zu verschlimmern. Für das Ansehen des Arztes, der sich als Fachmann zur Erhaltung des ge-

---

[24] Entwurf (2014), 26-32.

fährdeten Lebens verstand, wäre die Beihilfe zur Selbsttötung oder gar zur Tötung eines Menschen äußerst abträglich gewesen. Sie wurde deshalb im Eid ebenso abgelehnt wie die Ausführung einer Abtreibung. Wörtlich heißt es dazu im Eid: „Ich werde niemandem, nicht einmal auf ausdrückliches Verlangen, ein tödliches Medikament geben, und ich werde auch keinen entsprechenden Rat erteilen."[25]

Auch wenn der Hippokratische Eid in seiner historischen Zeitgebundenheit betrachtet werden muss, so liegt doch ein bedenklicher Zug in der Debatte um die Sterbehilfe darin, dass neuerdings gerade von Juristen die Forderung erhoben wird, ausgerechnet Ärzte sollten künftig als Suizidbegleiter tätig werden. Ärzte wüssten schließlich, wie man Medikamente richtig dosiert, und auch im Standesrecht gebe es keine Regel, die dem Arzt die Suizidhilfe verbiete. Dort heiße es nur, dass die Hilfe zur Selbsttötung dem ärztlichen Ethos widerspreche. Daran aber müsse sich nicht jeder Arzt halten. Tatsächlich muss sich im pluralistischen Rechtsstaat, dessen „Minimalmoral" durch das Grundgesetz und dessen fallbezogene Interpretation seitens des Bundesverfassungsgerichts repräsentiert wird, kein Bürger, auch kein approbierter Arzt, zwingend an den ethischen Spezialnormen seines Berufsstandes orientieren, sondern letzten Endes vorrangig am staatlichen Strafrecht.[26]

Der Präsident der Bundesärztekammer, Prof. Dr. Frank Ulrich Montgomery (geb. 1952), sagte im Jahre 2012, als Sterbehelfer stünden Ärzte auch künftig nicht zur Verfügung. Ärzte hätten Sterbenden beizustehen, es sei ihnen aber verboten, Patienten auf deren Verlangen zu töten oder ihnen Hilfe zur Selbsttötung zu gewähren. Entsprechendes sei in den Berufsordnungen der Ärztekammern klar geregelt. Doch so klar, wie dies Montgomery postulierte, ist die Sache keineswegs. Infolge der fehlenden Rechtswidrigkeit des Suizids verbietet das deutsche Strafgesetzbuch die beiden lediglich akzessorischen Tatbestände der Anstiftung und Beihilfe nicht, und auch das ärztliche Standesrecht wird hier zunehmend ausgehöhlt. Die Bundesärztekammer hat zwar im Jahre 2011 eine neue Musterberufsordnung für die in Deutschland tätigen Ärztinnen und Ärzte erstellt. In § 16 der Musterberufsordnung wurde ein ausdrückliches standesrechtliches Verbot der Suizidbei-

---

[25] Bauer (1995), 141-148.
[26] Taupitz (2009), 58-60 und Bauer (2009b).

hilfe aufgenommen: „Ärztinnen und Ärzte haben Sterbenden unter Wahrung ihrer Würde und unter Achtung ihres Willens beizustehen. Es ist ihnen verboten, Patientinnen und Patienten auf deren Verlangen zu töten. Sie dürfen keine Hilfe zur Selbsttötung leisten."

Doch entfaltet diese Musterberufsordnung als solche keine Rechtskraft. Rechtsverbindlich sind nämlich nur die auf dieser Grundlage von den 17 Landesärztekammern verabschiedeten Berufsordnungen für die Ärzte des jeweiligen Bundeslandes. Auch die entscheidenden Sätze 2 und 3 in § 16 gewinnen erst ihre formale Wirksamkeit, wenn sie in die Berufsordnungen der einzelnen Landesärztekammern übernommen wurden. Und genau hier beginnt das Problem. Denn keineswegs geht die Stimmung in den Bezirks- und Landesärztekammern einhellig dahin, dass alle Ärzte der Meinung wären, Suizidbeihilfe gehöre nicht zu ihren Aufgaben. Vielmehr gibt es durchaus Bestrebungen, den Willen der Bundesärztekammer durch stille Opposition zu unterlaufen.

Nicht zufällig gewählt erscheint hier etwa die Abweichung in der Berufsordnung der Ärztekammer Westfalen-Lippe vom 26. November 2011, in welcher der Satz *Sie dürfen keine Hilfe zur Selbsttötung leisten* in den Satz *Sie sollen keine Hilfe zur Selbsttötung leisten* relativiert wurde. Noch weiter ging die Bayerische Landesärztekammer, die in der Neufassung der Berufsordnung für die Ärzte Bayerns vom 09. Januar 2012 in § 16 die Sätze 2 und 3 aus der Musterberufsordnung der Bundesärztekammer gar nicht übernahm. Damit schließt das Bayerische Standesrecht die ärztliche Mitwirkung am Suizid nicht mehr grundsätzlich aus. In gleicher Weise entschied sich die Landesärztekammer Baden-Württemberg in ihrer Berufsordnung vom 10. Dezember 2012. Die Sätze 2 und 3 der Musterberufsordnung, denen zufolge es verboten ist, Patienten auf deren Verlangen zu töten, sowie das Verbot der ärztlichen Mitwirkung bei der Selbsttötung fehlen in der Neufassung gänzlich.

Damit dürften sowohl im Freistaat Bayern als auch in Baden-Württemberg genügend Ärzte bereit stehen, die gegebenenfalls ärztliche Suizidassistenz auf nicht gewerbsmäßige Weise leisten würden. Dies ist ein Novum in der Geschichte der Medizin, nämlich ein bewusster standesrechtlicher Bruch mit jener seit 2.400 Jahren gepflegten Tradition des Hippokratischen Eides, der jede Beteiligung an der Tötung oder Selbsttötung eines Patienten kategorisch ausschließt. Indem einerseits Strafrechtler auf das ärztliche Standesrecht und andererseits ärztliche Standesvertreter auf das staatliche Strafrecht verweisen, hat sich bei der ärztlichen Mitwirkung am Suizid eine Strafbarkeitslücke aufgetan, die sowohl in rechtlicher als auch in ethischer Hinsicht bedrückend ist.

Am 12. Mai 2014 erhob die Staatsanwaltschaft Hamburg Anklage wegen Totschlags gegen Roger Kusch (geb. 1954), den Vorsitzenden der *Sterbehilfe Deutschland*, und seinen psychiatrischen Gutachter, den Bochumer Neurologen und Privatdozenten Johann Friedrich Spittler (geb. 1942). Gemeinsam mit Spittler soll Kusch am 10. November 2012 eine 81-jährige und eine 85-jährige Frau in „mittelbarer Täterschaft" durch die Gabe einer Überdosis des Malariamittels *Chloroquin*, das über Herzrhythmusstörungen zu einem Herzstillstand führt, getötet haben. Die beiden Frauen waren im Juni 2012 dem Verein *Sterbehilfe Deutschland* beigetreten. Laut Anklage erfüllten die Frauen jedoch nicht die vom Verein damals geforderten Kriterien für die Unterstützung zur Selbsttötung: Sie hatten weder eine hoffnungslose Prognose, noch litten sie unter unerträglichen Beschwerden oder unzumutbarer Behinderung. Vielmehr habe Spittler, der regelmäßig für den Verein als Gutachter tätig war, sie als „geistig und körperlich rege" beschrieben sowie „sozial gut eingebunden". Ihr Sterbewunsch habe allein auf der Angst vor dem Altern beruht. Kusch und Spittler sei es darum gegangen, einen juristischen Präzedenzfall zugunsten des assistierten Suizids zu erzwingen. Spittler habe die Frauen weder über Alternativen noch über Beratungsmöglichkeiten aufgeklärt. Die beiden Frauen hätten seiner ärztlichen Kompetenz vertraut und daher angenommen, sie hätten keine Alternative zum Selbstmord. Daher, so sieht es die Staatsanwaltschaft, hätten die beiden Frauen nicht frei über ihren Tod entschieden.[27]

Es ist jedoch keineswegs sicher, dass es zur Zulassung der Anklage durch das Landgericht Hamburg nach § 203 StPO und am Ende gar zu einer rechtskräftigen Verurteilung der beiden Suizidhelfer kommen wird. Falls es Kusch und Spittler gelingen sollte, dass ihr Handeln vom Gericht letztlich als nicht rechtswidrig beurteilt würde, dann werden wir mit hoher Wahrscheinlichkeit damit rechnen müssen, dass mancher Hausarzt in nicht allzu ferner

---

[27] Jeska (2014).

Zukunft neben der ersten auch die letzte Hilfe anbieten wird, womöglich noch als reguläre Leistung der gesetzlichen und der privaten Krankenversicherung. Der Fachmann für die Erhaltung des gefährdeten menschlichen Lebens könnte dann zugleich als Experte für dessen vorsätzliche Beendigung in Erscheinung treten, und dies im Namen von Mitleid und Humanität.

7 Der Tod auf Rezept unter dem Deckmantel der „Fürsorge zum Leben"

Der bislang radikalste Bruch mit dem traditionellen ärztlichen Ethos würde im laufenden Gesetzgebungsverfahren indessen dann vollzogen, wenn der am 26. August 2014 von dem Medizinrechtler Jochen Taupitz (Mannheim), den beiden Medizinethikern Urban Wiesing (Tübingen) und Ralf Jox (München) sowie dem Palliativmediziner Gian Domenico Borasio (Lausanne) publizierte Gesetzesvorschlag zur Regelung des assistierten Suizids vom Deutschen Bundestag behandelt und am Ende angenommen werden würde. Unter dem Titel *Selbstbestimmung im Sterben – Fürsorge zum Leben* gaben die vier Experten in dem von ihnen formulierten § 217 StGB eine wasserdichte Anleitung für eine straffreie Beihilfe zur Selbsttötung durch „Angehörige oder dem Betroffenen nahestehende Personen" (§ 217 Absatz 2) sowie für eine nicht rechtswidrige, also privilegierte Suizidassistenz durch Ärzte (§ 217 Absatz 3 und 4).

Nun sind Angehörige gerade diejenigen Personen, denen man eine Beteiligung am Suizid eines ihnen nahestehenden Menschen am allerwenigsten erlauben dürfte. Nahe Angehörige sind immer auch emotional involviert, wenn es um die schwere Erkrankung eines Patienten oder einer Patientin geht. Fremdes Leid wird als eigenes Leid erlebt und erst dadurch manchmal unerträglich. Angehörige „leiden mit", und so kann es zum für den Kranken „tödlichen Mitleid" kommen. Ferner sind Angehörige, auch das muss erwähnt werden, in der Regel zugleich die Erben des potenziellen Suizidenten. Durch eine lange Krankheits- oder Pflegezeit kann das Vermögen des Betreffenden erheblich geschmälert werden. Diese wenig erfreuliche Aussicht kann bei Angehörigen die Neigung verstärken, das Leiden ihres Verwandten abzukürzen. Durch die persönliche Nähe zum Kranken entstehen auch emotionale Verstrickungen, bei denen dann am Schluss nicht mehr differenziert werden kann, ob der Sterbewunsch primär vom Kranken ausging, oder ob dieser sich den gefühlten Strebungen seiner Angehörigen subtil angepasst hat. Wenn die Suizidassistenz überhaupt eingeschränkt werden soll, so muss sie gerade für Angehörige verboten werden.

Das eigentliche Einfallstor für eine flächendeckende, legale Ausweitung der Suizidassistenz jedoch wäre deren ausdrückliche Erlaubnis für Mitglieder des ärztlichen Berufsstandes. Der Gesetzesvorschlag von Taupitz und Kollegen weist genau in diese Richtung. Die Voraussetzungen, unter denen ärztliche Mitwirkung am Suizid eines Patienten künftig zulässig sein soll, klingen auf den ersten Blick zwar relativ eng, sie sind aber letztlich nur kraftlose Worthülsen, die in der Praxis kaum limitierende Wirkung entfalten würden. So ist davon die Rede, der Arzt müsse aufgrund „eines [sic!] persönlichen Gesprächs mit dem Patienten zu der Überzeugung [sic!] gelangt" sein, dass der Patient „freiwillig und nach reiflicher Überlegung die Beihilfe zur Selbsttötung" verlange. Ferner muss der Arzt durch eine persönliche Untersuchung zu der Überzeugung [sic!] gelangt sein, dass der Patient an einer „unheilbaren, zum Tode führenden Erkrankung mit begrenzter [sic!] Lebenserwartung" leidet. Schließlich muss der Arzt einen weiteren, „unabhängigen" Arzt hinzuziehen, und er darf die Sterbehilfe nicht vor Ablauf von zehn Tagen nach dem Aufklärungsgespräch gewähren.

Bekanntlich muss der Köder dem Fisch schmecken und nicht dem Angler, hier also den Bundestagsabgeordneten und nicht den Autoren des Gesetzesvorschlags, die genau wissen dürften, dass die von ihnen eingezogenen „Grenzen" dank normativ schwacher und auslegungsbedürftiger Begriffe zwar stilistischen Charme besitzen, aber keine reale Bedeutung haben werden. Nur am Rande sei hier auf eine erhebliche logische Inkonsistenz des Entwurfs verwiesen, die darin besteht, dass die Leistung der Sterbehilfe an die Voraussetzung des ärztlich diagnostizierten Vorliegens einer schweren Erkrankung mit „begrenzter" Lebenserwartung geknüpft werden soll. Angesichts des von den Befürwortern der Suizidassistenz ständig apostrophierten „Selbstbestimmungsrechts", das doch nur ein Recht der sterbewilligen Person selbst sein kann, ist diese Voraussetzung aber widersprüchlich. Denn wenn die Suizidassistenz tatsächlich Ausdruck der Selbstbestimmung des Betroffenen wäre, dann dürfte diese letzte medizinische „Dienstleistung"

gerade nicht daran gebunden werden, dass der Sterbewillige einen ganz bestimmten, ärztlich festzustellenden Mindestkrankheitszustand aufweisen
muss.

Der besondere strategische Schachzug des Gesetzesentwurfs liegt jedoch in
der am Ende des Textes vorgeschlagenen Ergänzung des Betäubungsmittelgesetzes (BtMG). Das für den assistierten Suizid gerne verwendete Medikament *Pentobarbital* wird nämlich in der Anlage 3 des BtMG zusammen mit
etlichen anderen Mitteln aufgeführt, die nach § 13 Absatz 1 Satz 1 BtMG nur
von Ärzten, Zahnärzten und Tierärzten und nur dann verschrieben, verab-
reicht oder einem anderen überlassen werden dürfen, wenn ihre Anwendung
am oder im menschlichen oder tierischen Körper begründet ist. Die Tötung
oder Selbsttötung eines Menschen zählt bislang nicht zu diesen legitimen
Gründen. Taupitz und Kollegen schlagen nun vor, nach § 13 Absatz 1 Satz 1
BtMG folgenden neuen Satz 2 einzufügen: „Die Anwendung ist auch begründet, wenn die Voraussetzungen des § 217 Abs. 3 und 4 StGB erfüllt
sind." Die Autoren merken hierzu lakonisch an, das professionsbezogene
Verbot einer Beihilfe zum Suizid für Ärzte sei berufsethisch nicht haltbar.[28]

Damit würde der Tod auf Rezept Wirklichkeit, das Traumziel der Todes-
helfer endlich erreicht.[29] In zahlreichen europäischen Staaten, so in Österreich, Italien, England und Wales, Irland, Portugal, Spanien und Polen ist die
Mitwirkung Dritter am Suizid strafbewehrt. Der assistierte Suizid ist bislang
in Deutschland nur deshalb ein Randphänomen, weil das zur Selbsttötung
häufig verwendete Gift *Pentobarbital* nach § 13 BtMG lediglich in der Veterinärmedizin zum Einschläfern von Tieren verordnet werden darf. Wer auch
immer jetzt im Zusammenhang mit der Sterbehilfe Änderungen am Betäubungsmittelgesetz plant, der öffnet im wörtlichen Sinn den Giftschrank, und
das im bevölkerungsreichsten Land Europas, das zugleich über die höchste
Zahl an Ärzten verfügt. Der oft beklagte „Sterbehilfe-Tourismus" würde sich
künftig von der Schweiz nach Deutschland umkehren, denn gerade in Süd-
deutschland, nämlich in Bayern und Baden-Württemberg, würde sich in
kurzer Zeit eine perfekte und umfassende Suizidhilfe-Infrastruktur etablieren.

---

[28] Pressemitteilung (2014).
[29] Bauer (2013a).

Wenn die ärztliche Mitwirkung am Suizid eines Bürgers vom Staat legitimiert würde, dann sänke nicht nur die subjektive Hemmschwelle, diese Mitwirkung auch tatsächlich in Anspruch zu nehmen. Es würde auch der soziale Druck zunehmen, dass Sterbeunwillige die Nichtinanspruchnahme dieser Gesundheitskosten sparenden Dienstleistung begründen müssten. Die privilegierte Zulassung des durch Ärzte assistierten Suizids würde nämlich einen völlig neuartigen Erwartungs- und Entscheidungshorizont am Lebensende eröffnen. Wenn lebenserhaltende Therapien oder Tod als gleichwertige Alternativen gesehen würden, dann würde derjenige Patient, der sich für die Lebenserhaltung entscheidet, schließlich seinen Angehörigen und der Gesellschaft gegenüber rechenschaftspflichtig, denn er verursachte in der Folge schließlich weitere Kosten für Kranken-, Pflege- und Rentenversicherung, die sein Nachbar, der sich für Suizidbeihilfe entschieden hat, nicht mehr aufwirft. Das Leben ist dann nur noch eine von zwei möglichen Alternativen. Dieser Erwartungs- und Entscheidungshorizont eröffnet sich für den Betroffenen ausgerechnet in einer gesundheitlichen Lage, in der er ohnehin schwach und an der Grenze seiner Entscheidungsfähigkeit angelangt ist. Einen schauerlicheren Verrat an der heilenden Aufgabe eines Arztes kann man sich eigentlich nicht vorstellen.

Gleichwohl wurde dieses Szenario seit dem Herbst 2014 von vier angesehenen Professoren mitten in Deutschland propagiert. Die Reaktionen der Presse und des Rundfunks darauf waren überwiegend positiv. An die Auswirkungen auf die ärztliche Aus- und Weiterbildung muss in diesem Zusammenhang ebenfalls gedacht werden: So soll durch den von Taupitz und Kollegen geplanten § 217 Absatz 5 StGB das Bundesministerium für Gesundheit ermächtigt werden, durch Rechtsverordnung mit Zustimmung des Bundesrates insbesondere die „Anforderungen an die fachliche Qualifikation der beteiligten Ärzte" zu regeln. Es müssten also sowohl die Approbationsordnung für Ärzte als auch die Weiterbildungsordnungen zumindest für Internisten, Neurologen, Anästhesisten und Palliativmediziner geändert werden: Suizidassistenz würde Lehr- und Prüfungsgegenstand. Das Lernziel einer qualitativ hochwertigen Ausführung der (assistierenden) Tötungshandlung müsste theoretisch wie praktisch in speziellen Unterrichtsveranstaltungen gelehrt, gelernt und geprüft werden. Die Medizinstudierenden im Jahre 2020 müssten sich auf ein Testat in der Disziplin *Sterbehilfe* vorbereiten. Der

Arztberuf erhielte dadurch eine völlig neuartige Ambivalenz, deren Auswirkungen auf das Vertrauen der Patientinnen und Patienten in diesen Berufsstand noch nicht einmal ansatzweise bedacht, geschweige denn systematisch erforscht sind. Das alles mag nach einer Horrorvision klingen, ist aber Teil einer – in sich konsequenten – gesundheits- und sozialpolitischen Planung mit dem Ziel der Kostenminimierung am Lebensende.

8   Resümee und Ausblick: Wird der Giftschrank geöffnet?

Der schon lange öffentlich angedeutete „Freitod" des ehemaligen MDR-Intendanten Udo Reiter (1944-2014) wurde im Herbst des vergangenen Jahres gerade nicht zu einer Werbeaktion für den assistierten Suizid. Denn Udo Reiter fuhr am Ende nicht in die Schweiz, um sich von freundlichen Sterbehelfern mit *Pentobarbital* vergiften zu lassen, sondern er erschoss sich am 09. Oktober 2014 tatsächlich mutterseelenallein auf der Terrasse seines Hauses in einem Leipziger Vorort. Genau eine Woche zuvor war er noch Gast in der ZDF-Fernsehsendung von Maybrit Illner gewesen, in der es um „selbstbestimmtes" Sterben, also um die (assistierte) Selbsttötung ging. Hinter einer derart brutalen Handlung der Auto- und zugleich der Heteroaggression steht natürlich eine sehr persönliche Tragödie, über deren wahre Hintergründe wir keine ausreichenden Kenntnisse haben. Wenn aber schon die Furcht, eines Tages zum Pflegefall zu werden, als Motiv für die Selbsttötung ausreicht,[30] dann haben wir es mit Persönlichkeiten zu tun, die durch Krankheit ihre persönliche Macht und ihre Unabhängigkeit gefährdet sehen. Auch bei dem Industriellenerben Gunter Sachs (1932-2011), der sich am 07. Mai 2011 aus Furcht vor einer angeblich beginnenden Demenz erschoss,[31] konnte man dergleichen beobachten. Ein gewisses Maß an Rücksichtslosigkeit gegenüber der menschlichen Mitwelt muss hier in jedem Falle konstatiert werden. Es lässt sich jedoch nicht nachvollziehen, weshalb solche extremen Schicksale

---

[30] Tolmein (2014).
[31] Legendärer Playboy: Gunter Sachs ist tot. Spiegel online Panorama vom 08.05.2011. http://www.spiegel.de/panorama/leute/legendaerer-playboy-gunter-sachs-ist-tot-a-761305.html (Stand: 21.12.2014).

dazu geeignet sein sollten, die generelle Legitimität des assistierten Suizids zu fördern.

Aus der anfänglichen Debatte um ein Verbot der organisierten Mitwirkung am Suizid ist im Lauf des Jahres 2014 eine Diskussion um die gesetzlich geregelte Organisation der Beihilfe zur Selbsttötung geworden. Es geht inzwischen nicht mehr um die Einschränkung, sondern um die straffreie Ermöglichung dieser Tat, insbesondere für Angehörige und Ärzte. Doch wer Gelegenheit schafft, schafft auch Nachfrage. Der Tod auf Rezept darf vom Staat weder toleriert noch gar durch ein – vorsätzlich lückenhaft formuliertes – Strafgesetz gefördert werden. Im deutschen Strafrecht ist die Mitwirkung am Suizid bislang nicht geregelt, während die entsprechenden standesrechtlichen Vorschriften in § 16 der ärztlichen Berufsordnungen in den 17 Landesärztekammern nicht einheitlich sind. Einige Landesärztekammern, darunter diejenigen in Bayern und Baden-Württemberg, erwähnen das von der Bundesärztekammer im Jahre 2011 geforderte Verbot der Beihilfe zur Selbsttötung ausdrücklich nicht, und dies unter Verweis auf das staatliche Strafrecht. Somit hat sich in diesem Bereich eine nicht akzeptable Regelungslücke entwickelt, indem Strafrechtler auf das ärztliche Standesrecht und ärztliche Standesvertreter auf das Strafrecht verweisen. Da auch für Ärzte in letzter Instanz nur das staatliche Strafrecht gilt, müsste folglich die Suizidmitwirkung im Strafrecht und nicht im Standesrecht abschließend geregelt werden.

Die legislative Entscheidung darüber sollte eigentlich auch keine Frage des individuellen Gewissens der Abgeordneten des Deutschen Bundestages sein, denn wer das niemandem gegenüber verantwortliche Gewissen zur höchsten Instanz der Gesetzgebung macht, der hat bereits im Vorfeld den möglichen Strafanspruch des Staates aufgegeben. Wie wollte man auch am Ende des Gesetzgebungsverfahrens den Bürgerinnen und Bürgern etwas generell verbieten, von dem schon zu Beginn der Beratungen behauptet wurde, es sei diese Abstimmung für die Bundestagsabgeordneten eine Gewissensfrage? Für gewöhnlich stehen hinter Gewissensentscheidungen starke, höchstpersönliche Grundüberzeugungen, für die der oder die Betroffene bereit ist, notfalls entgegen der herrschenden Rechtslage zu handeln und dafür schmerzliche Konsequenzen in Kauf zu nehmen. Bundestagsabgeordnete aber, die bei der Ausgestaltung eines in das Grundrecht auf Leben der Bürgerinnen und Bürger tief eingreifenden Strafgesetzes so oder anders abstimmen, tragen infolge ihrer Entscheidung keinerlei persönliches Risiko, sodass der Gewissensbegriff hier ins Leere läuft und die Öffentlichkeit über den verfassungsrechtlichen Stellenwert der anstehenden Entscheidung täuscht. Die Rahmenbedingungen des gewählten Gesetzgebungsverfahrens lassen Schlimmes befürchten.

Eine mit Privilegien für Angehörige und Ärzte ausgestattete gesetzliche Regelung der Mitwirkung am Suizid würde eine Gefahr für das Leben schwer kranker und suizidgefährdeter Menschen darstellen, da diese Personengruppen psychisch besonders verletzlich sind. Die suggestive Verleitung zur Annahme von Suizidbeihilfe fiele in diesen Fällen leichter als bei Gesunden. Deshalb darf der rechtswidrige und strafbare Tatbestand der Mitwirkung am Suizid nicht erst mit der Ausführung der Selbsttötung ansetzen. Er muss bereits beim Versuch der Verleitung zu dieser Handlung beginnen. Es darf keine Rechtssicherheit für Teilnehmer (§§ 26-28 StGB) an einer Suizidhandlung geschaffen werden. Sobald die Mitwirkung am Suizid eines Dritten für Teilnehmer risikolos gesetzlich geregelt wäre, stiege die Wahrscheinlichkeit, dass solche Handlungen tatsächlich stattfinden. Pflegende in Heimen, Palliativstationen und Hospizen dürfen aber nicht in eine Lage gebracht werden, in der sie ihren Beruf dadurch vom Staat korrumpiert sehen, dass sie alternativ zur Pflege auch den Tod anbieten können beziehungsweise im Rahmen der Patientenaufklärung sogar anbieten müssen. Ihr pflegerisches Handeln würde dadurch sozial entwertet und moralisch entwürdigt.

Wer die Suizidbeihilfe effektiv einschränken möchte, der muss sie ohne Ausnahme verbieten. Insbesondere darf es keine Privilegien für Angehörige und Ärzte geben, und es muss darauf geachtet werden, dass das Betäubungsmittelgesetz in diesem Zusammenhang nicht geändert wird. Je länger der Text des neu einzuführenden § 217 StGB wäre, umso mehr Ausnahmen würde er enthalten, und aus dem Verbotsgesetz würde dann in Wahrheit eine Lizenz zur staatlich gebilligten und bürokratisch geregelten Tötungsbeihilfe werden. Es gibt eine ganze Reihe von Politikern, Juristen und Ethikern, die in Wahrheit genau diesen Zustand anstreben. Es gilt, ihnen auf diesem Irrweg nachhaltigen argumentativen und politischen Widerstand zu leisten.

Literaturverzeichnis

Alexander, R.: Zum Kirchentag: Kanzlerin Merkel stoppt FDP-Gesetz zur Sterbehilfe, in: *WELT online*, 03.05.2013, http://www.welt.de/politik/deutschland/article115860104/ Kanzlerin-Merkel-stoppt-FDP-Gesetz-zur-Sterbehilfe.html (Stand: 21.12.2013).

Augsberg, S. / Brysch, E.: Entwurf eines Gesetzes zur Strafbarkeit der geschäftsmäßigen Förderung der Selbsttötung, in: *Deutsche Stiftung Patientenschutz. Patientenschutz-Info-Dienst*, 08.05.2014, https://www.stiftungpatientenschutz.de/uploads/files/pdf/ PID2014/Gesetzentwurf_Strafbarkeit_Foerderung_Selbsttoetung_PID_2_2014.pdf (Stand: 21.12.2014).

Bauer, A. W.: Der Hippokratische Eid. Medizinhistorische Neuinterpretation eines (un)bekannten Textes im Kontext der Professionalisierung des griechischen Arztes, in: *Zeitschrift für medizinische Ethik* (41), 1995, S. 141-148.

Bauer, A. W.: Grenzen der Selbstbestimmung am Lebensende. Die Patientenverfügung als Patentlösung?, in: *Zeitschrift für medizinische Ethik* (55), 2009a, S. 169-182.

Bauer, A. W.: Hippokrates' Albtraum. Selbsttötung: Der Medizinrechtler Jochen Taupitz plädiert dafür, dass Ärzte künftig als Suizidassistenten tätig werden dürfen. Doch das wäre das Aus des ärztlichen Ethos, in: *Rheinischer Merkur* (64), 2009b, Nr. 12 (19.03.2009), S. 4.

Bauer, A. W.: Todes Helfer. Warum der Staat mit dem neuen Paragraphen 217 StGB die Mitwirkung am Suizid fördern will, in: Krause Landt, A.: *Wir sollen sterben wollen. Warum die Mitwirkung am Suizid verboten werden muss*, Waltrop / Leipzig 2013a, S. 93-169.

Bauer, A. W: Falsch verstandene Liberalität: Der vorerst gestoppte Gesetzestrojaner zum assistierten Suizid, in: *Katholisches Sonntagsblatt. Das Magazin für die Diözese Rottenburg-Stuttgart* (161), 2013b, Nr. 36 (08.09.2013), S. 10-13.

Bauer, A. W.: „Letzte Hilfe" als Kassenleistung? Ärztliche Suizidbegleitung ist ein Bruch mit der Tradition des Hippokratischen Eides, in: *Katholisches Sonntagsblatt. Das Magazin für die Diözese Rottenburg-Stuttgart* (161), 2013c, Nr. 38 (22.09.2013), S. 26-27.

Beihilfe zur Selbsttötung (§ 217 StGB): Wer darf straffrei mitwirken? Dokumentation der Parlamentarischen Fachtagung in Berlin im Januar 2013, in: *Lebensforum spezial*, Sonderausgabe März 2013, http://www.alfa-ev.de/fileadmin/user_upload/Lebens forum/2013/lf-spezial-2013-suizidhilfe-komplett.pdf (Stand: 21.12.2014).

Brody, H.: *The Healer's Power,* New Haven 1992.

Callsen, S.: Mehrheit der Deutschen befürwortet aktive Sterbehilfe, in: *Die Zeit online*, 21.01.2014, http://www.zeit.de/politik/deutschland/2014-01/Sterbehilfe-YouGov-Umfrage (Stand: 21.12.2014).

Deutscher Ethikrat: *Nutzen und Kosten im Gesundheitswesen. Zur normativen Funktion ihrer Bewertung*, Berlin 2011, http://www.ethikrat.org/dateien/pdf/stellungnahme-nutzen-und-kosten-im-gesundheitswesen.pdf (Stand: 21.12.2014).

Entwurf eines Gesetzes zur Strafbarkeit der organisierten, geschäftsmäßigen und selbst-
süchtigen Förderung des Suizids, Stand: 19.11.2012, in: *Zeitschrift für Lebensrecht*
(23), 2014, Heft 1-2, S. 26-32.
http://www.juristen-vereinigung-lebensrecht.de/content/zfl/ausgaben/ZfL_2014_1-
2_1-40.pdf (Stand: 21.12.2014).

Jeska, A.: Ein tödliches Verfahren. Hat Roger Kusch zwei Frauen in den Tod getrieben? Ja,
sagt die Staatsanwaltschaft. Dem Ex-Senator droht eine Verurteilung, in: *Die Zeit*,
Nr. 21, 15.05.2014, http://www.zeit.de/2014/21/hamburg-sterbehilfe-roger-kusch/
komplettansicht (Stand: 21.12.2014).

Posche, U. / Hauser, U.: EKD-Vorsitzender Schneider im *Stern*: „Für meine Frau würde
ich auch etwas gegen meine Überzeugung tun", in: *Stern online*, 15.07.2014,
http://www.stern.de/panorama/ekd-vorsitzender-schneider-im-stern-fuer-meine-
frau-wuerde-ich-auch-etwas-gegen-meine-ueberzeugung-tun-2124129.html (Stand:
21.12.2014).

Pressemeldung Organisierte Suizidbeihilfe: Patientenschützer greifen mit eigenem
Gesetzentwurf in politische Debatte ein, 08.05.2014, https://www.stiftung-
patientenschutz.de/news/498/68/Organisierte-Suizidbeihilfe-Patientenschuetzer-grei
fen-mit-eigenem-Gesetzentwurf-in-politische-Debatte-ein (Stand: 21.12.2014).

Pressemitteilung anlässlich der Präsentation des Buches „Selbstbestimmung im Sterben –
Fürsorge zum Leben. Ein Gesetzesvorschlag zur Regelung des assistierten Suizids"
von Prof. Dr. med. Gian Domenico Borasio, PD Dr. med. Dr. phil. Ralf J. Jox, Prof.
Dr. jur. Jochen Taupitz, Prof. Dr. med. Dr. phil. Urban Wiesing, 26.08.2014.
http://blog.kohlhammer.de/wp-content/uploads/Pressemitteilung_Gesetzes
vorschlag_assist_Suizid.pdf (Stand: 21.12.2014).

Rehder, S.: „Wir sollen sterben wollen". Warum Ärzte keine Suizidhilfe leisten dürfen und
sich viele dennoch für den „Freitod" erwärmen. Ein Gespräch mit dem Medizinethiker Axel W. Bauer, in: *Die Tagespost* Nr. 47, 23.04.2014, S. 3.

Schildmann, J. / Dahmen, B. / Vollmann, J.: Ärztliche Handlungspraxis am Lebensende.
Ergebnisse einer Querschnittsumfrage unter Ärzten in Deutschland, in: *Deutsche
Medizinische Wochenschrift* (139), 2014, DOI 10.1055/s-0034-1387410.

Schmidtke, A.: *Suizidales Verhalten in Deutschland*, Vortrag beim Deutschen Ethikrat am
27.9.2012 in Berlin, http://www.ethikrat.org/dateien/pdf/plenarsitzung-27-09-2012-
schmidtke.pdf (Stand: 21.12.2014).

Taupitz, J.: Spiegel-Gespräch „Es gibt keinen Zwang zum Leben". Jochen Taupitz, 55,
Professor für Medizinrecht und Mitglied des Deutschen Ethikrats, über das Recht
auf einen selbstbestimmten Tod, die Kommerzialisierung des Sterbens und seinen
Vorschlag, Ärzte als qualifizierte Suizidhelfer einzusetzen, in: *Der Spiegel*, Nr. 11,
09.03.2009, S. 58-60.

Tolmein, O.: Der Abschiedsbrief von Udo Reiter, in: *Frankfurter Allgemeine Zeitung
online*, 20.10.2014, http://www.faz.net/aktuell/feuilleton/medien/tv-kritik/tv-kritik-
guenther-jauch-abschiedsbrief-von-udo-reiter-13218811.html (Stand: 21.12.2014).

Günther Pöltner

Das Problem einer gesetzlichen Regelung von Extremfällen

> *„Wer alles durch Gesetze bestimmen will,*
> *wird eher zu Lastern reizen als Laster bessern."*[1]

An der nun schon einige Zeit in Deutschland andauernden Debatte um die Beihilfe zum Suizid fällt auf, daß es in ihr hauptsächlich um die Frage geht, wie sich die Beihilfe regeln läßt, weniger oder gar nicht darum, worin ihre Regelungsfähigkeit liegt. Das ist erstaunlich. Denn bevor man ans Regeln einer Sache geht, wäre doch die Vorfrage sorgfältig zu erörtern, ob die Sache überhaupt in der Weise geregelt werden kann, wie man das gerne hätte. Regelungskonformität und Gerechtigkeit sind nicht einfach dasselbe.

Das Problem einer gesetzlichen Regelung extremer Ausnahmefälle – und um solche handelt es sich[2] – läßt sich sehr gut an einem Regelungsvorschlag erörtern, den die Autoren G.D. Borasio, R.J. Jox, J. Taupitz und U. Wiesing vorgelegt haben. Deshalb beziehen sich die folgenden Überlegungen der Einfachheit halber vorzugsweise auf ihn.

---

[1] Qui omnia legibus determinare vult, vitia irritabit potius quam corriget (Benedictus de Spinoza: *Tractatus Theologico-politicus*, cap. 20).

[2] Borasio, einer der Mitautoren eines Gesetzesvorschlags zur Regelung des assistierten Suizids, spricht von einem „Vorschlag für eine gesetzliche Regelung eines marginalen Phänomens" (Borasio (2014), 100) und attestiert der deutschen Diskussion, sie habe insofern bedenklich erscheinende Ausmaße angenommen, „als sie der tatsächlichen Größenordnung des Problems (in der Schweiz wie erwähnt trotz der frei zugänglichen Suizidhilfe nur 0,7 % der Todesfälle) überhaupt nicht entsprechen" (ebd., 101). „In unserer täglichen Arbeit in der Palliativmedizin an einem großen Schweizer Universitätsspital spielt der assistierte Suizid nur eine marginale Rolle." Ein bis zwei Patienten würden sich pro Jahr zu diesem Schritt entschließen. (Ebd., 101) In Deutschland drohe „die inzwischen – im Vergleich zur Größenordnung des Phänomens – inflationär anmutende ‚Sterbehilfe'-Debatte den Blick auf die konkret bestehenden und deutlich relevanteren Gefahren für eine echte Selbstbestimmung am Lebensende zu verstellen". Deshalb erscheine es „sinnvoll, einen vernünftigen Vorschlag zur Lösung dieses statistisch marginalen Aspektes der Sterbebegleitung zu unterbreiten, um sich anschließend den wirklich wichtigen Fragen zuwenden zu können" (ebd., 102).

1   Ein Beispiel einer gesetzlichen Regelung von Ausnahmefällen

1.1   Regelungsbedarf aus Gründen der Rechtsunsicherheit

Die Beihilfe zum Suizid ist in Deutschland nach derzeitiger Rechtslage bekanntlich straffrei, gilt aber aus Gründen einer bestehenden Rechtsunsicherheit als regelungsbedürftig.[3] Für die Rechtsunsicherheit werden im großen und ganzen zwei Hauptgründe angeführt: (1) Unklarheit des Verhältnisses zwischen straffreier Suizidbeihilfe und der sogenannten Garantenstellung des Beihilfe Leistenden, (2) uneinheitliche standesrechtliche Regelung der ärztlichen Suizidbeihilfe.

ad (1): Nach der sogenannten Garantenstellung ist der Beihilfe Leistende verpflichtet, lebensrettende Maßnahmen zu ergreifen, wenn der Suizidwillige nach Einnahme des todbringenden Mittels das Bewußtsein verloren hat. Anderenfalls macht er sich strafbar wegen des Totschlags durch Unterlassung. Das bedeutet in der Praxis, so das Argument, daß „Ärzte und Angehörige den Suizidenten im Augenblick des Todes allein lassen müssen, wenn sie sich nicht strafbar machen wollen."[4] Dieser erste Grund habe allerdings insofern an Bedeutung verloren, als in der Rechtsprechung ein diesbezügliches Umdenken in Richtung einer Einschränkung der Garantenstellung eingesetzt habe, wie einige Gerichtsentscheide zeigen.[5] Dennoch bleibe bis zu einer höchstrichterlichen Entscheidung eine „Rechtsunsicherheit bestehen, die einen der Gründe für die Notwendigkeit einer gesetzlichen Regelung darstellt"[6].

ad (2): Schwerer wiegt nach Ansicht der Autoren der zweite Grund, d.i. die standesrechtlich unterschiedliche Bewertung der ärztlichen Suizidbeihil-

---

[3] „Das vollständige Fehlen einer gesetzlichen Regelung führt zu einer verbreiteten Unsicherheit darüber, was erlaubt und was verboten ist, auch und gerade bei Ärzten." (Ebd., 102) „Die Rechtsunsicherheit stellt insbesondere für Ärzte, aber auch für alle anderen beteiligten Bürger, eine große Belastung dar und behindert einen verantwortungsvollen Umgang mit diesem sensiblen Thema" (Borasio / Jox / Taupitz / Wiesing (2014), 17).

[4] Borasio (2014), 88.

[5] Vgl. Borasio / Jox / Taupitz / Wiesing (2014), 28 f.

[6] Borasio (2014), 89. Vgl. auch Borasio / Jox / Taupitz / Wiesing (2014), 29.

fe.[7] Nicht alle Landesärztekammern haben den § 16 der (Muster-)Berufsordnung für die in Deutschland tätigen Ärztinnen und Ärzte (Stand 2011) in ihre Berufsordnungen übernommen, der die ärztliche Suizidbeihilfe untersagt.[8]

Regelungsbedarf gebe es aber auch noch aus anderen Gründen wie: Sicherstellung der Freiverantwortlichkeit[9] sowie der umfassenden Aufklärung des Suizidwilligen angesichts der Tatsache, daß auch medizinische Laien Beihilfe leisten können,[10] Schutz des Patienten vor Ausnützung infolge unangemessener finanzieller Forderungen,[11] Schutz des Patienten vor der Wahl gewaltsamer Suizidmethoden,[12] Ermöglichung eines angstfreien Gesprächsklimas zwischen Patient und Arzt[13] sowie einer gesellschaftlichen Rechenschaft über die Suizidbeihilfe.[14]

---

[7] „Vielmehr besteht grundsätzlicher Regelungsbedarf auch wegen der standesrechtlichen Missbilligung ärztlicher Suizidbeihilfe, die in den einzelnen Bundesländern unterschiedlich ausgestaltet ist und für zusätzliche Rechtsunsicherheit bei den Betroffenen gesorgt hat" (Borasio / Jox / Taupitz / Wiesing (2014), 30).

[8] Der § 16 der MBO-Ä lautet: „Ärztinnen und Ärzte haben Sterbenden unter Wahrung ihrer Würde und unter Achtung ihres Willens beizustehen. Es ist ihnen verboten, Patientinnen und Patienten auf deren Verlangen zu töten. Sie dürfen keine Hilfe zur Selbsttötung leisten."

[9] Einige bekanntgewordene Einzelfälle von Suizidbeihilfe „lassen erhebliche Zweifel an der Freiverantwortlichkeit mancher Patienten aufkommen, insbesondere wenn es sich um psychisch Kranke ohne lebensverkürzende körperliche Krankheiten handelt" (Borasio / Jox / Taupitz / Wiesing (2014), 16).

[10] „Da sich neben Ärzten auch medizinisch nicht geschulte Laien als Suizidhelfer betätigen, besteht die Gefahr, dass die medizinische Aufklärung über Krankheitsverlauf, Prognose und alternative Behandlungsmöglichkeiten fehlt oder unzureichend ist." (Ebd., 16).

[11] Suizidwillige können ausgenutzt werden, weil „Anhaltspunkte dafür [bestehen], dass manche Suizidhelfer die Kranken bedrängen und unangemessene finanzielle Forderungen stellen" (ebd., 16).

[12] Die „Umstände und Methoden des Suizids sind manchmal unwürdig. Dies resultiert nicht selten in Suiziden, die für die Betroffenen mit großem Leid verbunden sind. Sie belasten auch die Angehörigen in besonderer Weise" (ebd., 16).

[13] „Viele Patienten wagen es nicht, mit ihren Ärzten über ihre Suizidwünsche zu sprechen – aus Angst, abgewiesen oder im schlimmsten Fall sogar in eine psychiatrische Klinik eingewiesen zu werden. Damit gehen wertvolle Möglichkeiten zur Hilfe in einer Notlage verloren." (Ebd., 16 f.).

[14] „Da verlässliche Zahlen über Häufigkeit und Durchführung von Suizidbeihilfe in Deutschland fehlen, kann sich die Gesellschaft keine fundierte Rechenschaft über diese Praxis und ihre Entwicklung geben." (Ebd.,17).

1.2 Die Ausnahmeregelungen und ihre Problematik

Der Regelungsvorschlag basiert auf der Überzeugung, „dass ein alleiniges Verbot der organisierten Suizidbeihilfe [...] weder ethisch begründbar ist noch zur Lösung der Probleme beiträgt"[15]. Er möchte „durch eine Verschärfung des Strafrechts und klar begrenzte Ausnahmen" die vielfältigen Vorstellungen von einem „gelingenden Leben und Sterben" respektieren und nicht nur Mißbrauch „besser als bisher" verhindern, sondern auch „verhindern, dass sich Bestrebungen zur Legalisierung der Tötung auf Verlangen durchsetzen".[16]

Der Vorschlag sieht eine unterschiedliche Regelung zwischen nichtärztlicher und ärztlicher Suizidbeihilfe vor. Straffrei bleiben sollen einmal „Angehörige oder dem Betroffenen nahestehende Personen [...], wenn sie einem freiverantwortlich handelnden Volljährigen Beihilfe leisten"[17]. Ärzte sollen einerseits zur Beihilfe nicht verpflichtet werden,[18] andererseits jedoch unter folgenden Bedingungen straffrei bleiben:[19] der Patient muß „freiwillig und nach reiflicher Überlegung" die Suizidbeihilfe verlangen und an einer „unheilbaren zum Tode führenden Erkrankung mit begrenzter Lebenserwartung" leiden.[20] Die Erfüllung dieser beiden Bedingungen muß von einem unabhängigen Arzt in Form eines schriftlichen Gutachtens bestätigt sein.[21] Sodann muß der Patient „umfassend und lebensorientiert über seinen Zustand, dessen Aussichten, mögliche Formen der Suizidbeihilfe sowie über andere – insbesondere palliativmedizinische – Möglichkeiten aufgeklärt" worden sein.[22] Zwischen Aufklärungsgespräch und der Beihilfe muß eine zehntägige Mindestbedenkzeit eingehalten worden sein.[23] Die Werbung für

---

[15] Ebd., 19.
[16] Ebd., 19.
[17] Ebd., 22.
[18] Ebd., 22.
[19] Ein Arzt soll straffrei bleiben, wenn er „einer volljährigen und einwilligungsfähigen Person mit ständigem Wohnsitz in Deutschland auf ihr ernsthaftes Verlangen hin [es folgt der Hinweis auf die Voraussetzungen, G.P.] Beihilfe zur Selbsttötung leistet. Ein Arzt ist zu einer solchen Beihilfe nicht verpflichtet" (ebd., 22).
[20] Ebd., 22.
[21] Ebd., 22.
[22] Ebd., 22.
[23] Ebd., 22.

die Suizidbeihilfe soll ebenfalls unter Strafandrohung gestellt werden.[24] Auf diese Weise soll wohl vor allem dem Wirken von Sterbehilfeorganisationen ein Riegel vorgeschoben werden.

1.2.1 Nicht-ärztliche und ärztliche Beihilfe

Sowohl nicht-ärztliche als auch ärztliche Beihilfe bleibt unter der Bedingung straffrei, wenn sie freiverantwortlich handelnden Volljährigen gegenüber geleistet wird. Für Nicht-Ärzte soll nur unter dieser und keiner weiteren Bedingung Rechtswidrigkeit, aber Straffreiheit gelten. Der Unterschied zur ärztlichen Suizidbeihilfe besteht darin, „dass für Ärzte besondere prozedurale Regelungen und Sorgfaltsbedingungen vorgesehen werden können, die bezogen auf medizinische Laien nicht sachgerecht sind"[25]. Es handelt sich also um eine Kann-Bestimmung, die besonderen prozeduralen Regelungen und Sorgfaltsbedingungen sind so gesehen bei der ärztlichen Suizidbeihilfe kein notwendiges Erfordernis.

Solch eine Kann-Bestimmung ist jedoch kontraproduktiv. Sie hebt den Unterschied von nicht-ärztlicher und ärztlicher Suizidbeihilfe auf und legitimiert genau das, was unter Strafe gestellt werden soll – gleichgültig, ob diese Bestimmung angewendet wird oder nicht.

Wird die Kann-Bestimmung nicht angewendet (der wohl weniger wahrscheinliche Fall), wird der Unterschied zwischen nicht-ärztlicher und ärztlicher Beihilfe aufgehoben. Dann genügt die Freiwilligkeit und Volljährigkeit für die rechtmäßige Beihilfe, gleichgültig in welcher Lebenssituation und Lebensphase der Suizidwillige sich befindet. Dann läßt sich die Ausweitung auf all diejenigen Fälle, die ausgenommen sein sollen, nicht unterbinden, weil die Ausweitung mit der Minimalbedingung der Freiwilligkeit und Volljährigkeit im Grunde bereits vollzogen ist.

Wird die Kann-Bestimmung jedoch angewendet (der im Hinblick auf die intendierte Regelung der ärztlichen Suizidbeihilfe wahrscheinlichere Fall),

---

[24] Die Strafandrohung gilt demjenigen, der „öffentlich, in einer Versammlung oder durch Verbreiten von Schriften [...] seines Vermögensvorteils wegen oder in grob anstößiger Weise eigene oder fremde Hilfeleistung zur Vornahme einer Selbsttötung anbietet, ankündigt, anpreist oder Erklärungen solchen Inhalts bekanntgibt" (ebd., 23).

[25] Ebd., 80.

dann herrschen zwar für Ärzte strengere Bedingungen, aber den Nicht-Ärzten bleibt weiterhin all das erlaubt, was den Ärzten verboten ist. Auch in einem solchen Fall ist die Ausweitung auf das, was verhindert werden soll, im Grunde bereits vollzogen. An die Stelle der Ärzte treten die medizinischen Laien. Dazu käme noch die Notwendigkeit einer weiteren Ausnahmeregelung – wenn nämlich der Arzt eine dem Betroffenen besonders nahestehende Person ist. In welcher Rolle, so ist zu fragen, wird dann die Beihilfe geleistet? Schließlich hängt von ihr Strafbarkeit oder Straffreiheit ab.

Mit der unterschiedlichen Regelung der Prozeduren und Sorgfaltsbedingungen bei Nicht-Ärzten und Ärzten wird die Beihilfe durch medizinische Laien nolens volens privilegiert (und auch im Zeichen der Selbstbestimmung vermutlich attraktiver) – mit allen daraus sich ergebenden Folgen.

1.2.2   Die Suizidbeihilfe als Teil des ärztlichen Ethos

Da die Frage der Garantenstellung trotz des Fehlens einer diesbezüglichen höchstrichterlichen Rechtsprechung mittlerweile mehr oder weniger als gelöst gilt, wird die teilweise standesrechtliche Mißbilligung der ärztlichen Suizidbeihilfe zum hauptsächlichen Regelungsgrund. Dabei geht es um die Kernfrage, ob die Suizidbeihilfe einen Teil der ärztlichen Tätigkeit bildet oder nicht. Die Bedeutung dieser Frage liegt auf der Hand. Ist die Beihilfe nämlich Teil der ärztlichen Tätigkeit, hat der Suizidwillige einen Anspruch auf sie, und ist gegebenenfalls der Arzt zu ihr verpflichtet. Kommt er dem Verlangen nach Beihilfe nicht nach, handelt er pflichtwidrig – mit entsprechenden Konsequenzen. Die Autoren erklären nun, „dass die ärztliche Beihilfe zum Suizid sehr wohl vom ärztlichen Ethos umfasst ist"[26]. Erstaunlich ist allerdings die Begründung.

Die Suizidbeihilfe sei deshalb Teil der ärztlichen Profession, weil das standesrechtliche Verbot schon formell verfassungswidrig sei. Es schränke nämlich die Freiheit der Berufsausübung ein.[27] Diese Begründung beruht auf

[26] Ebd., 33.
[27] „Das ausdrückliche Verbot der ärztlichen Beihilfe zum Suizid gemäß den Vorschriften einiger Landesärztekammern […] ist schon formell verfassungswidrig. Denn eine Einschränkung der Berufsausübungsfreiheit in einer Angelegenheit, die ethisch hochgradig umstritten ist und zu der selbst Ärzte eine geteilte Meinung haben, bedarf zwingend einer gesetzlichen Grundlage." (Ebd., 38).

einer petitio principii und geht deshalb ins Leere. Sie setzt voraus, was zu erweisen wäre. Von einer formell verfassungswidrigen Einschränkung der freien Berufsausübung kann nur unter der Voraussetzung geredet werden, daß die Suizidbeihilfe erwiesenermaßen Teil des Arztberufes ist. Genau diese Voraussetzung aber steht zur Debatte. Ist die Suizidbeihilfe kein Teil des ärztlichen Berufs, liegt auch keine Einschränkung der Berufsausübung vor.[28] Die Frage, ob die Suizidbeihilfe zur ärztlichen Profession gehört oder nicht, läßt sich mit den Mitteln des Rechts nicht entscheiden. Ihre Beantwortung „steht dem Recht nicht zu"[29]. Die Frage läßt sich auch nicht im Rückgriff auf gewisse im Umlauf befindliche Vorstellungen von Sinn und Zweck ärztlicher Tätigkeit beantworten. Gewiß ist es so, „dass die Patienten unter ärztlicher Hilfe Unterschiedliches verstehen, einige Patienten (und Ärzte) eben auch die Unterstützung beim Suizid"[30]. Aber daraus folgt nicht, was gefolgert wird. Daß einige Patienten und Ärzte bestimmte Vorstellungen vom Wesen ärztlicher Hilfe haben, kann nichts darüber aussagen, ob diese Vorstellungen auch sachgerecht sind. Schon gar nicht ist die Beantwortung Sache einer Dekretierung.[31] Und ebensowenig sind bewußt in Kauf genommene Mehrdeutigkeiten tragfähig – so wenn es heißt, der Arzt sei längst nicht mehr nur Helfer zum Leben, sondern auch beim Sterben, wie die sog. indirekte Sterbehilfe und zulässige Formen des Behandlungsabbruchs zeigen würden.[32] Hier wird Leben und Sterben in der Absicht gegenübergestellt, die Beihilfe zum

---

[28] Eine Einschränkung ist keine Eingrenzung. Sie bestimmt nicht einen Bereich, sondern setzt dessen Umgrenzung voraus. Sie betrifft die Reichweite innerhalb eines Bereichs. Wer einem Automechaniker *als Automechaniker* eine Augenoperation verbietet, schränkt nicht dessen Berufsfreiheit ein.

[29] „Ebenso wie also das ärztliche Standesrecht nicht rechtlich Verbotenes als Teil ärztlichen Handelns ausweisen kann, steht es auch dem Recht nicht zu, zum Selbstverständnis ärztlichen Wirkens eigene Festlegungen zu treffen; derartige Inpflichtnahmen wie etwa auch die Forderung nach einer Änderung des Standesrechts sind daher Kompetenzanmaßungen, denen die verfaßte Ärzteschaft nach eigenem sachkundigen Befinden die Gefolgschaft verweigern darf." (Duttge (2009), 265).

[30] Borasio / Jox / Taupitz / Wiesing (2014), 68.

[31] „Das professionsbezogene Verbot einer Beihilfe zum Suizid für Ärzte ist berufsethisch nicht haltbar." (Ebd., 63).

[32] „Die hier vorgeschlagene Ausnahmeregelung ist auch erforderlich, weil ein kategorisches, also ausnahmsloses Verbot ärztlicher Suizidbeihilfe weder strafrechtlich noch ethisch vertretbar ist. Es würde vollständig ausblenden, dass der Arzt längst nicht mehr ‚nur Helfer zum Leben, sondern auch beim Sterben ist', was die die Fälle der sog. indirekten Sterbehilfe und die zulässigen Formen des Behandlungsabbruchs sowie die damit eng verknüpfte Verbindlichkeit einer Patientenverfügung verdeutlichen." (Ebd., 80 f.).

Suizid als Teil der ärztlichen Profession erscheinen zu lassen – und das im Gegensatz zu den selbst aufgestellten Definitionen.[33] Weder die sog. indirekte Sterbehilfe (leidenslindere Maßnahmen mit der Inkaufnahme eines vorzeitigen Todes) noch das Sterbenlassen (in Form der Unterlassung lebensverlängernder medizinischer Behandlungen) sind Weisen der Mitwirkung an einer Tötungshandlung, sondern Hilfen zur Bewältigung einer Lebensphase, nämlich der letzten, der Sterbephase.

Das Verlangen nach ärztlicher Beihilfe zum Suizid stellt einen Extremfall des Arzt-Patienten-Verhältnisses dar. Worin das Extreme eines Extremfalles liegt, hängt vom Normalfall ab. Daher ist von ihm auszugehen – nicht umgekehrt. Das Sinnziel der ärztlichen Tätigkeit bestimmt sich von dem, worum es in ihr normalerweise geht. Das aber ist weder die Tötung noch die Mitwirkung an ihr, sondern die Sorge um das fundamentale Gut der Gesundheit eines Mitmenschen. Sinn und Zweck ärztlicher Tätigkeit ist die Wiederherstellung der Gesundheit bzw. wenn das nicht möglich ist, die Linderung von Schmerzen, die Prävention und Rehabilitation. Dieses Sinnziel umfaßt weder die Tötung noch die Mitwirkung an ihr. Und trotz aller Technisierung der modernen Medizin gilt nach wie vor, daß nicht der Arzt, sondern die Natur heilt (natura sanat, medicus curat). Der Arzt trägt Sorge dafür, daß die Natur ihr Werk verrichten kann. Auch ist der Arzt nicht Diener des Lebens, sondern er hilft einem kranken Mitmenschen. Wäre er bloß Diener des Lebens, wären die Individuen austauschbar, es wäre gleichgültig, in welchem Individuum sich das Leben konkretisiert. Dem Leben wäre auch dann gedient, wenn man sich statt für das Individuum 1 für das Individuum 2 entschiede. Es erübrigte sich das Recht, am Weiterleben nicht gehindert zu werden.[34]

Freilich: Ist die Beihilfe zum Suizid Teil der ärztlichen Profession, kann zwar der einzelne Arzt zu ihr nicht verpflichtet werden,[35] wohl aber die Ärzteschaft insgesamt, der gegenüber der Suizidwillige einen Anspruch hat, und

---

[33] Ebd., 18 f.

[34] In diesem Sinn argumentiert z.B. Hoerster: „Was jedoch aus dieser Voraussetzung vom generell hohen Wert menschlichen Lebens keineswegs folgt, ist, daß jedes menschliche Individuum ein eigenständiges *Recht* auf *sein* Leben erhalten müßte [...] Wer [...] sich für das menschliche Wesen M1 anstatt für das menschliche Wesen M2 entscheidet, verletzt keinerlei *individuelles Recht* auf Leben" (Hoerster (1993), 68 (Herv. original)).

[35] „Ein Arzt ist zu einer solchen Beihilfe nicht verpflichtet" (Borasio / Jox / Taupitz / Wiesing (2014), 22 bzw. 101).

die dann für die Erfüllung dieses Anspruchs zuständig ist. Einem berufsethischen Widerstand ist dann der Boden entzogen.

2 Die Selbstaufhebung der Zulässigkeitsbedingung

Daß und wie eine Vorgangsweise, die sich als klare Ausnahmeregelung versteht, aus einer sachimmanenten Logik heraus sich selbst aufhebt, zeigt die vorgeschlagene Regelung der ärztlichen Suizidbeihilfe. Wir übergehen deshalb die einschränkende Bedingung der Freiwilligkeit des Suizidwunsches und ihre Feststellbarkeit.[36]

Die ärztliche Suizidbeihilfe soll unter der Bedingung zulässig sein, daß es sich um eine „unheilbare, zum Tode führende Erkrankung mit begrenzter Lebenserwartung" handelt. Diese zusätzliche Einschränkung „soll bewusst eine Ausweitung der ärztlichen Suizidbeihilfe auf Menschen, die sich in einer psychischen oder sozialen Notlage befinden, oder etwa lebensmüde Menschen unterbinden"[37]. Die Bedingung der Freiwilligkeit alleine könne nämlich die Gefahr der Ausweitung nicht bannen, wie nicht nur die Praxis in den Niederlanden, sondern einzelne Fälle auch in Deutschland gezeigt haben, wo nicht nur eine unheilbare, zum Tode führende Erkrankung, sondern auch Angst vor Alter und Vereinsamung das Suizidmotiv gewesen ist. All diese Menschen sollen von der ärztlichen Suizidbeihilfe ausgeschlossen bleiben[38] mit der Begründung, auf diese Weise komme man der im Grundgesetz verankerten „Pflicht [...] nach, verwundbare Personen ‚vor Handlungen zu schützen, mit denen sie ihr eigenes Leben gefährden'"[39].

Diese Einschränkung verstößt gegen die Pflicht, das Selbstbestimmungsrecht zu achten. Heißt es doch, der Suizidbeihilfe leistende Arzt „kommt seiner grundsätzlichen Pflicht nach, das Selbstbestimmungsrecht seines Pati-

---

[36] So bemerkt etwa Duttge, „dass die Kernvoraussetzung jedweder Toleranz gegenüber Unterstützungshandlungen bei Selbsttötungen – das Vorliegen eines freiverantwortlichen Suizids – innerhalb der einschlägigen Fachdisziplinen ungeklärt und damit als bloßes Gedankenkonstrukt ohne greifbare lebensweltliche Anbindung ist" (Duttge (2009), 263).

[37] Borasio / Jox / Taupitz / Wiesing (2014), 84.

[38] „Der Gesetzesentwurf beabsichtigt nicht, diesen Menschen den Zugang zur ärztlichen Suizidbeihilfe zu eröffnen." (Ebd., 84).

[39] Ebd., 85.

enten zu achten und das individuelle Patientenwohl in den Blick zu nehmen, das in Ausnahmefällen nicht in der absoluten Lebenserhaltung liegt"[40]. Wieso gilt diese Pflicht in anders gelagerten Fällen unerträglichen Leidens nicht? Im Horizont einer Selbstbestimmung, für die Freiwilligkeit und reifliche Überlegung ausschlaggebend ist, läßt sich diese Einschränkung nicht aufrecht erhalten. Sie ist willkürlich und inkonsequent und diskriminiert Menschen, die auf andere Weise unerträglich leiden. Wird das Leiden auf eine unheilbare, zum Tode führende Erkrankung mit begrenzter Lebenserwartung eingeschränkt, ist die Einschränkung im Grunde bereits aufgehoben. Es ist dann nur noch eine Frage der Zeit, bis sie hinfällig wird.

Unter den gegebenen Prämissen gibt es keinen Grund, andere unerträglich leidende Personen, die freiverantwortlich und reiflich überlegt nach Suizidbeihilfe verlangen, auszuschließen. Die Begründung, man müsse sie schützen, greift nicht, weil solch ein Schutz ihre Selbstbestimmung mißachtet. Der Schutz verkehrt sich in paternalistische Fremdbestimmung. Warum Beihilfe nicht auch bei psychischen Leidenszuständen, bei denen zugegebenermaßen Freiverantwortlichkeit von vornherein nicht auszuschließen ist?[41] Es ließen sich noch andere Leidenszustände anführen wie Lebensüberdruß, schwer entstellende Erkrankungen, schwerste Behinderungen oder Alterserscheinungen, die den Betroffenen das Weiterleben unerträglich machen. Auch die Vermeidung eines zukünftigen Leidens (beginnende Demenz) kann kein Ausschließungsgrund sein. Wenn in der Schweiz bereits über die Ausweitung der Suizidbeihilfe diskutiert wird, und die Sterbehilfevereine „die generelle Freigabe des assistierten Suizids für Hochbetagte"[42] fordern, so könnte dem begründeterweise nichts entgegengesetzt werden.

Wenn jemand freiverantwortlich und nach reiflicher Überlegung erklärt, einem zukünftigen unerträglichen Leiden nicht ausgesetzt sein zu wollen, und nach Suizidbeihilfe verlangt, was will man ihm begründet entgegenhalten?[43] Mit welchem Recht wird jemandem vorgeschrieben, wie er sich zu

[40] Ebd., 81.
[41] Ebd., 84.
[42] Borasio (2014), 93.
[43] Birnbacher ist da konsequenter, wenn er vorschlägt, die Zulässigkeit der ärztlichen Suizidbeihilfe auf Situationen einzuschränken, „in denen ein Patient – gemessen an seinen jeweils eigenen Maßstäben – unerträglich und irreversibel leidet und alternative Mittel der Leidensbegrenzung nicht in Sicht

seiner ihm noch verbleibenden Lebenszeit zu verhalten hat? Warum keine Beihilfe zu einem Bilanzsuizid? Wenn die Beihilfe zum Suizid Ausdruck der Pflicht zur Respektierung der Selbstbestimmung des Anderen ist, dann ist die Bedingung einer unheilbaren, zum Tode führenden Erkrankung mit begrenzter Lebenserwartung eine nicht begründbare und diskriminierende Einschränkung, die den Keim ihrer Aufhebung in sich trägt.

Es handelt sich um eine sachimmanente Folgerichtigkeit, die an der Wahl des Ausnahmekriteriums hängt. Es geht hier nicht darum, ein Schreckensszenario auszumalen und seinen Eintritt verhindern. Dem kann ja immer das Argument von Versuch und Irrtum entgegengehalten werden, man möge die Einschränkung einem Haltbarkeitstest unterwerfen und ihre Folgen evaluieren. Die Frage ist nicht, ob die Einschränkung faktisch hält, sondern ob sie sich unter den gegebenen Prämissen sachlich begründen läßt – was zu verneinen ist. Die Ausweitung der ärztlichen Suizidbeihilfe und die mit ihr verbundene Schutzfunktion anderer Suizidwilliger sind mit der genannten Einschränkung bereits vorprogrammiert. Ausnahmekriterien müssen objektivierbar sein. Personenbezogene Kriterien – zu ihnen zählt das Leiden – sind das aber nicht. Sie sind singulär und eignen sich deshalb grundsätzlich nicht für Ausnahmeregelungen. Werden sie zur Grenzziehung benützt, ist die Grenze im Grunde auch schon aufgehoben.

3 Beihilfe zum Suizid und Tötung auf Verlangen

Die bedingte Straffreiheit der ärztlichen Suizidbeihilfe gilt einerseits als Alternative zu palliativmedizinischen Maßnahmen angesichts der Tatsache, daß diese Maßnahmen in einigen wenigen Fällen den Wunsch nach Suizid-

---

sind oder vom Patienten abgelehnt werden. Dabei sollte jedoch – im Unterschied zum Schweizerischen Richtlinienentwurf – nicht von einem engen, sondern einem weiten Verständnis von ‚Sterbehilfe' ausgegangen werden, d. h. es sollte nicht zur Bedingung gemacht werden, dass, wie es in den Schweizer Richtlinien heißt, ‚die Erkrankung des Patienten [...] die Annahme (rechtfertigt), dass das Lebensende nahe ist'. Mit einem engen Verständnis würde gerade Patienten, die noch ein langes Weiterleben unter für sie inakzeptablen Bedingungen vor sich haben, die also insofern in besonderem Maße benachteiligt sind, die Möglichkeit eines assistierten Suizids vorenthalten." (Birnbacher (2006), 18).

beihilfe nicht zum Verschwinden bringen können.[44] Andererseits soll eine unter fest umschriebenen Bedingungen straffrei bleibende ärztliche Beihilfe einer Legalisierung der Tötung auf Verlangen entgegenwirken.[45]

Der Unterschied zwischen Suizidbeihilfe und Tötung auf Verlangen wird in der Tatherrschaft erblickt. Bei der Suizidbeihilfe verbleibt sie beim Patienten – „ohne die notwendige letzte Handlung des Patienten selbst würde dieser nicht zu Tode kommen"[46] – bei der Tötung auf Verlangen geht sie auf den Arzt über.[47] „Nicht nur aus juristischer, sondern auch aus medizinischer und ethischer Sicht besteht also ein deutlicher Unterschied zwischen Beihilfe zum freiverantwortlichen Suizid einerseits und der Tötung auf Verlangen andererseits."[48] Der Unterschied ist freilich keineswegs so deutlich, wie behauptet wird, wenn man bedenkt, daß eine gesetzlich klar geregelte ärztliche Suizidbeihilfe die Tötung auf Verlangen sogar überflüssig machen und so all die mit ihr verbundenen Probleme einer Ausweitung auf die Tötung von nicht einwilligungsfähigen Menschen erst gar nicht aufkommen lassen soll. „Denn die Tötung auf Verlangen ist ihrerseits für die Realisierung eines freiverantwortlichen Sterbewunsches nicht notwendig. Das oft geäußerte Argument, gelähmte oder anderweitig behinderte Patienten bedürften unbedingt der Möglichkeit, auf Verlangen getötet zu werden, ist angesichts des technischen Fortschritts obsolet. Wenn ein Patient in der Lage ist, einen freiverantwortlichen Suizidwunsch zu äußern, dann ist er auch in der Lage (und sei es durch Computersteuerung mittels Augenbewegungen), eine Infusion mit einem tödlichen Mittel selbst zu starten und damit die Tatherrschaft zu behalten."[49]

Bei näherem Zusehen erweist sich das genannte Argument keineswegs als obsolet. Denn die technische Perfektionierung macht Beihilfe und Tötung auf Verlangen ununterscheidbar. Die Zuordnung zu dem einen oder anderen

---

[44] Borasio / Jox / Taupitz / Wiesing (2014), 49. Es sei daher nicht sinnvoll, „Palliativmedizin und Suizidbeihilfe in einem 'entweder – oder' gegeneinander auszuspielen" (ebd., 50).

[45] „Der hier unterbreitete Vorschlag soll ebenfalls verhindern, dass sich Bestrebungen zur Legalisierung der Tötung auf Verlangen durchsetzen." (Ebd., 19).

[46] Ebd., 51.

[47] Diese Abgrenzung „ist sowohl praktisch als auch normativ eindeutig. Bei der Tötung auf Verlangen liegt die Tatherrschaft nicht mehr beim Kranken, sondern beim Arzt" (ebd., 50).

[48] Ebd., 51.

[49] Ebd., 51.

Handlungstyp wird willkürlich. Man muß sich nur einmal die geschilderte Situation vergegenwärtigen. Durch Computersteuerung mittels Augenbewegung soll der Patient die tödlich wirkende Infusion starten. Er selbst ist unfähig, die entsprechenden technisch notwendigen Vorbereitungen zu treffen. Nur die Augenbewegung bleibt ihm übrig, alles andere besorgt der Arzt, der für den reibungslosen Ablauf und für das Erreichen des gewünschten Zieles verantwortlich ist. Seine Professionalität garantiert die Effizienz des Ablaufs. Für all das behält der Arzt die Herrschaft, es ist seine Tat und nicht die des Patienten. Er erfüllt sie in dessen Auftrag. Und nachdem alles perfekt vorbereitet ist, überläßt der Arzt die Auslösung des technisch perfekt organisierten Vorgangs (Computersteuerung mittels Augenbewegung) dem Patienten, der noch dazu für eine Computersteuerung mittels Augenbewegung trainiert sein muß. Die technisch perfekte Vorbereitung des Suizids durch den Arzt unterscheidet sich in nichts von derjenigen einer Tötung auf Verlangen. Es geht nur noch um die Auslösung eines Vorgangs, bei dem es gleichgültig geworden ist, durch welchen Faktor sie erfolgt. Beide – Arzt und Patient – werden angesichts der Technisierung des Vorgangs zu austauschbaren Auslösefaktoren. Die Suizidbeihilfe und die Tötung auf Verlangen werden ununterscheidbar, weil die Handlungssubjekte zu bloßen Auslösern geworden sind. Genauer: Weil der Arzt sich selbst zu einem austauschbaren Auslösefaktor verdinglichen muß, um diese Beihilfe leisten zu können. Deshalb haben solche Leistungen sehr wohl Auswirkungen auf das ärztliche Selbstverständnis.

Der Arzt läßt sich im letzten Moment, wenn es darum geht, den Vorgang „zu starten", vom Patienten vertreten. Die Suizidbeihilfe wird zu einer stellvertretend ausgeführten Tötung auf Verlangen. Weil es im Hinblick auf die Folge gleichgültig ist, wodurch der zum Tod führende Vorgang gestartet wird, wird die Unterscheidung zwischen Suizidbeihilfe und Tötung auf Verlangen zur Sache einer zweckrationalen Vernunft, zu einer Frage der Zweckmäßigkeit. Und der fließende Übergang wirkt zurück auf die Einschätzung der Suizidbeihilfe insgesamt.[50] Wie der Grenzfall zeigt, hebt sich der Unterschied zwischen beiden im Hinblick auf die Folgen auf. Im Vergleich

---

[50] So gibt es den Vorschlag, die Frage zu erörtern, „ob nicht doch die Beihilfe zum Suizid, insbesondere, wenn sie durch Ärzte geschieht, nichts anderes ist als eine Umgehung des Strafbestandes der Tötung auf Verlangen" (Hoppe / Hübner (2009), 305).

zum Suizid ist die Tötung auf Verlangen in vielen Fällen das effizientere Mittel. Gerade der bemühte Extremfall einer computergesteuerten Auslösung, der den deutlichen Unterschied zu einer Tötung auf Verlangen markieren soll, kann nicht leisten, was er leisten soll – eben weil er ein Extremfall ist. Es gilt hier, methodisch konsequent zu bleiben. Wenn die Suizidbeihilfe vom ärztlichen Ethos umfaßt ist, dann ist es auch die Tötung auf Verlangen. Der Extremfall der Suizidbeihilfe wurde ja zu einem Teil der ärztlichen Profession mit der Begründung erhoben, sie respektiere das Selbstbestimmungsrecht des Patienten, und es handle sich bei ihr um eine Form der Hilfestellung, zu welcher der Arzt verpflichtet ist, da der Arzt schon längst ein „Helfer beim Sterben"[51] sei. Die Orientierung an einem Extremfall muß auch für den Extremfall des Extremfalles gelten. Die Respektierung der Selbstbestimmung und die Pflicht zur Hilfeleistung machen den Extremfall des Extremfalls nolens volens ebenfalls zu einem Teil der ärztlichen Profession – vor allem dann, wenn es um die Sicherstellung der Effizienz geht. Man mag diese Konsequenz nicht wollen und anderes im Sinn haben. Dann aber müßte die Argumentation auf andere Grundlagen gestellt werden.

4   Kommerzialisierung – Abgrenzung gegen Sterbehilfeorganisationen

Abschließend eine kurze Bemerkung zum vorgesehenen Werbeverbot für die Beihilfe zum Suizid. „Die Strafdrohung soll verhindern, dass die Suizidbeihilfe als kommerzialisierbare oder organisierte Dienstleistung dargestellt und von der Allgemeinheit als normales Verhalten eingeschätzt wird."[52] Man ist versucht zu fragen: Und warum nicht? Warum soll in einer Gesellschaft, die sich einer liberalen, den Konkurrenzkampf fördernden Marktwirtschaft verschreibt, die Suizidbeihilfe nicht kommerzialisiert und organisiert werden? Wenn ärztliche Leistungen etwa auf dem Gebiet der Schönheitschirurgie angeboten werden, warum nicht auch Beihilfeleistungen? Für unentgeltlich wird man sie ja nicht verlangen können. Und warum nicht eine organisierte

---

[51] Borasio / Jox / Taupitz / Wiesing (2014), 80.
[52] Ebd., 87.

Beihilfe? Für sie spricht doch in erhöhtem Maß, was auch der Regelungsvorschlag für sich in Anspruch nimmt: Verhinderung von Suiziden, weil Ermöglichung eines offenen Sprechens über Suizidabsichten mit kompetenten
Partnern, Schutz Dritter vor traumatisierenden Suizidformen (Sturz vor den
Zug, oder aus dem Fenster). Und warum soll die Beihilfe plötzlich von der
Allgemeinheit nicht als normal eingestuft werden? Schließlich ist ja die Berufung auf diverse Meinungsumfragen, nach denen sich eine Mehrheit von
über 70 % für eine Straflosigkeit der ärztlichen Suizidbeihilfe ausgesprochen
haben soll, eines der Motive für den Regelungsvorschlag.[53] Und was die grobe
Anstößigkeit betrifft,[54] so ist nicht einzusehen, warum sie ein Werbungsver-
bot rechtfertigen soll. Was für den einen anstößig ist, ist es nicht für den
anderen. Mit dem Rekurs auf die Anstößigkeit bevorzugt bzw. benachteiligt
das Werbeverbot wider Willen bestimmte persönliche Gesinnungen und
verstößt damit gegen die Idee eines liberalen Rechtsstaates.

5 Das Problem der Ausnahmeregelung – die Unverzichtbarkeit der Epikie

Die Ausnahmeregelung sei „erforderlich, weil ein kategorisches, also ausnahmsloses Verbot ärztlicher Suizidbeihilfe weder strafrechtlich noch ethisch
vertretbar ist"[55]. Denn: „Ein kategorisches Verbot würde besonderen Einzelfällen nicht gerecht und verstieße gegen das Verhältnismäßigkeitsprinzip."[56]
Auf diese Weise würde „die vorhandene unbefriedigende Situation nur noch
verschlimmert"[57]. Die Ausnahmeregelung intendiert nicht nur Gerechtigkeit
gegenüber den Einzelfällen, sondern beansprucht zugleich eine Schutzfunktion gegenüber anderen Notleidenden.[58] Dieser Schutz läßt sich jedoch, wie
zu sehen war, auf die vorgeschlagene Weise nicht halten.

---

[53] Die diesbezüglichen Angaben in ebd., 52.
[54] „Wer […] in grob anstößiger Weise eigene oder fremde Hilfeleistung zur Vornahme einer Selbsttötung anbietet, ankündigt, anpreist oder Erklärungen solchen Inhaltes bekanntgibt […]." (Ebd., 24
und 102).
[55] Ebd., 80.
[56] Ebd., 81.
[57] Ebd., 19.
[58] Ebd., 84 f.

Wenn es darum geht, dem Einzelfall Gerechtigkeit widerfahren zu lassen, lautet die Vorfrage, ob ein Verbot mit entsprechenden Ausnahmeregelungen dazu überhaupt imstande ist. Es gibt ja auch ungerechte Regeln. Ob Regeln gerecht oder ungerecht sind, darüber können nicht wiederum Regeln befinden, denn für die gälte ja dasselbe. Gerechtes Handeln ist verantwortungsvolles Handeln. Ob Regeln gerecht sind, hängt von der Bedeutung des zu regelnden Gegenstandes ab und von dem damit verbundenen Anspruch an unser Handeln ab. Daß wir unter irgendwelchen zwischenmenschlichen Verbindlichkeiten stehen, wissen wir ja nicht deshalb, weil es Handlungsregeln gibt, sondern weil uns Handlungssituationen in Anspruch nehmen können.

Nochmals: Bevor man ans Regeln geht, muß über die Regelungsfähigkeit des Gegenstandes Klarheit herrschen. Erst dann kann etwas über den Regelungsbedarf, und für wen er besteht, ausgemacht werden. Man vergegenwärtige sich also erneut, was da geregelt werden soll. Es sind Extremfälle – freilich solche, in denen es endgültig Ernst wird. Denn bei ihnen geht es nicht um So- oder Anderssein, sondern um Sein und Nichtsein. Sie konfrontieren uns nicht mit irgendetwas Belanglosem, sondern – wenn wir nur ehrlich sind und uns nichts vormachen – mit dem Ernst unseres Miteinanderlebens. Der Tod ist des Lebens Ernst. Es handelt sich um den Extremfall eines Arzt-Patienten-Verhältnisses.

Dringender Regelungsbedarf bestehe, weil Ärzte in all den Ländern, die den § 16 der MBO-Ä vollinhaltlich übernommen haben, nicht nur in Gewissenskonflikte kommen können, sondern darüber hinaus auch noch standesrechtliche Konsequenzen fürchten müssen. Und um den Ärzten das zu ersparen, seien genaue Ausnahmeregelungen erforderlich. Die Vorteile liegen auf der Hand: Ärzten wird auf diese Weise ein von Gewissenskonflikten freies, regelkonformes Verhalten ermöglicht, indem die Suizidbeihilfe über ein Regelungsverfahren zum Bestandteil der ärztlichen Tätigkeit gemacht wird.

Beim Suizidwunsch handelt es sich um eine Ausnahme. Normalerweise sterben Menschen, ohne daß sie einen solchen Wunsch haben. Normalerweise heißt nicht, dem statistischen Durchschnitt entsprechend. Wir würden ja selbst dann, wenn in einer Gesellschaft die Mehrheit ihrer Mitglieder durch Suizid ihr Leben beendete, nicht von Normalität reden. ‚Normal‘ ist kein theoretisch-mathematischer, sondern ein praktischer Begriff. Das Normale ist das Normierende, Normvermittelnde. Warum beunruhigt uns denn die Zunahme von Suiziden? Warum möchten wir in unserer Gesellschaft ein suizidfreundliches Klima nicht aufkommen lassen? Warum betreiben wir Suizidprävention (um die es ja auch dem hier zur Diskussion stehenden Regelungsvorschlag zu tun ist)? Doch nicht aus weltanschaulicher Voreingenommenheit und auch nicht deshalb, um zahlenmäßige Anteile innerhalb einer Personenmenge zu korrigieren, sondern wohl deshalb, weil es uns nicht gleichgültig ist, daß unsere Mitmenschen in solch eine für sie ausweglos erscheinende Situation kommen. Und da wäre wohl weiter zu fragen (was hier nicht geschehen kann und muß), warum es uns nicht gleichgültig läßt. Solche Fragen lassen sich aus einer ethischen und auch regelungspolitischen Diskussion nicht ausklammern.

Handlungsregeln sind allemal etwas Nachträgliches. Sie lassen sich nur aus dem ableiten, nicht wie wir üblicherweise, sondern wie wir normalerweise handeln. Wie sich aus Ausnahmefällen und Extremfällen grundsätzlich keine Regeln ableiten lassen, so kann man dem Einzelfall nicht schon durch Befolgung von Ausnahmeregeln gerecht werden. Dazu ist mehr erforderlich – ein gebildetes Gewissen in Gestalt der Epikie.[59] Denn dem Einzelfall gerecht werden heißt, ihn gerade nicht als bloßen Fall eines Allgemeinen nehmen, sondern seine Singularität und Unvergleichlichkeit erfassen und entsprechend handeln. Menschen kommen mit anderen Menschen darin überein, daß sie Menschen sind. Aber genau darin unterscheiden sie sich auch. Deswegen deckt sich Regelkonformität nicht schon mit Gerechtigkeit. Und deswegen kann es unter Umständen gerecht sein, eine Regel – eben um der Gerechtigkeit willen – nicht zu befolgen und solch eine Nicht-Befolgung auch nicht zu bestrafen. Summum ius, summa iniuria. Freilich: Um sie aus Gründen der Gerechtigkeit nicht anwenden zu dürfen, muß sie in ihrer Geltung anerkannt bleiben und darf sie nicht durch personenbezogene Ausnahmekriterien außer Kraft gesetzt werden. Was im Einzelfall gerecht sein kann, muß regelwidrig bleiben, d.h. die Ausnahme muß die Regel bestätigen.

---

[59] „Epikie heißt jene Grundhaltung, die nach der optimalen Verwirklichung des sittlichen Anspruchs, wie dies unter den gegebenen Umständen möglich ist, trachtet, ohne sich von einem Vollkommenheitsideal oder einem perfekten Zielwert die Optimierung des Handelns verderben zu lassen." (Virt (1983), 266).

Jede Regel hat ihre Ausnahmen. Jeder unter sie subsumierbare Einzelfall kann gegebenenfalls zur Ausnahme werden. ‚Keine Regel ohne Ausnahme' heißt es zu Recht. Das bedeutet zweierlei: (1) Aufgrund ihrer Allgemeinheit kann eine Regel die unter sie fallenden Handlungssituationen nicht restlos bestimmen. Sie kann sich auf das Singuläre nur unbestimmt beziehen. (2) Ausnahmen zu haben, gehört konstitutiv zu einer Regel. Es gilt aber auch das Umgekehrte: keine Ausnahme ohne Regel. Regel und Ausnahme definieren sich gegenseitig. Wo der Gegensatz von Regel und Ausnahme aufgehoben wird, bleibt keineswegs eine ausnahmslose Regel oder eine regellose Ausnahme über, sondern mit der Aufhebung des Gegensatzes sind beide Gegensatzglieder aufgehoben. Es gibt dann weder das eine noch das andere. Alles wird dann gleich gültig bzw. ist dann nichts gültig. Eine Regel überbrückt nicht den Gegensatz zum Einzelfall, sondern setzt den Gegensatz voraus.

Mit der immer genaueren Regelung von Ausnahmen wird genau das vereitelt, was man erreichen möchte. Denn statt den Gegensatz von Regel und Ausnahme zu überbrücken, erneuert man ihn. Eine Ausnahmeregelung ist als Regelung notgedrungen allgemein und hat aufgrund ihrer Allgemeinheit wiederum Ausnahmen, die – weil man meint, dem Einzelfall durch Regelung gerecht werden zu können – wiederum geregelt werden müssen und so fort bis ins Endlose.

Dem Einzelfall werden nicht Ausnahmeregelungen gerecht, weil es für die Anwendung einer Regel nicht selbst wiederum eine Regel geben kann, dem Einzelfall wird die Epikie gerecht. Sie ist nach Aristoteles die „Korrektur des Gesetzes, soweit es auf Grund seiner Allgemeinheit mangelhaft ist. Dies ist auch die Ursache davon, daß nicht alles gesetzlich geregelt wird, da man über einige Dinge unmöglich ‚Gesetze geben kann"[60]. Lückenhaft ist ein Gesetz dem Singulären, der conditio personae gegenüber. Epikie ist dort erfordert, wo Lebenssituationen keine glatten Lösungen zulassen und die Anwendung eines Gesetzes gegebenenfalls ungerecht wäre. Sie setzt die Fähigkeit voraus, eine Handlungssituation nach all ihren relevanten Hinsichten im Lichte sittlicher Prinzipien zu erfassen.

Sieht man für die sonst verbotene Suizidbeihilfe Ausnahmen vor und regelt sie mit Hilfe personbezogener Kriterien, muß man um der Gerechtigkeit

---

[60] Aristoteles: *Nikomachische Ethik* V, 14, 1137a.

willen immer neue Ausnahmeregelungen schaffen und auf diese Weise den Zulässigkeitsbereich ausweiten. Jedwede Grenzziehung wird zur dezisionistischen Willkür, die mit Recht von den Betroffenen bekämpft werden kann. Gleichzeitig liefert man aber wider die eigene Absicht den für schützenswert erachteten Personenkreis der Schutzlosigkeit aus – man kann aus regelungslogischen Gründen gar nicht anders. Wer anfängt, ein generelles Verbot mit in sich unhaltbaren Zulassungsregelungen auszustatten, macht letztendlich die Ausnahmen zur Regel und das Verbot zur Ausnahme. Der Wille zu regeln, was sich nicht regeln läßt, führt über einen bloßen Gebotsgehorsam letzten Endes zur Gewissenlosigkeit.

Will man dem Einzelfall – dem extremen Ausnahmefall eines Verlangens nach Suizidbeihilfe – wirklich gerecht werden, muß man andere Wege beschreiten. Man muß es bei dem generellen Verbot belassen und auf Ausnahmeregelungen (zulässig, unzulässig) bewußt verzichten, um der Epikie Platz zu machen. Anderenfalls weitet man aus, was man unterbinden will: „Menschen, die sich in einer psychischen oder sozialen Notlage befinden, oder etwa lebensmüde Menschen"[61] werden in den Kreis legaler ärztlicher Suizidbeihilfe einbezogen.

Ein ausnahmsloses Verbot negiert nicht mögliche Ausnahmen, es regelt sie bewußt nur nicht – im Wissen darum, daß hier in besonderem Maß die Epikie gefordert ist, und nur sie dem Einzelfall gerecht werden kann. Indem die Ausnahmen gerade nicht geregelt werden, wird jener Freiraum geöffnet, der es erlaubt, nach bestem Wissen und Gewissen situationsgerecht zu handeln.

Die Ärztekammern der Länder können ruhig den § 16 der MBO-Ä ohne weitere Zusätze übernehmen. Die wohlgemeinten Zusätze einiger Länderkammern[62] schaden mehr als sie nützen, weil sie den Eindruck erwecken, es mangle noch an Ausnahmeregelungen.[63] Ein generelles Verbot festigt das ärztliche Ethos und macht die Suizidbeihilfe nicht zu einem Teil der ärztlichen Profession. Auch verhindert ein generelles Verbot nicht die Äußerung von Suizidwünschen. Denn es ist nicht das Vorhandensein von irgendwel-

---

[61] Borasio / Jox / Taupitz / Wiesing (2014), 84.
[62] Ebd., 34.
[63] Das Fehlen solcher Zulässigkeitsregeln wird denn auch moniert: Borasio / Jox / Taupitz / Wiesing (2014), 34.

chen Zulässigkeitsregeln, sondern die intime mitmenschliche Nähe, die einem Patienten die Zunge löst.[64] Und es ist nicht die Mißachtung, sondern die Anerkenntnis des Verbots, die das Gewissen schärft. Die Grundhaltung eines Arztes ist sehr wohl davon mitbestimmt, ob die Suizidbeihilfe ein Teil seiner Profession ist oder nicht ist.

Gegen das Unterlassen von Zulässigkeitsregelungen wird der bekannte Einwand erhoben, auf diese Weise würden Grauzonen geschaffen, Mißbrauch gefördert und unkontrollierbaren Machenschaften Tür und Tor geöffnet. Dieser Einwand wäre nicht nur auf sein Gesetzesverständnis, sondern auch auf die Wurzel seines Mißtrauens hin zu befragen. Gewiß: Mißbrauch und also Gewissenlosigkeit kann es geben. Allein gegen das Mißtrauen ist ein Mißtrauen zu setzen und zu fragen: Wie schützt man sich gegen gewissenloses Handeln? Nicht durch ein Regelwerk, sondern durch Gewissensbildung. Der ständige Ruf nach Rechtssicherheit – der bezeichnenderweise weniger von ärztlicher Seite ertönt – läßt das nur allzuleicht vergessen.

Literaturverzeichnis

Aristoteles: *Nikomachische Ethik*, griechisch-deutsch, übersetzt von Olof Gigon, neu herausgegeben von Rainer Nickel, Düsseldorf / Zürich 2001.

Birnbacher, D.: Die ärztliche Beihilfe zum Suizid in der ärztlichen Standesethik, in: *Aufklärung und Kritik* (13), 2006, Sonderheft 11, S. 7-19.

Borasio, G. D.: Der assistierte Suizid aus palliativmedizinischer Sicht, in: *Zeitschrift für medizinische Ethik* (55), 2009, S. 235-242.

Borasio, G. D.: *selbst bestimmt sterben: Was es bedeutet. Was uns daran hindert. Wie wir es erreichen können*, München 2014.

Duttge, D.: Der assistierte Suizid aus rechtlicher Sicht. ‚Menschenwürdiges Sterben' zwischen Patientenautonomie, ärztlichem Selbstverständnis und Kommerzialisierung, in: *Zeitschrift für medizinische Ethik* (55), 2009, S. 257-270.

Hoerster, N.: Zur rechtsethischen Begründung des Lebensrechts, in: Bernat, E. (Hrsg.): *Ethik und Recht an der Grenze zwischen Leben und Tod*, Graz 1993, S. 61-70.

---

[64] In Österreich ist die Suizidbeihilfe bekanntlich verboten, was die Äußerung von Suizidwünschen keineswegs verhindert. Vgl. dazu Loewit (2014), 310 ff.

Hoppe, J. D. / Hübner, M.: Der ärztlich assistierte Suizid aus medizin-ethischer und aus juristischer Perspektive, in: *Zeitschrift für medizinische Ethik* (55) 2009, S. 303-317.

Loewit, G.: *Sterben. Zwischen Würde und Gesellschaft*, Innsbruck / Wien 2014.

Spinoza, B. de: *Tractatus Theologico-politicus*, lateinisch / deutsch, hrsg. von G. Gawlick und F. Niewöhner, Darmstadt 1989.

Virt,G.: *Epikie – verantwortlicher Umgang mit Normen. Eine historisch-systematische Untersuchung zu Aristoteles, Thomas von Aquin uind Franz Suarez*, Mainz 1983.

Markus Rothhaar

Autonomie und Menschenwürde am Lebensende
Zur Klärung eines umstrittenen Begriffsfelds

Die Begriffe der „Würde" und der „Autonomie" spielen in fast allen Debatten der Medizin- und Bioethik eine zentrale Rolle, ganz gleich, ob es sich um Fragen handelt, die den Lebensanfang betreffen oder Fragen, die das Lebensende betreffen. Beide Begriffe weisen damit immer auch über den Themenkomplex der sogenannten „aktiven Sterbehilfe" und des assistierten Suizids hinaus und sind ebenso für die sogenannte „passive Sterbehilfe", den Schwangerschaftsabbruch, die Präimplantationsdiagnostik etc. relevant. Der Schwerpunkt der folgenden Überlegungen soll gleichwohl auf der Problematik von „aktiver Sterbehilfe" und assistiertem Suizid liegen. Hier findet sich freilich ein Gebrauch der Begriffe, der nicht nur den Laien, sondern auch den Experten häufig irritiert: werden doch beide Begriffe jeweils von Befürwortern wie Gegnern einer vermeintlichen „Liberalisierung" in Anspruch genommen.

Besonders evident ist das im Fall des Begriffs „Menschenwürde". Auf der einen Seite wird hier die Vorstellung eines „Sterbens in Würde" häufig als Argument *für* die aktive Sterbehilfe herangezogen. Es sei an dieser Stelle nur daran erinnert, dass ein Verein in der Schweiz, der Beihilfe zum Suizid anbietet, sich den Namen *Dignitas* gegeben hat oder der Staat Oregon sein Gesetz zur Legalisierung des ärztlich assistierten Suizids den *Death with Dignity Act* genannt hat. Der Grundgedanke dieser Benutzung des Begriffs besteht darin, dass ein Sterben in Schmerzen und Leid, ein „Dahinvegetieren" unter Verlust der Selbstkontrolle, als „würdelos" zu verstehen sei. Der letzte Triumph der Freiheit und Würde des Menschen über die widrigen Umstände seiner Existenz bestehe darin, auch und gerade in einer solchen Situation frei über seinen eigenen Tod entscheiden zu können, selbst wenn dazu die Hilfe eines Dritten benötigt werde. Der Gedanke der Würde fordere daher eine Legali-

sierung der aktiven Sterbehilfe. Es ist offenkundig, dass dabei eine eher alltagssprachliche Bedeutungsschicht des Begriffs „Würde" herangezogen wird,
die zum einen etwas mit Lebensqualität zu tun hat, zum anderen aber auch
mit dem eigenen Selbstbild und dessen Darstellung nach außen. Der Zusammenhang zwischen diesem alltagssprachlichen Verständnis von „Würde"
und dem philosophisch-rechtlichen Begriff der *Menschenwürde* bleibt hier
allerdings meist ungeklärt, so dass bereits fraglich ist, ob beide überhaupt
etwas miteinander zu tun haben oder auch nur sinnvoll aufeinander bezogen
werden können. Deutlicher ist die Verbindung zum philosophischrechtlichen Menschenwürdebegriff dagegen da, wo die Befürworter aktiver
Sterbehilfe auf den Gedanken des Selbstbestimmungsrechts abheben. Das
Recht, über sich selbst zu bestimmen, impliziere auch und gerade das Recht,
über das eigene Sterben zu verfügen. Indem das Selbstbestimmungsrecht eine
wesentliche, wenn nicht die wichtigste Konkretion des Menschenwürde
Gedankens des Grundgesetzes darstelle, folge aus dem Menschenwürdegrundsatz die Forderung nach einer Legalisierung der aktiven Sterbehilfe
bzw. nach einer Liberalisierung des assistierten Suizids. Auf der anderen Seite
steht dieser Auslegung des Menschenwürdegrundsatzes der Gedanke gegenüber, dass die Würde eines Menschen eine grundlegende Unantastbarkeit
und Unverfügbarkeit jedes Menschenlebens impliziere, die als solche jede
Legalisierung der aktiven Sterbehilfe ausschließe.

Schließlich existiert neben den genannten Verwendungen noch eine dritte
Verwendung, die besonders innerhalb der Hospiz- und Palliativbewegung
verbreitet ist: eine Verwendung, wie sie nicht zuletzt im Motto der Hospizbewegung „Menschenwürdig leben bis zuletzt" zum Ausdruck kommt. Hier
herrscht eine adjektivische und / oder adverbiale Verwendung des Begriffs
vor, die am ehesten auf allgemeine, anthropologisch verankerte menschliche
Grundbedürfnisse in der Art, wie Martha Nussbaum sie beschreibt,[1] abzuzielen scheint. Stichworte, die in diesem Zusammenhang immer wieder fallen
sind z.B.: die Erhaltung sozialer Kontakte, Schmerzfreiheit, persönliche Zuwendung, Selbstachtung, gute Unterbringung und pflegerische Betreuung
etc. So geht etwa der *Deutsche Hospiz- und Palliativverband e.V.* davon aus,
dass die Betreuung eines schwerstkranken Menschen genau dann „men-

---

[1] Vgl. etwa Nussbaum (1998), 45-62.

schenwürdig" ist, wenn sie „seinen körperlichen, sozialen, psychischen und spirituellen Bedürfnisse am Lebensende umfassend Rechnung trägt"[2]. Bezeichnend für diesen Begriffsgebrauch ist nicht zuletzt, dass z.b. die *Caritas Österreich* ihr Positionspapier zur Hospizarbeit[3] mit dem Titel „Menschenwürdig leben bis zuletzt" überschreibt, dass im Text selbst dann aber praktisch nur noch von „Lebensqualität bis zuletzt" die Rede ist. „Menschenwürde" scheint hier einfach nur als Synonym für „Lebensqualität" benutzt zu werden. Mit dieser Überblendung von Menschenwürdebegriff und Lebensqualität nähert sich die Verwendung seitens der Hospizbewegung, wenngleich von einer ganz anderen Seite her und mit anderen Schlussfolgerungen, auf bemerkenswerte Weise derjenigen an, die wir weiter oben als charakteristisch für die Befürworter aktiver Sterbehilfe identifiziert hatten.

Nicht weniger uneinheitlich zeigt sich die Lage beim Begriff der „Autonomie". Hier beginnen die Unklarheiten bereits damit, dass der Begriff bei manchen Autoren als Synonym für „Selbstbestimmungsrecht" oder „Selbstbestimmung" verwendet wird,[4] bei anderen Autoren wiederum im Sinn einer *Fähigkeit zur* Selbstbestimmung und bei einigen – so nicht zuletzt bei Kant – im Sinn einer Begründungsfigur der Praktischen Philosophie überhaupt. Wird der Begriff im Sinn des „Selbstbestimmungsrechts" oder des Respekts vor der Selbstbestimmung verwendet, so wird er häufig als Argument für die Legalisierung aktiver Sterbehilfe herangezogen. Da dem Menschen ein uneingeschränktes Recht auf die Verfügung über seinen eigenen Leib und sein Leben zukomme, habe er auch das Recht, andere damit zu beauftragen, ihn – wenn nur bestimmte Bedingungen erfüllt seien – zu töten. Gegner der aktiven Sterbehilfe verweisen demgegenüber oft darauf, dass gerade Immanuel Kant, der den Gedanken der Autonomie philosophisch reflektiert hat wie kaum ein anderer Philosoph, zu dem Schluss gekommen sei, dass wohlver-

---

[2] Website des *Deutschen Hospiz- und Palliativverbands e.V.*: http://www.dhpv.de/themen _hospizbewegung.html (zuletzt aufgerufen am 13.02.2015).
[3] Im Internet unter: http://www.caritas.at/fileadmin/user/oesterreich/publikationen/ueber_uns/ Standpunkte/positionspapier_hospiz.pdf (zuletzt aufgerufen am 30.01.2015).
[4] So etwa in einem vielzitierten „Standardwerk" der Medizinethik, den *Principles of Biomedical Ethics*: Beauchamp / Childress (2001), 57 ff.

standene Autonomie damit unvereinbar sei, die eigene leibliche Existenz als Vernunftwesen zu negieren.[5]

Es bietet sich insofern an, mit den notwendigen Klarstellungen beim Autonomiebegriff zu beginnen. Hier lässt sich zeigen, dass die kantische Konzeption von Autonomie gegenüber einer Verkürzung des Autonomiebegriffs auf eine „Fähigkeit zur Selbstbestimmung" grundlegend ist. Das wird sofort deutlich, wenn die Frage danach gestellt wird, was erstens Selbstbestimmung allererst ermöglicht und zweitens, was der Grund dafür ist, dass wir das Selbstbestimmungsrecht anderer überhaupt respektieren sollen. Kants Antwort hierauf lautet in beiden Fällen: es ist die den Menschen als Vernunftwesen auszeichnende Fähigkeit, sich zu den eigenen Wünschen, Begierden und Neigungen in ein reflexives Verhältnis zu setzen und seine Handlungen an etwas anderem auszurichten als seinen Wünschen und Neigungen: nämlich am Kriterium der Universalisierbarkeit unserer Handlungsmaximen. Unter einer „Handlungsmaxime" ist dabei dasjenige zu verstehen, was sich als die zugrundeliegende Regel einer bestimmten Handlung rekonstruieren lässt. Kants Kategorischer Imperativ stellt an unser Handeln also die Frage, ob die Maßstäbe dieses Handelns sinnvollerweise als Maßstäbe des Handelns aller Menschen gedacht werden können. Nur wer sich an diesem Kriterium orientiert, der handelt im Sinn von Kants anspruchsvollem Freiheitsbegriff tatsächlich „autonom", d.h. nach einem Gesetz, das für ein vernünftiges Wesen nicht etwas äußerliches ist, sondern das aus der Struktur der praktischen Vernunft selbst erwächst. Indem sodann diese Vernunftstruktur auch bei allen anderen Menschen gegeben ist, ergibt sich die Pflicht, andere Menschen *als* autonome Wesen zu achten. Sie als autonome Wesen zu achten bedeutet aber, sie keinen Handlungen zu unterwerfen, deren innerer Logik sie als vernünftige Wesen nicht zustimmen können, die also nicht „universalisierbar" sind.

Geht man von dieser Skizze aus, so wird deutlich, worin das Verhältnis von Autonomie in einem anspruchsvollen Sinn und Selbstbestimmungsrecht eigentlich besteht. Das Recht auf Selbstbestimmung hat nämlich offensichtlich die Bestimmung, die Autonomie vor *äußerer* Heteronomie, d.h. vor der

---

[5] Vgl. die einschlägigen Überlegungen Kants in der *Grundlegung zur Metaphysik der Sitten* (Kant (1900a) (Akademieausgabe Band IV), 421 f., 430) und in der Tugendlehre der *Metaphysik der Sitten* (Kant (1900b) (Akademieausgabe Band VI), 422 f.).

Fremdbestimmung durch Andere zu schützen. Die eigentliche, innere Autonomie im Sinn einer tatsächlichen Orientierung an der Universalisierbarkeit unserer Handlungsmaßstäbe, kann dagegen nur der Einzelne selbst jeweils herstellen. Für die gesamte Debatte um die Sterbehilfe hat dieser Rückgang auf den eigentlichen Grund des Selbstbestimmungsrechts bereits erhebliche Konsequenzen. Legt man nämlich die hier skizzierten Überlegungen zugrunde, so bedeutet das zum einen, dass das Selbstbestimmungsrecht primär ein Abwehrrecht ist, dass die Unverfügbarkeit von Leib und Leben eines Menschen vor dem Zugriff durch Andere schützt. Es kann dagegen nicht als ein Anspruchsrecht darauf verstanden werden, Mittel zur Selbsttötung zur Verfügung gestellt zu bekommen oder gar von Anderen getötet zu werden. Aus der fundamentalen Differenz zwischen Abwehr- und Anspruchsrecht ergibt sich dann schon zwanglos die Unterscheidung zwischen der sogenannten „passiven Sterbehilfe" und der sogenannten „aktiven Sterbehilfe" bzw. – juristisch korrekt – der „Tötung auf Verlangen": eine Unterscheidung, deren Sinn ja in der Debatte um die Sterbehilfe häufig in Frage gestellt wird.

Zum zweiten impliziert die hier vorgenommene Einordnung des Selbstbestimmungsrechts in den größeren Zusammenhang der Autonomie-Problematik eine grundlegende Vorentscheidung der Rechtsordnung für das Leben. Das Leben eines Menschen ist nichts anderes als der gelebte Vollzug von praktischer Vernunft und Autonomie. Sich auf den Gedanken der Autonomie als Grundlage des Rechts zu stützen, bedeutet daher auch, dass die Rechtsordnung Leben und Tod nicht einfachhin als gewissermaßen gleichwertige Alternativen behandeln kann, so als ob es lediglich das subjektive Wollen des Betroffenen zum Weiterleben wäre, aufgrund dessen sich die Waagschale zugunsten des Lebens neigen würde. Zwar kennt auch das ethische und rechtswissenschaftliche Schrifttum den Grundsatz „in dubio pro vita"; begründet wird dieser aber nur in den seltensten Fällen. Geht man allerdings von einem im wesentlichen kantianischen Ansatz zur Explikation des Selbstbestimmungsrechts aus, so lässt sich, wie gezeigt, eine entsprechende Begründung leicht finden: Indem das Leben eines Menschen nichts anderes *ist* als seine spezifische Seinsweise als Vernunftwesen, trägt nicht derjenige die Beweislast, der das Leben erhalten will, sondern derjenige, der es beenden will. Wo dieser Grundsatz aufgegeben wird, ergeben sich immer wieder und unvermeidlich kontraintuitive Konsequenzen. Das zeigt sich nicht

zuletzt in der Diskussion um den sogenannten „mutmaßlichen"[6] und den
sogenannten „natürlichen Willen"[7], wo es vor allem in der juristischen Literatur eine gewisse Tendenz gibt, das Leben als etwas zu behandeln, das nur
deshalb den besonderen Schutz des Rechts genießt, weil es durch eine explizite Willensäußerung des Betroffenen gedeckt ist, das Leben dem Tod vorzuziehen und auch nur solange dies der Fall ist. Geht man von einer solchen
Konzeption aus – bindet man das Leben also *gänzlich* an einen erklärten
persönlichen Willen zum Weiterleben – so taucht unweigerlich die Aporie
auf, wie mit Patienten zu verfahren ist, die keinen expliziten Willen mehr
äußern können. Es ist dann in der Tat nur noch möglich, mit äußerst fragilen
Hilfskonstruktionen – Mutmaßungen eben – zu arbeiten: wie derjenigen,
dass die meisten Menschen ja meistens würden weiterleben wollen. Dieses
doppelte „meistens" eröffnet dann aber immer auch schon die Tür für die
Ausnahmen und damit für die „passive Sterbehilfe ohne Verlangen". Geht
man demgegenüber davon aus, dass ein wohlverstandener Begriff von Autonomie eine Parteinahme der Rechtsordnung *für* das Leben impliziert, so
lassen sich derartige Schwierigkeiten innerhalb der Rechtsdogmatik pro-
blemlos vermeiden. Ebenso lässt sich mit der im Autonomiebegriff selbst
implizierten Vorentscheidung für das Leben ohne weiteres eine Linie im
rechtlichen und politischen Umgang mit der Sterbehilfe begründen, die auf
die vorhandenen Alternativen – wie Hospizarbeit und Palliativmedizin –
setzt, statt angesichts der sicherlich existierenden ethischen Herausforderungen, die der Umgang mit Schwerstkranken und Sterbenden mit sich bringt,
leichthin auf die aktive Sterbehilfe zu setzen.

Diese Überlegungen führen denn auch zum zweiten Begriff, hinsichtlich
dessen eine Reihe von Klarstellungen erforderlich ist: dem Begriff der Menschenwürde. Betrachtet man die Inanspruchnahme des Würdebegriffs durch
die Befürworter der aktiven Sterbehilfe, so fällt, wie bereits angedeutet, auf,
dass der Begriff dort in einem mehrdeutigen Sinn verwendet wird: Einmal im
Sinne eines Rechtsprinzips, dessen wichtigste Konkretion das Selbstbestimmungsrecht sei. Legt man das zugrunde, so wäre eine Legalisierung der akti-

---

[6] Vgl. zur Konstruktion des sogenannten „mutmaßlichen Willens" die kritische Diskussion bei
Tolmein (2004).
[7] Vgl. zur Problematik des sogenannten „natürlichen Willens" die Diskussion bei Jox (2006), sowie
zum prekären Verhältnis von Patientenverfügung und „natürlichem Willen" Jox (2011).

ven Sterbehilfe deshalb geboten, weil ein Verbot die Menschenwürde qua Selbstbestimmungsrecht verletzen würde. Zugleich gebrauchen die Befürworter der aktiven Sterbehilfe den Menschenwürdebegriff aber auch noch in einem ganz anderen Sinn: in dem Sinn nämlich, dass bestimmte Zustände, Umstände und Beeinträchtigungen wie etwa eine Einschränkung der Kommunikationsfähigkeit, eine vollständige Abhängigkeit von der Hilfe anderer, starke Schmerzen, Verlust der Selbstachtung etc. die Menschenwürde verletzen würden. Es ist offenkundig, dass hier zwei verschiedene, und durchaus einander widersprechende Konzepte von „Menschenwürde" ineinanderfließen. Exemplarisch zeigt sich das daran, dass die meisten konkreten Vorschläge, die für eine Zulassung aktiver Sterbehilfe gemacht werden, sich einerseits auf das Selbstbestimmungsrecht berufen, andererseits die aktive Sterbehilfe aber doch wiederum nur in Fällen zulassen wollen, in denen massive Einschränkungen der Lebensqualität bzw. schwerstes, nicht linderbares Leiden gegeben ist.[8] Ein vergleichbarer Befund zeigt sich freilich nicht alleine bei den Befürwortern aktiver Sterbehilfe, sondern auch bei den Gegnern. Auch hier wird eine Begriffsklärung allerdings zeigen, dass ein wohlverstandener Menschenwürdebegriff nicht für, sondern gegen eine vermeintliche „Liberalisierung" in diesem Bereich spricht.

Betrachten wir die Zusammenhänge also genauer. Der Begriff der Menschenwürde geht, soweit er als Rechtsprinzip verstanden wird, ebenfalls auf Kant zurück. Das zeigt sich nicht zuletzt daran, dass „Menschenwürde" vor Kant durchgängig als etwas verstanden wurde, das lediglich „Pflichten gegen sich selbst" begründet.[9] Im Recht geht es aber gerade nicht um Pflichten gegen sich selbst, sondern um Pflichten gegen andere. Erst indem Kant den Menschenwürdebegriff auf sein weiter oben schon skizziertes Konzept von Autonomie gegründet hat, gewinnt der Menschenwürdebegriff überhaupt eine rechtsbegründende Dimension. Über Menschenwürde als Rechtsprinzip zu reden, ist mithin nur vor dem Hintergrund der kantianischen Transformation des Menschenwürdebegriffs möglich. Wie nun bereits gesehen, ist das, was Subjekte in praktischer Hinsicht auszeichnet, Autonomie in einem

---

[8] So bei Hoerster (1998). Ein vergleichbares Konzept wurde im niederländischen Recht verwirklicht. Zur Problematik dieser Position vgl. Bobbert (2002), 314-322, hier 317 f.

[9] Vgl. dazu etwa Kondylis / Pöschl (1972-1997), 637-677; Pöschl (1989); Wildfeuer (2002); Tiedemann (²2010), 109-172) und neuerdings Lebech (2009).

anspruchsvollen Sinn. Reflektiert ein Subjekt nun auf seine eigene Autonomie, so wird es feststellen, dass diese nicht durch etwas ihr Äußerliches – wie
ein Bedürfnis, eine Neigung oder eine Affektion – bedingt ist. Während äußerliche Wertsetzungen immer auf das wertsetzende empirische Subjekt mit
seinen Neigungen, Trieben und Affektionen rückführbar sind, wäre Autonomie demnach in dem Sinn „unhintergehbar" und „unbedingt", dass sie
keinen Grund und keine Bedingung außerhalb ihrer selbst hat, auf den sie
rückführbar wäre. Jede bedingte Wertsetzung verweist also auf ihre Bedingung zurück. Gäbe es vor diesem Hintergrund keine Freiheit im Sinne des
kantischen Autonomiebegriffs, so wären jegliche Wertsetzungen das Ergebnis rein kausal-mechanischer Naturgesetzlichkeiten. So wäre etwa der Wert,
den ein Stück Fleisch für ein hungriges Subjekt A hat, alleine durch die Physiologie des Hungers bzw. des Hungergefühls und die ihr zugrunde liegenden
Naturgesetze bedingt.

Gäbe es aber ausschließlich solche kausal-mechanisch bedingten Formen
der Wertsetzung, so wären Subjekte zu keinem Zeitpunkt die eigentlichen
Autoren oder Urheber von Wertsetzungen; vielmehr gäbe es eigentlich gar
keine Wertsetzungen, sondern nur naturgesetzlich ablaufende Mechanismen.
Damit Subjekte im eigentlichen Sinn die Autoren ihrer Wertsetzungen sein
können, müssen sie sich zu diesen Wertsetzungen also noch einmal in ein
rationales Verhältnis setzen können. Das ist aber für Kant nur möglich, wenn
und insoweit Subjekte überhaupt dazu fähig sind, in dem Sinne „unbedingt"
zu handeln, der für die Autonomie soeben herausgestellt wurde. Es gilt dann,
dass ein Subjekt nur da überhaupt *als Subjekt handelt* – d.h. mehr ist als ein
kausal determiniertes Objekt von Naturgesetzen –, wo es autonom handelt.
Autonomie wäre demnach die Bedingung dafür, dass ein Subjekt sich selbst
und alle anderen Subjekte überhaupt als Subjekte verstehen kann. Macht ein
Subjekt sich das reflexiv klar, so wird es, das ist offenbar Kants entscheidende
Pointe, nicht umhin kommen, der Fähigkeit zu solch unbedingtem Handeln
eine besondere Form der Achtung und Anerkennung zukommen zu lassen:
eine Art der Wertschätzung, die mit der endlichen, partikularen und bedingten Wertschätzung, die ein Subjekt gegebenenfalls einem Objekt entgegen-

bringt, inkommensurabel ist.[10] Genau diese Form der Anerkennung bezeichnet Kant mit dem Begriff der „Menschenwürde", wenn er schreibt: „Denn es hat nichts einen Wert als den, welchen ihm das Gesetz bestimmt. Die Gesetzgebung selbst aber, die allen Wert bestimmt, muß eben darum eine Würde, d.i. unbedingten, unvergleichbaren Wert haben, für welchen das Wort Achtung alleine den geziemenden Ausdruck der Schätzung abgibt, die ein vernünftiges Wesen über sie anzustellen hat. Autonomie ist also der Grund der Würde der menschlichen und jeder vernünftigen Natur."[11]

Für den intersubjektiven Bereich des Rechts konkretisiert sich diese spezifische Achtung seiner selbst und des Anderen als Subjekt, dann als die Achtung jedes Subjekts als eines Trägers von Rechten und Pflichten. Daraus ergeben sich dann abermals gewichtige Folgerungen für die Sterbehilfedebatte: zum einen zeigt sich auch anhand der Analyse des Menschenwürdebegriffs, dass dieser nicht dafür herhalten kann, ein Recht auf assistierten Suizid oder gar Tötung auf Verlangen zu fordern. Vielmehr geht es beim Menschenwürdebegriff gerade um das Sein *als* rationales und verantwortliches Subjekt, und damit eben auch um das Leben *des* Subjekts. Auch aus dem Menschenwürdebegriff ergibt sich mithin eine Vorentscheidung der Rechtsordnung für das Leben und nicht eine „Gleichgültigkeit" von Leben und Tod. Es ergibt sich daraus zum zweiten, dass nur menschliche Handlungen gegen die Menschenwürde verstoßen können, nicht aber Umstände oder Zustände. Dementsprechend können beispielsweise starke Schmerzen oder sonstige Beeinträchtigungen nicht sinnvollerweise als „menschenwürdewidrig" bezeichnet werden.[12] Was allerdings als „menschenwürdewidrig" bezeichnet werden kann, wäre die Handlung, keine Hilfe zur Schmerzlinderung zur Verfügung zu stellen. Solche Hilfe kann aber, versteht man den Menschenwürdebegriff recht, nicht in einer Hilfe zur Beseitigung der Existenz des Anderen bestehen,

---

[10] Das bedeutet nicht zuletzt, dass Kants Menschenwürdebegriff nicht dahingehend missverstanden werden darf, dass er so etwas wie einen „Höchstwert" darstellen würde, um dessentwillen Menschen dann einander achten. Vielmehr achten sie sich um ihrer Autonomie willen und der Begriff der Menschenwürde bringt vielmehr den *Zusammenhang* zwischen Autonomie und Achtung zum Ausdruck.

[11] Kant (1900a) (Akademieausgabe Band IV), 436.

[12] Ein Beispiel für einen solchen verfehlten Gebrauch des Menschenwürdebegriffs findet sich bei Hufen, der den Schmerz selbst als Beeinträchtigung der Menschenwürde auffasst: Hufen (2001), 849-857, hier 851.

sondern muss in einer Hilfe zur Bewältigung der oft belastenden und ein-
schränkenden Situation Schwerstkranker und Sterbender bestehen.

Diese Überlegung führt schließlich zu dem oben erwähnten Gebrauch des
Menschenwürdebegriffs, den wir in den Selbstverständigungsdiskursen der
Hospiz- und Palliativbewegung finden. Dieser Sprachgebrauch hat mit der
Anerkennung als Träger von Rechten offensichtlich wenig zu tun. Will man
ihn nicht einfach als verfehlt abtun – etwa in dem Sinn, dass hier nicht wirklich „Menschenwürde", sondern eher „Lebensqualität" gemeint sei – so ist
eine genauere Analyse notwendig, die am ehesten an der Frage ansetzen
kann, was nach verbreiteten Auffassungen in den Grenzsituationen der
schweren Krankheit oder des Sterbens als Bedrohung der Menschenwürde
gefürchtet wird. Hier bieten sich dem Fragenden die auf den ersten Blick
unterschiedlichsten Momente und Motive dar. Vielleicht an erster Stelle steht
die Furcht vor einem Ausgeliefertsein an die sogenannte „Apparatemedizin".
Dann aber auch die Angst vor großen Schmerzen; die Angst vor sozialer
Isolation und einem Nicht-Angenommen-Sein; die Angst, mit seelischer und
spiritueller Not alleine gelassen zu werden. Und nicht zuletzt gibt es sicherlich auch die Furcht vor dem Verlust von Achtung und Selbstachtung. Analysiert man die genannten Motive genauer, so wird man feststellen, dass auch
hier ein grundlegendes Modell der Anerkennung als Person und anderes
Subjekt im Hintergrund steht. Ich möchte dies zunächst an einigen Punkten
näher erläutern, um es dann weiter zu systematisieren. Betrachten wir zunächst, was hinter dem Begriff der „Apparatemedizin" steht. Offenkundig
sprechen sich darin zwei unterschiedliche, aber eng miteinander verknüpfte
Ängste aus: Zum einen steht hinter dem – sicherlich oft auch unfairen –
Schlagwort „Apparatemedizin" wohl die Sorge vor einem Verlust der Kontrolle und einer Missachtung des Selbstbestimmungsrechts, dies aber schon
in einer charakteristischen und sehr konkreten Weise: nämlich in Form der
Furcht davor, dass der eigene Leib zu einer Art „Anhängsel" medizinischer
Geräte und zum bloßen Objekt medizinisch-therapeutischer Eigendynami-
ken wird.

Des Weiteren spricht sich darin aber auch die Besorgnis aus, in der Grenzsituation einer schweren Krankheit auf den Körper und dessen biologische
Prozesse reduziert zu werden. Auch hier kann man wieder von einer „Objektivierung" reden, nun allerdings nicht im Sinn einer Missachtung des Selbst-

bestimmungsrechts, sondern in dem Sinn, nur noch als Naturobjekt wahrgenommen und behandelt zu werden, das nach kausal-mechanischen Gesetzen funktioniert (oder eben nicht funktioniert). Das gemeinsame Motiv hinter beiden Befürchtungen ist mithin dies, nicht mehr in einem umfassenden Sinn als Person und Subjekt angesprochen zu sein, gewissermaßen aus dem Raum der intersubjektiven Begegnung herauszufallen. Und das ist wohl umso gravierender, als das eigene Subjektsein gerade in der Situation der Todesnähe, in der sich der Kreis des eigenen Lebens schließt, in einer besonderen Weise thematisch wird. Eine vergleichbare Motivlage zeigt sich auch in der Angst vor sozialer Isolation. Auch dahinter steht die Befürchtung, in der Krankheit nicht mehr vollständig als Person anerkannt zu sein. Sei es, weil es sich um eine Krankheit handelt, die bei anderen Menschen Ekel hervorruft. Sei es, dass der Umgang mit dem Kranken das soziale Umfeld überfordert. Sei es, dass die Krankheit mit massiven Einschränkungen verbunden ist. Oder sei es – und das scheint fast der wichtigste Punkt zu sein –, dass der Kranke oder Sterbende bereits nicht mehr vollständig als Mitglied der menschlichen Gemeinschaft wahrgenommen wird.

Analysiert man diesen Komplex von Motiven näher, so wird deutlich, dass auch dieser Begriff der Würde am Lebensende über den Begriff der Anerkennung expliziert werden kann. Der Anerkennungsbegriff, der hier relevant ist, ist allerdings weitaus anspruchsvoller und geht deutlich über das hinaus, was bei der formalen Anerkennung als Träger von Rechten am Werk ist. Vielmehr geht es, wenn von „Menschenwürdig leben bis zuletzt" die Rede ist, um die umfassende Anerkennung einer konkreten, individuellen Person, eines bestimmten „Du". Diese Anerkennungsform könnte man daher auch die „personale Anerkennung" nennen. Wie im Fall der wechselseitigen *rechtlichen* Anerkennung, geht es auch bei der personalen Anerkennung darum, den Anderen unverkürzt und ohne Vorbedingungen in seiner Subjektivität ernst zu nehmen. *Anders* als bei der rechtlichen Anerkennung gilt die „personale Anerkennung" aber dem Anderen in *allen* Dimensionen seines Subjektseins. Dazu gehören ebenso sehr seine leiblichen Bedürfnisse wie die seelischen Dimensionen von Achtung und Selbstachtung, Zuspruch und Trost. Es gehört dazu aber auch die gesamte Welt der sozialen und familiären Beziehungen, in denen ein Mensch steht und nicht zuletzt gehören dazu diejenigen spirituellen Dimensionen, die gerade da thematisch werden, wenn sich der Kreis des Lebens schließt. Wo eine oder mehrere dieser Dimensionen verfehlt wird, etwa indem der Schwerstkranke auf seine körperlichen Funktionen reduziert wird oder seine sozialen Beziehungen brüchig werden, da wird er mithin in seinem Personsein verfehlt.

Die rechtliche Anerkennung erweist sich vor dieser Folie rückblickend als eine in gewisser Weise abstrakte und äußerliche Form von Anerkennung. Sie regelt lediglich das äußerliche Verhältnis von Subjekten zueinander, sofern sie auf raumzeitliche Objekte frei einwirken können. Sie bildet damit aber nur die Vorform einer umfassenderen Anerkennung, deren Grundstruktur Solidarität oder gar Liebe wäre. Pointiert formuliert könnte man sagen, dass es bei der rechtlichen Anerkennung darum geht, den Anderen als *gleiches* Rechtssubjekt mit einem *gleichen* Recht auf Leben und äußere Handlungsfreiheit anzuerkennen. Die „personale Anerkennung" ist demgegenüber auf einer Ebene liebender – oder auch solidarischer – Zuwendung angesiedelt, die dem Anderen als gerade nicht *gleichem* Rechtssubjekt gilt, sondern dem Anderen als einzigartigem Individuum in allen Dimensionen seiner Existenz. Zwischen *beiden* Formen der Anerkennung besteht ein dialektischer Zusammenhang, ohne dass sie doch miteinander identisch wären. Subjektivität nämlich bedeutet aber immer beides: Gleichheit insofern, als alle Subjekte durch dieselbe Grundstruktur des bewussten Selbstbezugs und der Freiheit gekennzeichnet sind. Differenz insofern, als gerade diese Grundstruktur die konkrete Individualität voneinander unterschiedener endlicher Subjekte erst ermöglicht. Dementsprechend ist im Modell der rechtlichen Anerkennung die Gleichheit in der Andersheit betont, während in der personalen Anerkennung die Andersheit in der Gleichheit betont ist. Trotz dieser Differenz gelten beide Formen der Anerkennung aber eben der Subjektivität des Anderen.

Als ein vorläufiges Ergebnis der Analyse der Rolle von Menschenwürde- und Autonomiebegriff in der Sterbehilfedebatte lässt sich also Folgendes festhalten: Zum einen zeigt sich im Hinblick auf die Dimension der im engeren Sinn rechtlichen Anerkennung, dass der primär abwehrrechtliche Charakter der aus der Menschenwürdegarantie folgenden Grund- und Menschenrechte es nicht hergibt, damit die Forderung nach der Zulassung der aktiven Sterbehilfe oder der Liberalisierung des assistierten Suizids mit einer Berufung auf ein Recht zu begründen. Zum anderen zeigt sich im Hinblick auf die Dimension personaler Anerkennung, dass Menschenwürde sich hier nur in Form der personalen Zuwendung angemessen realisieren lässt. Solche personale Zuwendung kann das Recht nicht unmittelbar erzwingen, wie denn auch „Menschenwürde" in diesem Sinn kein eigentlicher Rechtsbegriff ist. Das Recht kann jedoch die Rahmenbedingungen schaffen, in denen solche personale Zuwendung gelebt werden kann. Hier wäre z.b. an die Einführung bzw. den Ausbau einer sogenannten „Palliativkarenz" zu denken. Insofern eröffnet gerade die Freistellung des Bereichs personaler Anerkennung von den unmittelbaren Forderungen des Rechts, sei es in der einen oder der anderen Richtung, einen Raum, in dem Fragen des intersubjektiv gelingenden Lebens ihren Platz haben können und müssen. Das spricht dann freilich dafür, dass die Dimension der aus dem Menschenwürdebegriff sich ergebenden Hilfspflichten da, wo es um den Umgang mit Schwerstkranken oder Sterbenden geht, nicht in eine Hilfe zur Tötung oder Selbsttötung münden sollte, sondern eine Hilfe sein müsste, mit den seelischen und leiblichen Beeinträchtigungen zu leben, die mit den Situationen der schweren Krankheit und des Sterbens meist einhergehen. Selbst wenn es also richtig wäre, dass sich aus einem wohlverstandenen Menschenwürdebegriff nicht *sensu strictu* eine kategorische Forderung nach einem rechtlichen Verbot der aktiven Sterbehilfe herleiten ließe, so spricht das komplexe Verhältnis von Abwehrrechten und Hilfspflichten, von Recht und Moral, das sich aus den Begriffen der Menschenwürde und der Autonomie ergibt, doch dafür, nicht auf eine Legalisierung der aktiven Sterbehilfe, sondern auf den weiteren Ausbau der Sterbebegleitung in Form einer verbesserten Hospiz- und Palliativversorgung zu setzen.

Literatur

Beauchamp, T. / Childress, J. F.: *Principles of Biomedical Ethics*, New York [5]2001.

Bobbert, M.: Sterbehilfe als medizinisch assistierte Tötung auf Verlangen: Argumente gegen eine rechtliche Zulassung, in: Düwell, M. / Steigleder, K. (Hrsg.): *Bioethik. Eine Einführung*, Frankfurt a. M. 2002, S. 314-322.

Caritas Österreich: *Menschenwürdig leben bis zuletzt. Positionspapier zur Hospizarbeit,* http://www.caritas.at/fileadmin/user/oesterreich/publikationen/ueber_uns/Standpu nkte/positionspapier_hospiz.pdf (zuletzt aufgerufen am 30.01.2015).

Hoerster, N.: *Sterbehilfe im säkularen Staat,* Frankfurt a. M. 1998.

Hufen, F.: In dubio pro dignitate. Selbstbestimmung und Grundrechtsschutz am Ende des Lebens, in: *NJW* 2001, S. 849-857.

Jox, R.: Der „natürliche Wille" als Entscheidungskriterium: rechtliche, handlungstheoretische und ethische Aspekte, in: Schildmann, J. / Fahr, U. / Vollmann, J. (Hrsg.): *Entscheidungen am Lebensende: Ethik, Recht, Ökonomie und Klinik,* Münster 2006.

Jox, R.: Widerruf der Patientenverfügung und Umgang mit dem natürlichen Wille, in: Meier, C. / Heßler, H.-J. / Jox, R. / Borasio, G. D. (Hrsg): *Patientenverfügung: das neue Gesetz in der Praxis,* Stuttgart 2011.

Kant, I.: Grundlegung zur Metaphysik der Sitten, in: *Kants gesammelte Schriften,* hrsg. von der Königlich Preußischen Akademie der Wissenschaft (Akademieausgabe), Band IV, Berlin 1900a ff.

Kant, I.: Metaphysik der Sitten, in: *Kants gesammelte Schriften,* hrsg. von der Königlich Preußischen Akademie der Wissenschaft (Akademieausgabe), Band VI, Berlin 1900b ff.

Kondylis, P. / Pöschl, V.: Artikel „Würde", in: Brunner, O. / Conze, W. / Koselleck, R. (Hrsg.): *Geschichtliche Grundbegriffe: Historisches Lexikon zur politisch-sozialen Sprache in Deutschland,* Stuttgart 1972-1997, S. 637-677.

Lebech, M.: *On the Problem of Human Dignity: A Hermeneutical and Phenomenological Investigation,* Würzburg 2009.

Nussbaum, M.: Der aristotelische Sozialdemokratismus, in: Nussbaum, M.: *Gerechtigkeit oder Das gute Leben,* hrsg. von Pauer-Studer, H., Frankfurt a. M. 1998, S. 24-85.

Pöschl, V.: *Würde im antiken Rom und später,* Heidelberg 1989.

Tiedemann, P.: *Menschenwürde als Rechtsbegriff. Eine philosophische Klärung,* Berlin ²2010, S. 109-172.

Tolmein, O.: *Selbstbestimmungsrecht und Einwilligungsfähigkeit. Der Abbruch der künstlichen Ernährung bei Patienten im vegetative state in rechtsvergleichender Sicht: Der Kemptener Fall und die Verfahren Cruzan und Bland,* Frankfurt a. M. 2004.

Wildfeuer, A. G.: Menschenwürde – Leerformel oder unverzichtbarer Gedanke?, in: Nicht, M. / Wildfeuer, A. G. (Hrsg.): *Person – Menschenwürde – Menschenrechte im Disput,* Münster 2002.

Christian Hillgruber

Die Bedeutung der staatlichen Schutzpflicht für das menschliche Leben und der Garantie der Menschenwürde für eine gesetzliche Regelung zur Suizidbeihilfe[*]

1 Einleitung

Die Zahl der Suizide und Suizidversuche in Deutschland und auch die Beteiligung Dritter an ihnen nimmt seit einigen Jahren wieder zu.[1] Daher stellt sich mit wachsender Dringlichkeit die Frage, was der Staat hier tun kann oder gar muss. Hat er die Entscheidung zur Selbsttötung zwingend als Freiheitsausübung zu respektieren und denen, die diesen Selbsttötungswunsch nicht eigenhändig realisieren können, zu erlauben, sich dafür des Beistands Dritter zu bedienen, oder steht er in der Pflicht, deutlich zu machen, dass es für keinen Menschen, und seien seine Lebensumstände, insbesondere am Lebensende, noch so bedrückend, besser ist, sein Leben gegen den Tod einzutauschen, und dass Dritte dem Lebensmüden Hilfe zum Leben, nicht Beihilfe zur Selbsttötung leisten sollten?

Die gegenwärtige ethische und politische Kontroverse in dieser Frage, die inzwischen den Bundestag erreicht hat und dort bereits im November 2014 zu einer für dieses Haus ungewöhnlich emotionalen Debatte geführt hat,[2] die alsbald in unterschiedliche Gruppenanträge für eine gesetzliche Regelung

---

[*] Der Beitrag entspricht weitestgehend einem erstmals in der *Zeitschrift für Lebensrecht (ZfL)* 3/2013, 22. Jg., 70-80 unter dem Titel *Die Bedeutung der staatlichen Schutzpflicht für das menschliche Leben bezüglich einer gesetzlichen Regelung der Suizidbeihilfe* abgedruckten Aufsatz.

[1] Die Zahl der Suizide betrug nach Angaben des Statistischen Bundesamtes 2010 10.021; vgl. Schmitt (2012). Die Zahl der erfolglosen Selbstmordversuche wird auf das Zehnfache, etwa 100.000, geschätzt. Zahlenmaterial zur Suizidbeihilfe bei Bauer (2013), 144, 148 ff.

[2] Abrufbar unter: http://www.bundestag.de/dokumente/textarchiv/2014/kw46_de_sterbebegleitung/ 339436 (zuletzt abgerufen am 21.01.2015).

einmündet, wird unter dem irreführenden Titel der Sterbehilfe und Sterbe-begleitung geführt, der, auch wenn die Diskussion sich auf Sterbenskranke konzentriert, geeignet ist, den Blick auf den Tatbestand zu verstellen, der in Rede steht: die Beihilfe zur Selbsttötung. Dieser Tatbestand soll im Folgenden verfassungsrechtlich bewertet werden.

Wer die Rechtsfrage beantworten will, ob und wenn ja, welche verfassungsrechtlichen Schutzpflichten den Staat in Bezug auf die Suizidbeihilfe treffen, muss zunächst die Selbsttötung als solche verfassungsrechtlich einordnen. Wie stellt sich die Verfassung zum Phänomen des Suizids? Ist er durch das Grundrecht auf Leben (Art. 2 Abs. 2 S. 1 GG) verfassungsrechtlich verboten, umgekehrt durch dieses Grundrecht oder das Auffanggrundrecht des Art. 2 Abs. 1 GG grundrechtlich als Freiheitsausübung geschützt oder verhält sich die Verfassung dazu schlicht indifferent?

Erst im Anschluss an die Beantwortung dieser präjudiziellen Frage (2) kann untersucht werden, ob und gegebenenfalls auf welche Art und Weise der Staat aufgrund einer Schutzpflicht gehalten ist, der Selbsttötung jedenfalls dann entgegenzutreten, wenn daran Dritte beteiligt sind, wie beim assistierten Suizid (3).

2   Das Grundgesetz und der Suizid

Schon der Wortlaut (Recht „auf Leben") wie auch die Entstehungsgeschichte – die in der deutschen Verfassungsgeschichte erstmalige grundrechtliche Garantie des Lebensrechts war die Antwort auf die massenhaften Tötungen in der nationalsozialistischen Gewaltherrschaft – legen die Annahme nahe, dass Art. 2 Abs. 2 S. 1 GG lediglich den Sinn hat, das Leben des Menschen willkürlich ausgeübter staatlicher Verfügungsmacht zu entziehen, ohne dem Einzelnen seinerseits – gegenüber dem Staat – insoweit ungehinderte, beliebige Einwirkung auf sein eigenes Leben zu gestatten. Art. 2 Abs. 2 S. 1 GG hat insoweit[3] also nicht den Charakter eines Freiheitsrechts[4] mit verschiede-

---

[3] Ob das auch für das in Art. 2 Abs. 2 S. 1 GG mit gewährleistete Recht auf körperliche Unversehrtheit gilt, ist fraglich. Siehe dazu Sondervotum BVerfGE 52, 131, 171, 173 f., 175: „Das Grundrecht des Art. 2 Abs. 2 Satz 1 GG [...] gewährleistet zuvörderst *Freiheitsschutz* im Bereich der leiblich-seelischen *Integrität* des Menschen [...]. Die Bestimmung über seine leiblich-seelische Integrität

nen Handlungsoptionen, sondern ist ein – das Leben in seinem Bestand schützendes – Statusrecht, „ein Grundrecht mit ausschließlich positivem Gewährleistungsgehalt".[5]

Diese Auslegung des grundgesetzlichen Lebensrechts deckt sich mit der Interpretation, die die entsprechende Gewährleistung des Art. 2 EMRK, der nach der – wenn auch dogmatisch zweifelhaften[6] – Rechtsprechung des BVerfG als Auslegungshilfe heranzuziehen ist, in der Rechtsprechung des EGMR erfahren hat. Art. 2 Abs. 1 S. 1 EMRK lautet: „Everyone's right to life shall be protected by law." Im Fall Pretty[7] zeigte sich der EGMR nicht überzeugt, „that 'the right to life' guaranteed in Article 2 can be interpreted as involving a negative aspect. [...] Article 2 of the Convention is phrased in different terms. It is unconcerned with issues to do with the quality of living or what a person chooses to do with his or her life. To the extent that these aspects are recognised as so fundamental to the human condition that they require protection from State interference, they may be reflected in the rights guaranteed by other Articles of the Convention, or in other international human rights instruments. Article 2 cannot, without a distortion of language, be interpreted as conferring the diametrically opposite right, namely a right to die; nor can it create a right to self-determination in the sense of conferring on an individual the entitlement to choose death rather than life." Der Gerichtshof schloss daraus, dass ein Recht zu sterben, sei es durch die Hände anderer sei es mit Hilfe der Staatsgewalt, aus Art. 2 der Konvention nicht abgeleitet werden könne.[8]

---

gehört zum ureigensten Bereich der Personalität des Menschen. In diesem Bereich ist er aus der Sicht des Grundgesetzes frei, seine Maßstäbe zu wählen und nach ihnen zu leben und zu entscheiden. Eben diese Freiheit zur Selbstbestimmung wird - auch gegenüber der normativen Regelung ärztlicher Eingriffe zu Heilzwecken - durch Art. 2 Abs. 2 Satz 1 GG besonders hervorgehoben und verbürgt."

[4] So aber BVerfGE 115, 118, 139 unter (zweifelhafter) Berufung auf E 89, 120, 130 (betreffend die Zumutbarkeit eines ärztlichen Eingriffs), ohne dass daraus jedoch auf ein Verfügungsrecht geschlossen würde: „Mit diesem Recht wird die biologisch-physische Existenz jedes Menschen vom Zeitpunkt ihres Entstehens an bis zum Eintritt des Todes unabhängig von den Lebensumständen des Einzelnen, seiner körperlichen und seelischen Befindlichkeit, gegen staatliche Eingriffe geschützt. Jedes menschliche Leben ist als solches gleich wertvoll."

[5] Wie hier Müller-Terpitz (2009), Rn. 38 m.w.N. in Fn. 122. A.A. insbesondere Fink (1992), 156.

[6] Siehe dazu Hillgruber (2008), 123-142; Hillgruber (2011), 870 f.

[7] *Case of Pretty v. The United Kingdom*, Application no. 2346/02, Judgment, 29 April 2002, § 39.

[8] Ebd., § 40.

Art. 2 Abs. 2 S. 1 GG lässt sich allerdings umgekehrt auch kein Verbot der Selbsttötung entnehmen; die Vorschrift garantiert im Verhältnis zu dem durch sie verpflichteten Staat ein Recht auf Leben, begründet aber keine staatlicherseits einforderbare Pflicht zum Leben. Bezogen auf das Grundrecht des Art. 2 Abs. 2 S. 1 GG stellt sich der Suizid weder als Grundrechtsausübung noch als Grundrechtsverzicht dar; denn wer sich selbst das Leben nimmt, dispensiert nicht die Staatsgewalt von der ihr aufgegebenen Beachtung des Grundrechts auf Leben.[9]

Möglicherweise schließt aber das Grundrecht aus Art. 2 Abs. 1 GG, demzufolge jeder das Recht auf die freie Entfaltung seiner Persönlichkeit hat, die (Entscheidung für die) Selbsttötung ein. Einer solchen Annahme wird entgegengehalten: „Wer das Grundrecht aus Art. 2 Abs. 1 GG nicht für die Selbstentfaltung, sondern für die Zerstörung seiner eigenen menschlichen Existenz in Anspruch nehmen will, kann sich schwerlich auf das Grundrecht der freien Entfaltung der Persönlichkeit berufen."[10] Hinter dem Wortlautargument verbirgt sich eine Variante der sog. Persönlichkeitskerntheorie. Danach unterfallen der Grundrechtsgarantie des Art. 2 Abs. 1 GG nicht beliebige, sondern nur „wertvolle, die geistigen und sittlichen Anlagen des Menschen entfaltende Verhaltensweisen, gewissermaßen die höhere Ebene des Kernbereichs des Persönlichen"[11]. Das BVerfG hat bekanntlich in ständiger Rechtsprechung einer derartigen Einschränkung des Schutzbereichs des Art. 2 Abs. 1 GG eine Absage erteilt. Unter „Entfaltung der Persönlichkeit" versteht es die allgemeine Freiheit jedes Einzelnen, sein Verhalten so einzurichten, wie er es kraft seiner eigenen, für sich selbst wertsetzenden Entscheidung für richtig hält. Dieses Verständnis des Art. 2 Abs. 1 GG, das sich auf die Entste-

---

[9] Hillgruber (1992), 83, 137.
[10] VG Karlsruhe JZ 1988, 208, 209; Lorenz (1989), § 128 Rn. 62 m.w.N. Auch Bauer (2013), 159 f. spricht davon, das Grundrecht der freien Entfaltung der Persönlichkeit werde bei diesem Verständnis „geradezu pervertiert".
Genauso hatte die beklagte britische Regierung im Fall Pretty argumentiert; *Case of Pretty v. The United Kingdom*, Application no. 2346/02, Judgment, 29 April 2002, § 60: „The Government argued that the rights under Article 8 were not engaged as the right to private life did not include a right to die. It covered the manner in which a person conducted her life, not the manner in which she departed from it. Otherwise, the alleged right would extinguish the very benefit on which it was based."
[11] Peters (1953), 673 f.

hungsgeschichte stützen kann,[12] hat praktisch zur Konsequenz, dass es kein Tun oder Lassen gibt, dass grundsätzlich, d.h. von vornherein außerhalb jeglichen Grundrechtsschutzes liegt; das Grundgesetz gewährt einen lücken-losen Freiheitsschutz, bei dem subsidiär, wenn kein spezielles Freiheitsrecht einschlägig ist, das Auffanggrundrecht des Art. 2 Abs. 1 GG prima facie Schutz bietet. Daraus folgt notwendig, dass auch der freiverantwortlich ge-fasste Entschluss, durch eigenhändige Tötung aus dem Leben zu scheiden, und der Vollzug dieses Entschlusses eine – wegen ihrer Irreversibilität defini-tiv letzte, äußerste – Ausübung der grundrechtlich geschützten Handlungs-freiheit darstellt.[13]

Der Rückgriff auf die durch Art. 2 Abs. 1 GG garantierte allgemeine Ver-haltensfreiheit wird hier auch nicht durch Art. 2 Abs. 2 S. 1 GG gesperrt, weil diese Vorschrift, wie gesehen, zur Selbsttötung keine Stellung nimmt. Etwas anderes kann auch nicht aus dem Umstand gefolgert werden, dass nach stän-diger Rechtsprechung des BVerfG das menschliche Leben „als die vitale Basis der Menschenwürde und die Voraussetzung aller anderen Grundrechte" ungeachtet des Gesetzesvorbehalts des Art. 2 Abs. 2 S. 3 GG „innerhalb der grundgesetzlichen Ordnung einen Höchstwert" darstellen soll.[14] Diese Wert-ordnung bindet nämlich den Staat, nicht den Einzelnen, der für seine Person auch von Grundrechts wegen auf dem Standpunkt stehen kann, dass sein Leben für ihn nicht das höchste Gut ist, sondern etwas, das ihm nichts mehr wert erscheint und dass er deshalb aufgeben will.[15]

---

[12] Siehe dazu näher Hillgruber (2002), Rn. 1-16.

[13] A.A. aus ethischer Sicht Bauer (2013), 164 unter 9.: „Die Autonomie, die als Fähigkeit der mensch-lichen Vernunft, sich eigene Gesetze zu geben und nach diesen zu handeln, beschrieben werden kann, hat ihre Voraussetzung in der physischen Existenz der Person. Sie ist Folge, nicht Ursache unserer biologischen Konstitution. Daher beschränkt sich die legitime Reichweite der Autonomie des Men-schen auf den Bereich diesseits ihrer physischen Grundlage." Bauer (2013, 156 f.) spricht von „unbe-rechtigter Gewalt gegen sich selbst"; dies deckt sich mit der Bewertung des Selbstmords durch Kant (1956) als „Verbrechen gegen die eigene Person", den er in seiner *Metaphysik der Sitten* behandelt, A 71 ff., 501 ff. (564 f.).

[14] BVerfGE 39, 1, 42; 46, 160, 164; 49, 24, 53; 115, 118, 139: hier ist allerdings vom „*Recht auf* Leben" als „Höchstwert" die Rede.

[15] So argumentierte auch der EGMR im Fall Pretty und sah den Wunsch einer Frau, die an einer schweren, unweigerlich zum Tod führenden Krankheit litt, aber aufgrund ihres Krankheitszustandes sich nicht mehr selbst töten konnte, mit Hilfe ihres Mannes aus dem Leben zu scheiden, als von „everyone's right of respect to his private life" (Art. 8 Abs. 1 EMRK) erfasst an (*Case of Pretty v. The United Kingdom*, Application no. 2346/02, Judgment, 29 April 2002, §§ 65, 67): „The very essence of

Wenn die Selbsttötung grundrechtlich freigestellt ist, bedeutet dies nicht, dass der Staat diese Art der Grundrechtsausübung positiv bewertet; er nimmt dazu mit der Freiheitsgewährleistung keine inhaltliche Stellung. Das heißt nicht, dass das Grundrecht selbst keinen Wert hätte. Versteht man Art. 2 Abs. 1 GG in Übereinstimmung mit dem BVerfG als allgemeines Freiheitsrecht, so liegt die wertsetzende Bedeutung dieses Grundrechts in der grundsätzlichen Anerkennung des Wertes individueller, inhaltlich nicht vordefinierter, insofern negativer Freiheit. Die grundrechtliche Freiheit der „Beliebigkeit des Verhaltenkönnens" ist zwangsläufig eine Freiheit zum Guten wie zum Schlechten. Wer natürliche, willkürliche Freiheit anerkennt, verteidigt daher nicht das Unsittliche und Unvernünftige, sondern eine notwendige Bedingung der Persönlichkeitsentfaltung und damit auch des Sittlichen.

Dass dies das Freiheitsverständnis des Art. 2 Abs. 1 GG ist, wird auch durch die Schranke des Sittengesetzes verdeutlicht. Was ihm zuwiderläuft, ist nicht schon a limine vom Grundrechtsschutz ausgenommen, sondern setzt diesem gegebenenfalls eine Grenze.

Schutzgegenstand des Art. 2 Abs. 1 GG ist die Freiheit als das Vermögen, sein Verhalten selbst zu bestimmen. Die Inanspruchnahme dieser grundrechtlichen Freiheit setzt daher Selbstbestimmungsfähigkeit voraus. Das BVerfG spricht in anderem Zusammenhang von der „Grundrechtsvoraussetzung, dass auch die Bedingungen freier Selbstbestimmung tatsächlich gegeben sind"[16], dass also tatsächlich frei entschieden werden konnte. Fehlt es daran nicht bei der Selbsttötung, weil die allermeisten, die sich das Leben nehmen wollen, unter schweren Depressionen leiden, also psychisch krank sind? Nicht jeder krankhafte Zustand schließt bereits die Bildung eines freien

---

the Convention is respect for human dignity and human freedom. Without in any way negating the principle of sanctity of life protected under the Convention, the Court considers that it is under Article 8 that notions of the quality of life take on significance. [...] The applicant in this case is prevented by law from exercising her choice to avoid what she considers will be an undignified and distressing end to her life. The Court is not prepared to exclude that this constitutes an interference with her right to respect for private life as guaranteed under Article 8 § 1 of the Convention." Im Fall *Haas v. Switzerland* erkannte der Gerichtshof ausdrücklich an, dass das Recht des Einzelnen, selbst zu entscheiden, auf welche Weise und zu welchem Zeitpunkt das eigene Leben enden soll, integraler Bestandteil des Rechts auf Achtung des privaten Lebens im Sinne des Art. 8 Abs. 1 EMRK ist, vorausgesetzt, er oder sie ist in der Lage, seinen / ihren eigenen Willen frei zu bilden und entsprechend zu handeln (EGMR, Application No. 31322/07, Judgment, 20 January 2011, § 51).
[16] BVerfGE 81, 242, 255.

Willens im rechtlichen Sinne aus.[17] Äußere wie innere Zwänge schränken die dem Einzelnen zur Wahl stehenden Handlungsoptionen stets mehr oder weniger ein. Auch die in vermeintlich aussichtsloser Lage vorgenommene Verzweiflungstat ist grundsätzlich eine in einem grundrechtlichen Sinne „freie" Entscheidung, dem Grundrechtsträger als „seine" zurechenbar. Solange der Einzelne weiß, was er will und tut, was er will, ist von einer Ausübung grundrechtlich prima facie geschützter Freiheitsausübung auszugehen. Daran fehlt es nur bei ganz erheblicher Beeinträchtigung der Einsichts- oder Steuerungsfähigkeit, also dann, wenn der Kranke entweder die Tragweite seiner Entscheidungen nicht mehr zu erkennen vermag oder aber infolge der Krankheit sein Verhalten nicht mehr gemäß der Erkenntnis zu steuern vermag und deshalb für sein Tun, wenn es sich gegen andere richtete, nicht verantwortlich gemacht werden könnte. Schuldunfähigkeit oder auch nur eingeschränkte Schuldfähigkeit im Sinne der §§ 20, 21 StGB liegen bei Selbsttötungen in der Regel jedoch nicht vor.[18]

Nur in Fällen, in denen ein schwerwiegender Depressionszustand vorliegt, der die Steuerungsfähigkeit aufhebt, wird man daher bereits die Freiheitsfähigkeit mit der Folge verneinen müssen, dass dann bereits gar keine freie Persönlichkeitsentfaltung im Sinne des Grundrechts vorliegt und der Staat, ohne Grundrechte einzuschränken, Selbsttötungen verbieten darf. In allen anderen Fällen, insbesondere bei bloßer depressiver Verstimmung, stellen sich ein Suizidverbot und eine staatliche Intervention zur Suizidabwehr hingegen als aufgedrängter Schutz vor sich selbst und damit als Grundrechtseingriff dar, der verfassungsrechtlich gerechtfertigt werden muss. Auch schwächere depressive Zustände als Krankheit sind allerdings verfassungsrechtlich bedeutsam, und zwar bei der Frage, welche Grenzen der Staat der Freiheit zur Selbsttötung ziehen darf.

---

[17] Zu den hier notwendigen Differenzierungen, insbesondere „zwischen an sich krankhaften Willensentschlüssen und auf Grund der Krankheit gebildeten Willensentschlüssen, die sich gegenüber den ersteren durch bilanzierende Momente auszeichnen", siehe näher Feldmann (2012), 513 f., die auch mit Recht darauf aufmerksam macht, dass der „strenge Freiheitsbegriff" der Psychiater „ein funktionaler ist", der die Frage der medizinischen Schutz- und Hilfsbedürftigkeit der Betroffenen in den Vordergrund stellt" (513).
[18] Siehe dazu Schreiber (2007), 616.

Grundrechtlicher Freiheitsausübung darf der Staat grundsätzlich nur wehren, wenn sie Rechte Dritter oder berechtigte Gemeinschaftsbelange beeinträchtigt. Dies ist bei der Selbsttötung nicht der Fall. Eine Schädigung wird
nur dann zu einem Unrechtsvorgang, wenn sie im zwischenmenschlichen
Bereich geschieht.[19] Das lässt sich leicht daran zeigen, dass ein Menschenleben auch durch ein Naturereignis ausgelöscht werden kann. In solchen Fällen sprechen wir nicht von „Unrecht", sondern von einem „Unglück". Die
Selbsttötung ist ein „Unglück". Sie ließe sich nur dann als Unrecht begreifen,
wenn der Einzelne eine Rechtspflicht zum Weiterleben hätte. Dem ist jedoch
nicht so. Die grundgesetzliche Rechtsordnung nimmt den Menschen in die
Pflicht, solange er lebt. Sie verpflichtet ihn aber nicht (weiter) zu leben,[20]
weder im Hinblick auf die staatliche Gemeinschaft, der er angehört, noch im
Hinblick auf Dritte, denen er familiär verbunden ist.[21]

Bei Art. 2 Abs. 1 GG kommt als dritte Schranke noch das Sittengesetz in
Betracht, dessen verfassungsrechtliche Legitimität angesichts der Entscheidung des Verfassunggebers, der allgemeinen Freiheit auch insoweit eine
normative Grenze zu setzen, nicht ernstlich bestritten werden kann.[22] Nach
anderer Auffassung kann das Sittengesetz der Gesetzgebung „selbst zum
Richtmaß dienen, insofern es einen sonst unzulässigen oder in seiner Zulässigkeit zweifelhaften Eingriff des Gesetzgebers in die menschliche Freiheit
legitimieren kann"[23]. Wie immer man jedoch das Sittengesetz als Schranke
zur Anwendung bringen will, es dürfte hier wohl nicht eingreifen. Eine all-

---

[19] Dazu klassisch Kant (1956), 337: „denn der Begriff des Rechts, sofern er sich auf eine ihm korres-
pondierende Verbindlichkeit bezieht, betrifft erstlich nur das äußere und zwar praktische Verhältnis
einer Person gegen eine andere, sofern ihre Handlungen als Facta aufeinander (unmittelbar oder
mittelbar) Einfluß haben können".

[20] Dazu Hillgruber (1992), 82 f.; Ingelfinger (2004), 220 f.; Müller-Terpitz (2009), § 147 Rn. 39.

[21] Problematisch daher die Kammerentscheidung BVerfG *NJW* 2002, 206 (207), mit der eine gegen
die Bestellung eines sich über ihren Willen hinwegsetzenden Betreuers gerichtete Verfassungsbe-
schwerde einer der Glaubensgemeinschaft der Zeugen Jehovas angehörenden und eine Bluttransfusi-
on auch bei eingetretener Lebensgefahr ablehnenden Patientin mit der Begründung nicht zur Entscheidung angenommen wurde, dass das Vormundschaftsgericht mit der Berücksichtigung des
Grundrechts der Patientin auf Leben *sowie der Rechte ihres Mannes und ihrer Kinder aus Art. 6 Abs. 1
und 2 GG* eine der Verfassung nicht widersprechende Grenzziehung der Religionsfreiheit vorgenommen habe.

[22] Siehe dazu näher Hillgruber (1992), 169.

[23] BVerfGE 6, 389, 439.

gemeine sozialethische Missbilligung des Selbstmordes lässt sich nicht nachweisen; eine klare Ablehnung durch die Gesellschaft ist nicht (mehr) feststellbar. Das Publikum reagiert auf einen Selbstmord(versuch) nicht mit moralischer Verurteilung, sondern bestenfalls mit Bestürzung und Entsetzen.

Der „Unwert" oder die „Selbstschädlichkeit" einer Handlungsweise berechtigen den Staat dagegen grundsätzlich nicht, dem Einzelnen ein bestimmtes Verhalten zu verbieten und ihn mit Zwangsmitteln davon abzuhalten. Gesetzliche Bestimmungen, die ihrer objektiven Zielrichtung nach ausschließlich den Zweck verfolgen, den Einzelnen gegen seinen beachtlichen Willen vor den Folgen seiner Grundrechtsausübung, d.h. vor sich selbst zu schützen, sind verfassungsrechtlich nicht zu rechtfertigen.[24]

Dies kann jedoch gegenüber kranken Menschen nicht uneingeschränkt gelten. Auch wenn ihre Krankheit sie noch nicht ihrer Freiheitsfähigkeit verlustig gehen lässt, so ist ihre Freiheit doch aufgrund ihrer Erkrankung nicht unerheblich eingeschränkt.[25] Dies rechtfertigt dem Grunde nach auch diesem Umstand Rechnung tragende fürsorgerische Eingriffe zum Schutz des Kranken vor sich selbst.[26] Ist es bei Kindern und Jugendlichen die noch nicht voll ausgebildete Selbstbestimmungsfähigkeit, die deren staatlichen Schutz vor sich selbst legitimiert, so ist es bei psychisch Kranken deren nur noch eingeschränkt bestehende innere Freiheit.

Daraus folgt: Solange nicht ausgeschlossen werden kann, dass der Entschluss zur Selbsttötung, auch wenn er nicht schon an sich krankhaft ist, doch auf einer Krankheit, namentlich einer Depression, beruht, darf die öffentliche Gewalt „jedem in den Arm fallen, der sich selbst zu töten anhebt"[27]. Nur dann besteht nämlich die Möglichkeit, dem Kranken eine neue Lebensperspektive aufzuzeigen und damit seine eingeschränkte Freiheit wieder zu erweitern. Grenzen dieser Befugnis liegen dort, „wo die grundsätzlich zulässige aufgedrängte Lebenserhaltung den betroffenen Menschen zu einem bloßen Objekt herabwürdigt und ihn in seiner Subjektstellung als frei verant-

---

[24] Siehe dazu BVerfGE 59, 275, 278 f.; 121, 317, 359; 130, 131, 145; ferner allgemein Hillgruber (1992), 118 ff.
[25] Bauer (2013), 145: „Die Depression schränkt die Wahl- und Handlungsmöglichkeiten stark ein."
[26] So auch wegen der Vulnerabilität und psychischen Labilität dieser Suizidenten: Feldmann (2012), 514.
[27] So Di Fabio (2004), Rn. 39.

wortlich Handelnden missachtet. Hier sind Grenzfälle denkbar, wo die Gemeinschaft jedenfalls nicht mit Zwangsmitteln der Selbsttötung entgegentreten darf"[28].

Dies dürften v.a. die wenigen, aber sich immerhin doch ereignenden, nicht durch Krankheit beeinflussten Bilanzselbstmorde sein. Da der Staat dies aber ex ante im Regelfall nicht wissen wird, erfährt seine Eingriffsbefugnis dadurch keine praktisch bedeutsame Einschränkung. Im Übrigen gilt, dass das betroffene menschliche Leben bei staatlicher Untätigkeit unwiederbringlich verloren wäre, während die staatliche Lebensrettung zwar die im Bilanzselbstmord zum Ausdruck kommende persönliche Grenzentscheidung missachtet, aber die grundrechtliche Freiheit zur Selbsttötung nicht endgültig aufhebt; sie kann und wird im Zweifel noch einmal ausgeübt werden. „Wer wirklich unbedingt entschlossen ist, sich das Leben zu nehmen, kann letztlich von niemandem daran gehindert werden."[29]

Bei einem durch Depression ausgelösten Wunsch, aus dem Leben zu scheiden, dürfte der Staat dagegen zur Ergreifung lebensrettender Maßnahmen nicht nur berechtigt, sondern auch verpflichtet sein. Dies folgt aus dem grundrechtlichen Schutzauftrag des Staates für das menschliche Leben, der seinen Grund in der staatlichen Verpflichtung zu Achtung und Schutz der Menschenwürde (Art. 1 Abs. 1 GG) hat und dessen Art und Ausmaß durch Art. 2 Abs. 2 S. 1 GG näher bestimmt werden. Die umfassende grundrechtliche Schutzpflicht des Staates für das menschliche Leben verpflichtet den Staat, „sich schützend und fördernd vor dieses Leben zu stellen, das heißt vor allem, es auch vor rechtswidrigen Eingriffen von Seiten anderer zu bewahren"[30]. Bei der Selbsttötung fehlt es zwar an einem rechtswidrigen Eingriff durch einen Dritten. Dass hier der Grundrechtsträger selbst die Gefahr für das grundrechtliche Schutzgut Leben gesetzt hat, lässt die staatliche Schutzpflicht aber nicht entfallen. Der Tatbestand, der nach der Rechtsprechung des BVerfG die Schutzpflicht auslösen soll, ist offen für Lebensbedrohungen, die andere Ursachen als einen Übergriff Dritter haben, etwa im Fall von Naturkatastrophen, für die kein Mensch verantwortlich gemacht werden kann.

---

[28] Ebd.
[29] Götz (2013), § 6 II.
[30] BVerfGE 39, 1, 42; 88, 203, 251.

Bei selbstgefährdenden oder selbstschädigenden Handlungen kommt eine staatliche Schutzpflicht jedenfalls dann in Betracht, wenn der Handelnde zwar bewusst das selbst gesetzte Risiko des Eintritts der Gefahr oder des Schadens eingeht, diesen Erfolg aber nicht erstrebt. So verhält es sich bei der nicht seltenen Selbsttötungshandlung mit Appellfunktion, die einen verzweifelten Hilferuf darstellt. Hier nimmt der selbst Hand an sich legende Täter zwar den Tod als Folge seines bewusst lebensgefährdenden Verhaltens in Kauf, verfolgt ihn aber nicht als Handlungsziel, ist also nicht unbedingt zum Suizid entschlossen, sondern will vielmehr in Wahrheit gerettet werden. Hier bedeutet die Lebensrettung dem Geretteten nicht widerwillig aufgedrängten Schutz vor sich selbst, sondern die letztlich angestrebte Lebenshilfe.

Dies ist bei psychisch Kranken, deren Freiheit durch ihre Krankheit zwar erheblich eingeschränkt, aber nicht aufgehoben ist, allerdings anders. Ein depressiv gestimmter Selbstmordkandidat will seinen Tod, weil er – krankheitsbedingt – ein Weiterleben für sinn- und wertlos hält, „fest davon überzeugt ist, dass alle anderen Handlungsmöglichkeiten für ihn noch unerträglicher wären als die Beendigung seines Lebens"[31]. Gleichwohl dürfte auch bei ihnen nicht nur – aus den oben angegebenen Gründen – eine staatliche Eingriffsermächtigung gegeben sein, sondern der Staat zum Schutz durch Hilfegewährung auch verpflichtet sein. Da die Entscheidung zur Selbsttötung krankheitsbedingt als Verzweiflungstat in einer Situation vermeintlicher Ausweg- und Alternativlosigkeit getroffen worden ist, muss der Staat in Erfüllung der ihn für jedes einzelne menschliche Leben treffenden Schutzpflicht[32] Schutzmaßnahmen mit dem Ziel ergreifen, der psychischen Notlage, in der sich der zur Selbsttötung Entschlossene befindet, abzuhelfen. Nur die Verhinderung der Selbsttötung eröffnet die Chance, die dem Selbsttötungswunsch zugrundeliegende Depression zu behandeln und bei dem verhinderten Selbstmörder wieder Lebensmut zu wecken. Der Schutz des menschlichen Lebens obliegt dabei dem Staat, wie Udo Di Fabio ausgeführt hat, „immer aus einem doppelten Grunde, zuvörderst wegen des in Not befindlichen Menschen, aber auch immer objektivrechtlich: Er muss mit dem Eintreten für das Leben und gegen alle Emanationen der Lebensmüdigkeit immer auch

---

[31] So Bauer (2013), 159, der es jedoch ablehnt, eine in dieser Überzeugung getroffene Entscheidung „für den an sich selbst beziehungsweise mit Hilfe Dritter vollzogenen Tod" als „frei" anzuerkennen.
[32] BVerfGE 88, 203, 252.

eines der höchsten Rechtsgüter der Verfassung sichtbar machen. [...] Einer dem Leben zugewandten freiheitlichen Gesellschaft kann nicht gleichgültig bleiben, wenn Menschen in Verzweiflung oder Verwirrtheit das eigene Leben und die eigene Gesundheit missachten, sich selbst aufgeben und dabei für andere falsche Signale setzen. Das Grundrecht auf Leben ist auch eine Wertentscheidung für das Leben, für eine lebenbejahende Gesellschaft, die hier entschieden Position bezieht."[33]

Die staatliche Schutzpflicht erschöpft sich dabei nicht in der polizeilichen Verhinderung drohender Selbstmorde; sie schließt etwa generalpräventive Maßnahmen der Suizidprävention oder des Ausbaus der Palliativmedizin ein.

Soweit es Fälle geben sollte, in denen die Palliativmedizin einem schwer leidenden Sterbenskranken keine Linderung der Schmerzen auf ein erträgliches Maß zu verschaffen vermag und dieser deshalb durch eigene Hand aus dem Leben scheiden will, kann ausnahmsweise die staatliche Hinnahme einer zur Verkürzung des Sterbeprozesses begangenen Selbsttötung geboten sein; die Annahme einer staatlichen Pflicht zur Verhinderung der Selbsttötung auch in einer solchen Konstellation würde auf einen – mit der Garantie der Menschenwürde (Art. 1 Abs. 1 GG) letztlich unvereinbaren – Zwang zu einem vom Betroffenen selbst so empfundenen „Qualtod" (Peter Hintze) hinauslaufen.

3   Die verfassungsrechtliche Rechtslage bei der Suizidbeihilfe

Die Beteiligung Dritter am tödlichen Geschehen verändert die Rechtslage im Zusammenhang mit einer Selbsttötung insofern, als damit die staatliche Regelungsbefugnis ohne weiteres eröffnet ist. Jetzt geht es nicht mehr nur um den Schutz individuellen menschlichen Lebens vor zerstörerischen Einwirkungen des Rechtsgutträgers selbst, sondern auch um dessen Schutz vor Handlungen Dritter.[34]

---

[33] Di Fabio (2004), Rn. 48.
[34] Vgl. dazu auch Müller-Terpitz (2009), § 147 Rn. 103: „Dieses Verbot der ‚aktiven Sterbehilfe' [gemeint ist: § 216 StGB, C.H.] rechtfertigt sich bereits aus der Erwägung heraus, dass der Betroffene hier die Sphäre des rein Privaten verlässt und seinen Sterbenswunsch auch zu einem Anliegen Dritter

Ich habe bereits vor einigen Jahren dargelegt und begründet, dass und warum der Staat in der Pflicht ist, alles zu tun, um zu verhindern, dass Private, seien es Ärzte oder nicht, Menschen auf Verlangen töten und die „Freigabe" einer Tötung auf Verlangen nach holländischem oder belgischem Vorbild verfassungswidrig wäre.[35] Tragender Grund dafür ist die das Fundament der staatlichen Schutzpflicht für das Leben bildende Garantie der Menschenwürde (Art. 1 Abs. 1 GG). „Die Würde des Menschen ist unantastbar" heißt, dass das Leben eines Menschen niemals und von niemandem rechtmäßig mit der Begründung ausgelöscht werden darf, es sei nicht mehr wert, gelebt zu werden. Der Lebensmüde bringt durch seine Entscheidung für den Tod zum Ausdruck: Mein Leben ist es *für mich* nicht mehr wert, weiter gelebt zu werden. Der Dritte, der sich auf seine Bitte hin frei verantwortlich für die Ausführung entscheidet und damit die Letztverantwortung für das Geschehen übernimmt,[36] übernimmt auch diese Einschätzung als *externe*: Für diesen Menschen ist es besser, getötet zu werden als weiterzuleben. Sein Leben ist nicht mehr lebenswert.[37] Eine Rechtsordnung aber, die auf der unantastbaren Würde des Menschen, jedes Menschen gründet, die jedem Menschen Wert und Würde zuschreibt, kann die handlungsleitende externe Bewertung eines menschlichen Lebens als „lebensunwert", „nicht mehr lebenswert" unter keinen Umständen akzeptieren. „Die Menschenwürde verlangt, dass dem Leben eines Menschen in jeder Situation ein positiver Wert zuerkannt wird; dies gilt auch für Menschen, denen ein schweres Leiden bevorsteht, deren Leben voraussichtlich nur mehr kurz dauern wird und / oder die im jeweiligen Augenblick ihren eigenen Tod wünschen."[38]

---

macht. Der Gesetzgeber hat indessen gute Gründe, ein solches in die gesellschaftliche Sphäre hineinwirkendes Geschehen zu untersagen." Siehe auch EGMR: *Case of Pretty v. The United Kingdom*, Application no. 2346/02, Judgment, 29 April 2002, §§ 71, 74: "Nonetheless, the Court finds [...], that States are entitled to regulate through the operation of the general criminal law activities which are detrimental to the life and safety of other individuals".

[35] Hillgruber (2006), 72-74. Dort auch das Folgende.

[36] Ingelfinger (2004), 225 unter Hinweis auf Roxin (2000), 569.

[37] Auf die Beweggründe für den Todeswunsch (zu diesem Aspekt Ingelfinger (2004), 228) kommt es strenggenommen gar nicht an. Der Wert, den Art. 1 Abs. 1 S. 1 GG jedem lebenden (!) Menschen zuschreibt, ist schlechterdings unantastbar.

[38] Schmoller (2000), 368.

Im Schrifttum wird häufig auch auf den Aspekt der Missbrauchsabwehr abgestellt.[39] Der Gesetzgeber bekräftige mit einem Verbot der Tötung auf Verlangen nicht nur „in symbolischer Weise den allgemeinen Stellenwert des Lebens, sondern errichte auch zugleich Schutzwälle im Interesse der Betroffenen selbst, welche den Wunsch, zu sterben, womöglich aus Unkenntnis über alternative (palliative) Therapieformen geäußert haben oder zu einem solchen Entschluss durch das tatsächlich artikulierte oder auch nur gefühlte Verlangen naher Angehöriger oder sonstiger Dritter motiviert wurden"[40]. Auch der EGMR hat im Fall Pretty ein im englischen Recht enthaltenes strafbewehrtes Verbot assistierter Selbsttötung als Eingriff in das Recht auf Achtung des Privatlebens im Sinne des Art. 8 Abs. 2 EMRK mit der Begründung gerechtfertigt, dass das Gesetz, das die Bedeutung des Rechts auf Leben reflektiere, dazu bestimmt sei, „to safeguard life by protecting the weak and vulnerable and especially those who are not in a condition to take informed decisions against acts intended to end life or to assist in ending life. Doubtless the condition of terminally ill individuals will vary. But many will be vulnerable and it is the vulnerability of the class which provides the rationale for the law in question. It is primarily for States to assess the risk and the likely incidence of abuse if the general prohibition on assisted suicides were relaxed or if exceptions were to be created. Clear risks of abuse do exist, notwithstanding arguments as to the possibility of safeguards and protective procedures."[41] Die Begründung deutet indes schon selbst – mit Rücksicht auf den margin of appreciation der Konventionsstaaten zurückgestellte – Zweifel an, ob diese Begründung für sich allein genommen ein ausnahmsloses Verbot zu rechtfertigen vermag, weil Missbrauch, d.h. verkappte Fremdbestimmung, möglicherweise auch auf andere Weise, durch inhaltliche und prozedurale Vorkehrungen, effektiv abgewehrt bzw. ausgeschlossen werden könnte. Allein die oben angestellte Erwägung, dass Dritte aufgrund der im Grundgesetz enthaltenen Wertentscheidung für die Menschenwürde und das Recht auf

---

[39] Siehe nur beispielhaft Isensee (2011), § 87 Rn. 214: „ [...] hier reicht zur Rechtfertigung des Verbots bereits die Abwehr der abstrakten Gefahr, dass sozialer Druck ausgeübt werden und Missbrauch freigesetzt werden könnte".

[40] Müller-Terpitz (2009), § 147 Rn. 103.

[41] EGMR: *Case of Pretty v. The United Kingdom*, Application no. 2346/02, Judgment, 29 April 2002, § 74.

Leben die Eigeneinschätzung des Rechtsgutsträgers, sein Leben sei lebensunwert geworden, nicht übernehmen und daraus tödliche Konsequenzen ziehen dürfen, rechtfertigt ein ausnahmsloses strafrechtliches Verbot der Tötung auf Verlangen, und zwar auch dann, wenn an der Freiwilligkeit und Ernsthaftigkeit des Todeswunsches des Lebensmüden kein Zweifel besteht und dieses Verbot für den Betroffenen, der zur Selbsttötung außerstande ist, im Ergebnis eine Pflicht zum Weiterleben bedeutet, die ihm die Verfassung grundsätzlich nicht auferlegt.[42]

Ist die Lage bei assistiertem Suizid eine andere? Gewiss, der Suizident selbst begeht kein Unrecht, geschweige denn ein strafbares, und weil im deutschen Strafrecht hinsichtlich der Beihilfe eine strenge Akzessorietät besteht (§ 27 Abs. 1 StGB), ist auch die Beihilfe zum Selbstmord nicht strafbar. Deshalb verläuft in der strafrechtlichen Bewertung eine scharfe Grenze zwischen der Tötung auf Verlangen, bei der ein Dritter, der den Todeswunsch des Getöteten in die Tat umsetzt, das tödliche Geschehen beherrscht und der Selbsttötung mit Hilfe eines Dritten, bei der die Tatherrschaft beim Suizidenten liegt. Aber ist dieser zweifelsohne bestehende Unterschied auch verfassungsrechtlich derart relevant, dass in letzterem Fall eine Schutzpflicht des Staates, diese Art von tödlicher „Hilfeleistung" zu unterbinden, entfiele? Dies ist m.E. nicht der Fall. Auch der Gehilfe wirkt an der Zerstörung des Lebens eines – aus seiner Sicht – anderen mit.[43] Sein Tatbeitrag fällt allerdings geringer aus. Er vollstreckt nicht den Todeswunsch des Lebensmüden eigenhändig, sondern trägt zu dessen Realisierung durch diesen selbst lediglich bei. Diese unterschiedliche Form der Tatbeteiligung bewirkt im Hinblick auf den Lebensschutz in verfassungsrechtlicher Perspektive aber lediglich einen graduellen, keinen kategorialen Unterschied. Auch der Gehilfe macht sich die Wertung des Lebensmüden, sein Leben sei unter den obwaltenden Umständen nicht mehr wert, weiter gelebt zu werden, zu eigen; darin aber liegt eine

---

[42] Das BVerfG hat in E 76, 248, 252, weil nicht entscheidungserheblich, offengelassen, ob es einen „verfassungsrechtlich verbürgten Anspruch auf aktive Sterbehilfe durch Dritte" geben kann.

[43] Siehe dazu unter Berufung auf ein Positionspapier der CDL (*ZfL* 2/2012, 22. Jg., 47, 51) Bauer (2013), 133 m. Fn. 30: „Anders als bei anderen Tatbeständen, bei denen Gehilfe und Täter sich gegen dasselbe Rechtsgut wenden, unterscheidet sich beim Suizid das bedrohte Rechtsgut für Täter und Gehilfen grundsätzlich: Der Suizident zerstört sein eigenes Leben, der Gehilfe das Leben eines anderen."

vom Staat in Erfüllung seiner Schutzpflicht abzuwehrende Missachtung des
in der Menschenwürde gründenden Eigenwerts jedes menschlichen Lebens.
Der darin zum Ausdruck kommenden Fremdeinschätzung, das Leben eines
anderen sei nicht mehr lebenswert, muss der Staat auch dann entgegentreten,
wenn sie nicht durch Tötung auf Verlangen, sondern mittels einer Hilfeleistung zur Selbsttötung in die Tat umgesetzt werden soll. Ob es zu dem einen
oder anderen Szenario kommt, hängt häufig allein davon ab, ob derjenige,
der aus dem Leben scheiden will, noch physisch in der Lage ist, diesen Entschluss, und sei es mit Hilfe Dritter, selbst zu verwirklichen oder sich in die
Hand eines Dritten begeben muss, um seinem Leben wunschgemäß ein Ende
zu setzen. Dass auch die „bloße" Teilnahme an der Selbsttötung einem täter-
schaftlichen Angriff auf das für den Teilnehmer fremde Leben in seiner Bedeutung gleichkommen kann, macht der Fall der Anstiftung deutlich: Wer
einen anderen, noch nicht, jedenfalls nicht endgültig zur Selbsttötung ent-
schlossenen Menschen zu diesem Schritt verleitet, den tödlichen Entschluss
in ihm erst hervorruft, ist für den anschließenden Tod dieses Menschen nicht
weniger verantwortlich, als derjenige, der auf Verlangen tötet.[44]

Nach alledem steht fest, dass auch in der Konstellation des assistierten
Selbstmords der Staat dem Grunde nach zur Leistung von Lebensschutz berechtigt, ja verpflichtet ist, um einen „objektiven Mindeststandard im Umgang mit Menschen in existentiellen Krisen"[45] zu sichern. Gehört dazu der
Einsatz des Strafrechts?[46]

Art und Umfang des grundrechtlich gebotenen Schutzes für das Leben zu
bestimmen, ist, wie sich aus Art. 2 Abs. 2 S. 3 GG ergibt, grundsätzlich Sache
des Gesetzgebers. Dem Staat und seinen Organen kommt bei der Erfüllung
der Schutzpflicht grundsätzlich ein weiter Einschätzungs-, Wertungs- und
Gestaltungsspielraum zu.[47] Nur unter besonderen Voraussetzungen verengt
sich der gesetzgeberische Gestaltungsspielraum bei der Auswahl unter verschiedenen möglichen Schutzmaßnahmen auf eine einzige, angemessen er-

---

[44] § 26 StGB trägt diesem Wertungsumstand dadurch Rechnung, dass der Anstifter gleich einem
Täter bestraft wird.
[45] Kubiciel (2009), 608.
[46] Für „angezeigt" hält einen „maßvolle[n] Einsatz des Strafrechts zur Suizidprävention" (Dölling
(2010), 131).
[47] BVerfGE 115, 118, 159 f. m.w.N.

scheinende. „Die Verfassung gibt den Schutz als Ziel vor, nicht aber seine Ausgestaltung im Einzelnen. Allerdings hat der Gesetzgeber das *Untermaß-verbot* zu beachten. [...] Notwendig ist ein – unter Berücksichtigung entgegenstehender Rechtsgüter – angemessener Schutz; entscheidend ist, dass er als solcher wirksam ist. Die Vorkehrungen, die der Gesetzgeber trifft, müssen für einen angemessenen und wirksamen Schutz ausreichend sein und zudem auf sorgfältigen Tatsachenermittlungen und vertretbaren Einschätzungen beruhen."[48] Das Gebot wirksamen Schutzes schließt allerdings aus, dass sich der Staat mit völlig unzulänglichen Maßnahmen begnügt. Soweit es um die Grenzen zulässigen Einwirkens des einen auf den anderen geht, darf die Grenzziehung nicht dem Belieben eines Beteiligten überlassen werden, sondern muss durch die staatliche Rechtsordnung festgelegt werden.[49]

Der Staat ist daher aufgrund seiner verfassungsrechtlichen Schutzpflicht für das menschliche Leben jedenfalls gehalten, Anstiftung und Beihilfe zur Selbsttötung als rechtswidrig zu qualifizieren und zu verbieten. Er darf sich nicht mit bloßen Appellen begnügen, Nächstenliebe zu zeigen, statt beim Selbstmord zu assistieren, sondern muss rechtlich verbindliche Verhaltensgebote in Form von Unterlassungspflichten statuieren. „Solche Verhaltensgebote können sich nicht darauf beschränken, Anforderungen an die Freiwilligkeit zu sein, sondern sind als Rechtsgebote auszugestalten. Sie müssen, gemäß der Eigenart des Rechts als einer auf tatsächliche Geltung abzielenden und verwiesenen normativen Ordnung, verbindlich und mit Rechtsfolgen versehen sein. [...] Rechtliche Verhaltensgebote sollen Schutz in zwei Richtungen bewirken. Zum einen sollen sie präventive und repressive Schutzwirkungen im einzelnen Fall entfalten, wenn die Verletzung des geschützten Rechtsguts droht oder bereits stattgefunden hat. Zum anderen sollen sie im Volke lebendige Wertvorstellungen und Anschauungen über Recht und Unrecht stärken und unterstützen und ihrerseits Rechtsbewusstsein bilden [...], damit auf der Grundlage einer solchen normativen Orientierung des Verhaltens eine Rechtsgutsverletzung schon von vornherein nicht in Betracht gezogen wird."[50]

---

[48] BVerfGE 88, 203, 254.
[49] BVerfGE 88, 203, 255.
[50] BVerfGE 88, 203, 253.

Angesichts einer sich verbreitenden sozialen Akzeptanz der Selbsttötung wie auch der Suizidhilfe, die der verbindlichen Wertentscheidung der Art. 1 Abs. 1 und 2 Abs. 2 S. 1 GG zuwiderläuft, bedarf es deren Bestätigung durch ein das verfassungsrechtliche Verdikt bekräftigendes einfachgesetzliches Verbot.[51] Muss dieses Verbot zwingend strafrechtlich bewehrt sein?

Das Strafrecht ist „nicht das primäre Mittel rechtlichen Schutzes, schon wegen seines am stärksten eingreifenden Charakters [...] Aber es wird als ‚ultima ratio' dieses Schutzes eingesetzt, wenn ein bestimmtes Verhalten über sein Verbotensein hinaus in besonderer Weise sozialschädlich und für das geordnete Zusammenleben der Menschen unerträglich, seine Verhinderung daher besonders dringlich ist."[52] An der „Sozialschädlichkeit" der Suizidbeihilfe besteht kein Zweifel. Eine Schädigung wird dann zu einem Unrechtsvorgang, wenn sie im zwischenmenschlichen Bereich geschieht. Das ist bei einem Selbstmord, bei dem ein Dritter unterstützend tätig wird und damit in das tödliche Geschehen involviert wird, der Fall. Demnach könnte der Gesetzgeber „unter Berufung auf seine aus Art. 2 Abs. 2 S. 1 GG fließende Schutzpflicht die bislang straflose Beihilfe zur Selbsttötung strafbewehrt untersagen"[53]. „Handelt es sich bei der Aufgabe, das menschliche Leben vor seiner Tötung zu schützen, um eine elementare staatliche Schutzaufgabe, so lässt es das Untermaßverbot nicht zu, auf den Einsatz auch des Strafrechts und die davon ausgehende Schutzwirkung frei zu verzichten."[54] Diese Aussage des BVerfG im zweiten Fristenlösungsurteil dürfte auch für die Suizidbeihilfe Geltung beanspruchen.

Dies bedeutet indes nicht, dass ein – ggfls. unter partieller Durchbrechung der das deutsche Strafrecht prägenden, aber nicht verfassungsrechtlich vorgegebenen strikten Akzessorietät von Teilnahme und Haupttat aufzustellendes – strafbewehrtes Verbot, schon gar nicht für alle Beihilfeformen, verfassungsrechtlich zwingend geboten wäre.[55] Wenn ausreichende Schutzmaß-

---

[51] Siehe auch Bauer (2013), 164 unter 8.: „Dem Suizid als solchem muss die soziale Anerkennung versagt werden und versagt bleiben."

[52] BVerfGE 88, 203, 258.

[53] So Müller-Terpitz (2009), § 147 Rn. 104; Lorenz (2009), 64 f.

[54] BVerfGE 88, 203, 257 zur Abtreibung.

[55] Der EGMR hat im Fall *Pretty v. The United Kingdom*, Application no. 2346/02, Judgment, 29 April 2002, ein strafbewehrtes Verbot der Suizidbeihilfe für konventionskonform erklärt (§ 74), ohne zu entscheiden, ob ein Verzicht auf das Verbot die Schutzpflicht aus Art. 2 EMRK verletzen würde (§

nahmen anderer Art getroffen werden, darf von einer Strafdrohung abgesehen werden und kann es genügen, das Verbot auf andere Weise in der Rechtsordnung unterhalb der Verfassung klar zum Ausdruck zu bringen.[56]

Daher soll im Folgenden getrennt nach den verschiedenen Personengruppen, die als Suizidhelfer auftreten, untersucht werden, ob das aus Gründen der staatlichen Schutzpflicht in jedem Fall erforderliche Verbot auch ein strafrechtliches sein muss.

Die Mitwirkung von Ärzten an Suiziden stellt das verfassungsrechtliche Verdikt der Suizidbeihilfe in besonderer Weise in Frage. Ärzte sind Vertrauenspersonen; die Öffentlichkeit bringt ihnen ein – mitunter sogar allzu großes – Vertrauen entgegen. Aufgrund ihres im Hippokratischen Eid niedergelegten Berufsethos galten die Ärzte lange Zeit in besonderer Weise als Garanten des Lebens. Wenn sich mittlerweile nicht wenige von ihnen als Suizidassistenten zur Verfügung stellen, noch mehr die Suizidbeihilfe befürworten,[57] muss dies die allgemeine Einschätzung, Suizidbeihilfe sei, da nicht strafbar und zudem von Ärzten sogar als Dienstleistung professionell gehandhabt, erlaubt, befördern, eine Einschätzung, der nur durch ein strafbewehrtes Verbot effektiv entgegengewirkt werden kann. Denn allein das Strafrecht vermag das Rechtsbewusstsein der Bevölkerung nachhaltig zu prägen. Dagegen würde die weitere Hinnahme ärztlicher Assistenz bei der Selbsttötung, gar die Einführung eines, wie vorgeschlagen, Arztvorbehalts,[58] der offenbar eine Selbsttötung lege artis garantieren soll, das Rechtsbewusstsein verunsichern und dadurch schwächen, das verfassungsrechtliche Verdikt praktisch konterkarieren, ja ins Leere laufen lassen.

---

41): „However, even if circumstances prevailing in a particular country which permitted assisted suicide were found not to infringe Article 2 of the Convention, that would not assist the applicant in this case, where the very different proposition – that the United Kingdom would be in breach of its obligations under Article 2 if it did not allow assisted suicide – has not been established."
[56] BVerfGE 88, 203, 258.
[57] Siehe dazu Bauer (2013), 128 f.
[58] Siehe dazu Spiegel-Gespräch vom 09.03.2009: Es gibt keinen Zwang zum Leben. Jochen Taupitz, 55, Professor für Medizinrecht und Mitglied des Deutschen Ethikrats, über das Recht auf einen selbstbestimmten Tod, die Kommerzialisierung des Sterbens und seinen Vorschlag, Ärzte als qualifizierte Suizidhelfer einzusetzen, abrufbar unter: http://www.spiegel.de/spiegel/print/d-64497197.html. Ferner Lorenz (2009), 65.

Gegenwärtig besteht nicht einmal ein strafloses gesetzliches Verbot ärztlicher Beihilfe zum Suizid, etwa durch Überlassen todbringender Medikamente.[59] Die Verschreibung todbringender verschreibungspflichtiger Medikamente für einen geplanten Suizid dürfte zwar Sinn und Zweck der arzneimittelrechtlichen Verschreibungspflicht gemäß § 48 Arzneimittelgesetz (AMG) widersprechen, die gerade eine nicht indizierte, missbräuchliche Verwendung von Medikamenten verhindern. Gleichwohl ist eine solche Verschreibung durch einen Arzt weder strafbar (weil nicht von § 96 Nr. 13 AMG erfasst) noch sonst verboten.[60] Das Standesrecht ist ebenfalls unzulänglich. Zwar enthält die Musterberufsordnung der Bundesärztekammer seit dem Beschluss des 114. Deutschen Ärztetages 2011 in § 16 ein ausdrückliches Verbot der Suizidbeteiligung für Ärzte. Dieses ist aber für die Ärzte nur verbindlich, wenn und soweit es in die Berufsordnungen der Landesärztekammern übernommen worden ist. Das ist jedoch nur teilweise geschehen, andernorts, so in Bayern und Baden-Württemberg, bewusst und gewollt nicht erfolgt, weil es eben auch unter den Standesvertretern einige gibt, die Suizidbeihilfe unter bestimmten Voraussetzungen sehr wohl als ihre ärztliche Aufgabe ansehen.

In einem Verfahren vor dem Verwaltungsgericht Berlin, in dem ein Arzt die berufsrechtliche Untersagungsverfügung, „Substanzen, die allein oder in Verbindung mit anderen dazu geeignet sind, den Tod eines Menschen herbeizuführen, an Patienten abzugeben oder in sonstiger Weise zum Gebrauch für deren beabsichtigten Suizid zu überlassen" anfocht, vertrat der Kläger explizit die Ansicht, „der hippokratische Eid sei überholt. [...] Die generelle Verweigerung einer ärztlichen Begleitung eines Suizids sei ethisch unvertretbar. Unter Beachtung der Menschenwürde sei der Heilauftrag des Arztes weit zu verstehen."[61] Das Verwaltungsgericht entschied, dass die Untersagungsverfügung gegen höherrangiges Recht verstoße, soweit sie die Weitergabe todbringender Substanzen an Suizidwillige ausnahmslos verbiete. Regelun-

---

[59] Siehe Deutsch / Spickhoff (2014), Rn. 676.
[60] Siehe dazu VG Berlin, Urt. v. 30.03.2012 – 9 K 63.09, Rn. 40, abrufbar unter http://www.zvr-online.com/gesamtuebersicht/jahrgang2012/juli-2012/vg-berlin-sterbehilfe/. Die Entscheidung ist noch nicht rechtskräftig.
[61] VG Berlin, Urt. v. 30.03.2012 – 9 K 63.09, BeckRS 2012, 51943 = ZFL 3/2012, 21. Jg., 80 (m. Anm. Büchner (2012), 90 f.), Rn. 15.

gen der Berufsausübung, zu denen ein Verbot ärztlicher Suizidbeihilfe gehöre, unterlägen dem Gesetzesvorbehalt in Art. 12 Abs. 1 Satz 2 GG. Das Berliner Heilberuferecht enthalte kein ausdrückliches Verbot der ärztlichen Beihilfe zum Suizid. Ein solches Verbot lasse sich allenfalls auf die gesetzliche Generalklausel zur gewissenhaften Berufsausübung in Verbindung mit der Generalklausel zur Beachtung des ärztlichen Berufsethos in der als Satzung erlassenen Berufsordnung der Ärztekammer Berlin stützen. Dies genüge aber unter Berücksichtigung der verfassungsrechtlich geschützten Freiheit der Berufsausübung und der Gewissensfreiheit des Arztes nicht als Rechtsgrundlage, um einem Arzt die Weitergabe todbringender Mittel an Sterbewillige generell zu untersagen. Der ärztlichen Ethik lasse sich kein klares und eindeutiges Verbot der ärztlichen Beihilfe zum Suizid in Ausnahmefällen entnehmen, in denen der Arzt einer Person, zu der er in einer lang andauernden, engen Arzt-Patient-Beziehung oder einer längeren persönlichen Beziehung steht, auf deren Bitte hin wegen eines unerträglichen, unheilbaren und mit palliativmedizinischen Mitteln nicht ausreichend zu lindernden Leidens ein todbringendes Medikament verschreibt.[62]

Dieser Fall zeigt, dass gerade dann, wenn es keine einheitliche, allseits akzeptierte Standesethik mehr gibt, Ärzte als Grenze ihrer Handlungsfreiheit und Berufstätigkeit nur noch das gesetzliche Berufsrecht und das Strafrecht akzeptieren. Letzteres erscheint im Hinblick auf die Stärkung des allgemeinen Rechtsbewusstseins der allein geeignete Ort, um die Ärzte, aber auch die Allgemeinheit an die uneingeschränkte verfassungsrechtliche Lebensbejahung nachdrücklich zu erinnern; denn „was der Arzt nicht darf, kann weder im privaten Umfeld noch gesellschaftlich erwartet werden"[63].

Die weithin konsentierte Pönalisierung kommerzieller Suizidbeihilfe ist richtig und verfassungsrechtlich unproblematisch.[64] Sterbehilfe ist kein verfassungsrechtlich geschützter Beruf im Sinne des Art. 12 Abs. 1 GG; die Weit-

---

[62] VG Berlin, Urt. v. 30.03.2012 – 9 K 63.09, BeckRS 2012, 51943 = *ZfL* 3/2012, 21. Jg., 80, Ls. 4, Rn. 36 ff., 53 ff.

[63] Lindner (2013), 137, der allerdings, wie schon der Titel zeigt, ein ausnahmsloses Verbot, das auch in Fällen greift, in denen „schwere unheilbare Erkrankungen mit hohem physischen Leidensdruck" vorliegen, dem der Betroffene in selbstbestimmter Entscheidung nicht mehr standhalten kann", für unverhältnismäßig hält (unter V., S. 138). Ganz ähnlich zur Tötung auf Verlangen Lindner (2006), 373 ff.

[64] Ihr Verbot hält für verfassungsrechtlich geboten Müller-Piepenkötter (2008), 73; Lüttig (2008), 57.

entscheidung des Art. 2 Abs. 2 S. 1 GG steht „der grundrechtlichen Aufwertung einer Sterbehilfe mit den äußeren Merkmalen einer Berufstätigkeit, ungeachtet ihrer einfach-gesetzlichen Zulässigkeit, entgegen"[65]. Mit Recht wird aber kritisiert, dass die Fokussierung auf die Gewinnerzielungsabsicht zu kurz greift: Dass kommerzielle Beihilfe zum Suizid nicht hinnehmbar ist, „gründet in der Sache selbst und nicht im finanziellen Gewinn des Sterbehelfers"[66]. Jede organisierte Form der Sterbehilfe ist geeignet, als „institutionalisierte Förderung der Selbsttötung"[67] dem Suizid dadurch Vorschub zu leisten, dass sie als eine gewöhnliche Dienstleistung erscheint, die angeboten und bei Bedarf in Anspruch genommen wird,[68] nach dem Motto: „Wir unterstützen Sie gerne dabei!" Suizidbeihilfe wird damit zur „Exit-Option", bei der man nicht selbst dilettantisch und ohne den gewünschten Erfolg Hand an sich legen muss, sondern professionell unterstützt und begleitet wird. Welcher an seinem Leben Verzweifelte wird ein solches Angebot, wenn es doch sichere Erlösung von Schmerz und Leid verspricht, ablehnen? Es versteht sich von selbst, dass jede Form organisierter Sterbehilfe, wie sie etwa die Schweizer Sterbehilfevereine „Dignitas" und „Exit" anbieten, den Suizid erleichtert und damit die verfassungsrechtliche Grundentscheidung für den Wert und die Erhaltung jedes menschlichen Lebens unterläuft und ihre Beachtung hochgradig gefährdet. „Der Gesetzgeber müsste zumindest der organisierten Beihilfe zur Selbsttötung insgesamt einen strafrechtlichen Riegel vorschieben, wie dies im Mai 2012 der 115. Deutsche Ärztetag in Nürnberg gefordert hat."[69] Dies gilt umso mehr, als die Gewinnerzielungsabsicht, die Voraussetzung für die Gewerbsmäßigkeit ist, durch hohe Verwaltungskosten leicht verschleiert werden kann.[70]

Muss aus verfassungsrechtlichen Gründen auch die private Suizidbeihilfe von nahen Angehörigen oder Freunden eines Selbstmörders bestraft werden? Wie gesehen kann die Teilnahme an der Selbsttötung von ihrem sachlichen Gewicht unter Umständen einer verlangten Tötung gleichkommen. Nament-

---

[65] Lorenz (2010), 828.
[66] Bauer (2013), 131 f.
[67] Begriff bei Birkner (2006), 53.
[68] Siehe dazu auch Lorenz (2009), 65.
[69] Bauer (2013), 143 m. Fn. 42.
[70] Ebd.

lich die Anstiftung zur Selbsttötung erscheint strafwürdig, ferner die Beihilfe aus Eigennutz.[71] Dagegen sind andererseits auch Fälle denkbar, in denen eine Unterstützungshandlung, auch wenn sie von Verfassungs wegen als rechtswidrig beurteilt werden muss, als vermeintlich einzig mögliche Hilfe in einer dem Selbstmörder und dem Gehilfen gleichermaßen ausweglos erscheinenden Grenzsituation aus Mitleid getätigt wird. Ist diese Entscheidung auch objektiv nach der grundgesetzlichen Wertordnung zu missbilligen, so ist sie doch nicht in dem Maße vorwerfbar, dass es gerechtfertigt wäre, mit der schärfsten der Gesellschaft zu Gebote stehenden Waffe, dem Strafrecht, gegen den Täter vorzugehen. Kriminalstrafe ist – unabhängig von ihrer Höhe – bei solcher Fallgestaltung unter keinem Aspekt (Vergeltung, Prävention, Resozialisierung des Täters) eine adäquate Sanktion.[72] Zumindest müsste bei Einführung eines die Mitwirkung am Suizid für jedermann umfassend unter Strafe stellenden Tatbestandes nach Art des § 78 ÖStGB[73] sichergestellt werden, dass unter näher zu bestimmenden Tatbestandsvoraussetzungen von Strafe abgesehen werden kann.

Umgekehrt wäre ein Verzicht auf strafrechtliche Sanktionen, wenn überhaupt, nur dann mit der verfassungsrechtlichen Schutzpflicht für das Leben vereinbar, wenn er „vor dem Hintergrund einer wachgehaltenen Orientierung über die verfassungsrechtlichen Grenzen von Recht und Unrecht"[74] geschieht. Das verfassungsrechtliche Untermaßverbot fordert insoweit, dass die Suizidbeihilfe grundsätzlich als Unrecht angesehen wird und demgemäß rechtlich verboten ist. Wenn nicht im Strafrecht, so muss diese verfassungsrechtliche Wertentscheidung an einem anderen Ort der Rechtsordnung, der geeignet ist, rechtsbewusstseinsbildend zu wirken, verankert werden.

Der gegenwärtige Rechtszustand, der dadurch gekennzeichnet ist, dass das einfache Recht hier einen blinden Fleck aufweist, ist evident verfassungswidrig.

---

[71] Vgl. § 115 SchweizStGB.

[72] Siehe dazu BVerfGE 32, 98, 109.

[73] „Wer einen anderen dazu verleitet, sich selbst zu töten, oder ihm dazu Hilfe leistet, ist mit Freiheitsstrafe von 6 Monaten bis zu 5 Jahren zu bestrafen." Siehe aber auch die m.E. sehr bedenkenswerten Normvorschläge bei Feldmann (2012), 516 f.

[74] BVerfGE 88, 203, 268.

4   Fazit

„Das aus Art. 1 I, 2 I GG abgeleitete Selbstbestimmungsrecht des Einzelnen legitimiert die Person zur Abwehr nicht gewollter Eingriffe in ihre körperliche Unversehrtheit und in den unbeeinflussten Fortgang ihres Lebens und Sterbens; es gewährt ihr aber kein Recht oder gar einen Anspruch darauf, Dritte zu selbständigen Eingriffen in das Leben ohne Zusammenhang mit einer medizinischen Behandlung zu veranlassen."[75] Das gilt für die Suizidbeihilfe gleichermaßen wie für die Tötung auf Verlangen. Bei der Suizidbeihilfe aber hängt das verfassungsrechtliche Verdikt im wahrsten Sinne des Wortes in der Luft. Es muss, um wieder praktische Wirksamkeit zu erlangen, „geerdet", d.h. von der einfachen Rechtsordnung aufgenommen und in seinem Sinn verdeutlicht werden:

Gegen die Selbsteinschätzung des Lebensmüden und um seiner Würde willen muss unter dem Grundgesetz unbedingt daran festgehalten werden, dass das Leben ein Gut ist, und sei es noch so erbärmlich.[76]

Literaturverzeichnis

Bauer, A. W.: Todes Helfer, in: Krause Landt, A. / Bauer, A. W. / Schneider, R. (Hrsg.): *Sterbehilfe*, Waltrop / Leipzig 2013, S. 93-170.

Birkner, S.: Assistierter Suizid und aktive Sterbehilfe – Gesetzgeberischer Handlungsbedarf?, in: *Zeitschrift für Rechtspolitik* (2), 2006, S. 52-54.

Büchner, B.: Anmerkung zu VG Berlin, Urt. v. 30.03.2012 – 9 K 63.09, in: *Zeitschrift für Lebensrecht* (3), 2012, S. 90-91.

Deutsch, E. / Spickhoff, A.: *Medizinrecht*, Berlin / Heidelberg [7]2014.

Di Fabio, U.: Kommentierung zu Art. 2 Abs. 2, in: Maunz, T. / Dürig, G. (Hrsg.): *Grundgesetz, Kommentar*, Stand: Februar 2004.

---

[75] BGH NStZ 2010, 630, 632 Rn. 35. Siehe auch bereits BGHSt 37, 376 (LS 2): „Auch bei einer aussichtslosen Prognose darf Sterbehilfe nicht durch gezieltes Töten, sondern nur [...] durch die Nichteinleitung oder den Abbruch lebenserhaltender Maßnahmen geleistet werden, um dem Sterben – gegebenenfalls unter wirksamer Schmerzmedikation – seinen natürlichen, der Würde des Menschen gemäßen Verlauf zu lassen."

[76] Walter (1935), 574; zitiert bei Ingelfinger (2004), 340.

Dölling, D.: Zur Strafbarkeit der Mitwirkung am Suizid, in: Bloy, R. u.a. (Hrsg.): *Festschrift M. Maiwald*, Berlin 2010, S. 119-131.

Feldmann, M.: Neue Perspektiven in der Sterbehilfediskussion durch Inkriminierung der Suizidteilnahme im Allgemeinen?, in: *Goltdammer's Archiv für Strafrecht* (8), 2012, S. 498-518.

Fink, U.: *Selbstbestimmung und Selbsttötung*, Köln 1992.

Götz, V.: *Allgemeines Polizei- und Ordnungsrecht*, Göttingen [15]2013.

Hillgruber, C.: *Der Schutz des Menschen vor sich selbst*, München 1992.

Hillgruber, C.: Kommentierung zu Art. 2 Abs. 1, in: Umbach, D. C. / Clemens, T. (Hrsg.): *Grundgesetz. Mitarbeiterkommentar und Handbuch*, Bd. 1, 2002.

Hillgruber, C.: Die Würde des Menschen am Ende seines Lebens – Verfassungsrechtliche Anmerkungen, in: *Zeitschrift für Lebensrecht* (3), 2006, S. 70-81.

Hillgruber, C.: Der internationale Menschenrechtsstandard: geltendes Verfassungsrecht? Kritik einer Neuinterpretation des Art. 1 Abs. 2 GG, in: Gornig, G. H. u.a. (Hrsg.): *Gedächtnisschrift D. Blumenwitz*, Berlin 2008, S. 123-142.

Hillgruber, C.: Ohne rechtes Maß? Eine Kritik der Rechtsprechung des Bundesverfassungsgerichts nach 60 Jahren, in: *Juristen-Zeitung* (18), 2011, S. 861-871.

Ingelfinger, R.: *Grundlagen und Grenzbereiche des Tötungsverbots*, Köln 2004.

Isensee, J.: *Handbuch der Grundrechte*, Bd. IV, Heidelberg 2011.

Kant, I.: Metaphysik der Sitten, in: Weischedel, W. (Hrsg.): *Werke in sechs Bänden*, Bd. IV, Darmstadt 1956.

Kubiciel, M.: Tötung auf Verlangen und assistierter Suizid als selbstbestimmtes Sterben?, in: *Juristen-Zeitung* (12), 2009, S. 600-608.

Lindner, J. F.: Grundrechtsfragen aktiver Sterbehilfe, in: *Juristen-Zeitung* (8), 2006, S. 373-383.

Lindner, J. F.: Verfassungswidrigkeit des – kategorischen – Verbots ärztlicher Suizidassistenz, in: *Neue Juristische Wochenschau* (3), 2013, S. 136-139.

Lorenz, D.: *Handbuch des Staatsrechts*, Bd. VI, Heidelberg 1989.

Lorenz, D.: Aktuelle Verfassungsfragen der Euthanasie, in: *Juristen-Zeitung* (2), 2009, S. 57-67.

Lorenz, D.: Sterbehilfe als Beruf?, in: *Medizinrecht* (12), 2010, S. 823-828.

Lüttig, F.: „Begleiteter Suizid" durch Sterbehilfevereine. Die Notwendigkeit eines strafrechtlichen Verbots, in: *Zeitschrift für Rechtspolitik* (2), 2008, S. 57-60.

Müller-Piepenkötter, R.: „Unantastbar?" Sterbehilfevereine: Eine Herausforderung für den Rechtsstaat, in: *Zeitschrift für Lebensrecht* (3), 2008, S. 66-74.

Müller-Terpitz, R.: *Handbuch des Staatsrechts*, Bd. VII, Heidelberg [3]2009.

Peters, H.: Die freie Entfaltung der Persönlichkeit als Verfassungsziel, in: Constantopoulos, D. S. / Wehberg, H. (Hrsg.): *Festschrift R. Laun*, Hamburg 1953, S. 669-678.

Roxin, C.: *Täterschaft und Tatherrschaft*, Berlin [7]2000.

Schmitt, P. P.: Das unterschätzte Problem. Todesursache Suizid, in: *FAZ* vom 04.09.2012, http://www.faz.net/aktuell/gesellschaft/menschen/todesursache-suizid-das-unterschaetzte-problem-faz-11879002.html (abgerufen am 02.02.2015).

Schmoller, K.: Lebensschutz bis zum Ende? Strafrechtliche Reflexionen zur internationalen Euthanasiediskussion, in: *Österreichische Juristen-Zeitung* (55), 2000, S. 361-377.

Schreiber, H.-L.: Strafbarkeit des assistierten Suizids, in: Pawlik, M. / Zaczyk, R. (Hrsg.): *Festschrift G. Jakobs*, Köln 2007, S. 615-625.

Walter, F.: *Die Euthanasie und die Heiligkeit des Lebens*, München 1935.

Medizin und Psychotherapie

Marcus Schlemmer

Assistierter Suizid durch Ärzte?
Die Sicht eines Palliativmediziners

1 Palliativmedizin

Palliativmedizin ist die älteste medizinische Disziplin der Welt. Vor tausenden von Jahren war aufgrund der mangelnden Kenntnisse von physiologischen Zusammenhängen, der Funktion von Organen und der Ursache von Krankheiten, gar nicht zu sprechen von einer technischen oder medikamentösen Behandlungsmöglichkeit von Erkrankungen, ausschliesslich eine „Palliation", also eine Linderung möglich. Je mehr die medizinische Forschung Zusammenhänge verstand und Ärzte segensreich für die Kranken handeln konnten, je mehr hat die moderne Medizin diese palliativen Fähigkeiten in den Hintergrund gestellt. Das „Machbare" steht im Vordergund der modernen Medizin. Nicht selten wird noch eine Operation oder Therapie durchgeführt, auch wenn diese medizinisch oder menschlich gar nicht sinnvoll ist. Der Grund dafür ist die Ausbildung der Ärzte, die fokussiert ist auf Heilen. Nicht heilen können oder nicht mehr heilen können wird oft als ein Versagen oder eine Niederlage angesehen. Darüber hinaus führt eine mangelnde Kommunikation oder Kommunikationsfähigkeit zu Therapien, die nicht mehr sinnvoll sind. Täglich werden Patienten viele Behandlungen angeboten, weil Ärzte sich nicht trauen, ein schwieriges Gespräch zu führen. Es ist leichter einem Patienten mit einer weit fortgeschrittenen Tumorerkrankung noch eine experimentelle Therapie anzubieten, als ihm zu sagen, dass es keine medizinisch sinnvolle Therapie für ihn gibt und er an der Erkrankung sterben wird. Die Definition von Palliativmedizin lautet:

> „Palliative Care ist ein Ansatz zur Verbesserung der Lebensqualität von Patienten und ihren Familien, die sich Problemen gegenüber sehen, die mit einer lebensbedrohlichen Erkrankung einhergehen. Dies geschieht durch Vorbeugen

und Lindern von Leiden durch frühzeitige Erkennung, sorgfältige Einschätzung und Behandlung von Schmerzen sowie anderen Problemen körperlicher, psychosozialer und spiritueller Art. Palliative Care:

- ermöglicht Linderung von Schmerzen und anderen belastenden Symptomen;
- bejaht das Leben und erkennt Sterben als normalen Prozess an;
- beabsichtigt weder die Beschleunigung noch Verzögerung des Todes;
- integriert psychologische und spirituelle Aspekte der Betreuung;
- bietet Unterstützung, um Patienten zu helfen, ihr Leben so aktiv wie möglich bis zum Tod zu gestalten;
- bietet Angehörigen Unterstützung während der Erkrankung des Patienten und in der Trauerzeit;
- beruht auf einem Teamansatz, um den Bedürfnissen der Patienten und ihrer Familien zu begegnen, auch durch Beratung in der Trauerzeit, falls notwendig;
- fördert Lebensqualität und kann möglicherweise auch den Verlauf der Erkrankung positiv beeinflussen;
- kommt frühzeitig im Krankheitsverlauf zur Anwendung, auch in Verbindung mit anderen Therapien, die eine Lebensverlängerung zum Ziel haben, wie z.B. Chemotherapie oder Bestrahlung, und schließt Untersuchungen ein, die notwendig sind, um belastende Komplikationen besser zu verstehen und zu behandeln."[1]

Damit ist Palliativmedizin die einzige medizinische Disziplin, die in ihrer Definition betont, dass sie sich bei der Betreuung von Schwerkranken und Sterbenden auch um die spirituellen Nöte sowie um die Angehörigen der Betroffenen kümmert. Betroffene sorgen sich anfänglich um ihre Pläne, ihre Zukunft, ihre Träume. Der nächste Gedanke aber gilt denen, die ihnen nahe sind, die sie lieben. Palliativmedizin als Anspruch die Gesamtheit des Menschen mit seinen körperlichen und seelischen Schmerzen in den Blick zu nehmen weiß, dass dieses nur gelingen kann, wenn die nächsten Angehörigen, ihre Nöte und Verzweiflungen, ebenso Beachtung und Versorgung erhalten.

---

[1] WHO Definition of Palliative Care, http://www.who.int/cancer/palliative/definition (letzter Zugriff am 11. Febr. 2015).

Palliativmedizin ist eine Disziplin, die nicht um das Überleben des Patienten kämpft, sondern die belastenden Symptome lindert. Dies impliziert, dass der Tod eines Patienten nicht mit allen zur Verfügung stehenden Mitteln verhindert werden muss, sondern Schmerzen, Luftnot oder Angst gelindert werden. Palliativmedizin beschleunigt oder verzögert den Tod nicht.

Hierbei ist von grundsätzlicher Bedeutung, dass dieses Ziel nicht allein von Ärzten erreicht werden kann. Vielmehr braucht es ein multiprofessionelles Team aus Pflegenden, Ärzten, Sozialarbeitern, Seelsorgern, Physiotherapeuten, Psychotherapeuten, Musiktherapeuten, Kunsttherapeuten und ehrenamtlichen Helfern.

2 Suizid

Suizid ist meist das Ergebnis von Verzweiflung, von Einsamkeit, oder von Angst. In Deutschland töteten sich im Jahr 2013 10.076 Menschen,[2] das sind viel zu viele. Wir müssen uns als Gesellschaft selbstkritisch darüber Rechenschaft geben, dass wir eine Mitverantwortung dafür tragen. Die Untersuchungen zum sog. Alterssuizid legen nahe, dass es sich in den meisten Fällen um einen sog. Bilanzsuizid handelt. Alte Menschen, die vereinsamt und mit dem Gefühl „ich bin zu nichts mehr Nutze" sich töten, mahnen uns, die Defizite unseres sozialen Miteinanders zu überdenken. Im medizinischen Bereich sind besonders wir Ärzte aufgefordert, durch Information über eine palliativmedizinische Versorgung den Patienten ihre Ängste vor dem Sterben zu nehmen. Nach einer Umfrage der Forschungsgruppe Wahlen war der am häufigsten angegebene Grund bei dem Gedanken an das eigene Sterben „die Angst hilflos der Apparate-Medizin ausgeliefert zu sein", gefolgt von der Angst vor Schmerzen.[3] Wenn Patienten mit weit fortgeschrittenen Erkrankungen sich oft wünschen zu sterben, ist das nicht nur medizinisch, sondern auch menschlich verständlich. Diese Patienten haben in den meisten Fällen einen langen, schmerzvollen Weg von diagnostischen Prozeduren, Operatio-

---

[2] Todesursachen in Deutschland – Fachserie 12 Reihe 4 – 2013, www.destatis.de/DE/ Publikationen/Thematisch/Gesundheit/Todesursachen (letzter Zugriff am 11. Febr. 2015).
[3] Forschungsgruppe Wahlen: *Umfrage Sterben in Deutschland*, http://www.dhpv.de/ (letzter Zugriff am 11. Febr. 2015).

nen, Strahlentherapie, Chemotherapie und langen Krankenhausaufenthalten hinter sich. Sie haben ihre körperliche Integrität verloren, fühlen sich schwach und sind belastet durch Nebenwirkungen von Medikamenten. Ihre seelischen Schmerzen finden zu selten Aufmerksamkeit und noch seltener Therapien – manche dieser Schmerzen kann man auch gar nicht therapieren. Diese Menschen äußern den Wunsch sterben zu können. Sie wollen gar keine neue Therapie mehr, da ihnen die körperliche und seelische Kraft dafür fehlt. Die moderne Medizin hat mannigfaltige Möglichkeiten Krankheiten zu erkennen, erfolgreich zu behandeln oder sogar zu verhindern. In vielen Fällen sind Erkrankungen aber unheilbar und töten Menschen, trotz aller unserer modernen wissenschaftlichen Erkenntnisse. Dann müssen die Spitzenmedizin und mit ihr die Spitzenmediziner von dem Bett des Kranken zurücktreten, eine Operation oder eine Chemotherapie zum Wohle des Patienten weglassen und einen natürlichen Tod zulassen. Das geschieht oft spät im Krankheitsverlauf und fällt Ärzten immer wieder schwer. Wenn Patienten durch Ärzte und ein multiprofessionellen Team Begleitung erfahren und Sterben zugelassen werden kann, dann tritt der Suizidwunsch in den Hintergrund, auch der Wunsch nach assistiertem Suizid. Der Begriff „assistierter Suizid" ist ein schwieriger Begriff. Einen Giftbecher zu bereiten und bereitzustellen, damit er getrunken werden kann, ist noch vorstellbar. Bei Patienten mit weit fortgeschrittenen neurologischen Erkrankungen, die nicht mehr selbst schlucken können, ist ein assistierter Suizid schon technisch deutlich schwieriger. Eine Grauzone zwischen assistiertem Suizid und Tötung auf Verlangen muss unbedingt vermieden werden.

3   Autonomie

Manche Ärzte, zum Glück wenige, sind der Ansicht, sie sollten Menschen mit weit fortgeschrittenen Erkrankungen und unerträglichem Leid, bei der Selbsttötung assistieren. Sie begründen das mit der Selbstbestimmung des Menschen.

Der Respekt vor der Autonomie des Patienten und sein Recht auf Selbstbestimmung ist ein hohes Gut nicht nur in unserem Rechtsstaat, sondern in allen Bereichen der modernen Medizin. Nicht umsonst wurde im *Nürnberger*

Codex verankert, dass Ärzte nur dann eine medizinische Handlung an einem Patienten vornehmen dürfen, wenn er hierzu sein uneingeschränktes Einverständnis gegeben hat.[4] In Deutschland vor 1945 wurde dieses Menschenrecht zu häufig mit Füssen getreten. Im Grundgesetz wird in Artikel 2 explizit das Recht des Einzelnen auf Selbstbestimmung, besonders im Sterben festgeschrieben: so darf der Schwache und Sterbende nicht zum Objekt und der Entscheidung Dritter werden.[5] Eine medizinische Maßnahme, und wenn es sich nur um eine Blutabnahme handelt, die der Patient verweigert und von einem Arzt dennoch durchgeführt wird, ist ein Straftatbestand. Das gilt auch für die Gabe von Nahrung gegen den Willen des Patienten, sei es durch eine Magensonde oder intravenös. Insofern wird die Selbstbestimmung und Autonomie des Patienten als ein hohes Gut geachtet. Dies muss selbstverständlich auch für den freiwillig geäußerten Suizidwunsch gelten. Sollte eine psychiatrische Erkrankung zugrunde liegen, z.b. eine Depression, sollte eine Behandlung erfolgen. Ein Patient darf aber von einem Arzt eine medizinische Maßnahme, die nicht indiziert ist, nicht verlangen. Ein Beispiel: Eine Patientin mit einem weit fortgeschrittenen Karzinom der Brust, das zu zahlreichen Metastasen in der Lunge geführt hat, kann eine Operation dieser Lungenmetastasen nicht fordern, wenn sie nach der Operation ohne Beatmung nicht lebensfähig wäre.

4   Sterben zulassen

Die Patienten, die sie sich den Tod wünschen, sind schwer krank. Ihre Krankheit führt zum Tod und Palliativmedizin steht dafür ein, dass dieses Sterben ein würdevolles Sterben ist. Die Kunst den Tod nicht herauszuzögern ist die palliativmedizinische Kunst. Viel zu oft verlängern wir Ärzte das Sterben und das ist würdelos. Wenn die häufigsten Motive für einen selbstbestimmten Tod die Angst vor den Apparaten der Mediziner, das Ausgeliefertsein der Maschinerie und den sie bedienenden Menschen ist, dann müssen wir Ärzte das sehr ernst nehmen. Wir müssen uns fragen, warum wir unse-

---

[4] Mitscherlich / Mielke (1960), 272 f.
[5] Grundgesetz, Artikel 2.2.

ren Patienten offenkundig nicht nachhaltig vermitteln können, dass ihr
Wunsch, ihre Vorstellung, ihre Patientenverfügung oder Vorsorgevollmacht
von uns respektiert werden. Wir müssen uns fragen, warum bei aller Infor-
miertheit der modernen Gesellschaft hier den Betroffenen die Informationen
fehlen. Wir müssen uns fragen, ob wir in der Ausbildung von Ärzten den
Schwerpunkt noch stärker auf den Mittelpunkt allen ärztlichen Handelns,
den Menschen, fokussieren müssen. Der kranke Mensch mit seiner Freiheit
Dinge zu wollen oder nicht zu wollen, Therapien zu erhalten oder abzulehnen muss der Mittelpunkt sein und nicht seine Erkrankung. Das Weglassen von medizinischen Maßnahmen ermöglicht Sterben. Maßnahmen zur
Lebensverlängerung werden in Übereinstimmung mit dem Willen des Patienten weggelassen. Dies ist im besten Sinne des Wortes eine „Sterbehilfe".
Also ärztliche Kunst als Hilfe beim Sterben – und Sterben gehört zu unserem
Leben. Erst wenn das Sterben zu Ende ist, ist auch das Leben zu Ende. Hierzu
braucht es keine Tötung und auch keine Selbsttötung. Appetitlosigkeit ist ein
häufiges Symptom bei Patienten mit weit fortgeschrittenen Tumorerkran-
kungen. Die Patienten sind nicht nur zu schwach zu essen, ihnen fehlt jegli-
cher Appetit. Dies kann als eine physiologische Reaktion des Körpers auf die
Erkrankung und den bevorstehenden Tod gesehen werden. Eine sog. „künstliche Ernährung", also die Gabe von Nahrung durch einen Magenschlauch
oder eine Vene, wäre in dieser Situation eine Lebens- und möglicherweise
eine Leidensverlängerung. Das Hören des Arztes auf die Bedürfnisse des
Patienten, die Kommunikation darüber, dass er sich nicht zwingen muss zu
essen, ist oft eine große Erleichterung für den Betroffenen. Die nächsten
Angehörigen sind diejenigen, die mit solchen Entscheidungen emotionale
Schwierigkeiten haben: „Sie können meine Mutter doch nicht verhungern
lassen", ist eine häufiger „Vorwurf", den wir Ärzte hören, wenn wir Sterbende nicht mehr „künstlich" ernähren. Die empathische Kommunikation, das
Erklären der Bedürfnisse von Sterbenden und Zeit für die Angehörigen muss
ebenfalls zu der ärztlichen Kunst gehören, wie die Therapie von Symptomen.
Patienten sind oft erleichtert, wenn eine offene Kommunikation darüber
geführt wird, dass sie in naher Zukunft sterben werden. Ihr körperliches
Empfinden hat ihnen schon eine geraume Zeit signalisiert, dass ihre zunehmende Schwäche dafür ein Zeichen ist. Wenn Möglichkeiten der Palliativmedizin offen kommuniziert werden, Leiden so verringern zu können, dass

Patienten damit gut leben und sterben können, nimmt es den Patienten und ihren Angehörigen Angst. Angst vor Autonomieverlust, Angst vor Schmerzen und unerträglichem Leid, Angst vor Ausgeliefertsein. Auch die beste Palliativmedizin kann nicht alles Leid lindern. Seelische oder spirituelle „Schmerzen" können nicht immer besprochen und noch seltener gelöst werden. Sterben ist schmerzlich. Wenn nicht für die Patienten, für die Sterben können das Ende von Leiden bedeutet, dann für ihre Angehörigen, die einen geliebten Menschen gehen lassen müssen. Das gilt in gleicher Weise für das Selbsttöten.

5 Zusammenfassung

Palliativmedizin durch Experten kann unerträgliches Leid lindern und niemand muss in einer Agonie sterben. Patienten mit weit fortgeschrittenen Erkrankungen wünschen sich nach einem langen Leidensweg nicht selten, sterben zu können und haben Angst vor dem, was ihnen noch bevorsteht. Wenn wir Ärzte unseren Patienten Ängste nehmen, ihnen helfen sterben zu dürfen und zu können, dann wollen gerade die, die einen Suizid wünschten, oder gar einen assistierten Suizid, in den meisten Fällen diesen nicht mehr. Es ist unsere ärztliche Aufgabe, das Leid, die Verzweiflung und die Einsamkeit unserer Patienten zu lindern. Wir haben ihre Menschenwürde zu achten – besonders am Ende ihres Lebens. Neben den Patienten, die wünschen aufgrund ihrer quälenden Symptome zu sterben, sich aber nicht selbst töten wollen, danken es uns die Angehörigen. Sie werden in dieser Diskussion bisher viel zu wenig beachtet.

Literatur

Mitscherlich, A. / Mielke, F. (Hrsg.): *Medizin ohne Menschlichkeit. Dokumente des Nürnberger Ärzteprozesses*, Frankfurt a. M. 1960.

Internetpublikationen

Forschungsgruppe Wahlen: *Umfrage Sterben in Deutschland*,
http://www.dhpv.de/
(letzter Zugriff am 11. Febr. 2015).

Todesursachen in Deutschland – Fachserie 12 Reihe 4 – 2013,
www.destatis.de/DE/Publikationen/Thematisch/Gesundheit/Todesursachen
(letzter Zugriff am 11. Febr. 2015).

WHO Definition of Palliative Care,
http://www.who.int/cancer/palliative/definition
(letzter Zugriff am 11. Febr. 2015).

Andreas S. Lübbe

Palliativmedizin als Angebot gegen eine Normalisierung des Tötens

Einführung

Zu den wichtigsten ethischen Fragestellungen gehören Fragen, das Leben und den Tod betreffend. Das Gebot, Leben zu erhalten und das Verbot zu töten, durchziehen die Menschheitsgeschichte und beides findet sich in unterschiedlichen Kulturen und Regionen dieser Welt. Doch es gibt Ausnahmen zu dieser Regel. Soll das werdende Leben im Leib der Mutter unter allen Umständen erhalten werden und wenn nicht, ab welchem Zeitpunkt sollte der Schutz dann beginnen? Oder etwa die Notwehr als einzige Möglichkeit, sein eigenes Leben zu erhalten auf Kosten eines anderen. In der modernen Medizin gibt es unzählige Bedingungen, unter denen Ärzte das Leben erhalten wollen und sogar dazu verpflichtet sind. Doch was ist am natürlichen Lebensende zu tun oder bei weit fortgeschrittenen und ohnehin zum Tode führenden Erkrankungen? In solchen Fällen mag die Einstellung belastender, nicht gewünschter oder medizinisch unsinniger (weil nicht indizierter) lebensverlängernder Maßnahmen sinnvoll sein. Bei der gegenwärtigen Debatte über das Für und Wider des vorzeitig herbeigeführten Todes fällt vor allem auf, wie sehr die Menschen heute Einfluss auf ihr Schicksal nehmen wollen. Sie empfinden Krankheit und Tod und nicht selten auch soziale Abhängigkeiten als narzisstische Kränkung. Die Folge wäre, bald nicht mehr sterben zu müssen, weil es die Natur so will, sondern sterben zu wollen, wenn wir es für richtig halten. Der alte „Zwangstod" soll durch den neuen „Willenstod" abgelöst werden. Der Wunsch und Wille, vor dem natürlichen Ende freiwillig aus dem Leben scheiden zu wollen, widerspricht aber der naturgegebenen Neigung, so lange leben zu wollen wie möglich.

1   Was will das Volk?

Man schätzt, dass mehr als 90 % all derjenigen, die ihrem Leben selbst ein Ende setzen wollen, es aufgrund einer depressiven Erkrankung tun, womit sich der Todeswunsch als Symptom einer behandelbaren Krankheit entlarvt. Die Berufung auf den „Volkswillen", die Beihilfe zum Suizid von Staats wegen zu liberalisieren, ist nach Peter Sloterdijk[1] nicht viel mehr als der Wunsch „eines Passanten vorm Mikrofon" – er sei heute offenbar „der letzte Mensch". Er sagt, was er sagen soll und verlangt die Todespille. Hätte man es ihm nicht eingeredet, wäre er vielleicht gar nicht darauf gekommen, dass er beim Sterben eine solche Hilfe benötigen könnte. Wenn angeblich 70 % der Deutschen für aktive Sterbehilfe sind,[2] ist das eben auch Folge der Art der Fragestellung. In der suggestiven Formulierung des *Allensbach Instituts* kommt das Wort „Tötung" beispielsweise gar nicht vor, sondern nur das Wort „Sterbehilfe". Wer ist schon gegen Hilfe? Tatsächlich wollen sich die meisten Menschen nicht vom Staat oder vom Arzt vorschreiben lassen, wie sie zu sterben haben.

Es sind häufig extreme Gedanken, seltene und praxisferne Einzelschicksale und demagogische Parolen, die das Sterben von seiner natürlichen Unvermeidlichkeit scheiden, damit der vorzeitige Tod gerechtfertigt wird. Immer wieder geht es um Selbstbestimmung und damit folgt man einem gesellschaftlichen Trend. Das Irritierende eines Suizids wird dabei außen vor gelassen. Zentraler Grund für den Gedanken an den assistierten Suizid ist neben der Angst vor unerträglichem Leid das Anliegen, anderen nicht zur Last fallen zu wollen. Mit anderen Worten: Menschen denken insgeheim, sie seien es den anderen schuldig, sich rechtzeitig zu verabschieden, um ihnen keine Arbeit zu machen. Die Fürsorge schwer kranker und alter Menschen gilt in der modernen selbstbestimmten Zeit offenbar als etwas im Grundsatz Vermeidbares, für das man selber Verantwortung zu tragen hat. Und doch wird außeracht gelassen, dass es sich in Wirklichkeit um eine Rückübertragung sozialer Defizite ins Private handelt. Ich gehe so weit zu sagen, dass der

---

[1] Zit. nach Krause Land / Bauer / Schneider (2013), 22.
[2] Allensbacher Kurzbericht vom 06. Okt. 2014:
http://www.ifd-allensbach.de/uploads/tx_reportsndocs/KB_2014_02.pdf (zuletzt eingesehen am 17. Febr. 2015).

Rückzug auf die Selbstbestimmung im Grunde nichts anderes ist als eine verkappte Form der Entsolidarisierung.

Wie unterschiedlich Menschen sein können, die ihrem Leben ein Ende setzen, zeigen die 26 Personen, die 2011 Sterbehilfe durch den *Verein Sterbehilfe Deutschland* in Anspruch genommen haben.[3] 6 Suizidenten waren körperlich gesund. Nur 6 weitere litten unter einer tödlichen Krankheit. Bei 9 Personen wurden Alternativen zum Suizid offenbar gar nicht diskutiert. Eine Frau begründete ihren Suizid mit einer Lungenerkrankung und Übergewicht. Eine Umfrage der *Ruhruniversität Bochum*[4] bei 734 Ärzten hat ergeben, dass sich 40 % unter bestimmten Bedingungen vorstellen können, bei der ärztlich assistierten Selbsttötung mit von der Partie zu sein. Etwa jeder dritte Arzt war gegen ein berufsrechtliches Verbot der ärztlichen Assistenz zur Selbsttötung, und wieder etwas über 40 % diesbezüglich unentschieden. Aber steckt nicht hinter jeder Person ein persönliches Schicksal, eine einzigartige Biographie, und kann man bei jeder einzelnen Person wirklich sagen, dass alles versucht worden ist, sich den Gründen zu stellen, die zur einzig vorstellbaren Lösung aus diesem Konflikt herauszukommen führen? Das wäre das Ziel, das wir in unserer Gesellschaft umzusetzen hätten. Einen niederschwelligen Zugang zu Beratungsangeboten zu schaffen; bessere Möglichkeiten zu finden, sich gegen Depressionen behandeln zu lassen sowie viel mehr Menschlichkeit in die Gesellschaft zu bringen. Ich komme etwas später noch einmal auf die furchtbare Ambivalenz eigentlich weiterleben zu wollen und doch zu glauben, sich töten zu müssen, zurück.

2   Die Rolle der Palliativmedizin

Palliativmedizin, die ganz pauschal als Antidot gegen alle Formen der vorzeitigen Tötung herhalten muss, beschreibt einen Bereich in der Medizin, bei dem Menschen an ihrem Lebensende bei der Bewältigung ihrer körperlichen und seelischen Leiden unterstützt werden. Das Leiden selbst wird durch eine fortschreitende und zum Tode führende Krankheit hervorgerufen. In vielen

---

[3] Kusch / Spittler (2012).
[4] Schildmann / Dahmen / Vollmann (2014).

Fällen ist es aber weniger das körperliche oder seelische Leid, das durch die Palliativmedizin gelindert werden könnte, sondern diese letzte Lebenszeit, die nicht erlebt werden will. Das ist erst Recht ein Grund, immer wieder auf die vielfältigen Möglichkeiten zu verweisen, über die die moderne Palliativmedizin verfügt, um eben diese Qualen gar nicht erst aufkommen zu lassen. Doch trotz einer sich enorm ausbreitenden Palliativmedizin über die letzten zwei Jahrzehnte erscheint der Wunsch von Patienten, vorzeitig aus dem Leben scheiden zu wollen, ungebrochen. Offenbar haben es die vielen tausend Palliativmediziner, Hospizmitarbeiter und Pflegekräfte nicht geschafft, die Furcht vor Qualen oder einem Alleingelassenwerden zu eliminieren.

Die dennoch in den meisten Fällen auftretende Traurigkeit über das zwischen den Fingern zerrinnende Leben, über die Menschen, die man hinterlässt und der Abschied selbst wird weder durch die Palliativmedizin noch durch den Suizid ausgeräumt. Das Schicksal kann unerbittlich sein. Da gibt es nichts zu rütteln.

Palliativmedizin gab es schon immer, auch in Zeiten, in denen die Beseitigung lebensbedrohlicher Krankheiten unmöglich oder dem Zufall vorbehalten war. Was gab es früher schon, außer der Linderung von Beschwerden, das Trösten von Patienten und die Unterstützung von eben Betroffenen, in welcher Hinsicht auch immer? Aber durch Beistand und Linderung lässt sich ein Teil der Traurigkeit über den Verlust des Lebens auffangen. Sterbehilfe im Sinne der Sterbebegleitung ist weiterhin unverzichtbar. Die meisten Menschen möchten gut versorgt sein und umgeben von ihren Liebsten in ihren eigenen vier Wänden sterben. Palliativmedizin ist dennoch ein verhältnismäßig neuer Bereich im Gesamtgebiet der Humanmedizin, weil sie sich in einer Zeit der rasanten naturwissenschaftlichen Fortschritte wieder neu durchsetzen musste. Zu lange gab die Medizin im 20. Jahrhundert vor, lediglich heilen oder das Leben verlängern zu wollen und ihre Verfechter betrachteten den Tod nicht selten als ein Versagen der Medizin. Doch der Tod lässt sich nicht abschaffen. Trotz der modernen Medizin, und nicht selten sogar wegen ihr, wurden bei nichtsdestoweniger auftretendem Leid und Tod (vielleicht später, möglicherweise anders), Linderung und Vorbereitung auf die Zeit des Sterbens und Beistand mehr denn je notwendig. Die moderne Medizin verschafft dem Menschen das trügerische Gefühl allmächtig zu sein und ihm auch am Lebensende etwas zur Lebensverlängerung anbieten zu können.

Ja, es gibt immer noch Wissenschaftler, die glauben, eines Tages sogar den Krebs oder andere Krankheiten besiegen zu können. Was diese Verfechter in Wirklichkeit anstreben, ist so etwas wie Unsterblichkeit. Und manche Kollegen kennen am Ende des Lebens kein Ende der ursächlichen Behandlung.

Dabei hat sich der Spagat zwischen dem, was durch Medizin möglich ist und dem, was beim einzelnen Patienten sinnvoll ist, immer weiter vergrößert. Man nutzt molekularbiologische Besonderheiten im Zellgefüge einer einzelnen Person und setzt entsprechend entwickelte und kaum bezahlbare Arzneimittel ein, doch der Patient ist kaum darüber aufgeklärt und kann diese besondere Tablette wegen seiner zittrigen Hände gar nicht aus der Verpackung nehmen, kauen oder er verwechselt sie, weil er sie nicht richtig sehen kann, im Gefüge mit den anderen zehn gleichzeitig verschriebenen Medikamenten. So liegt die Medikamentenadhärenz und die –compliance bei gerade einmal der 50-Prozent-Marke. Mit anderen Worten: Anstatt Milliardenbeträge in Forschung und Entwicklung zu stecken und immer neue molekularbiologische Ansätze zu identifizieren und dafür Arzneimittel zu entwickeln, müsste sich die Medizin insgesamt verändern. Der Patient mit seinen Besonderheiten müsste besser berücksichtigt werden. Das Ziel muss sein, dass jeder Patient die ihm verordneten Medikamente einnimmt und dass sich sein Lebensstil an die neuen Bedingungen anpasst. In vielen Bereichen der Medizin zeigt sich dieser Spagat. Medikamentenbeschichtete Drahtgeflechte werden durch Hochleistungsapparaturen in kleine Herzkranzgefäße implantiert, um die Folgen generalisierten Gefäßverschleißes infolge Nikotinabusus, erhöhtem Alkoholkonsum, Fettsucht und Bewegungsmangel zu lindern. Doch wenn der ungesunde Lebensstil nach der Hochleistungsintervention einfach weitergeht?

Das passt zu einer Zeit, in der die technische Entwicklung und die Möglichkeiten des Fortschritts begleitet werden vom nicht zu bändigenden Wahn der Wirtschaft, wachsen zu müssen. Außeracht gelassen werden die Menschen in den Regionen dieser Welt, in denen sie arm und unterdrückt ihr Dasein fristen. Außeracht gelassen werden aber auch die unzähligen Menschen unserer vermeintlich hochzivilisierten Wohlstandsgesellschaft, die in diesen rasanten Zeiten, in denen uns die Medien suggerieren, es käme vor allem auf das Schöne und das Schnelle an, nicht mehr mithalten können. Das sind die Alten und die Kranken. Und gerade sie wären es, die in einer huma-

nitär geprägten Gesellschaft besonderer Anteilnahme sicher sein können
sollten.

3   Ambivalenz am Lebensende

Als Hauptgrund für einen Suizid dient, wie schon angedeutet, weniger unerträgliches Leid, das etwa durch die beste Palliativmedizin nicht gelindert
werden kann, als vielmehr die Angst vor einem solchen Zustand oder die
Befürchtung, anderen Menschen zur Last zu fallen. Es sind also nach vorne
gedachte Ängste und Sorgen am Lebensende und weniger die realen Bedingungen, denen man durch einen Suizid entfliehen möchte. Hinzu kommt,
dass bei Lichte betrachtet die wenigsten Menschen, die sich für einen Suizid
aussprechen, tatsächlich in ihrer Entscheidungswahl frei sind und im Sinne
der Selbstbestimmung handeln. Die Autonomie vieler Menschen mag ein
frommer Wunsch sein, doch die Realität ist die Heteronomie, also die Ein-
bindung von Menschen in eine Gemeinschaft und damit gleichzeitig ihre
Abhängigkeit von anderen. Dass ein großer Teil derjenigen, die nur in einem
Suizid einen Ausweg sehen, unter psychiatrischen Erkrankungen leidet, wie
etwa einer Depression, zeigt auf, wie diesen Patienten geholfen werden müsste. Jeder, der einen Suizid plant und ihn vollzieht, befindet sich notgedrungen
in einer Extremsituation, die von höchster Ambivalenz gekennzeichnet ist.
Denn der Wunsch nach einem Suizid ist nicht einfach eine Tatsache, sondern etwas Schwankendes, bei dem der Mensch hin- und hergerissen ist zwischen dem naturgemäßen Lebenwollen und dem gesellschaftlich bedingten
Nicht-Mehr-Ertragen-Können. Er betrachtet seine Situation als aussichtslos,
hoffnungslos und ausweglos. Vor diesem Hintergrund ist der Tod also lediglich die Alternative vor einer Lebenswelt, aus der der Patient keinen anderen
Weg mehr findet. Sie wünschen sich also eigentlich den Tod nicht, sondern
ein anderes Leben. Wäre die konkrete Lebenssituation des Menschen anders,
käme der Tod nicht in Betracht. Doch eben diese Lebenssituation erscheint
für sie unerreichbar. Einen Menschen bei seinem Suizid zu unterstützen
bedeutet also zweierlei: zu resignieren und aufzugeben und die Lebenssituation des Patienten zu belassen. Zum anderen betrachtet man nicht die zugrundeliegende Linderung des Leidens als Ziel und schafft individuell oder

als Gesellschaft Möglichkeiten für ein würdiges Dasein, sondern nimmt als vergleichsweise einfachen Ausweg lieber den Tod des Patienten in Kauf. In Deutschland ist der Suizidversuch straffrei und die Hilfe dabei ebenso. Die Frage, die dabei im Raum steht ist, ob ein Suizid moralisch zu rechtfertigen sein könnte. Zur Diskussion dieser Frage wird dieser Artikel wenig beitragen können. Die Argumente für einen Suizid (Selbstbestimmung des Patienten, unerträgliches Leid und würdevolles Ende) sind schon vor Jahrhunderten den Argumenten gegen einen Suizid (das Leben ist ein Geschenk Gottes, eine Verpflichtung, nicht zuletzt seinen Mitmenschen gegenüber, ein würdevolles Ende kann nur gelebt werden) entgegengestellt worden. Der Analogieschluss jedoch, die Beihilfe zum Suizid müsse straffrei bleiben, eben weil der Suizid selbst straffrei ist, wird in anderen Ländern z.B. England, Österreich, Italien, Dänemark und Polen gerade nicht gezogen. Dort wird die Beihilfe zum Suizid unter Strafe gestellt. Eine Liberalisierung des Rechts, also etwa die Ausweitung der Möglichkeit für Ärzte, Suizidwilligen einen Giftcocktail zu reichen oder eine Ausweitung von Möglichkeiten, Sterbehilfeorganisationen in Deutschland zuzulassen, führt zwangsläufig zu einer Rechtfertigungspflicht derjenigen, die weiterleben wollen. Und machen wir uns nichts vor: Es gibt unzählige Menschen in unserer Gesellschaft, die einsam sind, im Alter verarmen und ihren Angehörigen mehr oder weniger zur Last fallen. Das wird vermutlich immer und überall so sein. Doch was wäre das für eine Gesellschaft, in der sich diejenigen, die weiterleben wollen, dafür zu rechtfertigen hätten, sich nicht umzubringen oder umbringen zu lassen?

4   Die Rolle des Arztes

Die Umdeutung der Zielsetzung ärztlichen Handelns von der Therapie und dem Beistand, die dem Patienten zu dienen haben, in eine Handlung, die den Tod des Patienten bezweckt, kann nur Befremden auslösen. Hier wird ein Paradigmenwechsel herbeigeführt und der ärztliche Aufgabenbereich entfernt sich von der Identität der Sorge um den Patienten hin zum Bemühen um die Vernichtung des Patienten. Und was soll passieren, wenn der Suizid im ersten Anlauf nicht gelingt? Dann muss der Arzt, um dem Patientenwillen gerecht zu werden, alles daransetzen, ihn umzubringen? Oder soll er ihn doch am Leben erhalten, weil das sein eigentlicher Auftrag ist und die Tat-herrschaft nun nicht mehr beim Patienten liegen kann? Wir haben alle ver-folgt, wie schwer man sich in einem hochentwickelten Land wie den USA tut, um die Todesstrafe eines zum Tode verurteilten Delinquenten mit ärztlicher Hilfe zu vollstrecken, ohne dass hier ein qualvoller Sterbeprozess unter To-desangst aufkommt. Wer kann garantieren, dass an sich todbringende Mittel vom Patienten so aufgenommen werden, dass sie auch wirken? Auch bei der Tötung auf Verlangen in den Niederlanden und in Belgien sind Fälle be-schrieben worden, bei denen das Ansinnen, den Tod eines Menschen vorzei-tig herbeizuführen, fehlgeschlagen ist. Und wer, wenn nicht Ärzte, sollte unabdingbaren Respekt vor dem anderen zum Ausdruck bringen, gerade wenn es ihm schlecht geht und ihm seine Körperkräfte schwinden?

Das Argument, man habe doch einen Anspruch auf Gewährung auf die Beihilfe zum Suizid und derjenige, der ihn nicht erfüllt, sei bevormundend, entbehrt meines Erachtens aber der Grundlage. Denn gehörte es zum Res-pekt vor dem anderen, Beihilfe zur Selbsttötung zu leisten, dann müsste auch jeder grundsätzlich verpflichtet werden können, Beihilfe zu leisten. Aber ist es nicht ein eklatanter Unterschied, ob man Anspruch beispielsweise auf Unterlassung einer Therapie am Lebensende anmeldet oder ob man einen Anspruch auf Erfüllung einer Tat signalisiert? Dieses Erfüllungsrecht kann nicht absolut bestehen, weil eine Verpflichtung zur Beihilfe zur Selbsttötung einer Instrumentalisierung des Arztes gleich käme. Stattdessen sollte man zwei wesentliche Lösungsansätze ins Auge fassen, um diesem Dilemma zu entkommen.

5   Selbstbestimmung am Lebensende

Zum einen benötigen Menschen in unserer Gesellschaft, die mit dem Gedan-ken spielen sich aus welchen Gründen auch immer das Leben zu nehmen, einen niederschwelligen Zugang zu Personen wie beispielsweise Ärzten, die mit ihnen über diese Gedanken sprechen. Es können auch Amtspersonen sein oder Vertreter von Vereinen und Organisationen, die die Hintergründe beleuchten und Therapiemöglichkeiten anbieten. Meine Befürchtung ist tatsächlich, dass sich die Liberalisierung der Suizidbeihilfe am Ende nicht nur wie etwa in Oregon (USA) auf Menschen beschränkt, die sich in den letzten sechs Monaten ihres Lebens befinden, sondern sich unter Umständen auch auf all jene ausweitet, die aus den verschiedensten Gründen lebensunwillig sind. In Deutschland suizidieren sich jedes Jahr 10.000 Menschen. Die Dunkelziffer ist sehr hoch und man schätzt, dass zwischen 100.000 und 500.000 Menschen[5] jährlich versuchen, sich das Leben zu nehmen. Multipliziert man diese Zahl mit den Familienmitgliedern dieser Personen und deren Bekanntenkreis, zeigt sich, dass Millionen von Menschen unserer Gesellschaft jedes Jahr von solchen Problemen betroffen sind. Es muss also um das Thema der Suizidprävention gehen. Das Thema muss enttabuisiert werden und es muss als gesellschaftlich relevantes Problem erkannt werden. Weil in vielen Fällen nicht erkannte oder nicht oder falsch behandelte Depressionen zugrunde liegen, gilt es, der Depression in Deutschland mehr Aufmerksamkeit zu schenken. Darüber hinaus kommt es einer gesamtgesellschaftlichen Herausforderung gleich, vereinsamte arme Menschen mit Kindern und freiwilligen Helfern noch viel mehr zusammenzuführen, damit nicht aus der Einsamkeit heraus der Suizidwunsch entsteht. Dazu gehört eine andere Lebenseinstellung im Land, die sich mehr an dem Miteinander und an der Solidarität orientiert als an eigenständigem Fortkommen und wirtschaftlichem Erfolg. Doch es dürfte ein schwerer Weg sein, die Individualisierung zu begrenzen.

Zwar ist jeder Mensch für sich und auf sich gestellt, doch er darf sich sein Gesetz des Handelns nur soweit selbst geben, dass es für alle anderen Menschen ebenso Gültigkeit besitzen könnte und andere Menschen durch sein Handeln nicht beschädigt werden. Weil aber das heutige Medienbild so verführerisch schön ist, ohne Rücksicht auf andere alles Mögliche zu tun, und weil zugleich das Soziale und Solidarische damit nicht vereinbar ist, wollen immer mehr Menschen ihr Selbstbestimmungsrecht auch am Lebensende durchsetzen. Das notwendige Mindestmaß an solidarischer Bindung geht immer mehr verloren und die Vereinsamung, insbesondere am Lebensende, nimmt dabei immer mehr zu. Dabei sind wir weder bei der Geburt noch am Lebensende, und zwar keiner von uns, selbstbestimmt und autonom, sondern auf die Hilfe anderer angewiesen. Und selbst in Zeiten der Heranreifung

---

[5] Angaben des *National Institute of Health*, USA: http://www.cdc.gov/violenceprevention/pdf/suicide-datasheet-a.pdf (zuletzt eingesehen am 19. Jan. 2015).

und Erwachsenwerdung und sogar als Erwachsener selbst sind wir permanent von anderen abhängig und werden durch andere erst zur eigenen Identität. Nur durch das Du werde ich zum Ich.

Doch ohne Solidarität ist Selbstverwirklichung unmöglich und gerade
deswegen ist es so wichtig, sich auf seine Mitmenschen gerade in Zeiten verlassen zu können, in denen einem die Körper- und Geisteskräfte zusehends
verlassen. Abgesehen davon mag es sein, gerade in diesen Zeiten noch mehr
Bedeutung für andere zu haben oder von anderen umso mehr gebraucht zu
werden. Was muss man davon halten, wenn ein Mensch selbstbestimmt aus
dem Leben gehen will, obwohl ihm seine engsten Angehörigen signalisiert
haben, dass sie sich um ihn kümmern würden und es ihnen nichts ausmacht,
sich pflegerisch und sonstwie um ihn zu bemühen? Der Vollzug des Suizids
wäre ein Affront gegenüber diesen Menschen und eine rücksichtslose Handlung im Sinne einer überdehnten Selbstbestimmung. Und was ist, wenn ein
suizidwilliger Mensch am Ende seines Lebens vereinsamt im Pflegeheim liegt
und niemanden mehr von seinen engsten Verwandten um sich hat? Dann
offenbart sich genau jener Hilfeschrei, dem wir gesamtgesellschaftlich begegnen müssen. In den Pflegeheimen muss mehr Personal beschäftigt werden.
Das Personal muss besser bezahlt werden. Freiwillige Helfer, Kinder- und
Jugendgruppen müssen dort ein- und ausgehen. Es wäre schön, wenn es
gelänge, langfristig in der Gesellschaft zu einem anderen Selbstverständnis zu
kommen mit dem Ziel, ein kinderfreundliches Umfeld zu schaffen. Dann
gäbe es vielleicht mehr Nachkommen und weniger alleinstehende Alte.

6 Gesellschaftlicher Wandel

Ich plädiere wie viele andere trotz gewisser verfassungsrechtlicher Bedenken
und geschätzter Kosten in Höhe von einigen Milliarden Euro für ein ver-
pflichtendes Sozialjahr für alle Jugendlichen, bevor sie ihre Ausbildung machen oder ein Studium aufnehmen. Es ist dann nämlich zu vermuten, dass
das gesamtgesellschaftliche Klima durch ein solches soziales Pflichtjahr mittelfristig im Sinne der Solidarität positiv beeinflusst wird. Denn diejenigen,
die einmal im Altenpflegeheim als junger Mensch einem alten Mann beim
Essen und Waschen geholfen haben, und damit einen tiefen Einblick in die

reale Lebenswelt dort gewonnen haben, werden sich später als Personalleiter nicht so leicht von Pflegekräften in einem Krankenhaus trennen. Oder jene, die in einem Hospiz Sterbende begleitet haben, leichtfertig für Kürzungen beim Personal oder in der Unterbringungsqualität im Krankenhaus sorgen. Die bemerkenswert positive Resonanz der Leserschaft auf einen Artikel pro Einführung eines sozialen Pflichtjahres in der Wochenzeitung *DIE ZEIT*[6] im Sommer 2014 hat gezeigt, wie viele Menschen das solidarische Miteinander in unserer Gesellschaft vermissen. Die verfassungsrechtlichen Bedenken könnten ausgeräumt werden (hat man ja beim Wehrdienst auch getan) und die Gelder könnten eingeworben werden, indem auf unnötige medizinische Maßnahmen am Lebensende verzichtet wird. Es gibt Schätzungen, dass in den letzten vier Jahren des Lebens eines Menschen bis zu 75 % sämtlicher Gesundheitsausgaben[7] getätigt werden (von 295 Milliarden). Jedem Menschen ständen also für die letzten Jahre seines Lebens 260.000 Euro zur Verfügung. Könnte man dadurch nicht eine wesentlich bessere medizinische Versorgung und einen besseren Unterbringungsstandard in Pflegeheimen und Unterbringungseinrichtungen anderer Art im Alter erhalten?

Für solch revolutionäre Entscheidungen bedarf es allerdings einer Priorisierungsdebatte, nicht zuletzt unter den Ärzten, um konsensfähige Lösungen zu erarbeiten, medizinisch-technisch mögliche, am Lebensende jedoch unsinnige Maßnahmen nicht zu ergreifen. Gleichzeitig müssten die Vergütungsregelungen für die ärztliche Erbringung ambulanter und stationärer Leistungen vor diesem Hintergrund gründlich überarbeitet werden. In diesem Zusammenhang sollten das Wissen und die Verantwortung von Patienten wie auch die Kommunikationskompetenz von Ärzten stetig weiter gestärkt werden. Nur auf diese Weise kann es mittelfristig gelingen, das Für und Wider, also den Nutzen gegenüber dem Schaden von Behandlungen besser abzuwägen und transparent miteinander zu diskutieren. Milliardenbeträge könnten auf diese Weise eingespart werden, um in den pflegerischen Bereich zu fließen. Es geht in dieser Diskussion also beileibe nicht nur um die Stärkung der Palliativmedizin als Antwort gegen eine Normalisierung des

---

[6] Novotny (2014).
[7] Diesen Hinweis verdanke ich einem Vortrag von Volker Ulrich zum Thema „Ökonomisierung des Gesundheitswesens – die Sicht des Gesundheitsökonomen" auf der 11. Fachtagung der Fakultät Soziales und Gesundheit der Hochschule Kempten am 21. Mai 2014.

Tötens, sondern auch um eine deutliche Stärkung der ambulanten und stationären Pflege und um eine Priorisierung ambulanter und stationärer anderer Leistungen.

Meine Befürchtung ist auch, dass der Freigabe des assistierten Suizids die Legalisierung der Tötung auf Verlangen folgt. Bei Lichte betrachtet sind die Unterschiede schon jetzt gering und Überlappungen schon jetzt gegeben. Das betrifft den moralischen Aspekt, bei dem ich keinen bedeutenden Unterschied sehe. Aber es sind auch medizinische Grenzfälle, etwa bei Menschen, die gerne selbst aus dem Leben scheiden wollen, es aber aufgrund ihrer körperlichen Schwäche nicht ganz alleine tun können und deswegen den bereitgestellten Giftcocktail nur mit Unterstützung eines anderen Menschen zu sich nehmen können. Die Tötung auf Verlangen ist in unserer Gesellschaft gegenwärtig noch nicht mehrheitsfähig, doch aus meiner Sicht eine unweigerliche Folge der Liberalisierung der assistierten Selbsttötung.

7   Stärken der Palliativmedizin und ihre Herausforderungen

Die Möglichkeiten der Palliativmedizin habe ich in meinem Buch *Für ein gutes Ende – Von der Kunst, Menschen in ihrem Sterben zu begleiten* im Detail beschrieben und ausgeführt.[8] Dort berichte ich von meinen Erfahrungen auf der Palliativstation und in der ambulanten palliativmedizinischen Versorgung und stelle Patienten mit ihren mannigfaltigen Bedürfnissen vor. Es sind mehrere Werkzeuge, derer wir uns als Palliativmediziner und Pflegekräfte bedienen, um Menschen an ihrem Lebensende zu begleiten: dazu gehören Kommunikationskompetenz, die Fähigkeit, körperliche Beschwerden zu lindern und Körperfunktionen zu aktivieren sowie alle Möglichkeiten der psychosozialen und spirituellen Begleitung. Die Behandlung von Schmerzen ist nur ein Instrument im Werkzeugkasten erfahrener Palliativmediziner. Die Kunst in der Betreuung liegt aber vor allem darin, den Menschen in seinem Leid zu verstehen und ihm ganz individuell gerecht zu werden. Das gelingt umso besser, je mehr die Patienten dazu bereit sind, sich auf die mitmenschliche Versorgung des Behandlungsteams einzulassen. Und doch wird es nicht

---

[8] Lübbe (2014).

immer gelingen, das individuelle Leid und die Bedrohung der eigenen Existenz und die Trauer um die Hinterbliebenen auszuschalten. Menschen sind verschieden und so gibt es seltene Fälle, in denen es geboten sein kann, im Rahmen palliativmedizinischer Standards das Bewusstsein der Patienten zeitweise oder dauerhaft auszuschalten, um sie nicht ihren Zustand spüren zu lassen. Doch bei dieser Maßnahme, die sich „palliative Sedierung" nennt, wird der natürliche Krankheitsverlauf nicht beeinträchtigt und das natürliche Sterben wird würdevoll ermöglicht. Diese Verfahrensweise kommt äußerst selten zum Einsatz, weil die meisten Menschen, die bei uns auf der Palliativstation versorgt werden, von Menschen umgeben und nicht allein gelassen werden. Es muss aber weiterhin das Ziel sein, eine solche menschliche Betreuung im ambulanten Bereich weiter auszubauen und dafür zu sorgen, dass auch in Altenpflegeheimen und anderswo Menschen an ihrem Lebensende palliativmedizinisch gut versorgt und von ausreichend vielen und ausreichend qualifizierten anderen fürsorglich begleitet werden.

Tatsächlich hat sich die Palliativmedizin in den letzten zwei Jahrzehnten zu einem wichtigen Querschnittsfach in der Medizin entwickelt. Sie betrifft alle Menschen mit chronischen und in einer absehbaren Zeit zum Tode führenden Erkrankung. Sie ist allein schon deswegen für uns alle von Bedeutung, weil unsere Gesellschaft älter wird und besonders ältere Menschen chronisch erkranken. Palliativmedizin betrifft uns also auch irgendwann selbst, denn die meisten von uns versterben nicht etwa plötzlich und unerwartet oder infolge eines akuten Ereignisses, sondern wegen eines Krebsleidens oder eines chronischen Organversagens (Herzschwäche, Demenz, chronisch-obstruktive Lungenerkrankung). Chronische Leiden sind Folgen des Alters und sie durch wissenschaftlichen Fortschritt abschaffen zu wollen, offenbart Unkenntnis über das Wesen der Natur, über die Fähigkeiten der Biologie und den Gang der Evolution sowie eine Missachtung der Schöpfung. Alle Lebewesen leben und sterben, nur so ist ein Neuanfang möglich.

Bei über 250 Palliativstationen deutschlandweit mit ebenso vielen stationären Hospizen, unzähligen ambulanten Hospizdiensten, einer immer besser werdenden ambulanten palliativmedizinischen Versorgung und über 8.000 ausgebildeten Palliativmedizinern sollte man meinen, Deutschland sei auf einem gutem Weg hin zu einer menschenwürdigen, die Person, ihre Biographie und Lebenswirklichkeit in den Mittelpunkt stellenden Medizin, einer

Medizin, die das Selbstbestimmungsrecht des Patienten hört und die Beschwerden des Patienten und seine Bedürfnisse im Hier und im Jetzt allen Anderen vorausstellt. In großen Teilen gelingt das auch. Aber noch immer sind es vor allem Krebspatienten, die eine palliative Versorgung bevorzugt nutzen wollen. Ein nahezu genauso großer Teil chronisch kranker und sterbender Patienten wartet noch immer auf die ambulante und stationäre Palliativmedizin. Im Jahr 2015 muss man erschreckt feststellen, dass die meisten Patienten mit fortgeschrittenen Herz-, Lungen-, Leber-, Nieren- und Nervenleiden sowie Demenzerkrankungen *keiner* angemessenen palliativmedizinischen Versorgung zugeführt werden, weder ambulant noch stationär. Die daraus resultierenden Konsequenzen sind alarmierend und mandatieren eine Umschichtung von Geldern in diesen Bereich, zeitgleich mit einer noch weiter verbesserten Ausbildung, Schulung und Begeisterung von Personal.

Palliativmedizin ist mehr als nur Schmerztherapie oder eine optimierte Form der Symptomkontrolle. In meinem Buch beschreibe ich die vielen Aufgaben, die es in diesem Fachgebiet zu bedenken gibt. Sie orientieren sich an ethischen Prinzipien, wobei das Ausbalancieren von Benefizienz („Gutes tun") gegenüber der Non-Malefizienz („Schaden vermeiden") unter Berücksichtigung des Wissenstandes und der Einstellung des Kranken und seiner Angehörigen eine Kunst darstellt, die nicht nur gelernte professionelle Kommunikationskompetenz fordert, sondern erst vor diesem Hintergrund das Selbstbestimmungsrecht des Patienten berücksichtigen kann. Ein geradezu herausragendes Kennzeichen der Palliativmedizin ist es, die individuellen Bedürfnisse des Patienten zu erfassen, ihn also nach seinen persönlichen Fähigkeiten und Wünschen zu befragen und seine Persönlichkeit im Rahmen seiner Biographie zu begreifen. Dieser Prozess erfordert einen wahrhaftigen und wertschätzenden Umgang. Dazu gehört die bedingungslose Rückbesinnung auf das, was dem Menschen in dieser Zeit des Leides wichtig ist und das vorbehaltlose Annehmen des Gegenübers.

Man kann vier Personengruppen voneinander unterscheiden, die einer professionellen palliativmedizinischen Versorgung bedürfen. Es sind diejenigen, die noch nicht sterben müssen und denen geholfen werden muss, ihr Leben so vollständig und würdevoll zu leben wie möglich. Es sind Menschen, die noch Monate vor sich haben und bei denen es mehr durch Beschwerdelinderung darauf ankommt, körperliche Funktionen zu verbessern, also etwa die Muskulatur zu trainieren, das Schlucken zu üben und den Kreislauf in Schwung zu halten. In dieser Zeit können unter Umständen noch Operationen durchgeführt werden, etwa um die Nahrungspassage zu gewährleisten oder der Verengung von Luftwegen vorzubeugen. Die zweite Gruppe umfasst jene, die nicht mehr leben und noch nicht sterben können. Hier gilt es, besonders sorgfältig abzuwägen zwischen dem, was medizinisch möglich und individuell vernünftig ist. Nicht zu viel und nicht zu wenig. So wenig Medizin wie möglich und so viel wie nötig. Hier kommt die palliativmedizinische Erfahrung ins Spiel. Wann sollen Blutkonserven, wann Antibiotika eingesetzt, wann eine Heparinspritze abgesetzt werden? Schließlich die dritte Gruppe. Sie betrifft die Menschen, die sich im Sterbeprozess befinden. Sie sollen möglichst an der Hand eines anderen Menschen würdevoll begleitet werden, damit sie friedlich einschlafen können. Die vierte Gruppe umfasst die Hinterbliebenen, denen durch unterschiedliche Trauerangebote die Phasen des Abschiednehmens und der Trauer erleichtert wird.

Demnach ist die Frage, wie lange ein Patient noch zu leben hat von besonderer Wichtigkeit, etwa wenn es um die Frage einer Operation oder der weiteren häuslichen Versorgung geht. Oder die Entwicklung eines „informed consent" bezüglich diagnostischer und therapeutischer Möglichkeiten. Aber unter welchen Umständen und wie häufig wird tatsächlich eine Abschätzung der Lebenszeit seitens der Ärzte und des Pflegepersonals vorgenommen und mit den Patienten besprochen? Die hierzu vorliegenden Untersuchungen zeigen sogar bei den Ärzten, die ihre Patienten besonders gut kennen, eine deutliche Überschätzung der noch verbleibenden Lebenszeit. Das sollte zu denken geben, denn man möchte doch Patienten an ihrem Lebensende unnötige belastende diagnostische und therapeutische Maßnahmen ersparen. Die Fähigkeit, die Lebenszeitprognose eines Menschen zu erheben und Möglichkeiten und Wege zu finden sie ihm und seinen Angehörigen mitzuteilen, ist eine der wichtigsten Aufgaben in der Palliativmedizin. Es macht einen großen Unterschied, ob jemand voraussichtlich noch 12 oder 6 Monate oder nur noch wenige Tage oder Wochen zu leben hat. Es gibt Möglichkeiten, die verbleibende Lebenszeit eines Patienten einigermaßen gut vorherzusagen. Das sind medizinische Parameter wie Laboratoriumswerte, die Verteilung und das Ausmaß der Metastasen im Körper des Patienten, seine Mobilität und Fähigkeit, Nahrung und Flüssigkeit zu sich zu nehmen, aber auch und vor allen Dingen die klinische Erfahrung derjenigen, die sich mit Patienten an ihrem Lebensende besonders gut auskennen. Die Frage übrigens, wie explizit die Prognose einem Menschen mitgeteilt werden soll, ist erst kürzlich durch eine wissenschaftliche Arbeitsgruppe ins Visier genommen worden. Wenn sich das Behandlungsziel vom kurativen zum palliativen Ansatz verändert, müssen Ärzte Wege finden, mit ihrem Patienten darüber zu sprechen, ohne ihn zu überwältigen und ihm die Hoffnung zu nehmen. Neuere Daten[9] deuten darauf hin, dass möglichst explizite Äußerungen mit der festen Zusage, den Patienten nicht alleine zu lassen, bei den Betroffenen auf größere Akzeptanz stoßen, als wenig explizite Äußerungen mit einer allgemeinen Zusage des Beistandes.

Auch die Tatsache, dass Patienten mit identischen Beschwerden höchst unterschiedlich auf Maßnahmen zur Symptomkontrolle reagieren, zeigt wie schwierig die Behandlung subjektiv wahrgenommener Missempfindungen in Wirklichkeit ist. Denn in ihr spiegelt sich die Persönlichkeit des Patienten, sein kultureller und religiöser Hintergrund, seine Erwartung an die Therapeuten und seine Enttäuschung mit der Situation und dem Leben und auch seine ganze Hilflosigkeit. Ein alleinstehender Mann, der sein ganzes Leben lang in Deutschland gelebt und sich durch alle Wirrungen des Lebens allein hindurch geschlagen hat ohne eine Familie zu haben, die ihn unterstützt, wird mit den Schmerzen infolge von Knochenmetastasen anders umgehen, als eine Patientin, südeuropäischer Herkunft, die im Kreise einer Großfamilie geborgen ist. So einzigartig wie der Mensch ist und sich von anderen unterscheidet, so individuell sollte seine Behandlung gestaltet sein. Wer glaubt mit ein paar Kochbuchrezepten zur Schmerztherapie, wie sie in allen möglichen mehr oder weniger wichtigen Fachzeitschriften von sich gegeben werden, im Einzelfall gut zurechtkommen zu können, erweist sich selbst, dem Patienten und dem Fach der Palliativmedizin einen Bärendienst. Ein weiterer Grund warum Patienten mit identischen Beschwerden auf gleiche medizinische Maßnahmen höchst unterschiedlich reagieren und was die palliativmedizinische Versorgung so anspruchsvoll macht, liegt in der überaus komplexen Interaktion der Symptome oder Symptomcluster (häufig zusammengehörige körperliche Missempfindungen) und dem Wechselspiel zwischen Schmer-

[9] Van Vliet / Van der Wall / Plum / Bensing (2013).

zen, internistischen und neuropsychiatrischen Symptomen, die sich individuell variabel bemerkbar machen können und erst vor dem Hintergrund der individuellen psychosozialen Gegebenheiten ihre wahre Komplexität entfalten. Wie werde ich einem Patienten am besten gerecht, der wegen seiner Verwirrtheit die Nacht zum Tage macht und dessen Äußerung zu Schmerzen nicht unmittelbar zu interpretieren ist? Was bedeutet die Linderung subjektiv wahrgenommener Missempfindung bei einem dementen Patienten, der sich nicht mehr zu sich selbst äußern kann? Wann ist dem Wunsch nach einem Ende der Behandlung bei einem depressiven Patienten nachzugeben? Das sind nur ein paar Beispiele aus der täglichen Arbeit eines Palliativmediziners, die ich in meinem Buch beschreibe.

8   Zukunft der Palliativmedizin

Das alles erfordert Spezialwissen durch Kollegen, die sich ihrer Grenzen ständig bewusst sind, die Tag aus und Tag ein Palliativmedizin betreiben oder es vor Ort womöglich jahrelang betrieben haben. Das alles ruft nach spezialisierter ambulanter und stationärer Palliativmedizin. Die existierenden Begriffe AAPV (allgemeine ambulante palliativmedizinische Versorgung) und SAPV (spezialisierte ambulante palliativmedizinische Versorgung) sind leider irreführend. In den Gesetzestexten heißt es sinngemäß, dass wenn bei einem Patienten zu Hause ein Symptom vorliegt, das besonders ausgeprägt ist und einer besonders intensiven Zuwendung bedarf, eine spezielle palliativmedizinische Dienstleistung erbracht werden soll. Zwar würde durch eine AAPV eine gute Behandlung und Pflege möglich sein, doch man ist der Auffassung, nur ein geringer Anteil der Betroffenen würde eine spezialisierte Art der Versorgung in Form der SAPV benötigen. „Spezialisiert" bezieht sich hier auf Dienstleistungsstrukturen und damit auf Vergütungsfragen. Diese Begriffe sind aber nicht unumstritten, weil sich die Anzahl und Heftigkeit von körperlichen und seelischen Beschwerden bei einem Patienten im zeitlichen Verlauf regelhaft ändert und daher auch der jeweilige Versorgungsstatus (allgemein vs. spezialisiert) permanent angepasst werden müsste. Die Begriffe SAPV und AAPV bilden also die Alltagsrealität kaum ab und suggerieren unter Umständen sogar eine unterschiedliche Bewertung eines Symptoms und seiner Intensität.

Palliativmedizin sollte in ihren Grundzügen von jedem am Patienten arbeitenden Arzt beherrscht werden und muss deswegen in der Medizinerausbildung eine noch viel größere Rolle spielen. Noch immer sind jedoch weniger als ein Viertel aller medizinischen Hochschulen mit Lehrstühlen für Palliativmedizin ausgestattet und bei einem überbordenden Kurrikulum findet sich kaum Platz für diesen wichtigen Bereich in der modernen Medizinerausbildung. Obwohl die weitaus meisten Menschen unseres Landes an den Folgen chronischer Leiden versterben, wird zu wenig Augenmerk auf gerade diesen Bereich gelegt. Auch in der Facharztausbildung spielt die Palliativmedizin keine wesentliche Rolle. Es sollte demnach zum selbstverständlichen Bedürfnis der Fakultäten und nicht zur lästigen Pflicht werden, die kurrikularen Elemente der Palliativmedizin möglichst vielen Studenten nahe zu bringen. Es ist sinnvoll, sich an den Ausbildungsinhalten zu orientieren, die heutzutage von Fachärzten gelernt werden müssen, um in 160 Stunden (Grundkurs mit 40 Stunden, Aufbaukurs mit 120 Stunden) die Zusatzbezeichnung für Palliativmedizin zu erwerben. Palliativmedizin muss Kerngebiet der Medizin sein und die Vermittlung ihrer Prinzipien und Werkzeuge gehört in erheblichem Maße und so früh wie möglich in die Ausbildung von Ärzten. Dies ist bisher lediglich in Ansätzen zu spüren.

Die Hochschulen tun sich schwer, in den ohnehin veralteten und mit Theorie und unnötigem praktischen Wissen überfrachteten Ausbildungskatalog nun auch noch das neue Querschnittsfach Palliativmedizin zu integrieren. Immerhin ist die Palliativmedizin mittlerweile zum Pflichtfach aufgestiegen und muss somit von einer Fakultät angeboten und geprüft werden. Dort, wo Professuren für Palliativmedizin etabliert worden sind, gelingt die Etablierung des Faches bereits recht gut. Das Medizinstudium ist der Ort, an dem die Grundlagen und das Selbstverständnis für die Palliativmedizin beigebracht werden müssen. Dort lernen zukünftige Ärzte, wo die Grenzen der Palliativmedizin verlaufen und welche Werkzeuge zu ihr gehören. Nur so befreit sie sich vom Image der passiven Medizin, der „Sterbemedizin" oder der „Schmerzmedizin". Im Gegenzug sollte die Ausbildung zum (spezialisierten) Palliativmediziner über mehrere Jahre vorangetrieben werden. In anderen Ländern gibt es bereits den Status des Facharztes für Palliativmedizin. So

könnte man den Bedingungen für die Komplexität am Lebensende ausreichend Rechnung tragen und die palliativmedizinischen Fachärzte könnten
denen zur Seite stehen, die in Praxis oder Klinik nur gelegentlich mit solchen
Fragestellungen zu tun haben. Dann würde auch die Forschung im Bereich
der Palliativmedizin besser vorangetrieben werden und könnte sich mit noch
mehr Durchsetzungskraft zu wichtigen ethischen und politischen Fragestellungen, die uns alle am Lebensende tangieren, kompetent positionieren.

Ob die inflationäre Weiterbildung zum Erwerb der Zusatzbezeichnung
Palliativmedizin für Haus- und Fachärzte weiterhin auf ihre Art betrieben
werden sollte, ist ebenso kritisch zu hinterfragen. Das hat mit dem zum Teil
erschreckend niedrigen Niveau zu tun, auf dem diese Ausbildung erfolgt. Zu
große Gruppen werden für die Durchführung der Kurse gebildet, um für den
Veranstalter möglichst lukrativ zu sein. Doch wie soll dort eine so wichtige
Kernkompetenz wie Gesprächsführung gelehrt und gelernt werden, wenn
man sich als Teilnehmer wenig oder gar nicht einbringen muss? Zu viel Geld
wird damit von dritter Seite verdient und zu selten fallen ungeeignete Kandi-
daten bei der abschließenden Prüfung durch. Sie werden zu sehr vom Mantel
der kollegialen Wohlgefälligkeit umhüllt. Man fragt sich dann, welchen
Zweck die Zusatzbezeichnung eigentlich erfüllen soll. Zwar fordert die *Deutsche Gesellschaft für Palliativmedizin* ihr Gebiet durch Aus-, Weiter- und
Fortbildungen noch stärker zu thematisieren, damit die Ärzte noch besser
auf die Versorgungssituation vorbereitet werden, doch am Ende stimmen die
Patienten mit ihren Füßen ab. Auch 2015 wissen viele Menschen nicht, was
die Palliativmedizin leisten kann und werden durch die Medien mit Themen
der „Sterbehilfe" konfrontiert, was die meisten dann auch noch mit Suizidbeihilfe gleichsetzen. Viele palliativmedizinisch zu versorgende Patienten
sind zu geschwächt, zu hilflos und häufig nicht in der Lage, sich zu wehren.
Das bedeutet, dass die Ärzte, die Palliativmedizin praktisch vollziehen, eine
besondere ethische Verpflichtung eingehen.

Literatur

Krause Landt, A.: *Wir sollen sterben wollen. Warum die Mitwirkung am Suizid verboten werden muss* / Bauer, A. W.: *Todes Helfer. Warum der Staat mit dem neuen Paragraphen 217 StGB die Mitwirkung am Suizid fördern will* / Schneider, R.: *Über den Selbstmord* (1947), (= Edition Sonderwege bei Manuscriptum), Waltrop / Leipzig 2013.

Kusch, R. / Spittler, J. F.: *Weißbuch 2012*, Band 4 der Schriftenreihe Sterbehilfe Deutschland e.V., Norderstedt 2012.

Lübbe, A. S.: *Für ein gutes Ende: Von der Kunst, Menschen in ihrem Sterben zu begleiten – Erfahrungen auf einer Palliativstation*, München 2014.

Novotny, R.: *Haltet zusammen! Freiwilliges Soziales Jahr*, in: www.zeit.de/2014/37/ freiwilliges-soziales-jahr-plaedoyer, (zuletzt eingesehen am 19. Jan. 2015).

Schildmann J. / Dahmen B. / Vollmann J.: Ärztliche Handlungspraxis am Lebensende Ergebnisse einer Querschnittsumfrage unter Ärzten in Deutschland, in: *Deutsche Medizinische Wochenschrift*, 2015; 140 (01): e1-e6 (Schildmann, Dahmen – Punkt 5).

Van Vliet L. M. / Van der Wall E. / Plum N. M. / Bensing J. M.: Explicit Prognostic Information and Reassurance About Nonabandonment When Entering Palliative Breast Cancer Care: Findings From a Scripted Video-Vignette Study, in: *J Clin Oncol.* 2013 Sep 10; 31(26), S. 3242-3249.

Christian Spaemann

Patientenautonomie und unerträgliches Leid
Sterbehilfe auf tönernen Füßen[1]

Einleitung

Die in den letzten 150 Jahren anhaltende Euthanasiediskussion in Deutschland begann in den siebziger und achtziger Jahren des vorigen Jahrhunderts, nach einer Anstandspause gegenüber der Nazizeit, wieder Fahrt aufzunehmen, nahm in der Folge einen wellenartigen Verlauf und steht nun wieder weit oben auf der tagespolitischen Agenda.[2] Offensichtlich in Folge der Erfahrungen im Dritten Reich, zeigte sich in den bisherigen Debatten eine besondere Sensibilität der Juristen, der Ärzteschaft und der politischen Entscheidungsträger für die Argumente, die gegen jedwede Aufweichung des Verbots der Tötung auf Verlangen und gegen die Erlaubnis assistierten Suizids vorgebracht wurden. So hatte der von dem Rechtsgelehrten Jürgen Baumann 1986 publizierte „Alternativentwurf zur Sterbehilfe"[3] keine Chance auf Umsetzung. Die Etablierung der Euthanasie in den Niederlanden wurde in den neunziger Jahren von zahlreichen kritischen Publikationen zum Thema Sterbehilfe in der Bundesrepublik Deutschland begleitet, in mehreren Erklärungen des Deutschen Ärztetages kritisiert und als Möglichkeit für Deutschland zurückgewiesen.[4] Rückblickend zeigt sich eine über Jahrzehnte im Kreise drehende Diskussion. Weder auf der einen, noch auf der anderen

---

[1] Neufassung meines Beitrags: Wie autonom ist der Mensch am Ende des Lebens?, in: *Imago Hominis*, Band 17, Heft 2 (2010), 136-142 - überarbeitete Version des gleichnamigen Vortrags auf der Internationalen Hartheim Konferenz „Sinn und Schuldigkeit" am 21. April 2007 in Schloss Hartheim, https://www.youtube.com/watch?v=VulL4D4MjrI.

[2] Vgl. Borasio / Jox / Taupitz / Wiesing (2014); Scharfenberg / Terpe (2014); Hintze et al. (2014); Künast et al. (2014); Griese / Högl (2014).

[3] Baumann (1986).

[4] Vgl. u. a. Beschlussprotokoll des 99. Deutschen Ärztetages 1996 in Köln, http://www.bundesaerzte kammer.de/page.asp?his=0.2.23.3555 (zuletzt eingesehen am 23. Febr. 2015).

Seite gibt es wesentlich neue Argumente für oder gegen die aktive Sterbehilfe. Es gibt aber von Zeit zu Zeit immer wieder neue gesellschaftliche und politische Vorstöße, eine Bresche in das generelle Tötungsverbot zu schlagen. Auf der einen Seite sind diese Initiativen von der Hoffnung getragen, dass eine neue Generation von Ärzten, Juristen und Politikern weniger Widerstand dagegen zeigen wird, auf der anderen Seite stellt sich bei den Gegnern jeder Form der Euthanasie und des assistierten Suizids die bange Frage, ob es noch genügend engagierte Bürger aus der jüngeren Generation gibt, denen die bewährten Argumente gegen jedwede Form der Euthanasie vertraut sind und die die Bereitschaft aufbringen, Zeit und Kraft für eine neuerliche Verhinderung der Etablierung aktiver Sterbehilfe in Deutschland zu investieren.

In der Argumentationsspirale lässt sich beobachten, dass der Ruf nach Selbstbestimmung immer am Anfang jeder Debatte über die Zulassung aktiver Sterbehilfe oder assistierten Suizids steht. Das Autonomieargument lässt sich mit eindrucksvollen Einzelbeispielen verweigerter Sterbehilfe untermauern und steht im Vordergrund medialer Unterstützung der Euthanasie. Es wurde schon von den Nationalsozialisten ins Feld geführt, um die Bevölkerung auf die damals geplanten Euthanasiemaßnahmen einzustimmen.[5] Jedem wird einleuchten, dass der Hinweis auf Selbstbestimmung alleine nicht ausreicht, um aktive Sterbehilfe zu begrenzen und willkürliche Todeswünsche auszuschließen. Denn, wenn Autonomie alleine gelten soll, wieso sollte es dann überhaupt Grenzen für ein Töten auf Verlangen geben? So tritt immer das subjektive Leid, von dem der betreffende Mensch befreit werden will, als Argument hinzu. Aber auch hier sucht man nach Begrenzung und landet bei dem Begriff des „unerträglichen", „sinnlosen" oder „unzumutbaren Leids", von dem der Betreffende befreit werden soll. Genau dies aber führt logischerweise zur Auflösung des Autonomiearguments, da sich automatisch die Frage stellt, warum ein Mensch, der seinen Willen nicht mehr geschäftsfähig geltend machen kann, nicht in den Genuss der Befreiung von

---

[5] So vor allem der hochkarätig besetzte UFA-Spielfilm des Schauspielers und Regisseurs Wolfgang Liebeneiner mit dem Titel „Ich klage an", der 1942 in die Kinos des damaligen Deutschen Reiches kam. In ihm ging es darum, mit Emphase die Bevölkerung auf die Notwendigkeit der Freigabe der Tötung auf Verlangen einzustimmen. Bis auf einige wenige Sequenzen folgte der Film der heute gängigen, die Selbstbestimmung betonenden Argumentationslinie der Euthanasiebefürworter. https://www.youtube.com/watch?v=sfMjUCSx4JE.

seinem Leid durch Euthanasie kommen sollte. Wäre das nicht eine unzulässige Diskriminierung? Die Konsequenz dieser Widersprüche war, dass es in den vergangenen Jahrzehnten in den Niederlanden, und schließlich in Belgien und Luxemburg zu einer stetigen Ausweitung der Euthanasie gekommen ist, so dass inzwischen Minderjährige, behinderte Säuglinge sowie demente und bewusstlose Menschen, die subjektiv nicht mehr leiden, deren Leid aber als sinnlos und für die Umgebung unerträglich eingestuft wird, getötet werden.

Im Folgenden soll zunächst noch einmal das Autonomieargument aufgegriffen und anhand einiger Fallbeispiele unter einem bisher weniger beachteten Aspekt beleuchtet werden. Es geht dabei um die Frage, ob es einen objektiven, außerhalb des aktuellen Beziehungskontextes liegenden Standpunkt gibt, von dem aus ein Mensch den Wert seines Lebens abschließend beurteilen kann und ob ein anderer Mensch sich guten Gewissens diesem Selbsturteil mit der Konsequenz anschließen kann, den betreffenden zu töten oder ihm Beihilfe zum Suizid zu leisten. Danach soll das Leidargument sowie die damit einhergehende Ausweitung der Euthanasie in den Niederlanden beleuchtet und abschließend auf tiefergehende Aspekte unserer heutigen Einstellung zum Leid eingegangen werden.

Fallbeispiele

Das erste Fallbeispiel betrifft die Sterbephase einer, an einer Vasculitis leidenden, ca. 70-jährigen Patientin in einer neurologischen Universitätsklinik, die bei vollem Bewusstsein sehr qualvoll dem Tode entgegen ging. Jedes Mal, wenn die Angehörigen das Zimmer betraten, kam es zu einer dramatischen Verschlechterung der Beschwerden. Die Angehörigen zeigten sich dem Leid gegenüber völlig hilflos. Es kam hier zu einem für solche Situationen typischen Wechselspiel: Die Hilflosigkeit der Angehörigen erzeugte eine Hilflosigkeit und Anspannung bei der Patientin. Diese reagierte mit verstärkter Atemnot, die nun ihrerseits die Angehörigen in Angst und Schrecken versetzte und ihre Hilflosigkeit und Verzweiflung verstärkte. Es war nicht mehr festzustellen, wer mit wem am meisten Mitleid hatte. Erst als ein erfahrener

Seelsorger den Raum betrat, kehrte Ruhe ein, die Patientin konnte in Würde sterben.

Angenommen, die Todesspritze wäre zur Verfügung gestanden, inwieweit könnte hier von einer selbst bestimmten Entscheidung der Patientin geredet werden? Um wessentwillen hätte sie nach der Spritze verlangt oder ein entsprechendes Angebot angenommen? Um ihrer selbst willen oder ihrer Angehörigen? Unerträgliches Leid wäre als Begründung dokumentiert worden. Welches Leid war hier unerträglich, das der Patientin oder das der Angehörigen, oder das Leid, das aus dem Zusammenspiel beider resultierte?

Wir sehen anhand dieses Beispiels, dass sich Leid nicht von den menschlichen Umgebungsbedingungen differenzieren und bewerten lässt. Bei Freigabe der aktiven Sterbehilfe wäre eine missbräuchliche Induktion oder Unterstellung von Sterbewünschen bei Schwerstkranken Tür und Tor geöffnet. Allzu leicht käme es zur Projektion eigener Vorstellungen. Befragungen in den Niederlanden haben ergeben, dass 50 % der Ärzte grundsätzlich bereit sind, ihren Patienten aktive Sterbehilfe vorzuschlagen.[6]

Das angeführte Fallbeispiel passt auch gut zu dem Befund, dass es keineswegs in erster Linie unerträgliche Krankheitssymptome und Schmerzen sind, welche zu einem Wunsch nach Sterbehilfe führen. Befragungen von Ärzten in den Niederlanden haben ergeben, dass es die Erfahrung von Sinnlosigkeit des Leids, die Angst vor dem Verlust an Würde und vor Abhängigkeit sind, die weiter oben rangieren.[7] Die Aussagen der Betroffenen deuten demnach auf Ängste, Sorgen und Zweifel, die ganz wesentlich von den vorhandenen menschlichen Beziehungen beeinflusst werden. Ein Befund, der von den Erfahrungen der Hospizbewegung voll und ganz gedeckt wird. Auch zeigt dieses Beispiel, dass situativer Druck Einfluss auf den Todeswunsch haben kann. So lässt es einen nachdenklich werden, wenn man erfährt, dass in den Niederlanden die Zeitspanne zwischen geäußertem Sterbewunsch und durchgeführter Euthanasie zu 13 % kürzer als 1 Tag und zu 35 % zwischen einem Tag und einer Woche beträgt.[8]

---

[6] Van der Wal / Van der Maas (1996), 174.
[7] Van der Wal et al. (1992), 135-140.
[8] Van der Wal et al. (1992).

Das zweite Fallbeispiel betrifft einen ca. 80-jährigen Patienten, der nach einem schweren Suizidversuch mit Barbituraten aus der Herzüberwachung in die Psychiatrie aufgenommen wurde. Bei der Exploration stellte sich heraus, dass der Patient über Jahre mit der *Gesellschaft für humanes Sterben* in Augsburg in Kontakt stand, die ihn mit Informationsmaterial und entsprechenden Medikamenten versorgte. Der Patient sammelte diese im Hinblick auf eine mögliche Situation, in der er nicht mehr leben wolle. Es zeigte sich ein Mensch, der in den Jahren vor seinem Suizidversuch immer mehr in die Vereinsamung geraten war. Persönlich hat sich diese Sterbehilfeorganisation nicht um ihn gekümmert. Auf eine diesbezügliche telefonische Rückfrage wurde erklärt, dass man sich für die persönliche Situation der Kunden nicht zuständig fühle. In den weiteren Gesprächen entwickelte der Patient Ärger, ja Wut darüber, dass er in den Jahren des Kontakts zu dieser Organisation auf die Frage des Suizids eingeengt wurde. Er fühlte sich durch die Ideologie dieser Leute missbraucht.

Man kann an diesem Beispiel sehen, dass wir die Wirklichkeit der Mitmenschen verändern können, je nachdem wie wir zum Leben stehen. Das Ja zum Leben bedeutet Engagement, bedeutet die Entwicklung von Phantasie und Kreativität. Hätten die Mitarbeiter der Organisationen diesen Mann besucht, mit ihm Kaffee getrunken und wären mit ihm spazieren gegangen, so hätten sie seine Wirklichkeit positiv verändern können. Die Nicht-Zuständigkeit kann vielleicht von einem Schalterbeamten bei der Post oder einem Straßenbahnfahrer ins Feld geführt werden, nicht aber von einer Organisation, an die sich Menschen um Hilfe wenden. Es gibt da, wo es um menschliche Not, in diesem Fall sogar um Leben und Tod geht, keinen neutralen Bedienungsstandpunkt außerhalb menschlicher Solidarität. Als Angehöriger, Freund oder professioneller Helfer kommt man in der Konfrontation mit einem Wunsch nach aktiver Sterbehilfe nicht um die Grundentscheidung darüber herum, wie man selber zum Leben steht. Die Entscheidung kann nicht einfach an den Betroffenen abgetreten werden.

Das dritten Fallbeispiel betrifft eine ca. 75-jährige Patientin in einer neurologischen Universitätsklinik, die an einer unheilbaren Erkrankung litt und pflegebedürftig war. Sie befand sich bei vollem Bewusstsein. Als der zuständige Arzt ihren erwachsenen Kindern erklärte, dass ihre Mutter noch ca. zwei

Jahre zu leben habe, war die Enttäuschung in ihren Gesichtern nicht zu übersehen. Das Erbe eines Hauses stand durch die Finanzierung der zu erwartenden Pflege auf dem Spiel. Diese in streng protestantischer Tradition stehende Frau war nicht gewohnt, an sich selber zu denken. Sie wäre die erste gewesen, die nach der Todesspritze verlangt hätte, um ihren Kindern das Erbe zu sichern.

Der Autor hat genau diesen Fall bei einer Diskussion zum Thema Sterbehilfe mit namhaften Vertretern der aktiven Euthanasie aus den Niederlanden und der Bundesrepublik Deutschland zur Sprache gebracht und dafür Gelächter geerntet. Genau dies sei ja, so die Befürworter der Sterbehilfe, die autonome Freiheit der Patientin, ihren Kindern das Erbe sichern zu können.

Wir sind hier beim ganz handfesten ökonomischen Aspekt der Euthanasie angelangt. Was sich abzeichnet ist nicht offen, sondern verdeckt, es liegt gleichsam in der Luft. Ist die Möglichkeit der Tötung auf Verlangen und des assistierten Suizids einmal eröffnet, so kommt derjenige, der für die Familie und Gesellschaft nichts mehr leisten kann, zunehmend von Pflege abhängig wird und finanzielle und seelische Ressourcen in Anspruch nimmt, unweigerlich in die Lage, sich zumindest vor sich selbst rechtfertigen zu müssen, warum er noch lebt. Der zunehmende Anteil alter Menschen in unserer Bevölkerung, die Kostenexplosion im Gesundheitswesen und die durch kleiner werdende Familien knapperen menschlichen Ressourcen lassen einen erahnen, mit welcher gesellschaftlichen Dynamik die so genannte Autonomie des Einzelnen konfrontiert sein wird. Wir brauchen heute für solch eine Dynamik der Entsorgung von Alter, Leid und Krankheit durch Entsorgung der Alten, Leidenden und Kranken selbst keine nationalsozialistische Ideologie vom gesund zu erhaltenden Volkskörper mehr.

Kritik am Autonomiekonzept

Die Frage nach der von menschlichen Umgebungsbedingungen unabhängigen Autonomie des Menschen ist eine Frage nach der Relativität menschlicher Entscheidungen und berührt alle Lebensbereiche. Entscheidet man sich z.B. für eine medizinische Maßnahme, beispielsweise für eine Operation, so kann man solch eine Entscheidung fast immer in Frage stellen. Hätte es andere Möglichkeiten gegeben, hätte man doch noch abwarten sollen? Wir müssen im Laufe unseres Lebens immer wieder Entscheidungen fällen, die auf Abwägungen beruhen, keinen Anspruch auf absolute, objektive Richtigkeit haben und dennoch nicht rückgängig zu machen sind. Solche Entscheidungen dienen dem Leben; über sie nimmt es seinen Lauf und durch sie entstehen neue Lebenskontexte. Denken wir z. B. an die Entscheidungen, die hinter der Gründung einer Familie stehen. Auch die Entscheidung für die Einstellung einer lebensverlängernden, medizinischen Maßnahme gehört dazu. Allerdings bedeutet auch sie in gewisser Weise eine Entscheidung für das Leben: Der Organismus selbst geht seinem natürlichen Ende entgegen. Eine Tötungshandlung hingegen dient nie dem Leben. Die Todesspritze bringt den Gesunden wie den Kranken um. Sie ist vom ethischen Status her mit einer passiven Sterbehilfe nicht zu vergleichen. Tötung verändert keine Kontexte, sondern beendet alle Kontexte. Die Entscheidung für aktive Sterbehilfe würde also etwas Absolutes darstellen und müsste zu ihrer Legitimation eine Art kontextunabhängige Gültigkeit beanspruchen. Genau dies ist aber, wie die Fallvignetten beispielhaft zeigen sollten, nicht möglich. Wir können uns nicht aus unseren menschlichen Lebenszusammenhängen herausnehmen, wie es die Angestellten der *Gesellschaft für humanes Sterben* zu tun versuchen. Wie wir sahen, bedeutet sich heraus zu nehmen nur, anderen, lebensfeindlichen Kontexten den Raum zu überlassen. So würde der Arzt, der bei der Frau mit der terminalen Vaskulitis zur Todesspritze greift, vom Kontext einer verworrenen Mitleidssituation im Zusammenspiel der Patientin mit ihren überforderten Angehörigen bestimmt. Die *Gesellschaft für humanes Sterben* lässt sich vom Einsamkeitskontext des alten Herren in München bestimmen und die Ärzte an der neurologischen Universitätsklinik würden von den indirekten Auswirkungen der auf das Erbe ihrer Mutter hoffenden Kinder bestimmt. Die Selbstbestimmung des Menschen ist demnach vom jeweiligen Lebenskontext wesentlich mitbestimmt. Dieser Lebenskontext wiederum bestimmt sich auch von den Haltungen der Mitmenschen, die dem Betroffenen entgegengebracht werden.

Ein weiteres Beispiel aus dem Alltag soll dies verdeutlichen: Vor einiger Zeit wurde ein mit dem Autor befreundeter Internist zu seiner adeligen Großmutter auf deren Landsitz gerufen. Diese geistig völlig klare, in der Großfamilie hoch angesehene Mutter zahlreicher Kinder und Kindeskinder erklärte ihm unumwunden, dass sie mit dem Leben abgeschlossen habe und verlangte von ihrem Enkel die Todesspritze. Seine Antwort, dass er bereit sei alles für sie zu tun, nur das nicht, ließ sie zunächst nicht gelten und provozierte ihn mit dem Hinweis auf seine mögliche Feigheit. Die Szenerie löste sich schließlich in Wohlgefallen auf. In ihr zeigt sich die ganze Problematik der Autonomie des Menschen, wenn es um seinen Tod geht. So bestimmt z.b. die Haltung des Enkels gegenüber seiner Großmutter, die mit ihrem Ruf nach der Todesspritze ganz offensichtlich ihre Stellung in der Großfamilie austesten will, wesentlich ihren Lebenskontext. Die Antwort des Enkels, „ich bin bereit, alles für Dich zu tun, aber die Todesspritze wirst Du von mir niemals bekommen" steht der möglichen Antwort, „ja, wenn Du Dir sicher bist, dass Du sterben willst, bekommst Du von mir die Todesspritze", gegenüber. Beiden Aussagen und die hinter diesen Aussagen liegenden Werthaltungen stellen für die Großmutter zwei verschiedene menschliche Umgebungsbedingungen dar, gegenüber denen nicht ohne weiteres ein dritter, objektiverer Standpunkt bezogen werden kann.

Wenn also Selbstbestimmung im normalen Leben des Menschen etwas Relatives, Kontextabhängiges ist, wieso sollte sie gerade in Zuständen der Schwäche, des Leids und der Abhängigkeit von anderen besonders stark sein? Muss es nicht misstrauisch machen, wenn in einer Zeit zunehmender Überalterung, kleiner werdender Familien und knapperer Ressourcen im Gesundheitswesen der selbst bestimmte Tod zum Thema gemacht wird?

Das Argument des „unerträglichen Leids" und die Ausweitung der Euthanasie in den Niederlanden

Wie ist es möglich, dass die Euthanasiebewegung immer wieder unter dem Banner der Selbstbestimmung antritt und regelmäßig beim Gegenteil, der Tötung ohne ausdrückliches Verlangen landet?[9] Wie ist es möglich, dass es sich in den Niederlanden dabei zu einem großen Teil um einwilligungsfähige Menschen handelt?[10] Die in Europa etablierten Euthanasiegesetze in Belgien,

---

[9] Onwuteaka-Phillipsen (2003), 395-399.
[10] Van der Maas et al. (1992), 1-262; Van der Maas / Van Delden / Pijnenborg / Looman (1991), 669-674; Van der Maas / Van der Wal / Haverkate et al. (1996), 1699-1705.

Luxemburg und in den Niederlanden sehen so genanntes „unerträgliches Leid" als wesentliches Kriterium dafür an, einen Menschen zu töten. Nicht unähnlich der Entwicklung in der ersten Hälfte des vergangenen Jahrhunderts, lässt sich dabei folgende zwingende Logik beobachten: Der Wunsch nach Zulassung aktiver Sterbehilfe und assistierten Suizid tritt zunächst unter dem Gewand der Forderung nach Autonomie und Patientenrechten auf. Der Einzelne habe das Recht über sein Leben selbst zu entscheiden. Dieses Recht wird auf sogenanntes „unerträgliches Leid" bezogen, das durchzustehen niemand gezwungen werden könne. Dabei ist in der ersten Phase der Forderung nach aktiver Sterbehilfe, so auch in der gegenwärtigen Diskussion über die Zulassung des assistierten Suizids in der Bundesrepublik, stets von terminalen Leidenszuständen die Rede. Entsprechend der Logik, dass auch nicht-terminales Leid als unerträglich empfunden werden kann, führt der Weg dann, wie in den Niederlanden und Belgien immer weiter von der Sterbephase weg zu todesfernen körperlichen und seelischen Leidenszuständen, die als hinreichend für einen Wunsch nach Tötung auf Verlangen gelten.[11] Das im Mai 2002 in Belgien in Kraft getretene Gesetz zur Sterbehilfe sieht seelische Qualen als eine eigenständige und hinreichende Bedingung für eine Tötung auf Verlangen vor und eröffnet damit ausdrücklich die Möglichkeit von Euthanasiemaßnamen an Menschen mit psychischen Leiden.[12] Warum auch sollte das Recht auf einen selbst bestimmten Tod auf terminale oder körperliche Leidenszustände beschränkt sein? Die Tendenz zur Ausweitung der Sterbehilfe in diese Richtung wird auch darin deutlich, dass man „aussichtsloses und unerträgliches Leiden"[13] auf den Wunsch alter und lebensmüder Menschen nach Sterbehilfe ausdehnen will. So ist es auch nicht verwunderlich, dass inzwischen namhafte Vertreter der Euthanasiebewegung in den Niederlanden öffentlich den selbst bestimmten Tod als den Tod der Zukunft preisen. Sie wünschen sich, dass in Zukunft die Gesundheitsämter Suizid-Sets vorhalten, die sich die Bürger dort abholen können.[14]

Hat man einmal das sog. unerträgliche Leid begrifflich als Kriterium für die Straffreiheit des Tötens auf Verlangen und des assistierten Suizids etab-

[11] Ausführliche Darstellung dieser Entwicklung in: Reuter (2002).
[12] Belgisches Staatsblatt vom 12.06.2003: Gesetz über die Sterbehilfe 28.05.2002, § 2 Abs. 2.
[13] Van Loenen (2014), 108-115.
[14] Diekstra (1996), 179-206.

liert, ergibt sich die Konsequenz, dass man nicht so ungerecht sein will, demjenigen den Gnadentod vorzuenthalten, der diesen Wunsch nicht äußern
kann oder dem man solch eine Entscheidung nicht zumuten will. Insofern ist
es nahezu unvermeidlich, von der aktiven Sterbehilfe auf Verlangen, zur
aktiven Sterbehilfe ohne Verlangen überzugehen. Das Autonomieargument,
die Forderung nach aktiver Sterbehilfe auf Verlangen, wurde so bereits 1990
von der damaligen niederländischen Gesundheitsministerin Borst-Eilers als
Taktik bezeichnet. Es ging, so die Ministerin, um einen ersten Schritt der
Entkriminalisierung der Euthanasie. Wörtlich sagte sie: „Es war eine Frage
der Taktik, mit dieser Kategorie – Einwilligungsfähige, die um Tötung bitten
– zu beginnen. Dadurch wurde es möglich, nach und nach eine allgemeine
Akzeptanz aktiver Sterbehilfe zu erreichen."[15]

Vor diesem Hintergrund wird es verständlich, dass es in den Niederlanden
inzwischen regelmäßig zu aktiver Lebensbeendigung ohne Verlangen gekommen ist.[16] Diese Sterbehilfe ohne Verlangen betrifft auch einwilligungsfähige Patienten. Zur Begründung hierfür wird in den Einzelfällen angegeben, dass dies das Beste für die Patienten gewesen sei und eine Diskussion
mehr Schaden als Gutes bewirkt hätte.[17] Die übrigen aktiven Lebensbeendi-
gungen ohne Verlangen betreffen geistig und körperlich behinderte Neugeborene ebenso wie schwer Demente und andere Patienten, bei denen zuvor
weitere lebensverlängernde Maßnahmen eingestellt wurden.[18] Ein weiterer
Schritt in dieser Logik ist dann, wie in den Niederlanden bereits erfolgt, der
Schritt hin zur Tötung des Patienten bei Unzumutbarkeit des Leidens für die
Umgebung. Dass hierbei Patienten wie z. B. Demente oder Komatöse zu
Tode kommen, bei denen keineswegs sicher ein subjektives unerträgliches
Leiden vorliegt, hat die Staatskommission für Euthanasie in den Niederlan-
den bereits 1985 damit begründet, dass der wegen völliger Sinnlosigkeit
durchgeführte Behandlungsabbruch „zu einem fortschreitenden, unaufhalt-

---

[15] De Wachter (1992), 23-30.
[16] Onwuteaka-Phillipsen (2003); Onwuteaka-Philipsen / Brinkman-Stoppelenburg / De Jong-Krul /
Van Delden / Van der Heide (2012).
[17] Vgl. Van der Maas et al. (1992); Jochemsen (2001), 31-47.
Hierzu auch Erläuterungen der „Remmelink-Studie" in: Reuter (2002), 154-161; Van Loenen (2014),
66-78.
[18] Reuter (2002), 159.

baren, körperlichen und geistigen Verfall des Patienten" führt, „der auch für seine nächste Umgebung eine unhaltbare und unerträgliche Situation bedeuten kann". In diesem Fall müsse, so wörtlich, „der Arzt das Leben straflos beenden können"[19]. Das Nicht-Mitansehen-Können von Leid beginnt eine Rolle zu spielen.

Die bisherige Entwicklung der Euthanasie in den BeNeLux-Ländern, lässt die innere Konsequenz erkennen, mit der sich eine Art Kultur des Todes ausbreitet, wenn einmal die bisher geltende Grenze des ärztlichen Auftrages dahingehend überschritten wird, dass nicht dem Leidenden so gut und so viel wie möglich geholfen, sondern der Leidende selbst beseitigt wird. Studiert man die Entwicklung der Euthanasie am Beispiel der Niederlande, so fällt auf, dass die Freigabe der Euthanasie alleine auf dem Fürsorgeaspekt beruht und der Aspekt der Gefahrenabwehr so gut wie nicht vorzufinden ist.[20] Gefahrenabwehr würde bedeuten, dass zuständige Standesorganisationen und Staatsanwaltschaften entsprechend den Regeln eines normierten Misstrauens, den zahlreichen Gesetzes- und Regelüberschreitungen in Form mangelnder Dokumentation und Meldung nachgehen und ahnden. Dies war und ist offensichtlich nicht der Fall und hat seinen Ursprung in einer, der eigentlichen Gesetzgebung vorausgehenden jahrelang geduldeten Praxis der Euthanasie. So entstand im Umfeld des Themas Euthanasie eine allgemeine Atmosphäre der Fürsorge, gegen die der Aspekt des Lebensschutzes des Einzelnen immer mehr verblasst ist. Die Ärzte in den Niederlanden hatten und haben in der Interpretation der Sterbehilferegelungen weitgehend freie Hand. Der unscharfe Begriff des unerträglichen Leids wurde so zu einer Art Öffnungsklausel mit der Folge, dass die Mehrheit der alten Menschen in den Niederlanden unfreiwillige Euthanasie ablehnt und Angst davor hat.[21] Eine Zuflucht pflegebedürftiger, älterer Menschen aus den Niederlanden in grenznahe deutsche Seniorenheime wird schon seit längerem beobachtet.

Der Dammbruch ist vor allem dann unvermeidlich, wenn es sich hierbei nicht um Einzel- und Grenzfälle handelt, die im Einzelfall ein mildes Gerichtsurteil zu erwarten haben, sondern um eine gesetzlich freigegebene, mit Richtlinien von Standesorganisationen ausgestattete gängige Praxis, bei der

---

[19] Ebd., 152-154.
[20] Ebd., 77 f.
[21] Segers (1988), 407-424.

nach und nach medizinische Standardsituationen zu übergesetzlichen Not-
fallsituationen erklärt werden.[22]

Zur aktuellen Situation in Deutschland

Angesichts dieser Entwicklung der letzten 40 Jahre in den Niederlanden erscheint die in der Bundesrepublik Deutschland neu aufgekeimte Debatte um
eine gesetzliche Regelung des assistierten Suizids naiv.[23] Bisher stand die
Möglichkeit der Suizidbeihilfe der Rettungspflicht gegenüber. Suizidbeihilfe
ist mit dem Argument nicht gesetzlich verboten, dass der Suizid nicht strafbar ist und so auch die Beihilfe hierzu nicht strafbar sein kann. Aus der Rettungspflicht hingegen ergibt sich die Einschränkung, dass der Betreffende die
Suizidhandlung alleine ausführen muss. Nun meint man auf gesetzgeberi-
schem Weg der Tatsache gerecht werden zu müssen, dass auch bei optimaler
palliativmedizinischer Behandlung in Einzelfällen ein leidensbedingter,
nachvollziehbarer Wunsch nach vorzeitiger Beendigung des Lebens bestehen
bleibt. In Abgrenzung gegen die Möglichkeit einer aktiven Sterbehilfe i. S.
einer Tötung auf Verlangen und gegen die Ausweitung der Euthanasie in den
Niederlanden will man hierbei die vorgesehene Suizidbeihilfe auf terminale
Leidenszustände begrenzen und professionalisieren, indem vor allem der
behandelnde Arzt nach Einholung eines oder zweier weiterer ärztlicher Gutachten, nach lebensbejahender Beratung und einer Bedenk-Pause des Patienten für den assistierten Suizid verantwortlich ist. Alle in diesen Vorschlägen
verwendeten Begriffe und Regelungen standen am Anfang der Euthanasiemaßnahmen in den Niederlanden und tragen, wie oben ausgeführt, den
Keim der logisch zwingenden Ausweitung in sich. Wenn die Befürworter
einer Abgrenzung der Suizidbeihilfe gegen die Tötung auf Verlangen ins Feld
führen, dass letzteres gegenüber dem ersten bisher zu keiner Ausweitung der
Todeswünsche geführt hat,[24] so ist dem entgegenzuhalten, dass nicht einzusehen ist, warum jemand der schlechterdings nicht in der Lage ist, selber

[22] Reuter (2002), 152-154.
[23] Griese / Högl (2014); Scharfenberg / Terpe (2014); Hintze et al. (2014); Künast et al. (2014); Borasio / Jox / Taupitz / Wiesing (2014).
[24] Borasio (2014).

einen Suizid auszuführen, keinen Anspruch auf die Tötungshandlung eines anderen haben soll und man ihm den Wunsch nach vorzeitiger Beendigung seines Lebens ausschlagen muss.

Lebensqualität oder Qualität des Lebens?

Die Forderung nach Selbstbestimmung ist, wie gezeigt, nur die Eintrittspforte zur Euthanasie. Es kann sich hierbei nicht um die eigentliche Motivation hinter der Euthanasiebewegung handeln. Wo liegt das Problem?

Seit Jahrzehnten haben wir es weltweit mit einer immer differenzierteren „Quality of life Forschung" zu tun. In den Vordergrund unseres Bewusstseins tritt die Bewertung von Zuständen als eigentlicher Qualität des menschlichen Lebens. Das Kostbare des Lebens als solchem, nämlich das Sein von Menschen, Tieren und Pflanzen tritt in den Hintergrund. Leiden muss demnach um jeden Preis beseitigt werden.[25] Dabei droht das aus dem Blickfeld zu geraten, was der Wiener Psychiater Viktor Frankl als „Einstellungswert" bezeichnet hat. Nach Frankl gehört es zu den ureigensten Möglichkeiten des Menschen, sich gegenüber einem Schicksal so oder so zu verhalten. Der Mensch kann sich darin ganz persönlich neu entfalten. In seiner Haltung dem Unabänderlichen gegenüber kommt seine Haltung zum Wert des ganzen Lebens zum Ausdruck. Der Wert, der im Grunde er selber ist.[26] Diese Einstellung betrifft keineswegs allein den Leidenden selber, sondern muss ganz wesentlich von den Mitleidenden, den Angehörigen, Ärzten, Pflegern und Seelsorgern mitgetragen, ja vielleicht sogar stellvertretend für ihn gelebt werden. Sie müssen an den Wert des Lebens des ihnen anvertrauten Menschen glauben und entsprechende Unterstützung geben. Die Ehrfurcht vor dem menschlichen Leben bedeutet auch, seinen Wert nicht an Bewusstseinszustände zu knüpfen. Neugeborene, demente oder bewusstlose Menschen sind eben Menschen und von ihrer Potentialität her auf ein volles Menschsein hingeordnet.

---

[25] Spaemann (1992), 533-536.
[26] Frankl (2005).

Schluss

Die Ausführungen sollten zeigen, dass weder der Begriff der Selbstbestimmung, noch der des „unerträglichen Leids" dazu taugen, einen rechtlich sinnvollen Rahmen für eine Aufweichung des strikten Euthanasieverbots oder einen reglementierten, assistierten Suizid zu geben. Zudem sollte gezeigt werden, dass das Dammbruchargument keine Unheils-Prophetie ewig gestriger Bedenkenträger darstellt, sondern die innere Logik der auf tönernen Füßen stehenden Argumentation der Euthanasiebefürworter widerspiegelt und in der Entwicklung in den Niederlanden mehr als genug empirische Bestätigung gefunden hat. Die Folgen einer Freigabe der Möglichkeit gezielter Tötungshandlungen oder direkte Beihilfe zum Suizid von Ärzten an Patienten wären somit absehbar und würden gesamtgesellschaftlich zu einer weiteren schwindenden Bereitschaft zum Schutz menschlichen Lebens führen. Durch diesen Tabubruch käme es zu einem Paradigmenwechsel im Umgang mit Leid, Schmerz und Tod. Der einzelne müsste sich vor sich selbst und der Gemeinschaft für die Last, die sein Leben für die anderen bedeutet, rechtfertigen. In der gesellschaftlichen Wahrnehmung käme es zu einer Verdunklung der unantastbaren Würde des Menschen. Die Tötung von Menschen und die Beihilfe zum Suizid als Mittel zum Zweck der Befreiung von Schmerz und Leid ist kein menschliches Heilmittel und schon gar nicht vom ärztlichen Therapieauftrag gedeckt. „Der Mensch soll nicht durch die Hand, sondern an der Hand eines anderen sterben." Dieser Satz eröffnet positive Perspektiven und regt unsere Phantasie und unser Bestreben an, im Umgang mit Leid und Sterben immer menschlicher und professioneller zu werden. Er sollte unser Leitspruch bleiben.

Literatur

Baumann, J. et al.: *Alternativentwurf eines Gesetzes über Sterbehilfe (AE-Sterbehilfe)*, Stuttgart / New York 1986.
Beschlussprotokoll des 99. Deutschen Ärztetages 1996 in Köln, http://www.bundesaerzte kammer.de/page.asp?his=0.2.23.3555 (zuletzt eingesehen am 23. Febr. 2015).

Borasio, G. D. / Jox, R. J. / Taupitz, J. / Wiesing, U.: *Selbstbestimmung im Sterben – Fürsorge zum Leben. Ein Gesetzesvorschlag zur Regelung des assistierten Suizids*, Stuttgart 2014, http://www.kohlhammer.de/wms/instances/kohportal/data/downloads/Presse/Pressemitteilung_Gesetzesvorschlag_assistSuizid.pdf (zuletzt eingesehen am 23. Febr. 2015).

Borasio, G. D.: Spiegelgespräch 27.10.2014, http://www.spiegel.de/spiegel/print/d-129976958.html (zuletzt eingesehen am 23. Febr. 2015).

De Wachter, M. A. M.: Euthanasia in the Netherlands, in: *Hastings Center Report*, Vol. 22, 1992, S. 23-30.

Diekstra, R. F. W.: Sterben in Würde: Über das Für und Wider der Beihilfe zum Suizid, in: Anschütz, F. / Wedler, H.-L. (Hrsg.): *Suizidprävention und Sterbehilfe*, Berlin / Wiesbaden 1996, S. 179-206.

Frankl, V: *Ärztliche Seelsorge*, Wien 2005.

Griese, K. / Högl, E.: *In Würde leben, in Würde sterben – Positionierung zur Sterbehilfe*, Berlin 08. Oktober 2014, http://kerstin-griese.de/PositionierungSterbehilfe_Griese Hoegl.pdf (zuletzt eingesehen am 23. Febr. 2015).

Hintze, P. et al.: *Sterben in Würde – Rechtssicherheit für Patienten und Ärzte*, Berlin 16.10.2014, http://www.carola-reimann.de/images/2014/2014-10-16_Sterbehilfe_Positionspapier_Hintze_Reimann.pdf (zuletzt eingesehen am 23. Febr. 2015).

Jochemsen H.: Sterbehilfe und Sterbebegleitung in Holland. Empirische Befunde und gesellschaftliche Entwicklung, in: *Imago Hominis* (2001); 8, S. 31-47.

Künast, Renate et al.: *Mehr Fürsorge statt Strafrecht: Gegen eine Strafbarkeit der Beihilfe beim Suizid*, http://www.renate-kuenast.de/w/files/papiere/mehr-fuersorge-statt-mehr-strafrecht_positionspapier-sterbehilfe_.pdf (zuletzt eingesehen am 23. Febr. 2015).

Onwuteaka-Phillipsen, B. D. et. al.: Euthanasia and Other End-of-Life Decisions in the Netherlands in 1990, 1995, and 2001, in: *Lancet* (2003); 302, S. 395-399.

Onwuteaka-Philipsen, B. D. / Brinkman-Stoppelenburg, A. / Penning, C. / De Jong-Krul, G. J. F. / Van Delden, J. J. M. / Van der Heide, A.: Trends in end-of-life practices before and after the enactment of the euthanasia law in the Netherlands from 1990 to 2010: a repeated cross-sectional survey, in: www.thelancet.com Vol 380, September 8, 2012, S. 908-915.

Reuter B.: *Die gesetzliche Regelung der aktiven ärztlichen Sterbehilfe des Königreichs der Niederlande – ein Modell für die Bundesrepublik Deutschland?*, Frankfurt a. M. 2002.

Scharfenberg, E. / Terpe, H.: *Vorschlag für eine moderate strafrechtliche Regelung der Suizidbeihilfe*, Bündnis 90 Die Grünen 10.10.2014, http://www.gruene-bundestag. de/fraktion/fraktion-aktuell/suizidbeihilfe/vorschlag-fuer-eine-moderate-strafrecht liche-regelung-der-suizidbeihilfe_ID_4393282.html (zuletzt eingesehen am 23. Febr. 2015).

Segers, J. H.: Euthanasia in The Netherlands. Elderly persons on the subject of euthanasia, in: *Issues Law Med* 3, 1988, S. 407-424.

Spaemann, C.: Lebensqualität und Schicksal, in: *Wiener Medizinische Wochenschrift*, 1992, Heft 23/24, JG 124, S. 533-536.

Van der Maas, P. / Van Delden, J. J. M. / Pijnenborg, L. / Looman, C. W. N.: Euthansia and other medical decisions concerning the end of life, in: *Lancet II*, 1991, S. 669-674.

Van der Maas, P. et al. (1992): Euthanasia and other Medical Decisions Concerning the End of Life, in: *Health Policy* 22, 1992, S. 1-262.

Van der Maas, P. / Van der Wal, G. / Haverkate, I. et al.: Euthanasia, Physician assisted suicide, and other medical practises involving the end of life in the Netherlands, 1990-1995, in: *New England Journal of Medicine* 335, 1996, S. 1699-1705.

Van der Wal, G. et al.: Euthanasia and assisted suicide II. Do Dutch family doctors act prudently?, in: *Family Practice* (1992); 9, S. 135-140.

Van der Wal, G. / Van der Maas, P.: *Euthanasia en andere medische beslissingen rond het levenseinde*, Den Haag 1996.

Van Loenen, G.: *Das ist doch kein Leben mehr! Warum aktive Sterbehilfe zu Fremdbestimmung führt*, Frankfurt a. M. 2014.

Theologische und philosophische
Grundlagenfragen

Ulrich Eibach

Von der Beihilfe zum Suizid zur Tötung auf Verlangen?
Eine Beurteilung aus seelsorgerlicher und ethischer Sicht[1]

1 Zum weltanschaulichen Hintergrund

1.1 Selbstbestimmung und Todeszeitpunkt

Zu keiner Zeit mussten Menschen so wenig an schweren Krankheiten leiden wie in der Gegenwart,[2] nicht zuletzt dank der Fortschritte der Palliativmedizin. Im Antoniter-Hospital zu Isenheim, für das Matthias Grünewald das bekannte Altarbild malte, wurden im Mittelalter die an Mutterkornvergiftung schwer leidenden, gleichsam bei lebendigem Leibe „verfaulenden" Menschen palliativmedizinisch behandelt, gepflegt und seelsorglich begleitet. Vor dem Altar wurden z.B. Amputationen ohne wirksame Narkotika durchgeführt. So gesehen gibt es keine Notwendigkeit, gerade heute die Geltung des Tötungsverbots aufzuheben, um Menschen durch eine Beihilfe zur Selbsttötung oder eine Tötung auf Verlangen von schwerem Leiden zu „erlösen". Der wesentliche Grund für die gegenwärtige Debatte über „Beihilfe zur Selbsttötung" liegt also nicht darin, dass Menschen heute notwendig besonders schwer leiden müssen, sondern in der Individualisierung und Säkularisierung der Lebens- und Wertvorstellungen. Im Zuge dieses Wertewandels wurde die Selbstbestimmung, die Autonomie des Menschen, zum alles ent-

---

[1] Der Verfasser dankt Prof. Dr. Klaus Zwirner (Ärztlicher Direktor i.R. der Kliniken Saarbrücken), Prof. Dr. Santiago Ewig (Chefarzt, Bochum) und Prof. Dr. Friedemann Nauck (Direktor der Klinik für Palliativmedizin, Göttingen) für die Durchsicht des Entwurfs dieses Beitrags und kritische Anregungen.

[2] Das gilt zumindest für die meisten schweren Krankheiten. Damit soll nicht bestritten werden, dass es auch heute noch Krankheiten gibt, an denen Menschen trotz der Fortschritte der Medizin schwer zu leiden haben.

scheidenden Wert. Weil der säkulare Mensch nicht mehr glaubt, dass er sein Leben Gott verdankt, betrachtet er sein Leben als seinen Besitz, über den er nach seinem Ermessen verfügen darf. Und der Mensch, der kein „Jenseits" dieses „Diesseits" mehr glaubt, sieht nicht mehr ein, warum er das Leben bis zum bitteren Ende erleiden soll, wenn er „mit allen Tieren stirbt" und „nichts danach" kommt (B. Brecht). Das Verbot der Selbsttötung und der Tötung auf Verlangen erscheint daher der Mehrheit der Menschen als eines der letzten religiös begründeten Tabus, von denen sich der postmoderne Mensch endgültig befreien solle.

Der amerikanische Ethiker Joseph Fletcher brachte diese Forderung schon 1969 auf die prägnante Formulierung: „Die Kontrolle des Sterbens (sc. selbstbestimmte Todeszeitpunkt) ist wie die Geburtenkontrolle eine Angelegenheit menschlicher Würde. Ohne sie wird der Mensch zur Marionette der Natur", und das sei des Menschen „unwürdig".[3] Er folgte dabei F. Nietzsche, der aus dem von ihm verkündigten Tod Gottes und der Behauptung, dass der Mensch deshalb sein eigener Schöpfer und Gott sein müsse, folgerte, dass man die „dumme physiologische Tatsache" des naturbedingten Todes zur Tat der Freiheit werden lassen solle: „Ich lobe mir den *freien Tod,* der kommt, weil *ich* will", und nicht, weil die „Natur" oder „ein Gott" es will. Der naturbedingte Tod widerspreche letztlich der Würde des Menschen, da er ihn seiner Autonomie beraube.[4] Das „Schicksal" wollte es, dass Nietzsche den Zeitpunkt verpasste, zu dem er dem „naturbedingten" Tod durch den „freien" Tod hätte zuvor kommen können. So war er in geistiger Umnachtung fast 10 Jahre auf die Pflege durch andere angewiesen, ehe der „naturbedingte" Tod seinem Leben ein Ende setzte.

Im Zuge des angedeuteten Wertewandels wurde die empirisch feststellbare Fähigkeit zur Selbstbestimmung (Autonomie) zum maßgeblichen Inhalt der Menschenwürde nach Artikel 1 des Grundgesetzes. Daher sei ihre Achtung oberstes verfassungsrechtliches Gebot, dem der Schutz des Lebens eindeutig unterzuordnen sei. Daraus leiten viele ab, dass der Mensch ein uneingeschränktes Verfügungsrecht über sein Leben habe und dass sich aus der Menschenwürde ein positives Recht auf Selbsttötung, Beihilfe zur Selbsttö-

---

[3] Fletcher (1969), 61 ff.
[4] Nietzsche (1964), 333 f.

tung oder gar ein Recht auf Tötung auf Verlangen ergebe, sofern der, der diese Hilfen zum Tode leistet, dies aus freien Stücken tut. Das „natürliche" Sterben an Krankheiten einerseits und die Selbsttötung (einschließlich der Beihilfe zur Selbsttötung und der Tötung auf Verlangen) andererseits seien ethisch betrachtet zumindest gleichrangige Möglichkeiten. Um der Würde des Menschen gerecht zu werden, sei ihm daher wenigstens die Wahlmöglichkeit zwischen einem „naturbedingten" und einem „selbstbestimmten" Todeszeitpunkt einzuräumen, wie es z.b. in den BeNeLux-Staaten der Fall ist, in denen die Tötung auf Verlangen bei Einhaltung bestimmter Kriterien straffrei gestellt ist.[5]

1.2 Planbarkeit des Lebens und „menschenunwürdiges" Leben und Sterben

Dieser Auffassung von Selbstbestimmung entspricht die Vorstellung, dass das Leben möglichst durchgehend gemäß den eigenen Wünschen planbar sein muss, also eine Fiktion von der „Abschaffung des Schicksals".[6] Dem entspricht wiederum eine abnehmende Bereitschaft, ein unerwünschtes schweres Lebensgeschick auch bis zum „natürlichen" Lebensende zu ertragen. Der Tod ist aber das Ende aller menschlichen Möglichkeiten. Und der in das Leben hineinragende Tod „entmächtigt" die autonome Persönlichkeit meist zunehmend; sie erleidet den Tod. Die Vorstellung vom selbstbestimmten Leben und Tod, also auch einem Sterben, in dem der Mensch seine Autonomie im Sinne eines „Herrseins" über sein Leben bis zuletzt bewährt, erweist sich überwiegend als eine realitätsfremde Fiktion. Deshalb drängt sich die Meinung auf: Wenn die Medizin schon keine Besserung mehr „machen" kann, der Abbau der Lebenskräfte und das Sterben unausweichlich sind und das Leben deshalb angeblich „sinnlos" wird, dann soll es wenigstens schnell zu Ende gehen, wenn nötig durch Menschenhand. Die Vorstellung

---

[5] Seit der rechtlichen Ermöglichung (Straffreiheit) der Tötung auf Verlangen in den Niederlanden im Jahre 2001 ist die Zahl der gemeldeten Tötungen auf Verlangen stetig angestiegen. Sie hat sich von 2009 bis 2013 auf knapp 5000 Fälle verdoppelt. Der Anstieg von 2012 zu 2013 liegt bei 15 %, die nicht gemeldeten Fälle nicht eingerechnet. Angaben nach *Idea spektrum* 06.10.2014; vgl. dazu Van Loenen (2014).
[6] Vgl. Maio (2011).

von der Planbarkeit des Lebens paart sich also mit der Forderung nach einem Recht auf ein leidfreies Leben, das das Recht auf „Erlösung" vom Leiden durch Selbsttötung einschließt, wenn das Leben nicht mehr selbsttätig gestaltbar ist und mit vielen Leiden verbunden ist. Der Glaube, dass die Zeiten des Leidens, des Abbaus der Lebenskräfte und nicht zuletzt das Sterben die Phasen des Lebens sind, in denen sich die Würde des Menschen, der christliche Glaube und die Hoffnung auf die Vollendung des Lebens im „Ewigen Leben Gottes" nicht zuletzt zu bewähren haben, wird immer mehr Menschen fremd.[7] Das Sterben wird dann zu einem „sinnlosen" Widerfahrnis, weil es den Menschen zunehmend seiner Autonomie beraubt und der Verfügung der „Natur" bzw. des „Schicksals" unterwirft und weil es mit der endgültigen Vernichtung des Lebens verbunden ist.

Fast alle Befürworter eines Rechts auf Selbsttötung rechtfertigen diese Forderung damit, dass infolge von Krankheit Zustände eintreten können, aufgrund derer das eigene Leben nicht mehr zumutbar und nicht mehr wert ist, gelebt zu werden, es also „menschenunwürdig" werde. Nicht nur dürfe man solche Zustände des Lebens durch eine Tötung beenden, sondern sie auch, wenn sie mit einer bestimmten Wahrscheinlichkeit zu erwarten sind, vorsorglich durch rechtzeitige Tötung vermeiden. Das wird damit begründet, dass der Mensch ein Recht habe zu beurteilen, ob und wann sein Leben „menschenunwürdig" und „lebensunwert" sei. Zwar sollen andere Menschen nicht das Recht haben, ein solches Urteil zu fällen, aber es ist doch zu bedenken, dass dann, wenn es subjektiv gesehen „menschenunwürdiges" Leben gibt, es auch objektiv gesehen solche Zustände geben muss. Dies wird auch vorausgesetzt, wenn solche subjektiven Urteile rechtlich als Grundlage einer Tötungshandlung gebilligt werden, insbesondere dann, wenn diese Tötung bzw. Beihilfe zur Selbsttötung objektiv überprüfbaren Einschränkungen (wie z.B. unheilbare somatische Krankheit, unerträgliche Leiden) unterworfen wird. Die Tragweite einer rechtlichen Anerkennung eines solchen negativen Lebenswerturteils kann überhaupt nicht überschätzt werden. Wenn beides, die Selbstbestimmung und das Vorliegen von angeblich „menschenunwürdigen" Lebenszuständen Bedingung einer rechtlichen Zulässigkeit der Beihilfe zur Selbsttötung sein sollen, dann können diese Begriffe und Kriterien nicht

---

[7] Vgl. Eibach (2009), 339 ff.

nur subjektiv gefüllt werden, sondern müssen auch objektivierbar sein, es sei denn, der Wunsch eines Menschen, von seinem Dasein durch Tötung erlöst zu werden, ist allein ausschlaggebend für seine Erfüllung durch andere. Dies wäre, wenn man den Inhalt des Begriffs „Menschenwürde" im Grundgesetz primär mit „Autonomie" füllt, ein konsequenter Standpunkt, aber zugleich ein ethisch wie rechtlich problematischer Schluss, der bedrohliche Folgen für den Schutz des Lebens kranker und pflegebedürftiger Menschen haben kann.

Unausweichlich stellt sich daher die Frage, ob es Lebenszustände gibt, die „menschenunwürdig" sind und die den Menschen seiner Würde berauben. Dies ist nur möglich, wenn man die Würde als eine empirisch fassbare Lebensqualität (wozu z.B. Selbstbewusstsein, Autonomie gezählt werden) versteht, die durch Krankheiten und Abbau der Lebenskräfte in Verlust geraten kann. Mit dieser empiristischen Wende wird eine Abkehr vom bisherigen Verständnis von Menschenwürde in der christlichen wie der deutschen philosophischen Tradition (vor allem I. Kant) vollzogen, nach der Würde eine „transzendente" Größe ist, die dem ganzen leiblichen Leben von Beginn bis zum Ende des Lebens unverlierbar zukommt, ja zugeeignet ist, christlich gesehen, von Gott her zugeeignet ist.[8] Der Mensch ist und bleibt eine Person, der Würde eignet, wie versehrt auch immer das Leben hinsichtlich seiner körperlichen wie seelisch-geistigen Fähigkeiten sein mag. Das, wozu der Mensch durch Umstände der Natur, durch sich selbst und andere Menschen wird, können wir im Unterschied zur Person und ihrer unverlierbaren Würde als Persönlichkeit bezeichnen, die in der Tat eine empirische Größe ist und die durch Krankheiten, Altern und andere Umstände „abgebaut" werden, ja in Verlust geraten kann. Aber auch dann haben wir in und hinter der zerbrochenen Persönlichkeit die – christlich gesprochen: von Gott geliebte – Person in ihrer unzerstörbaren Würde zu sehen und sie entsprechend dieser Würde zu behandeln. Es gibt mithin kein „menschenunwürdiges" und „lebensunwertes" Leben, sondern nur naturbedingte menschenunwürdige Lebensumstände und unwürdige Behandlungen durch Menschen. Die Menschen sind aufgerufen, diese möglichst zu beheben oder so zu lindern, dass sie erträglich werden.

---

[8] Vgl. Eibach (1998), 55 ff.; Eibach (2014), 232 ff.

Dass der Mensch beim Abbau der Lebenskräfte im Alter, in schwerer Krankheit u.a. zunehmend seiner körperlichen und oft auch geistigen Fähigkeiten (nicht zuletzt der Autonomie) beraubt wird und auf die Hilfe anderer angewiesen ist, dass sein Leben auch mit Leiden verbunden ist, das zumindest ist des Menschen nicht unwürdig, das gehört unvermeidbar zur Endlichkeit des Menschseins. Dass sich immer mehr Menschen nicht nur vor schweren Leiden sondern auch vor dem Angewiesensein auf und der Abhängigkeit von anderen fürchten, das hat vielfältige, auch berechtigte Gründe, vor allem den, dass sie daran zweifeln, dass sie in menschenwürdiger Weise behandelt und gepflegt werden, wenn sie unabdingbar auf die Hilfe anderer angewiesen sind. Die Antwort darauf kann aber nicht das Recht auf Selbsttötung und Beihilfe zum Suizid sein, durch die menschenunwürdige Behandlungen vorsorglich vermieden werden sollen, sondern nur das Recht auf medizinische, pflegerische, mitmenschliche und seelsorgerliche Hilfen, durch die der leidende Mensch sich in würdiger Weise behandelt wissen kann. Ein leidfreies Leben und Sterben kann dadurch freilich nicht garantiert werden.

2 Selbstbestimmung, Todeswunsch und Tötungswunsch

Bei meinen Überlegungen gehe ich davon aus, dass *kein* grundsätzlicher ethischer Unterschied zwischen einer *Beihilfe zur Selbsttötung* und einer *Tötung auf Verlangen* besteht. Dieser Unterschied ergibt sich primär aufgrund juristischer Konstruktionen. In Deutschland ist, weil der Suizid straffrei ist, auch die Beihilfe zur Selbsttötung straffrei (anders Österreich, England u.a.), sofern die „Tatherrschaft", also die Letzthandlung, die in einer Kette von zum Tode führenden Entscheidungen und Handlungen den Tod letztendlich verursacht, beim Suizidenten liegt. Dabei orientiert sich das Recht nur an dem Willen des lebensmüden Menschen und an seiner den Tod verursachenden Tat. Es kommen nicht einmal die tieferen Motive des Suizidenten und des „Helfers zum Tode" in den Blick. Dagegen lassen sich viele Einwände geltend machen. Warum sollte z. B. einem Menschen, der die Beihilfe zur Selbsttötung als Wunsch in einer Patientenverfügung niedergelegt hat, er dann aber plötzlich in einen Zustand gerät, in dem er die Tatherrschaft nicht mehr selbst ausüben kann, die Tötung durch andere verweigert werden?

Entscheidend ist doch, dass ich dem Wunsch eines Menschen, seinem Leben ein Ende zu setzen, zustimme und ihm aktiv die Mittel zugänglich mache, durch die der Tod verursacht wird. Je mehr ich für den Suizidenten alles für eine Selbsttötung vorbereite und je weniger er selbst tun muss, umso mehr nähere ich mich einer Tötung auf Verlangen. Wenn ich eine Infusion mit tödlichem Gift so anlege, dass der Suizident nur noch einen Hebel umlegen muss, damit die tödliche Flüssigkeit in den Körper fließen kann, dann wird deutlich, dass die ganze Vorbereitung dieses Geschehens durch einen „Helfer zum Tode" die eigentlich „aktive" Handlung ist und nicht allein das Umlegen des Hebels. Damit soll nicht bestritten werden, dass es in dieser Hinsicht zwischen dem Suizidenten und dem, der seinen Tötungswunsch erfüllt (Täter) und der den Tod letztendlich verursacht, Unterschiede gibt, dass der Täter die direkte Verursachung des Todes seelisch belastender empfindet als die bloße Beschaffung und Bereitstellung von tödlichen Mitteln, doch ist dieser Unterschied weniger grundsätzlich ethischer als vielmehr psychologischer Art.

1. Fallbeispiel: Frau K. liegt mit weit fortgeschrittenem Krebs auf einer onkologischen Station. Sie klagt über unerträgliche Schmerzen. Wiederholt äußert sie, sie möchte tot sein. Nachdem eine vertrauensvolle Beziehung entstanden ist, sagt sie eines Abends: „Herr Pfarrer, ich kann und will nicht mehr. Es soll eine Organisation geben, die einem hilft zu sterben. Da kann man Mittel bekommen. Können Sie mir die besorgen?" Ich schweige. Beim nächsten Besuch sagt sie: „Können Sie mir denn wenigstens die Adresse der Organisation besorgen?" Nach einer Weile sage ich: „Frau K., was ist denn das Schlimmste, das sind doch nicht nur die Schmerzen?!" Sie beginnt laut zu weinen. Als sie sich beruhigt hat, sagt sie: „Herr Pfarrer, ich habe 4 Kinder, die wohnen alle in der Umgebung, aber in dieser Woche (es ist Freitag) hat mich nur eins besucht." Ich sage: „Das ist das Schlimmste?" Sie nickt. Wir sprechen über diese Enttäuschung, über ihre Angst vor dem Tod, die insbesondere abends ihre Seele massiv erfasst, und über die dadurch gesteigerten Schmerzen. Beim Abschied sagt sie: „Jetzt sind meine Schmerzen fast weg." Nach diesem Abend hat sie die Thematik „Tötung" nicht mehr erwähnt und ihre Schmerzen immer als „erträglich" bezeichnet.

Todeswünsche, bis hin zu Wünschen, getötet zu werden, sind bei der Mehrzahl der Menschen Durchgangsstadien im Prozess einer tödlichen somatischen Krankheit. Bei ganz wenigen verfestigen sie sich zu Suizid- oder Tötungswünschen, die sie angekündigt oder unangekündigt in die Tat umsetzen. Die Gründe für solche Wünsche, getötet zu werden, sind vielfältig und den Kranken oft auf der Bewusstseinsebene nicht klar. Mit einer rational-kognitiven Befragung kommt man an sie meist nicht heran. Es sind nicht nur physische Schmerzen und Ängste vor Schmerzen, sondern – wie bei Frau K. – auch Enttäuschungen über das eigene Leben und andere Menschen und Konflikte mit Menschen, also häufig seelische Probleme, die nicht mehr aushaltbar erscheinen und die sich auch in verstärkten physischen Schmerzen manifestieren können. Es sind – wie bei Frau K. – nicht zuletzt Ängste vor Verlassenheit im Sterben und mit dem drohenden Tod oft verbundene Vernichtungsängste, die zu den tiefsten Ängsten gehören, die der Mensch erleben kann. Aufgrund solcher Ängste klammern sich viele Menschen ans Leben und nehmen sehr belastende, die Leidenszeit nur verlängernde, letztlich aber erfolglose medizinische Behandlungen in Kauf oder aber sie nehmen sich, weil sie die Ängste nicht mehr aushalten können, das Leben oder bitten um Beihilfe zum Suizid. Solche diffusen Auflösungs- und Vernichtungsängste sind sprachlich schwer zu fassen und auszudrücken. Sie werden auch im seelsorgerlichen Gespräch oft nur indirekt angedeutet und müssen behutsam aufgegriffen und bearbeitet werden, wenn sie nicht durch Rationalisierungen schnell wieder verdrängt werden sollen. So wie sich bei Frau K. hinter den physischen Schmerzen seelische Schmerzen (Enttäuschungen, Ängste) zeigen, so können sich hinter physischen Schmerzen, Todeswünschen und Wünschen, getötet zu werden, auch die „Seele" in den Abgrund des „Nichts" reißende Ängste vor absoluter Verlassenheit und Vernichtung auftun, die nicht mehr aushaltbar erscheinen. Dennoch wäre eine Beihilfe zur Selbsttötung in solchen Fällen keine angemessene, ja eine falsche Lösung. Festzuhalten ist, dass es nicht leicht ist, die wahren und oft hinter vordergründigen Motiven und Schmerzen verborgenen tieferen Gründe für Selbsttötungsabsichten bis hin zur Tötung auf Verlangen zu ermitteln.

2. Fallbeispiel: Herr M., ein über 80-jähriger General a. D., ist mit einem metastasierten Karzinom in die Klinik eingewiesen worden. Bald nach Beginn des Gesprächs sagt er: „Herr Pfarrer, machen Sie sich keine Mühe, ehe es so weit ist, werde ich in Ehren abtreten!" Ich sage: „Sie wollen nicht auf die Hilfe anderer angewiesen sein?" Er: „Genau, das sehen Sie richtig. Man darf nicht von anderen abhängig werden!" Nach einer Weile greife ich zu einer konfrontativen Intervention und sage: „Und Ihre Frau, wenn die Krebs hat, die soll auch in Ehren abtreten, bevor sie auf Ihre Hilfe angewiesen ist?" Der General ist sichtlich verunsichert, ringt minutenlang mit sich und antwortet dann: „Ich würde sie schon gerne pflegen!"

Die Antwort macht die Widersprüchlichkeit des Ideals vom selbstbestimmten Tod deutlich. Es ergab sich ein Gespräch, in dem ich zu vermitteln suchte, dass die Angst vor Hilfebedürftigkeit zwar berechtigt ist, der Ausweg einer „Selbsttötung" aber nicht Ausdruck von Freiheit sondern von Angst, mithin von Unfreiheit ist, und dass er erst frei sei, wenn er von dieser Angst befreit sei. Ferner verdeutlichte ich ihm, dass das Angewiesensein auf andere Menschen das Leben nicht entwürdigt, zumal er ja selbst seine Frau gerne pflegen wolle. Deshalb könne auch sein Angewiesensein auf die Liebe und Fürsorge seiner Frau und anderer sein Leben nicht entwürdigen, sondern lasse seine Würde durch die liebevolle Pflege geradezu aufscheinen. Wahre Freiheit bewähre sich gerade darin, dass der Mensch von der Angst, seine Würde zu verlieren, befreit wird dazu, sein Leben in die Hand Gottes und auch die Hand anderer Menschen loszulassen, sich der liebenden Fürsorge Gottes und von Menschen anzuvertrauen. Die Herausforderung des Sterbens könne für ihn gerade darin bestehen, diese Liebe anzunehmen, die Autonomie ihr unterzuordnen und so die Angst vor dem Verlust der Würde zu überwinden. Eine Woche nach seiner Entlassung teilte er telefonisch mit, dass er sich vom Gedanken, „rechtzeitig in Ehren abzutreten", verabschiedet habe.

Angst vor Hilfsbedürftigkeit und die Sorge, Angehörigen zur Last zu werden, sind häufige Gründe für Selbsttötungsabsichten bei schwer kranken Menschen. Sie sind insbesondere bei Menschen anzutreffen, die sehr selbstbestimmt gelebt und sich nie auf andere wirklich angewiesen empfunden haben. Das ist vor allem bei Männern der Fall. Hätte Herr M. sich selbst getötet, so wäre das vordergründig eine selbstbestimmte, aber immer noch primär eine von Ängsten und damit von Unfreiheit bestimmte Tat gewesen. Und wäre diese Tat verantwortbar, genauer: vor wem verantwortbar? Vor

seinen persönlichen Lebensanschauungen „ja", aber nicht vor seiner Familie.
Das hat er selbst eingesehen, das wollte er daraufhin seiner Familie nicht
antun. Die Frage, inwiefern es sich bei Frau K. und Herrn M. um im juristischen Sinne „freie" Willensentscheidungen handelt, drängt sich auf. Von
Selbstbestimmung kann man eigentlich nur sprechen, wenn der Mensch
seine Ängste vor dem Tod durcharbeitet hat und das Sterben annehmen,
über sein Leben verfügen lassen und es loslassen kann. Dann schwindet aber
fast immer auch der Tötungswunsch.

3. Fallbeispiel: Nach einem Vortrag bittet mich eine holländische Krankenschwester, die in Deutschland ein Pflegeheim leitet, um ein persönliches
Gespräch. Sie berichtet, dass ihr Vater vor gut einem Jahr durch „Euthanasie"
in Holland gestorben sei. Er sei krebskrank gewesen, hätte in der letzten Zeit
stark abgenommen, aber keine schweren Schmerzen, wohl aber Angst gehabt, die verbleibende Lebenszeit könne „unwürdig" und er eine Last für die
Familie werden. Er bat den Hausarzt um „Sterbehilfe". Die Familie versam-
melte sich am Krankenbett. Der Hausarzt gab dem Vater ein Zäpfchen, das
ihn langsam bewusstlos werden ließ. Nach sieben Stunden kam er wieder
und setzte eine tödliche Spritze. Die Frau sagte, dass sie den Schritt bis heute
nicht billigen könne. „Aber ich hatte doch nicht das Recht, meinen Vater
davon abzuhalten, es war doch sein Leben und seine Entscheidung!" Auf die
Frage, warum der Hausarzt dieses Verfahren gewählt habe, sagte sie: „Damit
die Familie den Vater im Sterben begleiten konnte." Meine Frage, ob es auch
den Grund hatte, dass der Schein eines natürlichen Sterbens gewahrt wurde,
bejahte sie. Sie bewegte jetzt die Frage, ob nicht viele der Bewohner ihres
Heims in einem viel schlechteren und „unwürdigeren" Zustand sind als ihr
Vater es war, ob sie noch leben wollten, wenn man ihnen die Möglichkeit der
Tötung auf Verlangen eröffnete. Ich wies darauf hin, dass es bei einer gesetzlichen Billigung der aktiven Lebensbeendigung fast selbstverständlich sei,
dass sich Menschen in ihrer Krankheit irgendwann sehr bewusst mit dieser
Möglichkeit auseinandersetzen und sich fragen: Warum nicht einem möglicherweise „unwürdigen" Leben durch eine Tötung zuvorkommen? Irgendwann werde die Beschäftigung damit zum Entschluss und zur Tat. Auf die
Frage, was wäre, wenn ihr Vater rechtlich nicht die Wahl zwischen einem
„natürlichen" Tod und der Euthanasie gehabt hätte, antwortete die Frau:

„Dann hätte mein Vater irgendwie sein Leben anders beendet. Wahrscheinlich wäre es überhaupt nicht so schlimm geworden, wie er dachte. Bei uns im Heim müssen die Menschen ja auch damit klar kommen!"

Das Gespräch macht auf die auch für die Beihilfe zum Suizid wichtigen Aspekte aufmerksam: (1) Der Mensch soll die Freiheit haben, über sein Leben ein Letzturteil, gleichsam ein „Lebensunwerturteil" zu fällen. (2) Dieses Urteil ist angeblich von anderen zu respektieren, weil es sich nur um sein eigenes Leben handelt. (3) Es soll der entscheidende rechtfertigende Grund für die Hilfen zum Tode durch andere sein.

Es gibt neben der Perspektive des Vaters aber auch noch die der Tochter. Sie konnte dessen Schritt nicht billigen, begriff erst nach dem Geschehen die ganze Tragweite der auch ihr zugemuteten Tötungshandlung und trägt noch über ein Jahr später schwer daran. Sie kann diesen Schritt nicht mit ihrem Berufsethos vereinbaren. In ihrem Altenheim sieht sie sich vor die Frage gestellt: „Warum erhalten wir das Leben dieser Menschen, die objektiv zu einem erheblichen Teil ein ‚unwürdigeres' Leben als mein Vater führen?" Diese Perspektive macht darauf aufmerksam, dass der alleinige Blick auf den Willen des Patienten eine verkürzte individualistische Sicht darstellt, der ein individualistisches, allein an der Autonomie orientiertes Menschenbild zugrunde liegt. Auch die berufsethische Perspektive muss berücksichtigt werden. Seit der Euthanasie des Vaters ist die Krankenschwester in ihrem Berufsethos sehr verunsichert. Kann der Wunsch eines Menschen, getötet zu werden, für einen Berufsstand, der sich ethisch zur Heilung und Linderung von Krankheiten sowie zur Pflege von Menschen verpflichtet hat, ein hinreichender Grund sein, ihm bei einer Selbsttötung zu helfen oder gar eine Tötung auf Verlangen durchzuführen?

3   Autonomie, Angewiesensein und Selbsttötung

Die ethische Bewertung der Beihilfe zum Suizid und der Tötung auf Verlangen hängt maßgeblich von der des Suizids ab. Dass der Mensch seinem Leben selbst ein Ende setzen *kann*, ist unbestreitbar, und dass man Menschen, die Selbsttötungsversuche überleben, danach nicht noch bestraft, entspricht schon M. Luthers aus der Botschaft Jesu gewonnener Einsicht, dass Menschen nicht letzte Richter über verzweifelte Menschen sein sollen. Umstritten bleibt, ob er ein *Recht* dazu hat. In der christlichen Tradition wird dies einhellig bestritten, hauptsächlich mit dem Argument, dass der Mensch das Leben von Gott als „Leihgabe" empfangen hat, es deshalb jedoch noch nicht zum Besitz des Menschen wird, über den er nach Belieben verfügen darf.[9] Diese religiös begründete Ablehnung bestimmte auch noch I. Kant[10] und ihm folgend bis in die Gegenwart die deutsche Rechtsprechung und das ihr entsprechende ärztliche Handeln. Wenn allerdings das Leben seine Rückbindung an Gott oder – nach Kant – an das Sittengesetz verliert, dann ist der Mensch nur noch auf sich selbst bezogen, dann wähnt er sich autonom im Sinne von Herr und Besitzer seines Lebens, der über es in jeder Hinsicht nach seinem Ermessen verfügen darf. Die Forderung nach einem Recht auf Selbsttötung ist dann ein deutlicher Ausdruck dessen, dass der säkulare Mensch sein eigener Gott sein will und muss (vgl. 1.1.).

Diejenigen, die den Inhalt der Menschenwürde primär in einer empirisch nachweisbaren Fähigkeit zur Selbstbestimmung (Autonomie) gegeben sehen und aus ihr ein verfassungsrechtlich legitimiertes Recht auf Selbsttötung ableiten, werden nicht müde zu betonen, dass ein weltanschaulich neutraler Staat die Interpretation des Grundgesetzes nicht von religiösen Vorgaben abhängig machen dürfe, die von vielen Bürgern nicht mehr geteilt werden, dass die Verfassung vielmehr rechtspositivistisch im Horizont der jeweils herrschenden und angeblich rein rational begründbaren Lebensanschauungen zu interpretieren sei.[11] Es stellt sich daher die Frage, ob es auch gute Gründe nicht religiöser Art gegen ein Recht auf Selbsttötung gibt.

Das Menschenbild der Aufklärung rückt in einseitiger Weise das autonome Individuum in den Mittelpunkt, so dass des Menschen höchste Vollkommenheit letztlich darin besteht, dass er des Mitmenschen und Gottes nicht mehr bedarf, er aus sich selbst lebt. Aber der Mensch begründet sich weder in seinem Dasein noch in seiner Würde durch sein Entscheiden und Handeln. Er wird ohne sein Zutun ins Dasein „geworfen", ob er es will oder

---

[9] Vgl. Bonhoeffer ([7]1966), 179 ff.; Eibach (2005), 65 ff.
[10] Vgl. Wittwer (2001), 180 ff.
[11] Vgl. z.B. Hoerster (1998), 13 ff., 61 ff.

nicht. Er empfängt sein Leben von seinen Eltern, letztlich aber aus dem schöpferischen Handeln Gottes. Leben gründet daher primär im Angewiesensein auf andere.[12] Der Mensch ist, um überhaupt leben zu können – nicht nur im Kindesalter und am Lebensende, sondern bleibend das ganze Leben hindurch – auf Beziehungen zu anderen Menschen angewiesen. Er lebt in und aus ihnen, er verdankt in erster Linie anderen sein Leben. Daher ist das „Mit-Sein" Bedingung der Möglichkeit des Selbstseins, hat seinsmäßigen Vorrang vor dem Selbstsein. Dem Angewiesensein entspricht das „Für-Sein" der Anderen, ohne das Leben nicht sein, wenigstens aber nicht wirklich gelingen kann. Leben gründet in der aller selbsttätigen Lebensgestaltung als Bedingung der Möglichkeit vorausgehenden Leben und Würde schenkenden Liebe und Fürsorge Gottes und anderer Menschen. Der Mensch wird in erster Linie in solchen Beziehungen der Liebe in seiner ihm von Gott geschenkten Würde geachtet. Der autonome Mensch, der selbst in schweren Lebenskrisen wie dem Sterben sich primär selbst bestimmt und aus sich selber leben kann, ist weitgehend ein lebensfernes theoretisches Konstrukt.

Wer von einem personal-relationalen Menschenbild ausgeht, der wird auch in der Beurteilung des Suizids zu anderen Auffassungen kommen. Der sich autonom wähnende Mensch vergisst oft, dass er auf andere Menschen angewiesen ist, er deshalb den in Liebe verbundenen Menschen gegenüber Verantwortung trägt (vgl. 2. Fallbeispiel). Er sollte sich daher immer bewusst bleiben, was er anderen Menschen mit einem Suizid und auch einer Beihilfe zum Suizid antut, welche seelische Last, nicht zuletzt Schuldgefühle, er ihnen damit auferlegt. Eine Selbsttötung ist eben kein „natürlicher" Tod und wird von Angehörigen auch allermeist als seelisch viel belastender erlebt als ein schweres natürliches Sterben. Sie sind bei ihnen viel häufiger mit schweren posttraumatischen Belastungsstörungen verbunden als „natürliche" Todesfälle. Dies belegt eine Schweizer Studie an Menschen, die Angehörige bei einer Beihilfe zur Selbsttötung (durch die Sterbehilfeorganisationen *Dignitas* und *Exit*) begleiteten (vgl. 3. Fallbeispiel).

Auch der Suizidwunsch von somatisch schwer kranken Menschen ist ein Schrei nach mitmenschlicher Zuwendung, ja letztlich nach dem grundlegenden „Lebensmittel", von dem und aus dem alle Menschen leben, den von

---

[12] Vgl. MacIntyre (2001); Eibach (2014), 242 ff.

Liebe bestimmten und Geborgenheit vermittelnden Beziehungen. Die Menschen, die sich das Leben meinen nehmen zu müssen, wollen meist nicht erweisen, wie autonom sie sind, sondern sie tun viel mehr kund, was ihnen fehlt, um leben zu können. Die hohe Suizidrate bei vereinsamten alten und hilfsbedürftigen Menschen bestätigt, wie sehr Menschen auf die Hilfe anderer angewiesen sind.[13] Immer mehr betagte Menschen haben Angst, anderen zur Last zu fallen. Und seit einiger Zeit äußern alte Menschen immer häufiger die Sorge, dass die Gesellschaft chronisch kranke, betagte, demente und sonst wie hilfsbedürftige Menschen in Zukunft hauptsächlich als eine kaum noch tragbare Belastung betrachten wird. Das könnte in die Auffassung umschlagen, dass der Suizid solcher Menschen gesellschaftlich wünschenswert ist, dass es auf keinen Fall zu verhindern ist, wenn Menschen sich den „Gnadentod" geben oder geben lassen wollen. Es könnte sich mit wachsendem sozialökonomischen Druck und daraus resultierender gesellschaftlicher Billigung des Suizids und der Beihilfe zum Suizid und gleichzeitiger Behauptung, es gebe ein verfassungsrechtlich garantiertes Recht auf Selbsttötung, ein gesellschaftlicher Druck zum „Frühableben" durch verborgene oder auch offene Formen der Selbsttötung und der Beihilfe zur Selbsttötung und irgendwann auch der Tötung auf und dann wohl auch ohne Verlangen ergeben. Die eindeutige Überordnung des Schutzes der Autonomie über den Schutz des Lebens vermag dagegen keinen wirksamen Schutzdamm aufzurichten.

Die Bestreitung eines Rechts auf Selbsttötung widerspricht nicht der Achtung der Würde des Menschen, denn diese besteht nicht in erster Linie darin, dass der Mensch eine rationale Entscheidungs- und Handlungsautonomie hat, die zu achten für andere immer geboten ist. Ein Menschenbild, in dem der Mensch primär von seiner empirisch nachweisbaren Autonomie her betrachtet wird, verfehlt den Menschen sowohl in seinen mitmenschlichen Beziehungen wie auch als leib-seelisches Subjekt, das in erster Linie von Gefühlen und vielen anderen inneren und äußeren Umständen bestimmt und oft hin- und hergerissen wird.[14] Der Mensch ist insbesondere in Lebenskrisen wie dem Sterben immer nur mehr oder weniger frei, die Umstände seines Lebens durch seine „rationalen Fähigkeiten" zu bestimmen. Der mehr oder

---

[13] Vgl. Hirsch (2002), 59 ff.
[14] Vgl. Hell (2003), 111 ff.

weniger freie Wille kann daher nicht primär den Ausschlag geben, wie ein suizidaler Mensch zu behandeln ist. Vielmehr wird die Würde des Menschen dadurch geachtet, dass man eine Beziehung zu ihm aufbaut, in der er als bedürftiges Subjekt geachtet und ihm das angeboten wird, was er zum Leben im Sterben braucht, eine gute palliativmedizinische und pflegerische Betreuung und nicht zuletzt von Liebe bestimmte und Geborgenheit vermittelnde Beziehungen.

4. Beispiel: Eine ärztliche Leiterin (Onkologin) eines großen häuslichen palliativmedizinischen Dienstes (SAPV) mit langjähriger Erfahrung im Umgang mit todkranken Menschen antwortet mir auf die Frage, wie viele Menschen sie schon um Beihilfe zur Selbsttötung oder Tötung auf Verlangen gebeten haben: „Kein Mensch!" Auf die Frage, wie sie sich das erkläre, da ich als Klinikseelsorger durchaus schon oft mit dieser Frage konfrontiert wurde, sagt sie: „Entweder wenden sich Menschen, die diesen Weg für sich ernsthaft erwägen, nicht an uns oder sie nehmen, wenn sie unseren Dienst in Anspruch nehmen, von diesem Gedanken in dem Maße Abstand, wie sie unsere Hilfe erfahren und unserer Zusage vertrauen, dass wir wirklich bis zum Tod für sie da sind."

Aufgabe derjenigen, die sich um Menschen sorgen, die Wünsche äußern, aktive Sterbehilfe zu erhalten, ist es nicht, derartige Wünsche zur Leitlinie ihres eigenen Handelns werden zu lassen. Vielmehr sind sie herausgefordert, diesen Wünschen als Anwälte des Lebens zu begegnen, nicht primär dadurch, dass man das Urteil mit rationalen Mitteln widerlegt, sondern dadurch, dass man dem Menschen das anbietet, was ihm fehlt, um das Leben auch in schweren Krisen wie dem Sterben bestehen zu können (vgl. 1. Fallbeispiel). Mehr können Menschen nicht tun, denn wie einem Menschen kein „Letzturteil" und uneingeschränktes Verfügungsrecht über das eigene Leben zusteht, so erst recht nicht über das Leben anderer Menschen. Es kann also kein Recht auf Selbsttötung geben, das von anderen Menschen zu respektieren wäre und an deren Ausführung sie mitwirken dürfen oder gar sollen. Es kann aber auch keine Pflicht geben, einen Menschen dauerhaft zum Leben zu zwingen, wenn ihm nicht wirklich zum Leben geholfen werden kann. *Der Suizid ist und bleibt eine ethisch nicht zu billigende menschliche Möglichkeit und Wirklichkeit, aber auch eine „Tragödie", die immer zu verhindern die Grenzen menschlicher Möglichkeiten übersteigt und deren letzte Beurteilung dem Menschen entzogen bleibt, die allein Gott zu überlassen ist.*[15] Es gibt jedoch kein Recht auf Selbsttötung, sondern nur eine Pflicht, diese möglichst zu verhindern, aber auch nur mit Mitteln, die nicht mehr schaden als helfen, die also zu einem Ja zum Leben verhelfen. Und dazu gehört nicht nur eine gute palliative medizinische und pflegerische Versorgung, sondern auch eine Einbettung in Geborgenheit vermittelnde mitmenschliche Beziehungen und nicht zuletzt auch die seelsorgerliche Begleitung, deren Ziel darin besteht, den Menschen im Glauben an Gott so zu bestärken, dass er im Glauben die tägliche Kraft geschenkt bekommt, ein schweres Leidensgeschick zu tragen und sein Leben in „Gottes Hand" loszulassen, so dass er über sein Geschick nicht verzweifeln muss und einer Selbsttötung nicht bedarf.[16]

4   Normativ ethische und rechtliche Regelungen für „tragische Grenzfälle"?

Obwohl viele Philosophen und Juristen aus der Menschenwürde (Grundgesetz Art. 1.1) ein Recht auf Selbsttötung ableiten (vgl. 1.1), geht man in der derzeitigen Diskussion in Deutschland aus unterschiedlichen Gründen meist noch nicht so weit, dass man ein explizites Recht auf Selbsttötung[17] und ein daraus abgeleitetes Recht auf Beihilfe zur Selbsttötung ohne jede Einschränkung und eine Tötung auf Verlangen fordert, sondern man verlangt nur, dass die Beihilfe zur Selbsttötung unter bestimmten Voraussetzungen (Notlagen wie unheilbare Krankheit, schwere Schmerzen) *ausdrücklich rechtlich straffrei* gestellt wird. Aber damit sind doch die Türen zu einem expliziten Recht auf Selbsttötung bis hin zur Tötung auf Verlangen geöffnet. Die Parallelen zur Straffreiheit für den Schwangerschaftsabbruch in „Notlagen" sind unverkennbar. Nicht nur in der „öffentlichen Meinung" wird das Absehen von Strafe meist mit einem Recht auf Schwangerschaftsabbruch gleichgesetzt. Es

---

[15] Eibach (1992), 252 ff.
[16] Vgl. EKD (2008); GEKE (2011).
[17] Der BGH hat zuletzt 2001 den Suizid als „grundsätzlich ‚rechtswidrig' bezeichnet" (Duttge (2014b), 625) und diese Auffassung bisher nicht geändert.

ist sicher nicht nur eine Vermutung, dass das auch bei einer ausdrücklichen Straffreiheit für die Beihilfe zur Selbsttötung in „Notlagen" der Fall sein wird. Dies wird auch durch die Entwicklung der Praxis der straffreien Tötung auf Verlangen in Holland bestätigt.[18]

4.1 Hilfe zur Selbsttötung: Eine Gewissensentscheidung?

Die Hilfe zum Sterben wird oft als letzter Akt der Barmherzigkeit und Nächstenliebe bezeichnet, den man keinem Menschen verweigern dürfe. Dabei wird allerdings eine Verkehrung des Begriffs Nächstenliebe vollzogen, denn die Liebe ermöglicht, erhält, fördert, aber tötet nicht Leben. Nur die Hilfen zum Leben und damit auch das Tötungsverbot sind die sachgemäßen Konkretisierungen des Liebesgebots. Die Tötung in Grenzfällen des Lebens ist Ausdruck der Ohnmacht des Menschen, die daraus entsteht, dass ein Mensch sich durch das Leiden eines anderen Menschen zur Hilfe herausgefordert sieht, er der Übermacht des zerstörerischen Leidens aber hilflos gegenüber steht und keinen anderen Ausweg sieht, das Leiden wirksam zu lindern, als das Leben des Menschen mithilfe seiner oder durch seine Hand und Tat zu beenden. Vordergründig betrachtet kann man die Selbsttötung, die Beihilfe zur Selbsttötung und die Tötung auf Verlangen als Ausdruck dessen verstehen, dass der Mensch autonom ist und die Macht hat, über sein Leben uneingeschränkt, also auch zum Tode zu verfügen. Im Grunde aber sind die Tötungen Ausdruck dessen, das die Übermacht des Todes den Menschen seiner Autonomie beraubt und ihn zu einer Tat der Verzweiflung nötigt.

Es muss nicht bestritten werden, dass es wirklich seltene „tragische Grenzfälle" gibt, in denen die Leiden von Patienten auch durch die Mittel der Palliativmedizin nur schwer erträglich gestaltet werden können. In solchen Fällen ist der palliativen Sedierung immer der Vorzug zu geben vor einer Beihilfe zur Selbsttötung. Sollte auch damit keine „zumutbare" Lösung gefunden werden, so kann eine grundsätzliche ethische Entscheidung gegen jede Form der Hilfe zum Sterben zu einem Gewissenskonflikt für in Liebe verbundene

---

[18] Vgl. Fußnote 5.

und zur Hilfe herausgeforderte (z.b. Angehörige) oder verpflichtete Menschen (Ärzte, Pflegekräfte, Seelsorger u.a.) führen. Solche „tragischen Grenzfälle" setzen die unbedingte Geltung des Tötungsverbots nicht außer Kraft. Aber es stellt sich die Frage, ob sie mit normativ ethischen und rechtlichen Regeln überhaupt hinreichend erfasst und gelöst werden können. Man sieht sich herausgefordert zu helfen, ohne andere Mittel als die Hilfe zum Tode anbieten (von der Beschleunigung des Sterbens bis zur eindeutigen Verursachung des Todes) zu können. Wenn diese dann erwogen wird, dann ist der, der sie erbringen soll, auf sein eigenes Gewissen zurückgeworfen.[19] Das schließt die Möglichkeit des Schuldigwerdens und die Bereitschaft zur Schuldübernahme vor Gott und auch vor Menschen ein.[20] Weder der Wunsch des Patienten nach Hilfe zum Sterben noch seine schwere Lebenssituation oder eine wie auch immer geartete rechtliche Erlaubnis entlasten einen Menschen von einer solchen Gewissensentscheidung und der Verantwortung für sie. Ärzte haben auch in der Vergangenheit in solchen Konfliktsituationen immer wieder diese Möglichkeit als letzten Ausweg ergriffen, ohne dass sie deshalb eine ausdrückliche rechtliche Billigung für ihr Handeln gefordert haben. Die entscheidenden Fragen, die sich daraus ergeben, sind folgende: Wem kann ein solches Handeln zugemutet werden? Und: Kann und sollte es für solche Grenzfälle, die normativ ethisch und rechtlich nicht allgemeingültig erfasst werden können, trotzdem rechtliche Regelungen geben?

4.2   Von der Hilfe zur Selbsttötung zur Tötung auf Verlangen!?

Die eigentlich „tragischen Grenzfälle" ergeben sich bei Menschen, die nicht mehr handlungsfähig sind, vor allem im Bereich der Neurologie, Neurochirurgie, Geriatrie und insbesondere in Pflegeheimen. Begrenzt man die Beihilfe zur Selbsttötung auf Menschen, die die tödliche Letzthandlung noch wirklich selbsttätig ausführen können, so lässt man Menschen, die das nicht mehr können, die dies aber für sich erbitten, letztlich ohne diese „Hilfe zum Tode".

---

[19] Vgl. Eibach (1998), 207 ff.
[20] Vgl. Bonhoeffer ([7]1966), 255 ff.; Härle (2014), 337 ff. Zur rechtlichen Problematik einer Berufung auf das „Gewissen" vgl. Duttge (2014 a), 543 ff.; Rixen (2014), 65 ff.

Diese Hilfe auf „Beihilfe zur Selbsttötung" zu begrenzen, erweist sich an diesen Fällen als besonders inkonsequent. Nur die Tötung auf Verlangen durch andere könnte ihnen Hilfe bringen. Wenn man die Beihilfe zur Selbsttötung rechtlich ausdrücklich erlaubt, so wäre der Übergang zur Tötung auf Verlangen in diesen Fällen konsequent.

In wirklich „tragischen Grenzfällen" leben aber noch viel mehr Menschen, die nicht mehr oder sehr eingeschränkt entscheidungs- und handlungsfähig sind und die vielleicht auch nicht mehr leben wollen. Bei rechtlicher Billigung der Hilfe zur Selbsttötung könnten Menschen eine Patientenverfügung verfassen, in der sie darlegen, dass sie unter solchen Umständen von ihrem Leben durch Menschenhand erlöst werden möchten. Wenn sie sich in der aktuellen Situation nicht mehr zu diesem schriftlich niedergelegten Willen äußern und ihn auch nicht mehr selbst in die Tat umsetzen können, sollen andere das dann tun, auch wenn man den aktuellen Willen nicht ermitteln sondern bestenfalls nur „mutmaßen" kann? Vermittelt über den „mutmaßlichen Willen" tun sich hier die Übergänge zu den verschiedenen Formen der Tötung ohne Verlangen, ja zur Tötung aufgrund von Lebensunwerturteilen anderer Menschen auf. Das Paradoxe dabei ist, dass durch eine rechtliche Regelung der Hilfe zur Selbsttötung mit guten Gründen (z.B. Barmherzigkeit, Mitleid) die Tür zu dem eröffnet wird, was man vermeiden will, nämlich die Tötung auf und ohne Verlangen. Das zeigt, dass sich „tragische Grenzfälle" nicht normativ ethisch und rechtlich lösen lassen, ohne dass man neue Grenzfälle erzeugt, die wiederum zu neuen rechtlichen Regelungen herausfordern. Daraus kann man folgern, dass das Sterben zu den Bereichen des Lebens gehört, denen man durch normativ ethische und rechtliche Regelungen häufig nicht gerecht werden kann, ja dass dadurch mitunter mehr Probleme geschaffen als gelöst werden.

Die rechtliche Billigung der Selbsttötung und der Beihilfe zu ihr fordert schwer kranke, auch psychiatrisch kranke Menschen geradezu heraus, sich mit dieser gleichsam „normal" wählbaren Option des Todes zu beschäftigen (vgl. Beispiel 3) und Angehörige sowie Ärzte, Pflegekräfte u.a. dazu, den Kranken diese Möglichkeit unbewusst oder bewusst nahe zu legen oder gar einen dahingehenden Druck auf sie auszuüben. Zugleich könnte damit eine Tür geöffnet werden, dass ein entsprechender gesellschaftlicher Druck zur Inanspruchnahme der rechtlich ermöglichten Beihilfe zur Selbsttötung ent-

steht und offen zum Ausdruck gebracht wird. Es kann (wie beim Schwangerschaftsabbruch) kaum vermieden werden, dass die ausdrückliche Straffreiheit
als rechtliche Billigung verstanden und dahingehend gedeutet wird, dass der
Staat dem Menschen ausdrücklich die Wahlmöglichkeit zwischen einem
„natürlichen" und einem Tod durch Menschenhand anbietet. Aus den
Grenzfällen würden dann Regelfälle, zunächst nur bei der Beihilfe zum Suizid, dann aber irgendwann auch in Deutschland bei der Tötung auf Verlangen.

4.3 Wer dürfte Hilfe zur Selbsttötung in Grenzfällen erbringen?

Eine wesentliche Frage ist die, *wem die Hilfe zur Selbsttötung erlaubt sein soll.*
Es gibt überzeugende Gründe dafür, dass diese Möglichkeit keiner Organisation und auch keiner einzelnen Person (z.B. Ärzten) eröffnet werden sollte,
die diese Beihilfe bewusst als Dienstleistung anbieten. Dann bleibt nur derjenige Personenkreis übrig, der eine sogenannte „Garantenpflicht", eine Pflicht
zur Hilfe in Not (insbesondere Lebensgefahr) hat, also Angehörige, Ärzte,
Pflegekräfte, Betreuer. Um diesem Personenkreis eine Beihilfe zum Suizid
rechtlich zu ermöglichen, müsste die Garantenpflicht für diese Personen
unter bestimmten objektivierbaren Bedingungen ausdrücklich außer Kraft
gesetzt werden.[21] Das käme allerdings einer rechtlichen Billigung des Suizids
und der Beihilfe zu Selbsttötung sehr nahe.

Die *Ärzteschaft* kann viele gute Gründe dafür anführen, dass ihre Mitwirkung an der Tötung nicht zum rechtlich erlaubten und geregelten Gegenstand ärztlicher Aufgaben und Fürsorgepflichten gehören darf.[22] Sonst würde

---

[21] Dies ist nach Angaben von Duttge (2014b), 625 bisher in Urteilen der Justiz nicht geschehen.

[22] In den „Grundsätzen der Bundesärztekammer zur ärztlichen Sterbebegleitung" wurde in den
Fassungen von 1998 und 2004 (*Dtsch. Ärzteblatt* 95 (1998), A 2365-67; 101 (2004), A 1297-99) noch
betont, dass die Beihilfe zum Suizid dem „ärztlichen Ethos widerspricht": In der Fassung von 2011
wird nur noch gesagt, dass sie „keine ärztliche Aufgabe" sei (*Dtsch. Ärzteblatt* 108 (2011), A-346-
348). Als „Privatperson" könnte ein Arzt demnach Beihilfe zum Suizid leisten. Der Ärztetag 2011 hat
jedoch mit deutlicher Mehrheit eine Änderung der Musterberufsordnung beschlossen, nach der es
Ärzten verboten ist, „Patienten auf deren Verlangen zu töten. Sie dürfen keine Hilfe zur Selbsttötung
leisten". Einige Landesärztekammern haben die Formulierung der Musterberufsordnung jedoch
nicht übernommen, so dass die für den jeweiligen Arzt allein verbindlichen Landesberufsordnungen

das ärztliche Berufsethos in seinem wesentlichen Kern, dem Schutz des Lebens, ausgehöhlt, und das Vertrauen der Menschen in die Heilberufe könnte untergraben werden. Ärzte, die sich der Beihilfe zur Selbsttötung dann trotzdem verweigern, könnten in den Geruch der „Unbarmherzigkeit" geraten und sich dem Vorwurf ausgesetzt sehen, dass sie ihre Patienten in großer Not im Stich lassen. Zudem würden Ärzte dann häufig in konflikthafte ethische Entscheidungen hineingezogen, bei denen sie nur schwer entscheiden können, in welchen Fällen sie dem Wunsch eines Patienten nach Beihilfe zur Selbsttötung Vorrang vor der Verpflichtung geben, das Leben zu schützen. Ärzte handeln nicht primär als Privatpersonen, sondern als Angehörige einer Berufsgruppe. Der Wunsch von Patienten ist für ihr aktives Handeln nicht primär ausschlaggebend, sondern die medizinische Indikation. Sie müssen sich daher immer fragen, ob und wie ihr Entscheiden und Handeln für alle anvertrauten Patienten zur Maxime ihres Handelns werden kann, ob es also verallgemeinerungsfähig ist und mit dem Berufsethos in Einklang steht.

Ethisch noch problematischer ist die Absicht, *Angehörigen* bzw. *Freunden* die Beihilfe zur Selbsttötung rechtlich ausdrücklich zu ermöglichen. An sich liegt es nahe, dass gut vertraute Personen diese Hilfe leisten. Aber sind in das Geschehen des Sterbens eingebundene Angehörige wirklich die Personen, die man solchen Erwartungen seitens der todkranken Menschen aussetzen darf (vgl. Fallbeispiel 3). Nicht auszuschließen ist, dass die Angehörigen in diesen auch sie belastenden Situationen solche Gedanken von sich aus unterschwellig oder offen bei den schwer kranken und pflegedürftigen Menschen verstärken oder auch auslösen. Das sensible Verhältnis von schwer Kranken und Angehörigen sollte durch eine explizite rechtliche Billigung bzw. eine ausdrücklich rechtlich zugesicherte Straffreiheit der Beihilfe zur Selbsttötung nicht solchen Erwartungen ausgesetzt und durch sie zusätzlich verunsichert werden. Die Angehörigen sind meist schon mit von ihnen erwarteten Entscheidungen über den Verzicht auf lebensverlängernde Maßnahmen überfordert und oft langfristig seelisch belastet, insbesondere weil sie empfinden, dass sie damit über Leben und Tod mit entscheiden. Wenn Klarheit besteht, dass es *kein Recht auf Selbsttötung* und *Beihilfe zur Selbsttötung* gibt und auch

---

nicht in allen Bundesländern die ärztliche Hilfe zur Selbsttötung verbieten. Nach einer Stellungnahme der *Deutschen Gesellschaft für Palliativmedizin* (Nauck, F. u.a.: Ärztlich assistierter Suizid, in: *Dtsch. Ärzteblatt* 111 (2014), A 67-71) widerspricht die Beihilfe zum Suizid den ärztlichen Aufgaben.

die Garantenpflicht für sie nicht grundsätzlich außer Kraft gesetzt ist, so
schützt diese Klarheit sowohl die Angehörigen vor dementsprechenden Ansinnen von Patienten wie auch die Patienten vor dem Ansinnen anderer und
vielleicht bei zunehmender sozial-ökonomischer Belastung auch vor dem
Druck der Gesellschaft, doch die Möglichkeit der Selbsttötung und Beihilfe
zur Selbsttötung zu wählen.[23]

Wenn für die seltenen wirklich „tragischen Grenzfälle", die keine „objektivierbaren Regelfälle" sind, ein „rechtsfreier Raum" bleibt, so ermöglicht das,
dass Menschen aufgrund von Gewissensentscheidungen „Hilfen zum Tode"
erbringen. Es ist verständlich, dass sie dann zugleich die Gewissheit haben
wollen, dass sie dafür nicht strafrechtlich und bzw. oder berufsrechtlich ver-
folgt werden. Unsere Rechtsprechung kennt die „Rechtsfigur" des „übergesetzlichen Notstands", bei dem von Strafe abgesehen werden kann und bei
dem Staatsanwälte und Richter eine Verurteilung meist gar nicht erwägen.
Die Frage ist, ob diese „Rechtsfigur" auch auf die tragischen Grenzfälle übertragen werden kann, die zur Beihilfe zur Selbsttötung und vielleicht auch zur
Tötung auf und ohne aktuell geäußertes Verlangen herausfordern. Dann
bedürfte es auch keiner normativ ethischen und erst recht nicht einer rechtlichen Regelung und Billigung solcher ganz seltenen Grenzfälle, dann blieben
sie – wie bisher – wirklich der Gewissensentscheidung einzelner Menschen
überlassen. Bedingung dafür ist jedoch einmal, dass der, der diese Handlung
durchführt, über genügend Erfahrung in diesen Bereichen des Lebens verfügt, er in einer längerfristigen Beziehung zu dem schwer leidenden Menschen steht, er ihn wirklich gut kennt und dass dieser Schritt nur den unmittelbar beteiligten Personen bekannt wird und bleibt. Und zum anderen ist
Bedingung, dass man eine möglichst deutlich objektivierbare Grenze ziehen
kann, bis wohin dieser rechtliche Freiraum gehen darf.[24]

Besondere Zurückhaltung ist bei den tragischen Grenzfällen geboten, bei
denen eine aktuelle eindeutige Willensäußerung des todkranken Menschen
nicht mehr einholbar ist und nur auf frühere mündliche oder schriftliche
Äußerungen Bezug genommen werden kann und insbesondere dann, wenn

---

[23] Ca. 25 % derjenigen, die in der Schweiz die Beihilfe zur Selbsttötung durch die Sterbehilfeorganisationen *Dignitas* und *Exit* in Anspruch nehmen, tun dies schon heute aus ökonomischen Gründen.
[24] Zur rechtlichen Problematik eines solchen „Freiraums" vgl. Duttge (2014a), 543 ff.; Rixen (2014),
65 ff.; zur theologischen Sicht vgl. Härle (2014), 341 ff.

gar keine eindeutige Willensäußerung bekannt ist und wenn der Betroffene die den Tod verursachende Letzthandlung nicht mehr wirklich selbstständig durchführen kann. In diesen Fällen sollte immer dem strikten Verzicht auf lebensverlängernde Maßnahmen (einschließlich der natürlichen und künstlichen Ernährung) und einer „palliativen Sedierung" der eindeutige Vorrang gegeben werden.[25]

5 Schlussfolgerungen für eine mögliche Gesetzgebung

Unsere Überlegungen führten zu der Einsicht, dass es kein Recht auf Selbsttötung und auf Beihilfe zur Selbsttötung gibt, dass aber schon mit einer ausdrücklichen Straffreiheit bei Beihilfe zur Selbsttötung unter näher zu definierenden Bedingungen die Tür zu äußerst problematischen Entwicklungen aufgestoßen wird. Solche Wege sollten in der Gesetzgebung nicht beschritten werden. Dazu gehört, dass in Patientenverfügungen (= PV) kein Passus aufgenommen werden darf, in dem verfügt wird, dass und unter welchen Umständen eine Beihilfe zur Selbsttötung erbeten wird. Die rechtliche Billigung solcher PV käme einer rechtlichen Anerkennung von Lebensunwerturteilen gleich. Wenn der Gesetzgeber nicht den eigentlich konsequenten Weg gehen will, die Beihilfe zur Selbsttötung nicht mehr straffrei zu belassen, so sollte man nur eine dahingehende Änderung des Strafrechts vornehmen, dass keiner Organisation und auch keiner einzelnen Person die Beihilfe zur Selbsttötung eröffnet werden darf, die diese Beihilfe offen oder verborgen als Dienstleistungen anbieten, auch dann nicht, wenn sie nur eine Aufwandsentschädigung und kein Honorar verlangen.[26]

Der Gesetzgeber sollte Wert auf die Klarstellung legen, dass es kein Recht auf Selbsttötung und Beihilfe zur Selbsttötung gibt. Nur damit kann eine weitere Verunsicherung in den Beziehungen der todkranken Menschen zu ihren Angehörigen, Freunden, aber auch zu Pflegekräften und Ärzt/innen verhindert werden. Und zugleich sollte eine eindeutige Verpflichtung des Staates bestehen, für eine flächendeckende qualifizierte *palliative Fürsorge* für

---

[25] Vgl. Nauck u.a. (2014), 68 f.
[26] Zur rechtlichen Problematik vgl. Rosenau / Sorge (2013), 108 ff.

alle betroffenen Menschen im häuslichen Bereich, in Krankenhäusern und nicht zuletzt in den bisher vernachlässigten Pflegeheimen Sorge zu tragen. Man könnte sagen: *Es gibt kein Recht auf Selbsttötung und Beihilfe zur Selbsttötung, aber es gibt ein Menschenrecht auf palliative Fürsorge,* deren Grundlage die palliativmedizinische Versorgung ist, die aber auch die pflegerische, mitmenschliche, seelische und seelsorgerlich-geistliche Fürsorge einschließt. Nur dadurch können den Menschen die Ängste vor einem menschenunwürdigen Leben und Sterben genommen und der Ruf nach Beihilfe zur Selbsttötung und Tötung auf Verlangen überflüssig werden (vgl. Kap. 3, 4. Beispiel).

Literaturverzeichnis

Bonhoeffer, D.: *Ethik,* München [7]1966.

Duttge, G.: Gewissen im Kontext des modernen Arztrechts, in: Bormann, F.-J. / Wetzstein, V. (Hrsg.): *Gewissen. Dimensionen eines Grundbegriffs medizinischer Ethik,* Berlin / Boston 2014a, S. 543-560.

Duttge, G.: Der assistierte Suizid. Ein Dilemma nicht nur der Ärzteschaft, in: *Medizinrecht* (32), 2014b, S. 621-625.

Eibach, U.: *Seelische Krankheit und christlicher Glaube. Theologische, humanwissenschaftliche und seelsorgerliche Aspekte,* Neukirchen-Vluyn 1992.

Eibach, U.: *Sterbehilfe – Tötung aus Mitleid. Euthanasie und „lebensunwertes Leben",* Wuppertal 1998.

Eibach, U.: *Autonomie, Menschenwürde und Lebensschutz in der Geriatrie und Psychiatrie,* Münster 2005.

Eibach, U.: Umgang mit schwerer Krankheit: Widerstand, Ergebung, Annahme, in: Thomas, G. / Karle, I. (Hrsg.): *Krankheitsdeutung in der postsäkularen Gesellschaft,* Stuttgart 2009, S. 339-353.

Eibach, U.: Das Leben als Gabe und Aufgabe. in: Maio, G. (Hrsg.): *Ethik der Gabe. Humane Medizin zwischen Leistungserbringung und Sorge um den Anderen,* Freiburg i. Br. 2014, S. 232-270.

Fletcher, J.: The Patient's Right to Die, in: Downing, A. B. (Hrsg.): *Euthanasia and the Right to Death. The Case of Voluntary Euthanasia,* London 1969, S. 61-70.

Evangelische Kirche in Deutschland (EKD): *Wenn Menschen sterben wollen – Eine Orientierungshilfe zum Problem der ärztlichen Beihilfe zur Selbsttötung,* EKD-Texte 97, Hannover 2008.

Gemeinschaft Evangelischer Kirchen in Europa (GEKE): *Leben hat seine Zeit, Sterben hat seine Zeit. Eine Orientierungshilfe des Rates der GEKE zu lebensverkürzenden Maßnahmen und zur Sorge um Sterbende*, Wien 2011.

Härle, W.: Das Gewissen und seine Bedeutung für die medizinethische Urteilsbildung aus evangelischer Sicht, in: Bormann, F.-J. / Wetzstein, V. (Hrsg.): *Gewissen. Dimensionen eines Grundbegriffs medizinischer Ethik*, Berlin / Boston 2014, S. 327-346.

Hell, D.: *Seelenhunger. Der fühlende Mensch und die Wissenschaften vom Leben*, Bern 2003.

Hirsch, R. D. u.a. (Hrsg.): *Suizidalität im Alter*. Schriftenreihe der Deutschen Gesellschaft für Gerontopsychiatrie und -psychotherapie, Bd. 4, Bonn 2002.

Hoerster, N.: *Sterbehilfe im säkularen Staat*, Frankfurt a. M. 1998.

Maio, G. (Hrsg.): *Abschaffung des Schicksals? Menschsein zwischen Gegebenheit des Lebens und medizin-technischer Gestaltbarkeit*, Freiburg 2011.

MacIntyre, A.: *Die Anerkennung der Abhängigkeit. Über menschliche Tugenden*, Hamburg 2001.

Nauck, F. / Ostgathe, C. / Radbruch, L.: Ärztlich assistierter Suizid. Stellungnahme der „Deutschen Gesellschaft für Palliativmedizin" in: *Deutsches Ärzteblatt* 111 (2014), A 67-71.

Nietzsche, F.: *Also sprach Zarathustra*, Werke in 3 Bde., hrsg. von K. Schlechta, Bd. II, München 1964.

Rixen, S.: Die Gewissensfreiheit der Gesundheitsberufe aus verfassungsrechtlicher Sicht, in: Bormann, F.-J. / Wetzstein, V. (Hrsg.): *Gewissen. Dimensionen eines Grundbegriffs medizinischer Ethik*, Berlin / Boston 2014, S. 65-88.

Rosenau, H. / Sorge, J.: Gewerbsmäßige Suizidförderung als strafwürdiges Unrecht?, in: *Neue Kriminalpolitik* 25 (2013), S. 108-119.

Van Loenen, G.: *Das ist doch kein Leben mehr! Warum aktive Sterbehilfe zur Fremdbestimmung führt*, Frankfurt a. M. 2014.

Wittwer, H.: Über Kants Verbot der Selbsttötung, in: *Kant-Studien* 92 (2001), S. 180-209.

Manfred Spieker

Sterbehilfe?
Selbstbestimmung und Selbsthingabe am Lebensende.
Eine katholische Perspektive

1 Verschiedene Wege der Sterbehilfe

In der Debatte um Sterbehilfe werden in der Regel vier Formen der Sterbehilfe unterschieden: die aktive, die passive, die indirekte Sterbehilfe und die
Beihilfe zum Suizid. Die aktive Sterbehilfe ist die bewusste und gezielte Tötung eines Patienten durch ein tödliches Gift. Sie ist eine Tat, die sittlich verwerflich ist und die in den Rechtsordnungen der meisten Staaten als Straftat
sanktioniert wird, in Deutschland in § 216 StGB. Für den Christen ist die
aktive Sterbehilfe als vorsätzliche Tötung einer menschlichen Person eine
„schwere Verletzung des göttlichen Gesetzes" und deshalb „sittlich nicht zu
akzeptieren". Sie ist Symptom einer Kultur des Todes.[1] Die passive Sterbehilfe ist die Beendigung oder Unterlassung jener lebenserhaltenden Maßnahmen, die in einem Sterbeprozess den Tod hinausschieben, aber nicht mehr
aufhalten können. Unter indirekter Sterbehilfe ist die Verabreichung palliativmedizinischer Medikamente bei Sterbenden mit das Leben verkürzenden
Nebenwirkungen zu verstehen. Der assistierte Suizid schließlich ist die Bereitstellung eines tödlichen Giftes, das der Patient, der aus dem Leben scheiden will, dann selbst einnimmt in der Hoffnung, daran zu sterben. Die passive und die indirekte Sterbehilfe sind in der Regel weder strafbar noch sittlich
verwerflich. Aber die Grenzen zwischen den verschiedenen Formen der Sterbehilfe sind fließend, weshalb die Unterscheidung zwischen diesen vier Formen auch immer wieder kritisiert wird. Bei der sittlichen Bewertung der
einzelnen Formen der Sterbehilfe kommt es entscheidend auf die Intention
des Arztes an. Auch wenn er sich nicht der Methode der aktiven Sterbehilfe

---

[1] Johannes Paul II. (1995), 64 und 65; Ecclesia Catholica (1993), 2277.

bedient, kann er sich schuldig machen. Er kann die passive und die indirekte Sterbehilfe mit der Absicht anwenden, den Patienten zu töten. Passive und indirekte Sterbehilfe mutieren dann zur aktiven Sterbehilfe. Untersuchungen in den Niederlanden zeigen, dass gerade die indirekte Sterbehilfe nicht selten mit der Absicht angewandt wird, den Tod des Patienten zu beschleunigen. „Terminal sedation" ist eine bevorzugte Methode niederländischer Ärzte, „to avoid being present at the death"[2]. In Deutschland scheint dies nach einer Umfrage unter Ärzten von Palliativstationen im Jahr 2009 nicht vorzukommen.[3]

In Deutschland war die aktive Sterbehilfe jahrzehntelang tabu, weil sie während der Herrschaft der Nationalsozialisten in großem Stil betrieben wurde. Sie war Teil der nationalsozialistischen Rassenideologie und zielte auf die Beseitigung von Behinderten, unheilbar Kranken und Schwachen, deren Leben als lebensunwert und die Volksgemeinschaft belastend galt. Ihre Tötung wurde als Tat der Liebe und des Mitleids oder – wie von Hitler selbst in seinem T4-Erlass im Oktober 1939 – als Gnadentod deklariert. Dass sie in der Gesellschaft auf größere Akzeptanz stoßen würde, nahmen aber selbst die Nationalsozialisten trotz jahrelanger Indoktrination nicht an. Sie unterlag höchster Geheimhaltung, die Kardinal Clemens August von Galen mit seinen Predigten im Juli und August 1941 in St. Lamberti und in der Überwasserkirche in Münster mutig und klug durchbrach. Der nationalsozialistischen Euthanasie fielen in Europa insgesamt 200.000 bis 300.000 Menschen zum Opfer. Allein die T4-Aktion im Krieg kostete 70.000 Menschen, darunter 20.000 KZ-Häftlingen und 5.000 Kindern, das Leben. Die Euthanasie im nationalsozialistischen Deutschland war freilich nicht wie ein Gewitter aus heiterem Himmel über das Land gefallen. Sie war auch nicht nur eine nationalsozialistische Untat. Sie war vielmehr seit der Wende vom 19. zum 20. Jahrhundert vorbereitet durch eine Ideologie, in der sich Rassenhygiene, Sozialdarwinismus und Medizin mischten, durch vieldiskutierte Bücher wie jenes des Juristen Karl Binding (1841-1920) und des Mediziners Alfred Hoche (1865-1943) „Die Freigabe der Vernichtung lebensunwerten Lebens" (1920) und durch den Göbbelschen Propagandafilm „Ich klage an", der die Tötung einer un-

---

[2] Wesley J. Smith im Newsletter *Society for the Protection of Unborn Children* vom 11.04.2008.
[3] Beckmann (2011), 111. Nur einer der befragten Ärzte beabsichtigte bei der Anwendung sedierender Medikamente das Leiden des Patienten abzukürzen.

heilbar erkrankten, schwer leidenden Pianistin als Tat der Nächstenliebe ihres Gatten präsentierte.

2 Die neue Sterbehilfe-Debatte

Mit der Legalisierung der Euthanasie in den Niederlanden ging die ein halbes Jahrhundert während Tabuisierung der Euthanasie in Europa zu Ende. Das holländische Parlament verabschiedete am 10. April 2001 das Gesetz zur „Überprüfung bei Lebensbeendigung auf Verlangen und bei der Hilfe zur Selbsttötung", das am 01. April 2002 in Kraft trat. Es legalisierte eine Praxis der Euthanasie, die auf dem Umweg einer Änderung des Bestattungsgesetzes und durch Richtlinien der Niederländischen Ärztegesellschaft schon 1994 eingeführt worden war. Mit der Einführung eines Rechtfertigungsgrundes für die Tötung eines Patienten stellte das holländische Gesetz die Euthanasie aber auf eine völlig neue rechtliche Grundlage. Galt der Arzt, der einen Patienten tötete, bis Anfang der 90er Jahre als Mörder,[4] dann bis zur Verabschiedung des Euthanasiegesetzes als geduldeter Delinquent, so soll er fortan ein Wohltäter sein, der die Realisierung einer finalen Selbstbestimmung und einen schmerzfreien Tod ermöglicht. In Deutschland haben sich 2002 zwar Vertreter aller im Bundestag vertretenen Parteien, der Deutsche Ärztetag und die christlichen Kirchen wiederholt und einmütig gegen die Legalisierung der Euthanasie ausgesprochen, aber auch hier steht das Tabu zur Disposition. Gerichte und der Bundestag haben sich mit der Sterbehilfe beschäftigt. Am 18. Juni 2009 wurde vom Bundestag das Patientenverfügungsgesetz beschlossen, das am 01. September 2009 in Kraft trat und durch einen neuen § 1901a BGB dem Patienten das Recht einräumt, im Falle seiner Äußerungsunfähigkeit Heilbehandlungen „unabhängig von Art und Stadium einer Erkrankung" zu untersagen. Am 13. November 2014 begann der Bundestag eine Debatte über die Beihilfe zum Suizid. Im Herbst 2015 will er diese Frage gesetzlich regeln. Auch Philosophen, Theologen und Juristen glauben, einem selbst bestimmten Tod das Wort reden zu müssen.[5] Nicht zuletzt haben

---

[4] „Aktive Sterbehilfe des Arztes [...] ist ein rechtswidriger Angriff auf das Leben des Patienten, ist objektiv Mord oder Totschlag", Geiger (1986), 13.

[5] Jens / Küng (1995); Gerhard (2003); Fischer (2004).

preisgekrönte Spielfilme in den letzten Jahren, wie „Das Meer in mir" von
Alejandro Amenabar, Clint Eastwoods „Million Dollar Baby" und Michael
Hanekes „Liebe" die Zulassung der aktiven Sterbehilfe propagiert. Tabus
dienen dem Schutz des Menschen vor sich selbst. Ihr Nutzen wird erst spür-
bar, wenn sie zerbrechen.[6]

Orientiert man sich an den Ergebnissen demoskopischer Untersuchungen,
dann ist das Tabu der Euthanasie auch in Deutschland längst gebrochen. Die
Mehrheiten, die sich für die moralische und gesetzliche Zulassung der aktiven Sterbehilfe aussprechen, sind erdrückend. In einer Umfrage der *Konrad-
Adenauer-Stiftung* im Dezember 2002 lehnten 76 % der Befragten die Aussage ab, „Aktive Sterbehilfe darf auch bei Todkranken nicht angewendet werden". Nur 18 % stimmten dieser Aussage zu.[7] Selbst wenn man unterstellt,
dass die Frage unglücklich formuliert ist, weil sie beim Befragten den Eindruck hinterlassen kann, er müsse Todkranke bei Ablehnung der aktiven
Sterbehilfe hilflos allein lassen, so bleibt auch auf Grund anderer Untersuchungen mit klareren Fragestellungen das Faktum, dass rund zwei Drittel der
Deutschen die aktive Sterbehilfe bejahen. In einer Untersuchung des *Allensbacher Instituts für Demoskopie* im März 2001 sprachen sich 70 % für und
nur 12 % gegen die Euthanasie aus bei 18 % Unentschiedenen. Die Befürworter einer ärztlichen Todesspritze für Schwerkranke auf Verlangen stiegen von
53 % 1973 auf 67 % 2001, die Zahl der Gegner halbierte sich von 33 % auf
16 %. In Ostdeutschland bejahen sogar 80 % die Euthanasie.[8] In der jüngsten
Umfrage des *Allensbacher Instituts* im September 2014 sprachen sich 67 %
der Befragten für die aktive Sterbehilfe aus. Selbst von den regelmäßigen
Kirchgängern plädierte eine Mehrheit von 39 % für die aktive Sterbehilfe,
während nur 33 % sie ablehnten.[9] Anlässlich des Suizids von Timo Konietz-
ka, einem Fußballstar der ersten Jahre der Bundesliga, der am 13. März 2012
mit Hilfe der Sterbehilfeorganisation *Exit* in der Schweiz aus dem Leben
schied, sprachen sich 83 % der Leser eines Münchener Wochenblattes für die
aktive Sterbehilfe aus und nur 17 % dagegen. Selbst von den Katholiken sprachen sich nach der Untersuchung der *Konrad-Adenauer-Stiftung* 73 %, von

---

[6] Isensee (2003), 79; Spaemann (2013), 9 ff.
[7] Vogel (2003), 335.
[8] Noelle-Neumann / Köcher (2002), 682.
[9] Allensbacher Kurzbericht vom 06.10.2014, Archivnummer 11029, 2.

den Protestanten gar 78 % für die aktive Sterbehilfe aus. Allein bei der Gruppe der mehrmals wöchentlich am Gottesdienst Teilnehmenden bildeten die Euthanasiegegner im Unterschied zu der Befragung des *Allensbacher Instituts* von 2014 mit 57 % eine – nicht gerade eindrucksvolle – Mehrheit. Auch hier kamen die Befürworter der aktiven Sterbehilfe noch auf 30 %.

3 Die Debatte über die Suizidbeihilfe

Die gegenwärtige Debatte über die Legalisierung der Suizidbeihilfe speist sich aus zwei Quellen. Zum einen erregten Organisationen und Personen Anstoß, die Suizidbeihilfe mit der Begründung anboten, sie sei rechtlich erlaubt und man müsse verhindern, dass Patienten, die Suizidbeihilfe wünschen, genötigt würden, ins Ausland zu fahren. Zum anderen sei es das Selbstbestimmungsrecht eines Patienten, eine solche Beihilfe zu verlangen. Ein frei verantwortlicher Suizid sei, so Bettina Schöne-Seifert in einem Plädoyer für die Liberalisierung der Suizidhilfe, „seit mehr als 250 Jahren rechtlich zulässig". Ebenso seien bisher „auch Hilfe und Begleitung durch andere" zulässig.[10] Die Rede von der rechtlichen Zulässigkeit des Suizids ist jedoch missverständlich, um nicht zu sagen irreführend. Die Straflosigkeit des Suizids bedeutet nicht, dass er „rechtlich zulässig" wäre. Sie bedeutet nur, dass er sich der rechtlichen Normierung entzieht, weil es bei einem „Erfolg" des Suizids niemanden mehr gibt, der rechtlich belangt werden könnte, während im Falle eines Misserfolgs – und 90 % aller Suizidversuche enden ohne den Tod des Suizidenten – davon ausgegangen wird, dass dem Betroffenen mit einer Strafverfolgung nicht geholfen sei. „Selbstmord ist nicht ein ‚Recht', sondern eine Handlung, die sich der Rechtssphäre entzieht."[11]

Im Sommer 2012 wollte die damalige Justizministerin Sabine Leutheusser-Schnarrenberger (FDP) durch einen neuen § 217 StGB die „gewerbsmäßige" Suizidbeihilfe verbieten. Der Vorschlag hätte fatale Folgen gehabt: das Verbot hätte zum einen den Eindruck erweckt, Suizidbeihilfe sei nur deshalb verwerflich, weil mit ihr eine Gewinnerzielungsabsicht einhergeht, und es hätte

---

[10] Schöne-Seifert (2014), 13.
[11] Spaemann (1997), 18; Spaemann (2013), 19.

zum anderen diese Beihilfe durch Ärzte, Angehörige und gemeinnützige
Vereine legalisiert um nicht zu sagen privilegiert. Mit dem Ende der Legislaturperiode 2013 erledigte sich der Vorschlag. Im Sommer 2014 kam die Debatte erneut in Gang. Der Orientierungsdebatte des Bundestages über die
Suizidbeihilfe lagen Eckpunktepapiere fraktionsübergreifender Abgeordnetengruppen zugrunde. Gesetzentwürfe von Abgeordneten gab es noch nicht.
Vier Professoren (Borasio, Jox, Wiesing und Taupitz) präsentierten jedoch
am 26. August 2014 einen Gesetzentwurf, der in der Debatte bereits eine
Rolle spielte.[12] Die Autoren behaupteten, den assistierten Suizid in einem
neuen § 217 Abs. 1 verbieten zu wollen, um ihn dann aber doch in Abs. 2
und Abs. 3 sowie durch eine Ergänzung des § 13 des Betäubungsmittelgesetzes zu legalisieren. In § 217 Abs. 2 und 3 werden nämlich die Personen genannt, für die das Beihilfeverbot in Abs. 1 nicht gelten soll: Angehörige oder
dem betroffenen Patienten nahestehende Personen und Ärzte. Die Ergänzung des Betäubungsmittelgesetzes soll die Strafbarkeit der Verschreibung
der tödlichen Mittel ausschließen.[13] Unter den Ende 2014 vorliegenden fraktionsübergreifenden Eckpunktepapieren stand das Papier der Abgeordneten
Hintze (CDU), Lauterbach (SPD) u.a. dem Gesetzesvorschlag von Taupitz
und Kollegen am nächsten, während das Papier der Abgeordneten Künast
(Grüne), Sitte (Linke) u.a. noch darüber hinausging und auch Suizidbeihilfe
durch Sterbehilfevereine legalisieren will. Zwei weitere Eckpunktepapier von
Brand (CDU) u.a. sowie von Griese (SPD) u.a. wollten die ärztliche Suizidbeihilfe nicht gänzlich ausschließen, aber enger regeln, als es in der gegenwärtigen Rechtslage der Fall ist. Die Vertreter der Ärzte haben sich nach
einer klaren Festlegung auf dem 114. Deutschen Ärztetag 2011 in Kiel am 12.
Dezember 2014 noch einmal klar positioniert und die Behauptung zurückgewiesen, die Suizidbeihilfe sei in den standesrechtlichen Muster-
Berufsordnungen (MBO) der Bundesländer unterschiedlich geregelt. Der
Präsident der Bundesärztekammer Montgomery erklärte im Namen und im
Beisein aller Präsidenten der Landesärztekammern, für alle Ärzte gelte „die
Verpflichtung, Sterbenden beizustehen. Diese Grundaussage wird durch zum
Teil länderspezifische Formulierungen des § 16 MBO nicht in Frage gestellt.

[12] Borasio / Jox / Taupitz / Wiesing (2014a).
[13] Das in der Regel zur Selbsttötung verwendete Gift Natriumpentobarbital darf bisher nur in der
Veterinärmedizin zum Einschläfern von Tieren verordnet werden.

Für alle Ärztinnen und Ärzte in Deutschland gilt: Sie sollen Hilfe beim Sterben leisten, aber nicht Hilfe zum Sterben". Eine ähnliche Erklärung veröffentlichte die Österreichische Ärztekammer im Dezember 2014. Das *Zentralkomitee der deutschen Katholiken* setzte in einer Stellungnahme vom 17. Oktober 2014 die ärztliche Suizidbeihilfe mit der aktiven Sterbehilfe gleich und forderte, an ihrem standesrechtlichen Verbot „unbedingt festzuhalten, weil nur so das hohe Vertrauensgut der Arzt-Patient-Beziehung geschützt werden kann"[14].

Das von Taupitz und Kollegen vorgeschlagene Verfahren zur Legalisierung der Suizidbeihilfe erinnert im Hinblick auf die Gesetzestechnik an die Reform des Abtreibungsstrafrechts 1995, die in § 218 zunächst Abtreibung generell verbietet, dann aber in § 218a die Bedingungen nennt, unter denen „der Tatbestand des § 218 nicht verwirklicht [ist]", Abtreibung also legalisiert wird. Erfahrungen von 20 Jahren mit dieser Regelung zeigen, dass § 218 im Ergebnis durch § 218a zur Makulatur gemacht wird. Die Schwangerschaftskonfliktberatung in § 219, die der Schwangeren Perspektiven für ein Leben mit dem Kind eröffnen und dessen eigenes Recht auf Leben betonen soll, und das Schwangerschaftskonfliktgesetz, das von der Verantwortung der Frau ausgeht, dienen nicht dem Schutz des Embryos, sondern der Durchsetzung des Abtreibungswillens der Schwangeren und dem Schutz des Arztes. Sie verwandeln das Tötungsdelikt in eine medizinische Dienstleistung.[15]

4 Das Problem der Selbstbestimmung

Wenn der Mensch in der Mitte seines Lebens und im Vollbesitz seiner Kräfte steht, neigt er dazu, auch das Sterben seinen Autonomieansprüchen zu unterwerfen. Forderungen nach einer Legalisierung des assistierten Suizids werden in der Regel mit dem Recht auf Selbstbestimmung begründet. Dieses Recht gilt als Kern der Menschenwürde. Auch Taupitz und Kollegen wollen

---

[14] Zentralkomitee der deutschen Katholiken (2014), 9. Bei den Forderungen an den Gesetzgeber beschränkt sich das Zentralkomitee allerdings auf die Forderung eines Verbots der „organisierten Suizidbeihilfe", die darüber hinaus von einer Verbesserung der palliativen Versorgungsstruktur abhängig sein soll (16).

[15] Zur Beratungsregelung im Schwangerschaftskonfliktgesetz vgl. Spieker (²2008), 97 ff.

mit ihrem Gesetzesvorschlag „Freiräume für ein selbstbestimmtes Sterben"
sichern und so „den Lebensschutz stärken"[16]. Den betroffenen Patienten soll
ermöglicht werden, „die Kontrolle über das eigene Lebensende zu wahren"[17].
Der Mensch möchte Planungssicherheit bis zum letzten Tag seines Lebens.
Aber Planungssicherheit bis zum Ende des Lebens ist eine Illusion. Selbstbestimmung spiegelt eine Autarkie vor, die nicht der conditio humana entspricht. Der Mensch ist eingebunden in vielfältige soziale Beziehungen. Er ist
von Geburt an angewiesen auf andere.[18] Diese Angewiesenheit dauert bis zu
seinem Tod. Die Freiheit des Menschen verwirklicht sich nicht in einer Autarkie des eigenen Ichs ohne Bezug auf Mitmenschen. Gerade die Suizidversuche zeigen diese soziale Eingebundenheit des Menschen. Sie sind in der
Regel Appelle, um nicht zu sagen Hilfeschreie an die dem Verzweifelten nahestehenden Personen. Jede Selbsttötung, nicht nur eine solche, die sich
grausamer, schmerzhafter oder sogenannter harter Methoden bedient, ist
deshalb eine Verletzung der sozialen Beziehungen. Sie erzeugt immer Leid
bei den Angehörigen.[19] Der Selbstmord, so Reinhold Schneider, dessen Vater
Selbstmord beging, „scheinbar das persönlichste, nur gegen das Ich gerichtete Vergehen, ist in Wahrheit nicht auf das Subjekt beschränkt". Wer sein
eigenes Leben nicht achtet, „verletzt das Leben überhaupt und empört sich
gegen den, der alles Leben gegeben hat".[20] Deshalb kann es in der gesetzlichen Regelung der Suizidbeihilfe nicht nur darum gehen, den Suizid zu kul-
tivieren und der Selbstbestimmung zu einem Scheinsieg zu verhelfen, bei
dem das Subjekt der Selbstbestimmung ausgelöscht wird. Je mehr die Kräfte
schwinden und je näher der Tod kommt, desto schärfer wird der Blick dafür,
dass weniger Selbstbestimmung, als vielmehr Selbsthingabe das Wesen des
Menschen ausmacht. Nicht das abgebrochene, sondern das zu Ende gelebte
Sterben – an der Hand, nicht durch die Hand von Angehörigen – ist Ausdruck wahrer Selbstbestimmung. Im Sterben verwandelt sich die Selbstbe-

---

[16] Borasio / Jox / Taupitz / Wiesing (2014b), 1.
[17] Ebd., 5. In der Bundestagsdebatte am 13.11.2014 wurde diese Position vor allem von Peter Hintze (CDU) und Katharina Reiche (CDU) vertreten. Vgl. Deutscher Bundestag: *Plenarprotokoll* 18/66, 6121 und 6128.
[18] Maio (2014a), 569.
[19] Eibach (2014), 4.
[20] Schneider (2013), 185.

stimmung zur Selbsthingabe – nicht nur für den Sterbenden, sondern auch für seine Angehörigen.[21]

Eine in Deutschland viel beachtete Illustration dieses Perspektivenwandels ist das Schicksal von Walter Jens und das Verhalten seiner Angehörigen. Mitte der 90er Jahre plädierte Jens zusammen mit Hans Küng für die aktive Sterbehilfe. Der Sterbende soll, so Jens, im Gedächtnis seiner Angehörigen als „ein Autonomie beanspruchendes Subjekt [...] und nicht als entwürdigtes, verzerrtes und entstelltes Wesen" in Erinnerung bleiben.[22] Im Alter von 80 Jahren fiel Jens 2003 in eine fortschreitende Demenz. Den Zeitpunkt, seinem Leben ein Ende zu machen, sagte seine Frau Inge am 02. April 2008 in einem Interview mit dem *Stern*, habe er verpasst. Aber sie berichtete auch, dass sein Leben bei aller Tragik Freude kenne, wenn auch nur über Spaziergänge mit einer Pflegerin, über eine Tafel Schokolade oder ein „Wurschtweggle". Auch ihr Sohn Tilman Jens, der den Verfall seines Vaters 2010 in einem Buch *Demenz. Abschied von meinem Vater* schilderte, berichtet von dessen Wort „Aber schön ist es doch…", weshalb die Familie von dem Mandat zu aktiver Sterbehilfe nichts mehr wissen will.[23] Nur Hans Küng forderte, erschüttert vom geistigen Verfall seines Freundes und seine Hilflosigkeit öffentlich bekennend, „Sterbehilfegesetze". Er appellierte in der *Frankfurter Allgemeinen Zeitung* an Juristen, Ärzte, Politiker, Theologen und Journalisten, sich für mehr Patientenautonomie am Lebensende einzusetzen und die gesetzliche Sterbehilfe zu ermöglichen.[24] In nicht wenigen Leserbriefen wurde ihm vorgehalten, die Menschenwürde an intellektuelle Kompetenz zu binden und das Wichtigste in einer solchen Situation der Pflegebedürftigkeit auf Grund einer Demenz zu übersehen: „täglich für den Freund da zu sein und ihm jeweils auf dessen eigener Ebene zu begegnen"[25]. Der Fall Jens bestätigt die Feststellung von Johann-Christoph Student, dass nämlich die Überlegung, ein Mensch könne in der Demenz dasselbe meinen, fühlen und wünschen

---

[21] Pieper (1997), 370.
[22] Jens / Küng (1995), 125.
[23] Jens (2010), 142.
[24] Küng (2009).
[25] So Renate Mirow in der *FAZ* vom 03.03.2009. Vgl. zum Fall Küng / Jens auch Tolmein (2009).

wie in gesunden Zeiten, „die unwahrscheinlichste aller Denkmöglichkeiten"[26] ist.

Ein weiteres Problem: Die mit dem Selbstbestimmungsrecht begründeten Forderungen nach einer Legalisierung des assistierten Suizids sehen für die Durchführung des Suizids Regelungen vor, die mit dem Selbstbestimmungsrecht nur schwer vereinbar sind. Taupitz und Kollegen machen den assistierten Suizid davon abhängig, dass zwei Ärzte zu der Überzeugung gelangen, die Bedingungen für den Suizid, der doch der Wahrung der Kontrolle über das eigene Lebensende dienen soll, seien erfüllt. Der Patient ist an seinem Lebensende also abhängig von zwei ärztlichen Gutachten. Ein anderer Vorschlag, der ebenfalls davon ausgeht, dass das Selbstbestimmungsrecht die Selbstbestimmung zum Tode einschließe, möchte die Suizidbeihilfe in ausdrücklicher Anlehnung an die Pflichtberatung vor einem Schwangerschaftsabbruch von einer Beratungsbescheinigung abhängig machen.[27] Wenn aber die Realisierung der Selbstbestimmung von einem Beratungsschein oder von ärztlichen Gutachten abhängig gemacht wird, bleibt von der Selbstbestimmung nicht mehr viel übrig. In den Mittelpunkt des tödlichen Geschehens rückt die beratende bzw. gutachtende Instanz. Dies lässt Gerbert van Loenen in seiner Analyse der niederländischen Regelungen zur Sterbehilfe und zur Suizidbeihilfe zu dem Schluss kommen, nicht die Selbstbestimmung, sondern der Arzt stehe im Mittelpunkt des holländischen Gesetzes von 2001. Sein Mitleid sei ausschlaggebend für die Beihilfe zum Suizid bzw. zur Tötung des Patienten. Mitleid aber sei etwas ganz anderes als Selbstbestimmung.[28]

5   Auswirkungen auf den Lebensschutz

Wer den assistierten Suizid legalisieren will, behauptet häufig, wie Taupitz und Kollegen oder auch Bettina Schöne-Seifert, den Lebensschutz stärken, Suizide verhindern und sozialem Druck vorbeugen zu wollen. Erfahrungen in den US-Bundesstaaten Oregon und Washington sowie in den Niederlanden würden zeigen, dass die Legalisierung der Suizidbeihilfe kein erhöhtes

---

[26] Student (2009), 180.
[27] Fischer (2004), 365 f.
[28] Van Loenen (2014), 13, 71.

Risiko für alte Menschen bedeute, Suizidbeihilfe zu verlangen.[29] Die Ergebnisse einer 2007 veröffentlichten Studie, die dies zu bestätigen schienen,[30] sind jedoch vier Jahre später überprüft und widerlegt worden.[31] Für die Niederlande kommt Gerbert van Loenen zu dem Ergebnis, dass es einen Unterschied ausmacht, „ob man als freiwilliger Betreuer tagein, tagaus für jemanden in dem Wissen sorgt, dass es keine Alternative gibt". Die Legalisierung der „Lebensbeendigung" beeinflusse „die Beziehungen zwischen den Menschen, die trotz schwerer Leiden weiterleben, und deren Betreuern"[32]. Selbsttötung sei ansteckend, schon deshalb sei Vorsicht geboten. Der Suizid bekannter Persönlichkeiten führt in der Regel zu einem rapiden Anstieg von in der Zielgruppe und in der Methode vergleichbaren Selbsttötungen, so auch im Fall des Nationaltorwarts von Hannover 96 Robert Enke, nach dessen Suizid im November 2009 die Zahl vergleichbarer Selbsttötungen um das Vierfache gestiegen sein soll. Die Suizidforschung spricht vom Werther-Effekt.

Organisierte Beihilfe suggeriert soziale Akzeptanz.[33] Wenn im Falle eines unerträglichen Leidens der Tod auf Rezept ermöglicht wird, wird dem sozialen Druck erst die Bahn geebnet. Johannes Rau wies als Bundespräsident in seiner *Berliner Rede zur Bioethik* am 18. Mai 2001 auf dieses Problem hin: „Wo das Weiterleben nur eine von zwei legalen Optionen ist, wird jeder rechenschaftspflichtig, der anderen die Last seines Weiterlebens aufbürdet."[34] Es entsteht ein psychischer Druck, den medizinischen, pflegerischen und finanziellen Aufwand zu vermeiden und sich dem Trend eines sozial- oder generationenverträglichen Frühablebens anzuschließen. Wer will noch weiterleben, wenn er spürt, dass sein Weiterleben den Angehörigen eine große Last bedeutet?[35] Eine tödliche Falle der Selbstbestimmung: sie mündet in Selbstentsorgung. Sowohl in der Philosophie als auch in der Rechtswissenschaft gibt es Plädoyers, die zu einer solchen Selbstentsorgung auffordern.

---

[29] Borasio / Jox / Taupitz / Wiesing (2014), 58 f.; Schöne-Seifert (2014).
[30] Battin (2007), 591-597.
[31] Finlay (2011), 171-174.
[32] Van Loenen (2014), 203. Vgl. auch Jochemsen (2004), 246.
[33] Sahm (2014).
[34] Rau (2001), 27 f.
[35] Spaemann (1997), 20.

Suizidwillige Personen sollten zwar die negativen Konsequenzen ihrer Selbsttötung auf ihr soziales Umfeld in Rechnung stellen. „Noch viel mehr dürfte
man dann aber von jemandem im Falle einer unheilbaren und höchst pflege-
intensiven Krankheit erwarten, dass er die emotionale Belastung, zeitliche
Inanspruchnahme und finanziellen Lasten seiner Existenz für die Angehörigen und Freunde wahrnimmt. Denn nicht nur für die negativen sozialen
Folgen des Aus-dem-Leben-Scheidens sind wir verantwortlich, sondern
selbstverständlich auch für diejenigen des Weiterlebens". Die Beihilfe zu
einem „altruistischen Suizid", der letztlich ja gar nicht so ganz altruistisch sei,
sondern auch im Eigeninteresse der suizidwilligen Person liege, sei deshalb
„ein letzter humaner solidarischer Akt"[36]. Der Druck der demographischen
Entwicklung und die steigenden Gesundheits- und Pflegekosten werden den
generationenverträglichen Suizid adeln.

6   Die Logik des assistierten Suizids

Wer den assistierten Suizid legalisieren will, behauptet oft, die aktive Sterbehilfe abzulehnen. „Einer Entwicklung wie in Holland und Belgien, wo die
Tötung auf Verlangen nachweislich auch bei entscheidungsunfähigen Menschen, psychisch Kranken, gesunden Hochbetagten sowie Minderjährigen
durchgeführt wird, gilt es unbedingt vorzubeugen"[37], schreiben Taupitz und
Kollegen in der Begründung ihres Gesetzesvorschlags. Was jedoch soll geschehen, wenn der Suizid aus welchen Gründen auch immer nicht gelingt?
Dass dies vorkommt, zeigen die Erfahrungen in den Niederlanden. Sowohl in
den Jahresberichten der Regionalen Kontrollkommissionen als auch in den
von der Regierung in Auftrag gegebenen wissenschaftlichen Untersuchungen
der Euthanasiepraxis ist von Fällen die Rede, in denen bei der Beihilfe zum
Suizid Probleme auftreten, die die Ärzte veranlassten, zur aktiven Sterbehilfe
überzugehen.[38] Die Kontrolle über das eigene Lebensende ist im Akt des
Suizids also keineswegs gewährleistet. Die aktive Sterbehilfe liegt deshalb in

---

[36] Fenner (2007), 206, 210; Von Lewinski (2008), 186 ff.
[37] Borasio / Jox / Taupitz / Wiesing (2014b), 5.
[38] Grundmann (2004), 201. Nach einer Mitteilung von Gerbert van Loenen vom 13.11.2014 gab es
2013 42 derartige Fälle.

der Logik des assistierten Suizids. Dies zeigt die Realität in den Niederlanden. Aber auch die Veränderung der ärztlichen Tätigkeit zwingt zu diesem Schluss. Wer dem Arzt erlaubt, Assistent bei der Selbsttötung zu sein, wird sich fragen müssen, ob der Patient wirklich möchte, dass der Arzt wieder weggeht, wenn er den tödlichen Cocktail an sein Bett gestellt hat. Er wird sich fragen müssen, warum er den Arzt nicht gleich aktive Sterbehilfe lege artis leisten lassen will, um das Risiko des Scheiterns der Selbsttötung auszuschließen. Er wird sich fragen müssen, wie er den Erfolg des Suizids überprüfen will. Durch einen Sehschlitz in der Tür des Patienten? Durch eine Kamera? Durch Kontrollgänge des Pflegepersonals in Alten- und Pflegeheimen? Wie lange darf der Todeskampf des Suizidenten dauern, bevor der Arzt ihm durch eine tödliche Injektion „hilft", sein Ziel zu erreichen? Muss dann nicht auch die Strafbarkeit unterlassener Hilfeleistung in § 323c StGB geändert werden? Wenige Schlagzeilen in seriösen oder weniger seriösen Medien über das Leid eines Patienten bei misslungener Beihilfe zum Suizid oder bei Unfähigkeit, den tödlichen Cocktail, den der Arzt oder Angehörige zur Verfügung stellten, selbst zu trinken, werden ausreichen, um die aktive Sterbehilfe nach den Regeln ärztlicher Kunst zu fordern und als humanen Akt erscheinen zu lassen. Nicht mehr die Verhinderung, sondern die Kultivierung des Suizids wird im Mittelpunkt stehen. Dieser „Trend zum kultivierten Suizid"[39] ist kein Triumph über den Tod, so Bernd Wannenwetsch, sondern ein Triumph des Todes.

In der Logik dieser Entwicklung liegen ausgebildete Sterbehelfer, die für ihre Dienstleistung eine Erfolgs- oder zumindest eine Qualitätsgarantie anbieten und für die es in der ärztlichen Gebührenordnung eigene Gebührenziffern geben wird. Die *Schweizerische Akademie für medizinische Wissenschaften* hat am 25. November 2004 „Medizinisch-ethische Richtlinien zur Betreuung von Patientinnen und Patienten am Lebensende" und am 18. Mai 2004 „Medizinisch-ethische Richtlinien und Empfehlungen zur Behandlung und Betreuung von älteren pflegebedürftigen Menschen" verabschiedet. In der Präambel dieser Empfehlungen wird auf die demographische Entwicklung und die steigenden Gesundheitskosten hingewiesen, die zu „neuen

---

[39] Wannenwetsch (2013), 78.

Spannungsfeldern" führten.[40] In solchen Fällen bedürfe es klarer Regeln und auch entsprechender Weiterbildungsmaßnahmen für Ärzte, Pflegepersonal und Verwaltungen von entsprechenden Einrichtungen. Verschiedene Kantone der Schweiz, wie Zürich, Luzern und St. Gallen, haben Richtlinien für die Beihilfe zum Suizid in ihren Alters- und Pflegeheimen verabschiedet, in denen geregelt wird, unter welchen Bedingungen eine solche Beihilfe erfolgen kann und wie der Suizid ablaufen soll. Es soll unbedingt der Eindruck vermieden werden, dass das Pflegeheim selbst die Suizidbeihilfe leistet. Aber die Richtlinien sind alle sehr lückenhaft, wenn es um die Phase zwischen Überreichen des tödlichen Giftes und der Feststellung des Todes geht. Die Empfehlungen des Kantons St. Gallen zum Umgang mit Sterbehilfeorganisationen in Betagteneinrichtungen vom 17. Mai 2013 weisen darauf hin, dass man in Herisau, der Hauptstadt des Kantons Appenzell Ausserrohden, die Erfahrung gemacht habe, dass es „keine Informationen über die genauen Umstände des Todesfalls"[41] gebe.

7   Zwischenergebnis

Welche Schlussfolgerungen drängen sich auf, wenn die Argumente, mit denen für die Legalisierung des assistierten Suizids plädiert wird, mit den Erfahrungen konfrontiert werden, die Länder gemacht haben, in denen die Legalisierung bereits erfolgt ist? Eine erste Schlussfolgerung betrifft die Beziehungen zwischen Arzt und Patient. Borasio, Jox, Taupitz und Wiesing behaupten in der Begründung ihres Gesetzesvorschlags wiederholt, ein Verlust des öffentlichen Vertrauens in die Ärzte durch die Legalisierung der Suizidbeihilfe lasse sich weder in Oregon noch in den Niederlanden feststellen.[42] Für die Niederlande gibt es zahlreiche Indizien, die Zweifel an dieser Behauptung begründen und zu der Schlussfolgerung führen, dass das Euthanasiegesetz das Vertrauen in die Ärzte beschädigt hat. Das Gesetz und auch die Kontrollpraxis geben den Ärzten die Macht, zu definieren, was lebens-

[40] Schweizerische Akademie der Medizinischen Wissenschaften (2004), 5.
[41] Umgang mit Sterbehilfeorganisationen in Betagteneinrichtungen, Empfehlung der Fachkommission für Altersfragen des Kantons St. Gallen vom 17.05.2013, 12.
[42] Borasio / Jox / Taupitz / Wiesing (2014a), 58, 67 f.

wert, aussichtsreich oder erträglich ist. Sie ermöglichen nicht nur die Tötung auf Verlangen, sondern auch die Tötung ohne Verlangen, die einen erheblichen Anteil der niederländischen Euthanasiefälle ausmacht.[43] Die Verbreitung der Credo-Card oder einer „Lebensverfügung" mit dem Aufdruck „Maak mij niet dood, dokter"[44] dokumentieren dieses Misstrauen ebenso wie Berichte, dass Eltern, die für ihre frühgeborenen Kinder eine möglichst große Chance auf Behandlung haben möchten, in deutsche Krankenhäuser ausweichen,[45] oder dass betagte Niederländer in Grenznähe einem Platz in deutschen Altenheimen den Vorzug vor niederländischen Heimen geben.

Eine zweite Schlussfolgerung: Das Strafprozessrecht bekommt es mit unlösbaren Beweisproblemen zu tun. Wie soll einem Arzt, der, statt Beihilfe zum Suizid zu leisten, den Patienten selbst tötet, die Straftat nachgewiesen werden, solange Tötung auf Verlangen als Straftat gilt, wenn es keinen Zeugen mehr gibt? Wie soll nach der Legalisierung der Tötung auf Verlangen einem Arzt, der einen Patienten ohne dessen Verlangen tötet, die Tat nachgewiesen werden, wenn er behauptet, es sei Tötung auf Verlangen gewesen? Der Zeuge existiert nicht mehr. Die Erfahrungen in den Niederlanden zeigen, dass die in die Euthanasie verwickelten Ärzte im Hinblick auf das Strafrecht gleichsam Immunität genießen.

Die dritte Schlussfolgerung, die sich aufdrängt: Die Duldung der Suizidbeihilfe macht die Duldung unerwünschter Handlungen wie der Tötung auf Verlangen wahrscheinlicher. Die Abgrenzung der Suizidbeihilfe zur Tötung auf Verlangen ist „sehr, sehr unscharf und diese Grenze wird mit der Zeit notwendigerweise verschwinden"[46]. Das Argument von der schiefen Ebene ist ein „valides Argument"[47]. Die aktive Sterbehilfe ist deshalb die logische Konsequenz der Legalisierung des assistierten Suizids. Die aktive Sterbehilfe auf Verlangen des Patienten aber führt, wie die niederländischen Erfahrungen zeigen, zur Sterbehilfe ohne Verlangen. Wer dem Arzt die Macht einräumt, die Erträglichkeit des Leidens, die Perspektiven des Weiterlebens und den Lebenswert zu definieren, öffnet den Weg zur Sterbehilfe ohne Verlan-

---

[43] Onwuteaka-Philipsen (2012), 2; vgl. auch Oduncu / Eisenmenger (2003).
[44] Wiedemann (2004).
[45] Van Loenen (2014), 166.
[46] So Rudolf Henke in der Bundestagsdebatte am 13.11.2014, in: *Plenarprotokoll* 18/66, 6150f.
[47] Fuchs / Hönings (2014), 26.

gen. Wer Sterbehilfe ohne Verlangen verhindern möchte, darf Tötung auf Verlangen nicht legalisieren. Wer Tötung auf Verlangen verhindern will, darf Beihilfe zum Suizid nicht legalisieren. Der Staat ist aufgrund seiner Schutzpflicht für das menschliche Leben deshalb gehalten, auch die „Anstiftung und Beihilfe zur Selbsttötung als rechtswidrig zu qualifizieren und zu verbieten"[48]. Das Standesrecht reicht nicht aus, um die verfassungsrechtliche Gewährleistung des Lebensrechts zu sichern. Die Regelung des österreichischen Strafgesetzbuches, die die Beihilfe zum Suizid mit der aktiven Sterbehilfe gleichsetzt und verbietet, ist juristisch die einzig logische und moralisch die einzig richtige Lösung.[49]

8   Aktive Sterbehilfe

Die Diskussion über den assistierten Suizid hat in Deutschland die Debatte über die aktive Sterbehilfe in den Hintergrund gedrängt. Aber die Debatte ist in Europa seit 20 Jahren im Gang und da die aktive Sterbehilfe in der Logik des assistierten Suizids liegt, ist es naheliegend, die Argumente zu prüfen, die zugunsten einer aktiven Sterbehilfe vorgebracht werden. In der Regel bedienen sich die Befürworter einer Legalisierung zweier Argumente: Erstens, aktive Sterbehilfe werde überall und täglich praktiziert. Der Gesetzgeber sei deshalb verpflichtet, sie aus der Grauzone der Illegalität herauszuholen, durch eine Legalisierung transparent zu machen und die Kluft zwischen dem Recht und der alltäglichen Praxis zu schließen. Nur so könne „die Achtung vor der Rechtsstaatlichkeit Bestand haben"[50]. Zweitens, niemand habe „das Recht, einem todkranken oder sterbenden Menschen die Pflicht aufzuerlegen, sein Leben unter unerträglichen Leiden oder Qualen fortzusetzen, wenn er selbst beharrlich den Wunsch geäußert hat, es zu beenden"[51].

Vergleichbare Argumente zur Begründung einer Strafrechtsreform haben in Deutschland bereits im Kampf um die Legalisierung der Abtreibung An-

---

[48] Hillgruber (2013), 76.
[49] Ein solches Verbot gilt auch in Italien, Spanien, England und Wales, Irland, Portugal und Polen.
[50] Council of Europe: Parliamentary Assembly, Dokument 9898 vom 10.09.2003, in: http://assembly.coe.int/Documents/Working Docs/Doc03/EDOC9898.htm. Dokument 9898, Ziffer 61.
[51] Ebd., Ziffer 7.

fang der 70er Jahre Verwendung gefunden. Auch damals wurde behauptet, Abtreibungen würden überall und täglich vorgenommen.[52] Der Gesetzgeber müsse die Kluft zwischen dem Strafgesetzbuch und der Praxis durch eine Legalisierung der Abtreibung schließen, dem Recht auf Selbstbestimmung der Frau Rechnung tragen und das Leben Ungeborener durch eine obligatorische Beratung der Schwangeren besser schützen. Beratung sei besser als Strafandrohung. Das Ergebnis ist bekannt: Das Lebensrecht Ungeborener wurde dem Selbstbestimmungsrecht der Schwangeren geopfert. Die Zahl der Abtreibungen ist explodiert. Zwischen 1974 und dem 31. Dezember 2014 sind in Deutschland (Ost und West) nach offiziellen Angaben des Statistischen Bundesamtes 5.685.714, nach plausiblen Schätzungen aber mehr als zehn Millionen ungeborener Kinder getötet worden.[53] Die Abtreibungsrate ist nicht zurückgegangen. Dem zweiten Argument zugunsten der Legalisierung der Euthanasie, es gäbe kein Recht, dem Sterbenden eine Pflicht zum Weiterleben unter Schmerzen aufzuerlegen, entsprach das Argument, es gäbe kein Recht, der Schwangeren die Pflicht aufzuerlegen, das Kind zu gebären.

Diese beiden Argumente waren damals so fragwürdig wie heute. Gegen das erste Argument ist einzuwenden: die Kluft zwischen dem Recht und der Praxis lässt sich zwar theoretisch dadurch schließen, dass das Recht abgeschafft wird, nicht aber praktisch. Das Recht auf Leben ist das grundlegende Menschenrecht. Es schließt das Verbot der Tötung Unschuldiger ein. Die Aufhebung dieses Verbotes lässt sich nicht gesetzlich regeln. Die Aufrechterhaltung und Durchsetzung dieses Verbots ist die Legitimitätsbedingung des Rechtsstaates. Es preiszugeben bedeutet die Verleugnung des Rechtsstaates. Die Kluft zwischen Recht und Alltag lässt sich deshalb nur dadurch schließen, dass dem Recht auf Leben und dem Verbot der Tötung Unschuldiger konsequent Geltung verschafft wird. Gegen das zweite Argument ist einzuwenden: Es geht weder in der Euthanasie- noch in der Abtreibungsdebatte um ein Recht, anderen eine Pflicht aufzuerlegen. Es geht allein um das Verbot, Unschuldige zu töten oder positiv ausgedrückt, die Verpflichtung, das Leben zu respektieren, das des Ungeborenen wie das des Sterbenden, eine

---

[52] Spieker (²2008), 52 f.
[53] Spieker (2012).

Verpflichtung, deren Einhaltung Auskunft gibt über die Humanität einer Gesellschaft.

Ein weiterer Versuch, die aktive Sterbehilfe zu begründen, bedient sich des Arguments der Kommunikationsfähigkeit. Sie wird zum konstituierenden Merkmal der menschlichen Existenz. Ist sie erloschen, ist der Mensch konsequenterweise kein Mensch mehr. Seine Tötung wird legitim. Am besten sei es, sie gar nicht mehr Euthanasie zu nennen: „Wenn es um die Tötung von Menschen geht, die aufgrund von physischen Mängeln nicht am Kommunikationsprozess teilnehmen können, dann sollte eigentlich auch ein anderer Ausdruck als Euthanasie verwendet werden", so Klaus Feldmann. Jeder Erwachsene solle verpflichtet werden, „für den Fall des totalen oder partiellen Kommunikationsverlustes eine entsprechende Verfügung zu hinterlegen", an die die verantwortlichen Personen gebunden sind. Immerhin ist sich der Autor dieses Plädoyers für die Euthanasie bewusst, dass seine Vorstellungen ohne „politischen Kampf" nicht durchsetzbar sind und einer „death education" bedürfen.[54] Wie verhängnisvoll das Argument der Kommunikationsfähigkeit werden kann, zeigen die Fälle der Wachkomapatienten. Sie genügen „normalen" Kommunikationsansprüchen nicht, auch wenn sie für manche Angehörige und Pflegekräfte durchaus auf ihre Weise kommunikationsfähig sind. In den vergangenen Jahren sind dafür nicht zuletzt durch die Hirnforschung neue Erkenntnisse vorgelegt worden. Messen sorgeberechtigte Angehörige die Kommunikationsfähigkeit jedoch an „normalen" Maßstäben, hat der Wachkomapatient kaum noch eine Überlebenschance, wenn die Rechtsordnung die Sterbehilfe auf Grund mündlicher Willensbekundungen ermöglicht. Der mit einer Vorsorgevollmacht ausgestattete Angehörige, dem das Leben des Wachkoma-Patienten nicht mehr lebenswert erscheint, kann den Abbruch der Behandlung verlangen. Die Vorsorgevollmacht wird zur Euthanasiefalle. Das Schicksal von Wachkomapatienten gestaltet sich noch dramatischer, wenn sich jene Meinung durchsetzt, die die kommunikativen und kognitiven Fähigkeiten zum zentralen Kriterium des Person-Seins erklärt und damit Wachkoma-Patienten aus der menschlichen Gemeinschaft hinausdefiniert. Sie gelten dann als „human Non-Persons" oder „sentient property", in etwa als empfindsame Sache oder fühlender Besitz zu übersetzen.

---

[54] Feldmann (1990), 236.

Sie dürfen dann auch ohne Patientenverfügungen getötet, für Forschungszwecke genutzt oder als Ressourcenlager für Organtransplantationen ausgeschlachtet werden.[55]

Befürworter der aktiven Sterbehilfe erklären, es gehe nur um Sterbehilfe für jene, die beharrlich, freiwillig und wohlüberlegt den Wunsch geäußert hätten, ihrem Leben ein Ende zu setzen.[56] Ihnen müsste das Recht auf einen selbstbestimmten Tod zustehen. Das entsprechende ärztliche Handeln müsste aus der Grauzone der Illegalität herausgeholt werden. Aber das Recht auf einen selbstbestimmten Tod „impliziert nicht die Verpflichtung für das Gesundheitspersonal, sich an einem Akt der Sterbehilfe beteiligen zu müssen"[57]. Die Praxis der aktiven Sterbehilfe in den Niederlanden zeigt, dass die Vorstellung, aktive Sterbehilfe werde nur bei Vorliegen eines beharrlichen, freiwilligen und wohlüberlegten Wunsches des Patienten vorgenommen, eine Illusion ist. Dies ergeben die von der Regierung in Auftrag gegebenen wissenschaftlichen Untersuchungen, deren erste van der Waal und van der Maas 2001 und 2002 durchführten und im Juni 2003 veröffentlichten.[58] In den Niederlanden waren 2001 3,3 % der rund 140.000 Todesfälle (4632) auf aktive Sterbehilfe zurückzuführen. In über 20 % dieser Fälle (982) erfolgte die Sterbehilfe ohne Einwilligung des Patienten. In Belgien ist der Anteil der Lebensbeendigung ohne ausdrückliche Zustimmung des Patienten noch höher.[59]

In 25 % der niederländischen Fälle unterblieb die vorgeschriebene Konsultation eines zweiten unabhängigen Arztes. In ca. 50 % der Fälle unterblieb auch die seit 01. November 1998 obligatorische Meldung der Sterbehilfe, die in den Niederlanden ganz unbefangen Euthanasie genannt wird, an die zuständige Regionale Kontrollkommission. Diese Kontrollkommission, die aus einem Juristen, einem Mediziner und einem Ethiker besteht und vom Euthanasie-Gesetz 2001 übernommen wurde, sollte dem Arzt die Angst vor der

---

[55] Smith (2005).

[56] So Art. 3, § 1 des belgischen Gesetzes zur Sterbehilfe vom 28.05.2002 und Art. 2, Abs. 1, Ziffer a des niederländischen Euthanasiegesetzes vom 10.04.2001.

[57] Council of Europe: Dokument 9898, Ziffer 7 und Art. 14 des belgischen Gesetzes zur Sterbehilfe vom 28.05.2001.

[58] Zusammenfassung der Ergebnisse in Grundmann (2004), 203 ff., vgl. auch Schepens (2000), 129 ff.; Schumpelick (2003); Wils (1999), 141 ff.; Jochemsen (2004), 235 ff.; Oduncu / Eisenmenger (2003).

[59] Van der Heide (2003). Vgl. auch Onwuteaka-Philipsen (2012); Kipke (2004), 251 ff.

Staatsanwaltschaft nehmen und seine Meldebereitschaft erhöhen. Die niederländischen Strafverfolgungsbehörden sind zwar nicht an das Votum der Kontrollkommission gebunden, wenn sie den Verdacht auf eine Straftat hegen und Ermittlungen aufnehmen wollen. Aber in der Praxis gilt jeder Euthanasiefall als „erledigt", wenn die Kommission zu dem Ergebnis kommt, der Arzt habe die im Gesetz genannten Sorgfaltskriterien eingehalten, und die Kommissionen kommen in der Regel zu diesem Ergebnis. Der gemeinsame Jahresbericht 2002 der fünf Regionalen Kontrollkommissionen, der erste nach der Inkraftsetzung des Euthanasiegesetzes, zeigt, dass nur in fünf Fällen das Urteil „nicht sorgfältig" ausgesprochen wurde.[60] 2008 waren es 10 Fälle. Die von der Regierung in Auftrag gegebene Untersuchung unter den Ärzten zeigt zwar, dass die Meldebereitschaft von 41 % 1995 auf 54 % 2001 gestiegen ist, bestätigt damit aber zugleich, dass fast die Hälfte der Euthanasie-Fälle nicht gemeldet wird. Dies wiederum setzt eine wahrheitswidrige Angabe der Todesursache, mithin eine Fälschung des Totenscheines voraus. Auch eine Frist zwischen dem Verlangen nach Euthanasie und der Durchführung der Euthanasie, die Rückschlüsse auf die Ernsthaftigkeit des Euthanasieverlangens zuließe und die zum Beispiel im belgischen Euthanasiegesetz für entsprechende Wünsche psychisch kranker Patienten einen Monat beträgt, wird nicht beachtet. In 13 % der Euthanasiefälle in den Niederlanden, dessen Euthanasiegesetz über solche Fristen nichts sagt, lag 2001 zwischen Verlangen und Durchführung nur ein Tag, in rund 50 % nur eine Woche. Seit 2012 gibt es in den Niederlanden auch ambulante Euthanasieteams in der Trägerschaft des Vereins für freiwillige Euthanasie, die sterbewilligen Patienten zuhause aktive Sterbehilfe leisten, wenn deren Hausärzte dazu nicht bereit sind.

Die niederländischen Erfahrungen zeigen, dass die aktive Sterbehilfe nach ihrer Legalisierung eine Eigendynamik entfaltet, die sich einer effektiven Kontrolle entzieht und Ärzten den Status der Immunität verleiht. Sie reißt nicht nur eine ganze Reihe neuer Klüfte zwischen Recht und Alltag auf, sie verändert darüber hinaus auch die sozialen Beziehungen, in erster Linie die zwischen Arzt und Patient. Der schwerkranke Patient wird vom leidenden

---

[60] Grundmann (2004), 202 (1999 wurden nur drei Fälle, 2000 ebenfalls drei und 2001 nur ein Fall moniert).

Subjekt, dem Mitleid und Solidarität der Gesellschaft zuteil werden, zum Objekt, das der Gesellschaft zur Last fällt. Nicht der Patient kann das Mitleid der Gesellschaft erwarten, sondern die Gesellschaft erwartet das Mitleid des Patienten. Der sterbende Pflegebedürftige, Alte oder Kranke hat nämlich alle Mühen, Kosten und Entbehrungen zu verantworten, die seine Angehörigen, Pfleger, Ärzte und Steuern zahlenden Mitbürger für ihn aufbringen müssen und von denen er sie schnell befreien könnte, wenn er das Verlangen nach aktiver Sterbehilfe äußert. „Er lässt andere dafür zahlen, dass er zu egoistisch und zu feige ist, den Platz zu räumen. Wer möchte unter solchen Umständen weiterleben? Aus dem Recht zur Selbsttötung wird so unvermeidlich eine Pflicht."[61] Aus der Sterbehilfe auf Verlangen wird eine Sterbehilfe ohne Verlangen. Sie wird nicht nur bei alten, pflegebedürftigen Patienten, sondern auch bei Neugeborenen und Kindern im ersten Lebensjahr praktiziert. So starben nach einer Untersuchung der Niederländischen Ärzte-Gesellschaft 1995 von 1041 Kindern 8 %, also über 80 durch aktive Euthanasie.[62] Nach einer belgischen Untersuchung, die sich auf die Todesfälle von Kindern unter einem Jahr in Flandern in der Zeit von August 1999 bis Juli 2000 bezog, starben von 194 Kindern, bei denen Ärzte eine Entscheidung zur Lebensbeendigung trafen, 17, also rund 9 % durch aktive Euthanasie.[63] Vor dem euthanasiebedingten Misstrauen in die niederländischen Ärzte haben die katholischen Bischöfe in den Niederlanden schon bei der Einbringung des Euthanasiegesetzes in das Parlament gewarnt.[64] Auch die EKD warnte in ihrer Orientierungshilfe zum Problem der ärztlichen Beihilfe zur Selbsttötung 2008 vor einer gesetzlichen Zulassung des assistierten Suizids. Sie hätte eine „tiefgreifende Veränderung des allgemeinen Verständnisses des ärztlichen Berufes" zur Folge.[65]

Die Erfahrungen mit der Legalisierung der aktiven Sterbehilfe in den Niederlanden und in Belgien bestätigen die Vermutung, dass aktive Sterbehilfe nicht Hilfe für Schwerkranke, sondern Instrument einer unblutigen Entsor-

---

[61] Spaemann (1997), 20; Baier (2004), 84 f.
[62] Grundmann (2004), 66 f.
[63] Provoost (2005), 1316 f.
[64] Vgl. z. B. die Erklärung des Vorsitzenden der Niederländischen Bischofskonferenz Adrianus Simonis (2002), 144-158, hier 152.
[65] Rat der EKD (2008), 32.

gung der Leidenden, nicht Zuwendung zum Sterbenden, sondern Verweigerung des medizinischen und pflegerischen Beistandes ist. Sie zeigen, dass sich ein Rechtsstaat in unauflösbare Widersprüche verstrickt, wenn sein Gesetzgeber meint, die Aufhebung des Verbots der Tötung Unschuldiger gesetzlich regeln zu können. Ein Rechtsstaat zerstört damit die Bedingung seiner eigenen Existenz. Die katholischen Bischöfe der Niederlande wurden nicht müde, die Einbringung und die Verabschiedung des Euthanasiegesetzes sowohl in der Zweiten als auch in der Ersten Kammer des niederländischen Parlaments als unannehmbaren Rechtsbruch zu beklagen, der die Fundamente der Gesellschaft zerstört.[66]

9 Die Alternativen

Was sind Alternativen zur aktiven Sterbehilfe? Eine Wiederbelebung der Ars moriendi. Sterben ist Teil des Lebens.[67] Wer den eigenen Tod nicht verdrängt, sondern als Teil seines Lebens bejaht, lebt bewusster, gelassener und glücklicher. Ars moriendi heißt, die soziale Dimension des Sterbens wiederzugewinnen, heißt zu lernen, im Angesicht des Todes von den Familienangehörigen Abschied zu nehmen und das Zeitliche zu segnen. „Sterben heißt Loslassenkönnen"[68] Nicht nur das Begräbnis, das Sterben ist dann ein soziales Ereignis. Die stationären Hospize, aber auch die ambulanten Hospizdienste sind ein Schritt in diese Richtung. In einer Ansprache an deutsche Bischöfe würdigte Papst Johannes Paul II. schon am 19. Dezember 1992 ausführlich die Notwendigkeit der Hospizbewegung. Sie sei eine Herausforderung, die auf die Christen in ganz Europa zukomme und die die Würde des Menschen berühre:

---

[66] Vgl. die Presseerklärungen der Niederländischen Bischofskonferenz vom 29.11.2000 und vom 11.04.2001, in: Kohnen / Schumacher (2002), 159 ff. Vgl. auch die Kritik des Vizepräsidenten der Päpstlichen Akademie für das Leben Elio Sgreccia (2004), 11 f.
[67] Vgl. auch die Rede von Bundespräsident Horst Köhler bei der Bundesarbeitsgemeinschaft Hospiz „Sterben lernen heißt leben lernen" am 08.10.2005.
[68] Maio (2014), 55.

„Wir erleben, dass immer mehr Menschen mit dem Tod nichts anzufangen wissen, ja ihr Leben so gestalten, dass die letzte Frage verdrängt wird. Unsere modernen säkularisierten Gesellschaften laufen Gefahr, Leiden, Sterben und Tod aus dem persönlichen Lebensbereich regelrecht auszublenden. Da aber im Leben nichts sicherer ist als der Tod (vgl. Sir 8,7;14,12; Röm 5,12), beobachten wir als Folge dieses Verdrängungsprozesses viel Hilflosigkeit und Verzweiflung angesichts des Todes. Das problematische Sprechen von Sterbehilfe gewinnt in diesem Zusammenhang vielfach eine ganz neue Bedeutung. In Europa scheint die Vorstellung immer mehr Anhänger zu finden, dass es menschlich erlaubt sein könne, dem eigenen Leben und dem Leben eines anderen Menschen bewusst ein Ende zu setzen. Der Begriff der Euthanasie hat längst bei vielen jenen schrecklichen Klang verloren, den ihm die grausamen Geschehnisse im dunkelsten und betrüblichsten Kapitel der Geschichte eures Landes verliehen hatten. Selbstmord und Mord werden heute bereits wieder durch Bezeichnungen wie Freitod und Sterbehilfe verharmlost. Einige wenige Katholiken haben in eurem Land erkannt, dass hier eine wichtige und wertvolle Aufgabe auf die Christen zukommt, nämlich eine Sterbebegleitung, die dem Menschen auch in der letzten Lebensphase seine Würde gewährleistet. [...] Wichtiger als der Bau eines weiteren Krankenhauses in katholischer Trägerschaft [...] und wichtiger als etwa die erneute Renovierung eines Tagungshauses wird künftig die Förderung von Institutionen sein, die sich für die katholische Sterbebegleitung einsetzen. Hier sind Christen als Hoffnungsträger gefragt. [...] Mehr als in manch anderem Bereich können wir hier zeigen, worauf es letztlich ankommt: Leben lernen für den Tod und Sterben lernen für das Leben. Wenn es euch gelingt, in Deutschland rechtzeitig weitere Hospize als Inseln der Humanität einzurichten, werdet ihr verhindern, dass sich jene durchsetzen, die nur vorgeben, sterbenden Menschen zu helfen, in Wahrheit aber vor dieser Herausforderung kapitulieren, indem sie mit Todespillen Hilfe beim Sterben in Hilfe zum Sterben pervertieren. Der sterbende Mensch will keine Tablette, um dann alleingelassen zu werden, sondern echte Hoffnung, menschliche Nähe und eine haltende Hand."[69]

Wirksame Schmerzlinderung, vertraute Umgebung, pflegerische, ärztliche und seelsorgerliche Begleitung gehören zur Sterbebegleitung in einem Hospiz und die Gewissheit, dass der Sterbeprozess nicht gegen den Willen des Sterbenden hinausgezögert wird. Ein menschenwürdiges Sterben erfordert von den Angehörigen nicht nur Respekt vor der Selbstbestimmung des Sterben-

---

[69] Johannes Paul II. (1992), 1082.

den, der im Angesicht seines Todes weitere medizinische Maßnahmen ablehnt, sondern auch in belastenden Situationen, bei kaum überwindbarer Sprachlosigkeit und in Todesangst die Bereitschaft zum Dableiben, zum geduldigen Ausharren und zuletzt: zum gemeinsamen Warten auf den Tod.[70] Wie ein neugeborenes Kind nach der Geburt der Mutter in die Arme gelegt wird, um seinen Schock beim Eintreten in die neue Welt zu mildern, so ist auch beim Verlassen dieser Welt die Nähe eines vertrauten Menschen eine Erleichterung, für die Sterbende dankbar sind. Ein menschenwürdiges Sterben erfordert von den Ärzten, dass sie sich selbst mit dem Tod auseinandersetzen, dass sie ihn, wenn schon nicht wie Franz von Assisi als Schwester, so doch wenigstens nicht als Feind betrachten, dass sie ihn nicht als Niederlage für ihre medizinische Kompetenz empfinden, der sie sich mit neuen Operationen und anderen Eingriffen, die Aktivität vortäuschen, aber nur den Sterbeprozess verlängern, zu entziehen versuchen. Ein menschenwürdiges Sterben erfordert von den medizinischen Fakultäten, die Palliativmedizin in die ärztliche Ausbildung zu integrieren, und von den Krankenkassen, sie entsprechend zu honorieren. „Viele Medizinstudenten verlieren im Laufe ihres Studiums und im Besonderen im Praktischen Jahr einen Teil ihrer Fähigkeit, Empathie zu empfinden und danach zu handeln", schrieb die *Frankfurter Allgemeine Zeitung* in einem Bericht zur Lage der Palliativmedizin. Schließlich, so der Bericht der *FAZ*, erfordert ein menschenwürdiges Sterben auch ein Umdenken der Krankenhäuser und der Krankenkassen, denn die Palliativmedizin ist keine gewinnbringende Medizin und damit „für die zunehmend wirtschaftlich orientierten Krankenhäuser nicht sehr interessant"[71].

Für den Christen ist menschenwürdiges Sterben das Ende des irdischen Pilgerstandes,[72] ein „Tor zum Leben"[73]. „Es ist vollbracht", dieses Wort Jesu am Kreuz, ist das Leitwort christlichen Sterbens. Jesus sprach dieses letzte Wort vor seinem Tod nicht in einer Stunde der Verklärung, sondern in einer Stunde des Leidens, ja des Martyriums, als er „von dem Essig genommen hatte", den die Soldaten bei seiner Kreuzigung mit einem Schwamm auf einer

---

[70] Schockenhoff (2001), 10; Härle (2010), 127 ff.; Wannenwetsch (2013), 95.
[71] Schmidt (2012).
[72] Düren (2002).
[73] Windisch (2004), 145 ff.

Stange an seinen Mund hielten.[74] Die Passion Christi zeigt, dass Christus, wie Mel Gibson in seinem Film 2004 eindringlich dargestellt hat, Todesangst und die Bitterkeit des Todes nicht fremd sind. Der Tod ist die Frucht der Sünde, wie Paulus in seinem Brief an die Römer mehrfach schreibt.[75] Paulus zeigt aber auch, dass der Tod das Tor zum Leben ist, das Christus aufgestoßen hat.[76] Auch das Alte Testament weiß im Buch Jesus Sirach um die Aufgabe des Menschen, sich zu einer ergebenen Hinnahme des Todesloses durchzuringen, statt sich vergeblich dagegen aufzulehnen. „Das Ende eines Menschen gibt erst Kunde über ihn; vor dem Tod preise niemand glücklich; denn erst an seinem Ende erkennt man den Menschen."[77] „Unsere Tage zu zählen, lehre uns! Dann gewinnen wir ein weises Herz" (Ps 90,12).

Die Vorbereitung auf einen guten Tod und das Gebet um ihn sind Teil eines gelingenden Lebens. Der Ernst des Todes, diese Stunde der Entscheidung, in der jeder nur einmal steht, verdrängt im christlichen Sterben nicht die Zuversicht, geborgen zu sein, eine Zuversicht, die Dietrich Bonhoeffer und andere Märtyrer des NS-Regimes im Angesicht ihrer Hinrichtung zum Ausdruck brachten. Bonhoeffers Verse sind heute ein in allen Kirchen gesungenes Kirchenlied „Von guten Mächten treu und still umgeben, behütet und getröstet wunderbar, so will ich diese Tage mit euch leben und mit euch gehen in ein neues Jahr. [...] Von guten Mächten wunderbar geborgen, erwarten wir getrost, was kommen mag. Gott ist bei uns am Abend und am Morgen und ganz gewiss an jedem neuen Tag."[78] Der 2011 selig gesprochene Lübecker Kaplan Johannes Prassek schrieb am 10. November 1943, dem Tag seiner Hinrichtung, aus einem Hamburger Gefängnis in einem Brief an seine Familie: „Heute Abend ist es nun soweit, dass ich sterben darf. Ich freue mich so, ich kann es Euch nicht sagen, wie sehr. Gott ist so gut, dass er mich noch einige schöne Jahre als Priester hat arbeiten lassen. Und dieses Ende, so mit vollem Bewusstsein und in ruhiger Vorbereitung darauf sterben dürfen, ist das Schönste von allem. Worum ich Euch um alles in der Welt bitte, ist dieses: Seid nicht traurig! Was mich erwartet, ist Freude und Glück, gegen das

---

[74] Joh 19,30.
[75] Röm 6,23; 5,12; 5,17; 8,20.
[76] 1 Kor 15,3-22.
[77] Jesus Sirach 11,27 und 41,1-6.
[78] Gotteslob 2013, Nr. 430.

alles Glück hier auf der Erde nichts gilt. Darum dürft auch Ihr Euch freuen."[79]

In jedem „Gegrüßt seist du Maria", einem nicht nur katholischen Gebet, bittet der Beter um die Fürbitte der Gottesmutter „jetzt und in der Stunde unseres Todes". Dem Sterbenden beizustehen, den Kranken, auch den Todkranken zu besuchen, ist Teil der Nächstenliebe, nach der jeder beim Jüngsten Gericht gefragt wird (Mt 25, 36 und 43). Wie schwer es selbst den engsten Jüngern Jesu fiel, ihm in der Todesangst beizustehen, auch darüber geben die Passionsberichte Auskunft: Die Jünger schliefen wiederholt ein.[80] Für den Christen ist Sterben eine Gnade, ein „Lebensabschlussgottesdienst", für den die katholische Kirche nicht nur eine eigene Liturgie, sondern auch das Sakrament der Krankensalbung, der „letzten Ölung", anbietet. „Die letzte Verfügung des Menschen, mit welcher er sein irdisches, viatorisches Dasein zugleich beendet und vollendet, ist ein im strikten Sinn kultischer Akt liebender Hingabe, worin der Mensch, sein Todesschicksal ausdrücklich annehmend, sich selber mitsamt dem ihm jetzt entgleitenden Leben Gott darbringt und überliefert." Das sei, so Josef Pieper, zwar keine philosophische Antwort auf die Frage nach dem Tod, aber doch eine Antwort, die auch dem Philosophen Respekt abnötigt, weil sie die „verborgene Bauform" eines sinnvollen Lebens ahnen lasse, „dass man nämlich nur das besitzt, was man loslässt". Das eigene Leben buchstäblich und wirklich zu verlieren, um es zu gewinnen, das sei dem Menschen zum ersten und einzigen Mal im Angesicht des Todes abverlangt.[81] Folgt der Mensch Christus im Glauben an die Verheißung einer Auferstehung und an ein ewiges Leben, kann er auch mit ihm sagen, „Niemand entreißt mir das Leben, sondern ich gebe es aus freiem Willen hin" (Joh 10,18). Jesu Tod am Kreuz ist der Maßstab dieser Selbsthingabe, weshalb der Mensch, der sich selbst erkennen will, auf Christus schauen soll. Er „erschließt ihm seine höchste Berufung"[82]. Das sich hingebende, nicht das sich selbst behauptende Ich ist das wahrhaft menschliche Ich. Nur durch die „aufrichtige Hingabe seiner selbst" kann der Mensch sich selbst vollkommen

---

[79] Erzbistum Hamburg / Bistum Osnabrück (2011), 49.
[80] Mt 26,36-46; Mk 14,32-42; Lk 22,45-46.
[81] Pieper (1997), 370. Vgl. auch Lotz (1976), 89 ff.
[82] Gaudium et Spes 22.

finden.[83] Dies deutlich zu machen war ein Leitfaden des gesamten Pontifikats Johannes Pauls II.[84] „Ich bin froh, seid ihr es auch!" Diese letzten Worte Johannes Pauls II. auf seinem Sterbebett Anfang April 2005 sind ein großes Vermächtnis für die Wiederbelebung der ars moriendi, für eine Kultur des Lebens, die dem Leiden und dem Tod nicht ausweicht. Die vier Millionen vor allem junger Menschen, die anlässlich seines Sterbens und seiner Beisetzung 2005 nach Rom pilgerten, haben dieses Vermächtnis eindrucksvoll besiegelt.

Literatur

Baier, S.: *Kinderlos. Europa in der demographischen Falle*, Aachen 2004.

Battin, M. P. / Van der Heide, A. / Ganzini, L. / van der Wal, G. / Onwuteaka-Philipsen, B. D.: Legal physician-assisted dying in Oregon and the Netherlands: evidence concerning the impact on patients in "vulnerable" groups, in: *Journal of Medical Ethics*, 2007, S. 591-597.

Beckmann, R.: Ärztebefragung „Sedierung am Lebensende", in: *ZfL*, 20. Jg. (2011), S. 111.

Beckmann, R. / Löhr, M. / Schätzle, J. (Hrsg.): *Sterben in Würde. Beiträge zur Debatte über Sterbehilfe*, Krefeld 2004.

Bonelli, J. / Prat, E. H. (Hrsg.): *Leben – Sterben – Euthanasie?*, Wien 2000.

Borasio, G. D. / Jox, R. J. / Taupitz, J. / Wiesing, U.: *Selbstbestimmung im Sterben – Fürsorge zum Leben. Ein Gesetzesvorschlag zur Regelung des assistierten Suizids*, Stuttgart 2014a.

Borasio, G. D. / Jox, R. J. / Taupitz, J. / Wiesing, U.: *Pressemitteilung anlässlich der Präsentation ihres Buches am 26.08.2014* (2014b).

Council of Europe: *Parliamentary Assembly, Dokument 9898 vom 10.09.2003*, in: *http://assembly.coe.int/Documents/Working Docs/Doc03/EDOC9898.htm. Dokument 9898, Ziffer 61.*

Dürcn, P. C.: *Der Tod als Ende des irdischen Pilgerstandes. Reflexion über eine katholische Glaubenslehre*, Buttenwiesen 2002.

Ecclesia Catholica: *Katechismus der Katholischen Kirche*, München / Wien 1993.

Eibach, U.: Beihilfe zur Selbsttötung und Tötung auf Verlangen? Eine ethische und seelsorgliche Betrachtung, in: *ZfL*, 1-2/2014, S. 2-8.

---

[83] Gaudium et Spes 24.
[84] George Weigel (³2011) hat dies überzeugend herausgearbeitet.

Erzbistum Hamburg / Bistum Osnabrück (Hrsg.): *Wer sterben kann, wer will den zwingen? Zur Seligsprechung der Lübecker Märtyrer*, Hamburg 2011.

Feldmann, K.: *Tod und Gesellschaft. Eine soziologische Betrachtung von Sterben und Tod*, Frankfurt 1990.

Fenner, D.: Ist die Institutionalisierung und Legalisierung der Suizidbeihilfe gefährlich? Eine kritische Analyse der Gegenargumente, in: *Ethik in der Medizin*, 19. Jg. (2007), S. 200-214.

Finlay I. G. / George R.: Legal physician-assisted suicide in Oregon and the Netherlands: evidence concerning the impact on patients in vulnerable groups – another perspective on Oregon's data, in: *Journal of Medical Ethics*, 2011, S. 171-174.

Fischer, E.: *Recht auf Sterben?! Ein Beitrag zur Reformdiskussion der Sterbehilfe in Deutschland unter besonderer Berücksichtigung der Frage nach der Übertragbarkeit des Holländischen Modells der Sterbehilfe in das deutsche Recht*, Frankfurt 2004.

Fuchs, M. / Hönings, L.: *Sterbehilfe und selbstbestimmtes Sterben. Zur Diskussion in Mittel- und Westeuropa, den USA, Kanada und Australien*, St. Augustin 2014.

Geiger, W.: *Sterbehilfe – was heißt das?*, Kirche und Gesellschaft 130, Köln 1986.

Gerhardt, V.: Letzte Hilfe, in: *FAZ* vom 19.09.2003, S. 8.

Grundmann, A.: *Das niederländische Gesetz über die Prüfung von Lebensbeendigung auf Verlangen und Beihilfe zur Selbsttötung*, Aachen 2004.

Härle, W.: *Würde. Groß vom Menschen denken*, München 2010.

Hillgruber, C.: Die Bedeutung der staatlichen Schutzpflicht für das menschliche Leben bezüglich einer gesetzlichen Regelung der Suizidbeihilfe, in: *ZfL* 3/2013, S. 70-80.

Isensee, J.: *Tabu im freiheitlichen Staat*, Paderborn 2003.

Jens, T.: *Demenz. Abschied von meinem Vater*, München 2010.

Jens, W. / Küng, H.: *Menschenwürdig sterben. Ein Plädoyer für Selbstverantwortung*, München 1995.

Jochemsen, H.: Sterbehilfe in den Niederlanden, in: Beckmann, R. / Löhr, M. / Schätzle, J. (Hrsg.): *Sterben in Würde. Beiträge zur Debatte über Sterbehilfe*, Krefeld 2004, S. 235-249.

Johannes Paul II.: Ansprache an die Bischöfe aus Südwestdeutschland anlässlich ihres Adlimina-Besuches am 19.12.1992, in: *Der Apostolische Stuhl* 1992, S. 1082.

Johannes Paul II.: *Evangelium Vitae*, 1995.

Kipke, R.: Sterbehilfe in Belgien, in: Beckmann, R. / Löhr, M. / Schätzle, J. (Hrsg.): *Sterben in Würde. Beiträge zur Debatte über Sterbehilfe*, Krefeld 2004, S. 252-258.

Kohnen, P. / Schumacher, G. (Hrsg.): *Euthanasia and Human Dignity. A Collection of Contributions by the Dutch Catholic Bishop's Conference to the Legislative Procedure 1983-2001*, Utrecht / Leuven 2002.

Küng, H.: Mich erschüttert dieser Mann, in: *FAZ* vom 21.02.2009, S. 31.

Lotz, J. B.: *Tod als Vollendung. Von der Kunst und Gnade des Sterbens*, Frankfurt 1976.

Maio, G.: Handhabbarer Tod? Warum der assistierte Suizid nicht die richtige Antwort ist, in: *Herder-Korrespondenz*, 68. Jg. (2014a), S. 567-572.

Maio, G.: Wenn das Annehmen wichtiger wird als das Machen. Für eine neue Kultur der Sorge am Ende des Lebens, in: Kruse, A. / Maio, G. / Althammer, J.: *Humanität einer alternden Gesellschaft*, Paderborn 2014b, S. 49-80.

Noelle-Neumann, E. / Köcher, R. (Hrsg.): *Allensbacher Jahrbuch der Demoskopie 1998-2002*, München 2002.

Oduncu, F. S. / Eisenmenger, W.: Geringe Lebensqualität. Die finstere Praxis der Sterbehilfe in Holland – bis hin zum Mord, in: *Süddeutsche Zeitung* vom 17.07.2003, S. 11.

Onwuteaka-Philipsen, B. D. / Brinkman-Stoppelenburg, A. / Penning, C. / de Jong-Krul, G. / van Delden, J. / van der Heide, A.: Trends in end-of-life practices before and after the enactment of the euthanasia law in the Netherlands from 1990 to 2010: a repeated cross-sectional survey, in: *The Lancet, online*, 11.07.2012.

Pieper, J.: Tod und Unsterblichkeit, in: Pieper, J.: *Werke*, Bd. 5, Hamburg 1997, S. 280-397.

Prat, P. (Hrsg.): *Leben – Sterben – Euthanasie?*, Wien 2000.

Provoost, V. / Cools, F. / Mortier, F. / Bilsen, J. / Ramet, J. / Vandenplas, Y. / Deliens, L.: Medical end-of-life decisions in neonates and infants in Flandern, in: *The Lancet* vol 365, 09. April 2005, S. 1315-1320.

Rahner, K. / Vorgrimler, H.: *Kleines Konzilskompendium*, Freiburg [35]2008.

Rat der EKD: *Wenn Menschen sterben wollen. Eine Orientierungshilfe zum Problem der ärztlichen Beihilfe zur Selbsttötung*, Hannover 2008.

Rau, J.: *Wird alles gut? Für einen Fortschritt nach menschlichem Maß*, Frankfurt 2001.

Rehder, S.: Lass mich leben, Doktor!, in: *Die Tagespost* vom 27.07.2004, S. 9.

Sahm, S.: Die Irrtümer der Suizidhelfer, in: *FAZ* vom 15.10.2014, S. 12.

Schepens, P.: Euthanasie in den Niederlanden. Erfahrungen und Erkenntnisse, in: Bonelli, J. / Prat, E. H. (Hrsg.): *Leben – Sterben – Euthanasie?*, Wien 2000, S. 129-144.

Schmidt, L.: Wieso hier sterben und nicht dort?, in: *FAZ* vom 27.06.2012, S. N1.

Schneider, R.: Über den Selbstmord (1947), in: Krause Landt, A. / Bauer, A. / Schneider, R.: *Wir sollen sterben wollen*, Waltrop / Leipzig 2013, S. 171-199.

Schockenhoff, E.: Aus Mitleid töten? Der Auftrag des medizinischen Sterbebeistands aus ethischer Sicht, in: *Kirche und Gesellschaft* 283, Köln 2001.

Schöne-Seifert, B.: Wenn es ganz unerträglich wird, Plädoyer für die Liberalisierung der Suizidhilfe, in: *FAZ* vom 06.11.2014, S. 13.

Schumpelick, V. (Hrsg.): *Klinische Sterbehilfe und Menschenwürde. Ein deutsch-niederländischer Dialog*, Freiburg 2003.

Schweizerische Akademie der Medizinischen Wissenschaften: *Medizinisch-ethische Richtlinien und Empfehlungen zur Behandlung und Betreuung von älteren pflegebedürftigen Menschen vom 18.05.2004. Basel.*

Sgreccia, E.: Euthanasie in den Niederlanden nun auch bei Kindern, in: *Osservatore Romano* (deutschsprachige Wochenausgabe) vom 22.10.2004, S. 11f.

Simonis, A.: Care during Suffering and Dying vom 07.04.2000, in: Kohnen, P. / Schumacher, G. (Hrsg.): *Euthanasia and Human Dignity. A Collection of Contributions by* the Dutch Catholic Bishop's Conference to the Legislative Procedure 1983-2001, Utrecht / Leuven 2002, S. 144-158.

Smith, W. J.: „Human Non-Person". Terri Schiavo, bioethics, and our future, in: *National Review* vom 29.03.2005, in: www.nationalreview.com/smithw/smith200503290755. asp.

Spaemann, R.: Es gibt kein gutes Töten, in: Spaemann, R. / Fuchs, T.: *Töten oder sterben lassen? Worum es in der Euthanasiedebatte geht*, Freiburg 1997, S. 12-30.

Spaemann, R.: Die Vernünftigkeit eines Tabus, in: Spaemann, R. / Wannenwetsch, B.: *Guter schneller Tod? Von der Kunst, menschenwürdig zu sterben*, Basel 2013, S. 9-40.

Spieker, M.: *Kirche und Abtreibung in Deutschland. Ursachen und Verlauf eines Konflikts*, Paderborn ²2008.

Spieker, M. (Hrsg.): *Biopolitik. Probleme des Lebensschutzes in der Demokratie*, Paderborn 2009.

Spieker, M.: 5.432.350. Zur Problematik der Abtreibungsstatistik, in: *Die Welt* vom 15.09.2012, S. 2.

Student, J.-C.: Die Patientenverfügung – Sackgasse oder Zukunftsmodell? Vom Nutzen und Schaden einer Patientenverfügung, in: Spieker, M. (Hrsg.): *Biopolitik. Probleme des Lebensschutzes in der Demokratie*, Paderborn 2009, S. 177-185.

Tolmein, O.: Wer schließt sich ab? Hans Küng ist erschüttert, weil er nichts mehr für seinen Freund tun kann. Dabei kann er mit ihm zum Kaninchenstall gehen und zum Wachhund: Was das Beispiel des kranken Walter Jens lehrt, in: *FAZ* vom 10.03.2009, S. 33.

Van der Heide, A. / Deliens, L. / Faisst, K. / Nilstun, T. / Norup, M. / Paci, E. / van der Wal, G. / van der Maas, P.J.: End-of-life decision-making in six European countries: descriptive study, in: *The Lancet* 362, S. 345 ff., online vom 17.06.2003.

Van Loenen, G.: *Das ist doch kein Leben mehr! Warum aktive Sterbehilfe zu Fremdbestimmung führt*, Frankfurt 2014.

Vogel, B. (Hrsg.): *Religion und Politik in Deutschland*, Freiburg 2003.

Von Lewinski, M.: *Ausharren oder gehen? Für und Wider die Freiheit zum Tode*, München 2008.

Wannenwetsch, B.: Vom Lebenszwang zur Sterbekunst: Warum menschenwürdiges Sterben den geistlichen Tod voraussetzt, in: Spaemann, R. / Wannenwetsch, B.: *Guter schneller Tod? Von der Kunst, menschenwürdig zu sterben*, Basel 2013, S. 41-111.

Weigel, G.: *Zeuge der Hoffnung: Johannes Paul II. Eine Biographie*, Paderborn ³2011.

Wiedemann, E.: Der Gedanke des Tötens, in: *Der Spiegel* vom 19.07.2004, S. 86-88.

Wils, J.-P.: *Sterben. Zur Ethik der Euthanasie*, Paderborn 1999.

Windisch, H.: Der Tod – Tor zum Leben?, in: Beckmann, R. / Löhr, M. / Schätzle, J. (Hrsg.): *Sterben in Würde. Beiträge zur Debatte über Sterbehilfe*, Krefeld 2004, S. 145-154.

Zentralkomitee der deutschen Katholiken: Stellungnahme des Hauptausschusses vom 17.10.2014 „Ja zur palliativen Begleitung – Nein zur organisierten Suizidbeihilfe. Zur Diskussion um ein Verbot organisierter Beihilfe zum Suizid", Bonn.

Marcus Knaup

Wie wollen wir sterben?

Zur Frage der ärztlichen Suizidassistenz

> *„Nach der Regel der Klugheit*
> *wäre es oft das beste Mittel,*
> *sich selbst aus dem Wege zu räumen,*
> *aber nach der Regel der Sittlichkeit*
> *ist es unter keiner Bedingung erlaubt,*
> *weil es die Destruktion der Menschheit ist."*
> Immanuel Kant

I.

Auf dem 66. *Deutschen Juristentag* im Jahr 2006 wurde die Empfehlung unterbreitet, man solle auch in Zukunft den § 216 StGB – also das Verbot der Tötung auf Verlangen – unverändert beibehalten. Im gleichen Atemzuge allerdings wurde die Tolerierung des ärztlich assistierten Suizids als Möglichkeit nahegelegt. Die Frage der ärztlichen Suizidbeihilfe steht seitdem im Brennpunkt öffentlicher Diskussion. Bundesgesundheitsminister Hermann Gröhe (CDU) hat 2014 sein Reformanliegen vorgetragen, die Frage der Beihilfe zur Selbsttötung gesetzlich neu zu regeln. Der Minister will die geschäftsmäßige Suizidbeihilfe unter Strafe gestellt sehen. Für das erste Quartal des Jahres 2015 ist die Beratung von Gruppenanträgen im Bundestag vorgesehen. Eine Abstimmung über die Entwürfe ist dann für den Herbst 2015 geplant. Der Fraktionszwang soll dafür aufgehoben werden.

Wenn vom *assistierten Suizid* die Rede ist, ist damit die Beihilfe des Arztes zur Selbsttötung eines Patienten gemeint. Der Arzt unterstützt also den Patienten, damit dieser einen Suizid begehen kann. Herr des Geschehens, „Urheber seines Todes"[1], bleibt dabei der Patient, andernfalls würde es sich um Tötung auf Verlangen (aktive Sterbehilfe) handeln, was in Deutschland – anders als in den BeNeLux-Ländern – gesetzlich verboten ist.[2] Den Suiziden-

---

[1] Kant, I.: *Die Religion innerhalb der Grenzen der bloßen Vernunft*, B 111, Anm.
[2] Vgl. § 216 StGB.

ten zeichnet dabei die „Intention, sich selbst zu destruieren"[3] aus. Es handelt sich nicht um eine versehentliche Handlung, die z.b. der Arzt an ihm ausführt oder die er selbst nicht beabsichtigt hat. Der Tod wird durch den Patienten *absichtlich* herbeigeführt. Konkret heißt das, dass der Patient die Einnahme eines Medikamentes selbst durchführen muss. Der Arzt kann ihm dieses verschaffen und auch die Einnahme mit vorbereiten. Insofern er das Tötungsmittel bereitstellt, der Tötungshandlung zustimmt, übernimmt er in ethischer Hinsicht auch Mitverantwortung für das, was geschieht.

Der Suizidversuch ist straffrei.[4] Die Beihilfe zum Suizid wird in Deutschland aus rechtsdogmatischen Gründen nicht bestraft.[5] Das heißt: Man darf einem Menschen Medikamente bzw. ein Gift besorgen und ihm dieses auch geben. Nimmt der Patient dieses ein und verliert das Bewusstsein, ist derjenige, der das Mittel gegeben hat, zur Rettung des Patienten verpflichtet. Kommt er dem nicht nach, kann dies als unterlassene Hilfeleistung oder Totschlag eingestuft werden. Die Bundesärztekammer hält die Suizidassistenz für nicht vereinbar mit dem Ethos des Arztberufes.

II.

Dem christdemokratischen Bundesgesundheitsminister geht es darum, das Wirken von Vereinen wie *Sterbehilfe Deutschland* und *Dignitas Deutschland* klar einzuschränken oder zu verunmöglichen. Auch Ärzte, die wiederholt Patienten Suizidbeihilfe verschaffen, müssten mit strafrechtlichen Konsequenzen rechnen. Das Reformprojekt des Ministers hat auch Kritiker hervorgerufen, die an Gegenentwürfen arbeiten.

---

[3] Kant, I.: *Eine Vorlesung über Ethik*, Frankfurt a. M. 1990, 163.
[4] Robert Spaemann gibt Folgendes zu bedenken: „Dass Selbstmord (bzw. der Versuch) strafrechtlich nicht verfolgt wird, bedeutet nicht, dass dieser ‚gesetzlich erlaubt' wäre, sondern lediglich, dass er sich der rechtlichen Normierung prinzipiell entzieht. […] Selbstmord ist nicht ein ‚Recht', sondern eine Handlung, die sich der Rechtssphäre entzieht. Von ihr führt kein Weg zu einem vermeintlichen Recht, einen andern zu töten beziehungsweise von einem anderen getötet zu werden." (Spaemann (2013), 19 f.).
[5] Vgl. § 217 StGB.
In Österreich sieht dies beispielsweise anders aus. Die Beihilfe zum Suizid kann nach § 78 öStGB mit einer Freiheitsstrafe von 6 Monaten bis 5 Jahren bestraft werden.

Wie wollen wir sterben?

Mediale Aufmerksamkeit[6] hat ein Gesetzesentwurf zur Regelung des assistierten Suizids erlangt, den Gian Domenico Borasio, Ralf Jox, Jochen Taupitz und Urban Wiesing – alle in den Bereichen Palliativmedizin, Medizinrecht und Medizinethik tätig – im Oktober 2014 vorgelegt haben. Ein Arzt, der einem unheilbar Kranken auf dessen Wunsch beim Suizid Beihilfe leistet, soll hiernach straffrei bleiben. Der rechtspolitische Sprecher der SPD-Bundestagsfraktion, Burkhard Lischka, ist voll des Lobes über diesen „Vorschlag von außen" und wird mit folgender Aussage zitiert: „Dieser Vorschlag entspricht weitgehend unseren Vorstellungen."[7]

Die vier Wissenschaftler halten es für „unverantwortlich"[8], die Lage der Suizidbeihilfe so zu belassen, wie sie derzeit in Deutschland ist. Ein Verbot der Suizidassistenz sei „weder ethisch begründbar [...] noch [trage es] zur Lösung der Probleme"[9] bei. Ihr Vorschlag bezieht sich auf § 217 StGB; die Regelung in § 216 StGB bliebe von ihrem Vorschlag unberührt. Nach niederländischem Vorbild sollte, so der Vorschlag, im ersten Satz von § 217 die Beihilfe zur Selbsttötung unter Strafe gestellt werden, wobei an eine Freiheitsstrafe von bis zu drei Jahren bzw. eine Geldstrafe gedacht ist. „Die Strafdrohung soll verhindern, dass die Suizidbeihilfe als kommerzialisierbare oder organisierte Dienstleistung dargestellt und von der Allgemeinheit als normales Verhalten eingeschätzt wird"[10], wie die Verfasser des Gesetzesvorschlags betonen. Im folgenden Satz des vorgeschlagenen Strafrechtsparagraphen wird es dann konkret: „Angehörige oder dem Betroffenen nahestehende Personen sind nicht nach Abs. 1 strafbar, wenn sie einem freiverantwortlich handelnden Volljährigen Beihilfe leisten."[11] Nicht nur der sonntägliche Tatort-Fan weiß jedoch, dass gerade im Bereich der Angehörigen nicht immer „heile Welt" ist und so manches selbstsüchtige Motiv am Werke sein kann:

---

[6] Vgl. z. B. http://www.zeit.de/politik/deutschland/2014-08/sterbehilfe-debatte-gesetz; http://www.spiegel.de/gesundheit/diagnose/sterbehilfe-ethiker-fordern-recht-auf-beihilfe-zum-suizid-durch-aerzte-a-987941.html und http://www.welt.de/politik/deutschland/article131599442/Wissenschaftler-wollen-Sterbehilfe-nach-US-Regeln.html (zuletzt eingesehen am 09. Dez. 2014).
[7] http://www.welt.de/politik/deutschland/article131599442/Wissenschaftler-wollen-Sterbehilfe-nach-US-Regeln.html (zuletzt eingesehen am 09. Dez. 2014).
[8] Borasio / Jox / Taupitz / Wiesing (2014), 17.
[9] Ebd., 19.
[10] Ebd., 87.
[11] Ebd., 22.

Um an das elterliche bzw. großelterliche Erbe zu kommen, könnte zumindest eine ungute Beeinflussung in die Richtung stattfinden, den Weg in den Freitod zu gehen. Eine nicht von der Hand zu weisende Gefahr besteht grundsätzlich darin, dass dem Patienten / Pflegebedürftigen suggeriert wird, dass es besser wäre, wenn er stirbt: z.b. weil die Pflege zeitaufwendig und teuer ist und weil die sterbenskranken Menschen, mit Borasio gesprochen, „als eine Art ‚Betriebsstörung gesehen [werden], derer man sich am liebsten möglichst bald entledigen möchte"[12].

Ein Arzt dürfe zur Beihilfe nicht verpflichtet werden, handle aber nach Absatz 1 nicht rechtswidrig, „wenn er einer volljährigen und einwilligungsfähigen Person mit ständigem Wohnsitz in Deutschland auf ihr ernstes Verlangen hin unter den Voraussetzungen des Absatzes 4 Beihilfe zur Selbsttötung leistet"[13]. Der Arzt müsse, so ist dann in Absatz 4 zu lesen, „aufgrund eines [sic!] persönlichen Gesprächs mit dem Patienten zu der Überzeugung gelangt [sein], dass der Patient freiwillig und nach reiflicher Überlegung die Beihilfe zur Selbsttötung verlangt"[14]. Der Begriff „freiwillig" klingt zunächst gut, doch Studien zeigen, dass es um die Freiwilligkeit in derartigen Grenzsituationen gar nicht so gut bestellt ist. Um es mit den Worten eines Mitglieds jener Gruppe zu sagen, die den Gesetzesvorschlag gemacht hat: „Viele Menschen, auch (und gerade) hochgebildete und blitzgescheite, verhalten sich im

---

[12] Borasio ([5]2012), 33.
Uwe-Christian Arnold versucht dieses Argument so zu entkräften, dass es für respektabel erklärt, „wenn Sterbewillige bei ihrer Entscheidung auch die Gefühle und Interessen ihrer Liebsten berücksichtigen" (Arnold (2014), 127). Er rechnet vor, dass Suizidbeihilfe auch ein weit kostengünstiger Weg als die Pflege in einem Heim und die Versorgung mit teuren Medikamenten sei: „Frau K. war für das Pflegeheim daher eine besonders angenehme ‚Kundin'. [...] Setzt man den Preis für den Heimplatz bei 3500 Euro an (die zusätzlichen Kosten für Sondennahrung, ärztliche Betreuung und Medikamente nicht mit eingerechnet), so lag der Betrag, der dem Pflegeheim in fünf Jahren durch die konsequente Ablehnung des Sterbewunsches von Frau K. zufloss, bei etwa 220 000 Euro." (ebd., 114) Passend dazu ist folgender Hinweis von Robert Spaemann. Er schreibt: „Wo das Gesetz es erlaubt und die Sitte es billigt, sich selbst zu töten oder sich töten zu lassen, wird der alte, kranke und pflegebedürftige Mensch sich unversehens in der Situation vorfinden, sämtliche Mühen, Kosten und Entbehrungen zu verantworten, die seine Angehörigen, Pfleger und Mitbürger für ihn aufbringen müssen. [...] Er lässt, wie es alsbald den Anschein haben wird, andere dafür zahlen, dass er zu egoistisch oder zu feige ist, seinen Platz zu räumen. Wer möchte unter solchen Umständen weiterleben? Aus dem Recht zum Selbstmord wird so unversehens eine Pflicht." (Spaemann (2013), 21).
[13] Borasio / Jox / Taupitz / Wiesing (2014), 22.
[14] Ebd., 23.

Angesicht des Todes auf erstaunliche Weise irrational. [...] Was ist die Ursache solch irrationalen Verhaltens? Die Antwort lautet fast immer: Angst."[15] Viele Menschen, die den Suizid wählen, leiden an depressiven Verstimmungen. Depressionen jedoch können behandelt werden. Statt Linderung bzw. Heilung wird aber die Möglichkeit empfohlen, aus dem Leben zu scheiden, wenn der Patient dies wünscht.

Man fragt sich: Ist wirklich nur „ein" Gespräch gemeint? Und geht es in der Medizin nicht eher um *ärztliche Indikationen* als um *Überzeugungen*? Im folgenden Satz wird noch einmal der Begriff „Überzeugung" ins Spiel gebracht. Der Arzt müsse sich überzeugen, „dass der Patient an einer unheilbaren, zum Tode führenden Erkrankung mit begrenzter Lebenserwartung leidet"[16]. Was eigentlich ist eine „Erkrankung mit begrenzter Lebenserwartung"? Gibt es auch Erkrankungen mit *un*begrenzter Lebenserwartung? Oder gar Gesundheitszustände mit unbegrenzter Lebenserwartung? Und was ist mit „unheilbar" genau gemeint? Fallen darunter auch Demenzerkrankungen, psychische Erkrankungen, schwere Behinderungen bei Säuglingen oder sogar Diabetes mellitus Typ 1?

Zwischen dem Arzt-Patientengespräch und der Tötung sei eine Frist von mindestens zehn Tagen einzuhalten. Über schmerzmedizinische Methoden sowie Alternativen zum Suizid müsse der Patient aufgeklärt werden. Aber ist der (ärztlich assistierte) Suizid selbst eine unproblematische Alternative?

III.

Werfen wir einen Blick auf die Argumente, die in der gegenwärtigen Debatte immer wieder begegnen. Ein Argument, das von Befürwortern des ärztlich assistierten Suizids immer wieder vorgetragen wird, können wir als *Autonomie-Argument* bezeichnen. Hiernach soll eine Person selbst entscheiden, wann sie sterben wolle, insbesondere dann, wenn sie unheilbar krank ist. Hiermit hängt ein zweites Argument zusammen, das wir als *Würde-Argument* bezeichnen können. Dieses Argument fordert ein menschenwür-

---

[15] Borasio ([5]2012), 9.
[16] Borasio / Jox / Taupitz / Wiesing (2014), 23.

diges Sterben ein, was durch den ärztlich assistierten Suizid garantiert werden soll.[17] Es erscheint vielen Menschen nicht nachvollziehbar, dass die Frage nach dem eigenen Todeszeitpunkt nicht in den Bereich des eigenen Ermessens fallen soll.[18] Doch die Berufung auf Autonomie und Würde im Zusammenhang des Suizids und der Suizidbeihilfe ist mehr als fragwürdig.

In seinem beeindruckenden Roman *Ruhm* schildert Daniel Kehlmann eine schwer kranke Frau namens Rosalie, die sich auf dem Weg zu einem Schweizer Verein für „Sterbehilfe" befindet. Während der Zugfahrt merkt sie, dass ihre Zeit zum Sterben eigentlich noch nicht gekommen ist und sie leben will.

---

[17] Beide Argumente finden sich auch in der Begründung zum Gesetzesvorschlag durch Borasio, Jox, Taupitz und Wiesing: ebd., 20, 47.
Dass ein Arzt einem sterbewilligen Patienten nicht bei der Selbsttötung helfen wolle, hält beispielsweise der Arzt und ehrenamtliche zweite Vorsitzende von *Dignitas Deutschland*, Uwe-Christian Arnold, für *„zutiefst inhuman"* (Arnold (2014), 9; Kursivierung im Original). Seinen Gegner unterstellt er, nicht zu wissen, wovon sie sprechen. (Ebd., 9, 14) „[I]ch habe in den letzten 20 Jahren als Arzt Hunderte von unheilbar kranken und schwer leidenden Patienten in ihren letzten Stunden begleitet, habe den Medikamentenmix für sie zubereitet, war anwesend, als sie ihn zu sich nahmen und wenig später entschliefen." (Ebd., 9) Um den ärztlich assistierten Suizid zu rechtfertigen, greift er auf das Argument zurück, es ginge darum, sein Leben „in Würde", „menschenwürdig" zu beschließen (ebd., 10, 16, 26). Es sei eine „schreckliche Verletzung ihrer Menschenwürde, wenn man ihnen diesen Notausgang verwehren würde" (ebd., 26).
Der Theologe Hans Küng argumentiert, dass es Ausdruck menschlicher Würde und Autonomie sei, seinem Leben selbst ein Ende setzen zu können. Der Mensch habe ein Recht, auf eine „der Würde seiner Person angemessene Lebens-Zeit" (Küng (2014), 80). Weil er an ein ewiges Leben glaube, dürfe er „in eigener Verantwortung über Zeitpunkt und Art des Sterbens entscheiden" (ebd., 15). Mit dieser Position gibt Küng, der sich zeitlebens für das Projekt Weltethos engagiert hat, eine Grundüberzeugung der abrahamitischen Religionen auf. Auf den Gott, der Mose seine Gebote am Sinai offenbart hat, kann sich H. Küng, der meint, seine Position sei „von der Bibel" gespeist (ebd., 16), nicht berufen. Und auch Kant wäre wohl anderer Ansicht: „Ein Selbstmörder [...] widerstreitet dem Zwecke seines Schöpfers; er kommt in jene Welt an, als ein solcher, der seinen Posten verlassen hat; er ist also als ein Rebell wider Gott anzusehen. [...] Wir Menschen sind hier wie Schildwachen ausgestellt und wir müssen also unseren Posten nicht verlassen, bis wir von einer anderen wohltätigen Hand abgelöst werden." (Kant, I.: *Eine Vorlesung über Ethik*, Frankfurt a. M. 1990, 166 f.).
[18] Philosophisch bereiten u.a. Autoren wie E. M. Cioran das Feld, dessen Aphorismen an Nietzsche erinnern. Bei dem Sohn eines orthodoxen Priesters ist sogar von einer Berufung und Vorherbestimmung sich zu töten die Rede. (Cioran (1979), 53) Cioran trifft den Nerv so mancher Zeitgenossen, wenn er festhält: „Es ist erniedrigend, zu erlöschen, wie man erlischt, es ist unerträglich, einem Ende ausgeliefert zu sein, auf das man keinen Einfluß hat, das uns auflauert, uns niederschlägt, uns ins Unnennbare stürzt." (Ebd., 56) Über den Suizid nachzudenken mache frei, wie auch der Suizid. (Vgl. ebd., 57) Cioran selbst ist eines natürlichen Todes gestorben.

Gibt es für sie doch noch eine Chance, einen anderen Weg? Wer dies wissen möchte, sollte auf jeden Fall Kehlmann lesen.[19] Interessant ist in diesem Zusammenhang eine medizinische Studie der *Universität Zürich* und der *Zürcher Hochschule für Angewandte Wissenschaften*: Im Mittelpunkt dieser Untersuchungen standen Menschen, bei denen eine schlimme Erkrankung diagnostiziert wurde. Die Folge: Kummer, Hoffnungslosigkeit, Depression, Angst vor der Zukunft und die Sorge, von anderen abhängig zu sein und die eigene Selbständigkeit einzubüßen. Zwar hätte es, so zeigt die Studie, in vielen Fällen die Möglichkeit gegeben, diesen Menschen medizinisch zu helfen, einige sogar zu therapieren. Gleichwohl wünschten sich diese Menschen, „autonom" einen Schlussstrich unter ihr Leben zu setzen.[20] Rund 30 % der Betroffenen kamen für sich zu dem Ergebnis, dem eigenen Leben mit Hilfe einer „Sterbehilfeorganisation" ein Ende zu machen. Gibt das nicht zu denken?

Auch gesunde hochbetagte Menschen und solche mit psychischen Erkrankungen können die Dienstleistung der Schweizer Vereine in Anspruch nehmen.[21] Es geht nicht darum, irgendjemanden (nachträglich) zu verurteilen, sondern ein Gespür dafür zu entwickeln, was Robert Spaemann folgendermaßen formuliert: „Wir wissen heute, dass der Suizidwunsch in der weitaus größten Zahl der Fälle nicht die Folge körperlicher Beschwerden ist, sondern der Ausdruck einer Situation des Sich-Verlassen-Fühlens. Eine Studie in den Niederlanden weist nur 10 von 187 Fällen aus, in denen Schmerzen der alleinige Grund für den Euthanasiewunsch waren. In weniger als der Hälfte aller Fälle spielten Schmerzen überhaupt eine Rolle"[22]

---

[19] Kehlmann (2009).
[20] Vgl. http://www.nzz.ch/aktuell/startseite/sterbehilfe-lebensmuede--1.1215812 (zuletzt eingesehen am 03. Febr. 2015).
Ein Basler Studie konnte grobe Mängel bei *Exit* aufweisen: http://www.nzz.ch/aktuell/startseite/article7KHGS-1.464198 (zuletzt eingesehen am 03. Febr. 2015).
[21] Frank Ulrich Montgomery, Präsident der *Bundesärztekammer*, verweist darauf, dass 150 Personen, die 2013 in die Schweiz gereist sind, um dort zu sterben, jährlich etwa 840 000 Sterbefälle in Deutschland gegenüberstehen. „Das Verhältnis rechtfertigt keine Gesetzesänderung von so weitreichendem Ausmaß, die – einmal konsequent zu Ende gedacht – dazu führen könnte, die Lebenschancen Alter, Behinderter, Dementer und Schwerkranker dramatisch einzuschränken." (Montgomery (2014), 4).
[22] Spaemann (2013), 32 f.
Die Studie, auf die Spaemann verweist: Van der Maas (1992), 44.

Mit „Autonomie" ist nicht gemeint, all das zu tun, was einem in den Sinn kommt. Autonomie ist nicht Beliebigkeit und auch nicht das Recht, den eigenen Todeszeitpunkt festzulegen. Und wenn von „Würde" des Menschen die Rede ist, geht es nicht um etwas, was man als „Preis für besondere Leistungen" verliehen bekommt, nichts, was man verdient. Sie ist auch nichts, was man wieder verlieren kann: z.b. durch Krankheit oder Gebrechlichkeit. Es käme uns auch komisch vor, von unterschiedlichen Graden der Würde zu sprechen. Aufgrund seiner Zugehörigkeit zur Menschheitsfamilie hat ein Mensch Würde. Gleichwohl kann ein Mensch in einer Grenzsituation meinen, seine Würde eingebüßt zu haben. Aber sollte die angemessene Reaktion darauf sein, diesen Menschen in dieser Überzeugung auch noch zu bestärken? Wäre eine Gesellschaft wünschenswert, die Schwache, Alte und Kranke darin ermutigen würde, dass es besser ist, aus dem Leben zu scheiden, als ihnen wirkliche „Sterbehilfe": d.h. Zeit, menschliche Wärme und eine gute palliative Versorgung anzubieten?[23]

Immanuel Kant ist wohl einer der herausragenden und prominentesten Autoren, die über Würde nachgedacht und geschrieben haben. Er hat unser heutiges Verständnis von Würde sehr maßgebend mitbeeinflusst, denken Sie z.b. daran, dass die Objektformel auf Kant Bezug nimmt.[24] Von einer Würdeverletzung kann demnach dann die Rede sein, wenn der Mensch bloß ein Mittel ist. Wenn Kant sagt, dass Personen Würde haben, heißt das eben auch, dass sie anders zu behandeln sind als bloße Sachen. Anders gesagt: Demjenigen, der Würde hat, ist Achtung entgegen zu bringen. Lassen wir den Philosophen aus Königsberg selbst zu Wort kommen. Er sagt: „Achtung, die ich für andere trage, oder die ein anderer von mir fordern kann, ist die Anerkennung einer Würde an andere Menschen, d.i. eines Werths, der keinen Preis hat, kein Äquivalent, wogegen das Object der Werthschätzung ausgetauscht werden kann."[25] Für Kant wurzelt die Würde in der Autonomie der mensch-

---

[23] Robert Spaemann schreibt: „[D]a sich das Kollabieren des Generationenvertrags bereits deutlich am Horizont abzeichnet, gehört schon ein hohes Maß an Naivität dazu, an einen Zufall zu glauben, wenn ausgerechnet in diesem Augenblick die Tötung kranker oder alter Menschen in den westlichen Industrieländern oder deren Legalisierung jedenfalls ernsthaft diskutiert wird." (Spaemann (2013), 12).

[24] BVerfGE 27, 1,6.

[25] Kant, I.: *Die Metaphysik der Sitten*, Akademieausgabe, Band VI, 462.

lichen Person, die daher nie bloß als Mittel, sondern immer zugleich als Zweck zu behandeln ist.[26] In welchen Situationen behandeln wir den anderen bloß als Mittel? Kants Beispiel ist leicht verständlich und eingängig, nämlich ein falsches Versprechen. Es sei, so der Philosoph aus Königsberg, ziemlich schnell klar, dass wer so handelt, „sich eines andern Menschen *bloß als Mittel* bedienen will"[27]. Warum ist das so? Weil derjenige, so Kant, der eben belogen werde, „unmöglich in meine Art, gegen ihn zu verfahren, einstimmen"[28] kann. Aber es ist nicht nur mein Gegenüber, sondern auch *die eigene Person* nie bloß als Mittel zu behandeln.

Kein Zweifel: Eine schlimme Krankheit kann uns unerbittlich die menschliche Zerbrechlichkeit und Endlichkeit vor Augen stellen. Aber: Sind wir nur so lange liebenswert, wie wir für unsere Interessen und Ziele eintreten können? Ist die Flucht in den Suizid ein wirklicher Ausweg? Kann das Autonomie-Argument, das vorgebracht wird, möglicherweise eine Barriere sein, das eigene Sterben und den eigenen Tod annehmen zu können? Ein Hindernis, nach Alternativen Ausschau zu halten? Oder könnte es, wie wir im Hinblick auf Kehlmanns Romanfigur Rosalie und die anstehenden Debatten im Deutschen Bundestag fragen dürfen, nicht eine „Fahrtrichtung" geben, die gerade die eigene Freiheit und Selbstbestimmung dokumentiert?

Kant, in dessen Philosophie dem Begriff „Autonomie" eine zentrale Bedeutung zukommt, hat im Suizid eine Absage an die Freiheit und Autonomie des Menschen ausgemacht.[29] Seine Begründung ist einfach und bestechend: Das Subjekt von Freiheit und Autonomie wird ja gerade durch diese Handlung ausgelöscht.[30] Es handelt sich also tiefer gesehen um einen *Selbstwiderspruch menschlicher Freiheit*.[31] Und wir dürfen Kant ergänzen: Eine Entscheidung zum Suizid betrifft ja nie nur diesen einen Menschen. Zurück

---

[26] Kant, I.: *Grundlegung zur Metaphysik der Sitten*, Akademieausgabe, Band IV, 429.

[27] Ebd., 429.

[28] Ebd., 429 f.

[29] Insofern verwundert es sehr, dass sich Borasio auf Kant als Autorität für ein „selbstbestimmtes", „autonomes" Sterben beruft: Borasio (2014), 120.

[30] vgl. Kant, I.: *Metaphysische Anfangsgründe der Tugendlehre*, AA, VI, 422 f. Hierzu auch: Kant, I.: *Grundlegung zur Metaphysik der Sitten*, AA, IV, 421 f., 429 / *Kritik der praktischen Vernunft*, AA XIX, 75 f. / Kant, I.: *Eine Vorlesung über Ethik*, Frankfurt a. M. 1990, 161-167.

[31] Vgl. Kant, I.: *Eine Vorlesung über Ethik*, Frankfurt a. M. 1990, Refl. 6801.

bleiben ratlose Menschen, die nicht selten an einem solchen Schritt unerträglich zu leiden haben.

Das Leben so gestalten zu wollen, wie es einem beliebt – bis ins hohe Alter – ist ein nachvollziehbarer Wunsch. Doch wenn dies eben nicht mehr möglich ist, einem die Dinge nicht mehr so leicht von der Hand gehen und es einer helfenden anderen Hand bedarf, ist das Leben noch nicht zu Ende. Vom ersten Moment unserer Existenz an sind wir auf andere Menschen angewiesen. Es scheint eine große Angst zu geben, im Alter von anderen abhängig zu sein, nicht mehr das „Heft in der eigenen Hand zu haben". Diese Angst sollte ernst genommen und nicht in einen Ruf nach Freiheit und Autonomie umgedeutet werden. Freiheit könnte sich dann z.B. in der Abkehr von dem Irrglauben zeigen, alles aus eigener Kraft zu können und letztlich ohne andere Menschen im Leben auszukommen.[32]

In vielen Debatten-Beiträgen scheint die Voraussetzung mitzuschwingen, dass nur ein Leben, das ohne Hilfe und Unterstützung anderer geführt wird, tatsächlich lebenswert erscheint. Als menschliche Personen sind wir Wesen, die Gemeinschaft brauchen, die Verantwortung füreinander übernehmen. Insofern müsste es darum gehen, „die verbleibende Zeit zu leben und dabei bis zum Ende des Lebens von anderen als durch und durch menschliches Wesen anerkannt zu werden und nicht als eine bereits verurteilte Person, mit der man lieber die fürsorgliche Beziehung abbrechen sollte, indem man absichtlich den Tod provoziert"[33]. So gesehen ist auch das Wort „Hilfe", das im Begriff „Sterbehilfe" steckt, kritisch zu hinterfragen. Hilfe hat doch eigentlich das Wohl des Menschen im Blick und nicht sein Ableben, was dadurch zuwege gebracht wird, dass für einen lebensmüden Menschen das passende Medikament bereitgestellt wird. Der ehemalige SPD-Vorsitzende Franz Müntefering bringt es folgendermaßen auf den Punkt: „Mitleiden mit denen, die verzweifeln und zu oft nicht mehr aufzuhalten sind in ihrer Sehnsucht aufs Totsein – das ist wichtig. Genau deshalb ist es auch so wichtig, die größte Krankheit dieser zeitreichen Gesellschaft ernst zu nehmen und die triste, trostlose Einsamkeit allzu vieler zu beenden. Für sie Liebe zum Leben erfahrbar zu machen und ihnen Mut zum Leben zu vermitteln bis zum Ende. Die

---

[32] Vgl. Maio (2014), 179.
[33] Ricot (2008), 30.

meisten, die am Baum oder vor dem Zug enden, leiden nicht an Lebensüber-
sättigung, sondern eher an dieser Einsamkeit, an Verzweiflung und Angst.
Zu helfen und sich helfen zu lassen, darum geht's. Nicht um die eleganteste
Abschiedszeremonie auf Druckknopf."[34]

Auch folgende Aussage ist in dem Zusammenhang immer wieder hören:
„Mein Ende gehört mir!"[35] Hieraus soll ein Recht auf selbstbestimmte Tötung
abgeleitet werden, welches so formuliert wird: „Ich habe ein Recht auf meinen eigenen Tod!" Das Wort „gehören" verweist jedoch auf Eigentumsver-
hältnisse. Mir können Sachen gehören. Über das eigene Leben kann ich aber
nicht disponieren.[36] Das Ende „gehört mir" nicht einfach, insofern ich ja
auch nicht bloß eine Sache, mein Eigentum, bin. Der Suizident zerstört durch
seine Handlung sich als moralische Person, sieht und behandelt sich als Sache, indem er über sein Leben wie ein Eigentum verfügt. Als Person darf ich
mich und andere jedoch nicht als bloßes Mittel gebrauchen. Bei der Einfor-
derung eines *Rechts auf den eigenen Tod* steht ferner die Überzeugung im
Hintergrund, wonach Beihilfe zur Tötung ein ganz normales Serviceangebot
sein sollte, zu dem Menschen, die im Gesundheitswesen arbeiten, verpflichtet
werden können: „[D]as heißt aber die Erhebung des Tötens zu einer gesellschaftlich gewollten Normalfunktion. Dergleichen jedoch ist nach allen klas-
sischen (Natur-)Rechtsbegriffen eine Verpflichtung auf ein ‚pactum turpe',
einen ‚sittenwidrigen Vertrag', die niemals rechtsbeständig sein kann, die
aber auch *ethisch* inakzeptabel ist."[37]

Der Ruf nach ärztlich begleitetem Suizid und der „Autonomie des Patienten" scheint – tiefer gesehen – mit einer bestimmten Sicht auf das Leben
zusammenzuhängen: Der Tod wird als ein Machwerk des Menschen begriffen. Er wird nicht abgewartet, nicht als Gegebenes verstanden, sondern als
etwas interpretiert, das man selbst machen, kontrollieren, gestalten kann.[38]

---

[34] Müntefering (2014).
http://www.sueddeutsche.de/leben/debatte-um-sterbehilfe-gefaehrliche-melodie-1.1854960-2 (zuletzt
eingesehen am 08. Dez. 2014).
[35] Es handelt sich um den markanten Werbeslogan einer gemeinsamen Kampagne der *Deutschen
Gesellschaft für Humanes Sterben*, der *Giordano-Bruno-Stiftung* sowie des *Internationalen Bunds der
Konfessionslosen und Atheisten.* www.letzte-hilfe.de (zuletzt eingesehen am 08. Dez. 2014).
[36] Vgl. Kant, I.: *Eine Vorlesung über Ethik*, Frankfurt a. M. 1990, Refl. 6081.
[37] Hoffmann (2009), 69.
[38] Vgl. Maio (2012), 360.

Dies verändert auf Dauer unsere Sicht vom Menschen, der sich selbst zum „Herrn und Meister" über Lebendiges und Totes aufschwingt. Gerade aber dieses Kontrollieren-wollen bis in den Tod hinein kann den Menschen sehr schnell zum Sklaven seiner selbst machen.

Gemeinsam mit dem Würde- und Autonomie-Argument wird häufig auch das *Argument des Mitleids* angeführt: Es sei eine Haltung der Barmherzigkeit, ein Leben, das nicht mehr sinnvoll ist, beenden zu können. Aber wäre eine Haltung der Barmherzigkeit nicht eine, die das Leid mitträgt und nicht den Leidenden beseitigt? „Ein Leid wird erst dann unerträglich, wenn der Einzelne es – angesichts seiner privaten Lebensziele – als unerträglich definiert. Mit Ausnahme des nicht therapierbaren, extremen körperlichen Schmerzes gibt es kein allgemein definierbares ‚unerträgliches Leid'. Da dieses letztlich von der je persönlichen Einstellung und nicht von einer Situation als solcher abhängig ist, kann die ärztliche Reaktion auf ein ‚unerträgliches' Leid auch die sein, dem Patienten dabei zu helfen, sein Leben auch mit der schwersten Behinderung nicht als sinnlos zu verstehen."[39] Es ist erfreulich, dass sich das Konzept der „Palliative Care" immer weiter ausbreitet. Hierbei arbeiten idealerweise Mediziner, Pflegeteams, Psychologen, Seelsorger, Physiotherapeuten und Ehrenamtliche Hand in Hand, um schwer kranke Menschen zu begleiten, ihre Lebensqualität so gut wie möglich zu erhalten sowie um gute Symptomkontrolle und Schmerztherapie zu gewährleisten.[40]

Eine Gefahr, auf die Kritiker der ärztlichen Sterbebeihilfe hinweisen, besteht darin, dass es gute Gründe für die Annahme gibt, dass die Hemmschwelle für Selbst- und Fremdtötung peu à peu sinken wird. Übergewicht und Lungenkrankheit waren beispielsweise schon die Begründung, die eine Frau angab, die von Roger Kusch Sterbehilfe empfangen hat. Kinder und Jugendliche können in Belgien ebenfalls aktive Sterbehilfe verlangen, während andere wichtige Entscheidungen und Tätigkeiten erst ab Volljährigkeit möglich sein sollen.[41] Und in den Niederlanden gilt inzwischen auch Demenz

---

[39] Ebd., 361.
[40] Gleichwohl gibt es gerade in diesem Bereich noch zahlreiche Möglichkeiten und Chancen: Vom Ausbau der symptomlindernden Therapie bis hin zur flächendeckenden Versorgung in ländlichen Regionen. Hierzu: Borasio ([5]2012), 174-186.
[41] In Deutschland fordern z.B. die *Jungen Liberalen* aktive Sterbehilfe für Kinder: http://www.julis.de/presse/archiv/pressemitteilungen.html?tx_news_pi1[news]=1722&tx_news_pi1[c

als „unerträgliches Leiden" und damit als hinreichende Voraussetzung für Sterbehilfe. Der Weg von der Tötung auf Verlangen zur Tötung ohne Verlangen ist nicht so weit. „Je professionalisierter und standardisierter nun aber solche ‚Hilfeleistungen' verlaufen, desto näher rücken sie der aktiven Tötung, die der Arzt durch Injektion mit eigener Hand vollzieht."[42] Sollte es nicht darum gehen, das Leben in seiner Ganzheit wiederzuentdecken (wozu auch schweres Leiden gehören kann) und menschlichen Gebrechlichkeiten, Schwächen und Krankheiten Raum zu geben? Der Mensch in seiner leibseelischen Ganzheit ist mehr als seine bewussten Akte. „Die zivilisatorische Decke ist vielleicht dünner, als wir es uns träumen lassen, und ein Einbruch ist am ehesten zu verhindern, wenn die Selbstverständlichkeit des Tötungsverbotes möglichst unangefochten bleibt."[43]

An dieser Stelle sei eine Patientengeschichte erwähnt: Hanna ist eine junge Frau, glücklich verheiratet und voller Zukunftspläne, als eine schlimme Krankheit diagnostiziert wird. Zunächst denkt sie noch, schwanger zu sein und fühlt sich „überhaupt so komisch". Und nun das! Ihr Ehemann Thomas arbeitet als Arzt in der Forschung und ist von morgens bis abends im Labor damit beschäftigt, seiner Frau zu helfen. Hanna bittet zunächst Bernhard, einen Freund der Familie und wie Thomas Arzt, ihr für den „Notfall", ein Medikament da zu lassen, mit dem sie ihrem Leben ein Ende bereiten kann. Er könne es ja auch einfach nur bei ihr „vergessen". Sie argumentiert gegenüber Bernhard, dass sie nicht jahrelang liegen möchte. Sie befürchtet, „überhaupt kein Mensch mehr, sondern ein Fleischklumpen" zu sein. Für ihren Mann sei es sicherlich eine Qual, sie so verfallen zu sehen. Doch für Bernhard kommt dies nicht in Frage. Er antwortet ihr: „Ein Arzt ist ein Diener des Lebens. Das muss er erhalten." Daraufhin wendet sich Hanna an ihren Mann, sie zu „erlösen", da er sie doch liebe. Hanna stirbt durch die Hand von Thomas. Es kommt daraufhin zu einem Gerichtsverfahren, in dem Thomas sich verantworten muss. Er beteuert vor Gericht, seine Frau sehr geliebt zu haben. Sogar unerwarteten geistlichen Beistand bekommt er im Gerichtssaal. „Vernunft und Liebe sprechen für ihn", wie ein Geistlicher beteuert.

ontroller]=News&tx_news_pi1[action]=detail&cHash=d0b8ba7b36203c24293ea6b3eabbfcd9 (zuletzt eingesehen am 13. Dez. 2014).
[42] Fuchs (1997a), 87.
[43] Birnbacher (1992), 42, zit. nach: Schockenhoff (²2013), 559.

Die hier dargestellte Patientengeschichte ist keine echte Patientenge-
schichte. Es ist meine Zusammenfassung der Handlung des Films *Ich klage
an* aus dem Jahr 1941. Er wurde eingesetzt, um politisch zu wirken und die
Bereitschaft für das Euthanasieprogramm der Nationalsozialisten zu fördern.
Der Film mit beeindruckendem Suggestivcharakter endet mit einer Anklage
von Thomas, in der er sich selbst als Beispiel für alle anderen Ärzte darstellt.
Er könne nicht länger schweigen. Ihm ginge es um jeden Menschen. „Wer
Nachfolger haben möchte, der muß vorangehen können!" Er fühle sich auch
nicht länger als Angeklagter, schließlich habe er durch seine Tat den größten
Verlust erlitten. Vielmehr klage er überkommene Gesetze an, die es Ärzten
und Richtern verunmöglichten, zum Wohl der Menschen zu handeln.[44]

In den aktuellen Debatten geht es nicht um aktive Sterbehilfe durch einen
Arzt, besser gesagt, es geht wohl noch nicht darum.[45] Auffällig ist aber, dass
es massive Angriffe auf das Ethos des Arztberufes gibt, um die eigenen Anliegen durchzusetzen. „*Ich klage die verfasste deutsche Ärzteschaft in diesem
Zusammenhang der fortgesetzten unterlassenen Hilfeleistung an.* [...] Ich sehe
hierin eine *Feigheit vor dem Patienten*, die [...] mit dem ärztlichen Berufsethos nicht in Einklang zu bringen ist"[46], so die Anklage des Arztes Uwe-
Christian Arnold, der zu den prominentesten Sterbehelfern in Deutschland
zählt.[47]

---

[44] Regie führte Wolfgang Liebeneiner. Der Film ist über das Internet verfügbar: https://archive.
org/details/IchKlageAn1941 (zuletzt eingesehen am 16. Febr. 2015). Über die Entstehungsgeschichte
informiert Roth (1989), 93-120.

[45] Der deutsche Rechtsphilosoph Norbert Hoerster argumentiert nicht nur für die Tötung auf Verlangen, sondern denkt auch über Situationen nach, in denen schwer kranke Menschen gar nicht
mehr dieses Verlangen artikulieren können. In diesen Fällen sei aktive Sterbehilfe durch einen Arzt
dann zulässig, wenn mit „an Sicherheit grenzender Wahrscheinlichkeit" davon auszugehen wäre, dass
der Betreffende diesen Wunsch äußern würde, wenn er denn physisch dazu in der Lage wäre. (Hoerster, N.: Zur Legitimität der Sterbehilfe, in: *Information Philosophie*, http://www.information-
philosophie.de/?a=1&t=2538&n=2&y=1&c=1 (zuletzt eingesehen am 28. Jan. 2015); Hoerster (1989),
70 ff.). Mit einer solchen Annahme müsse man „sehr vorsichtig sein" (Hoerster (1989, 76), aber es sei
„ganz inhuman, dem Betroffenen von vornherein jede Sterbehilfe zu verweigern" (ebd., 70), wobei er
mit dem Begriff *Sterbehilfe* eine *Hilfe zum Sterben*, nicht dagegen eine *Hilfe beim Sterben*, also die
Begleitung Sterbender, meint. (Ebd., 7).

[46] Arnold (2014), 13; Kursivierung im Original.

[47] Und die Medizinethikerin Bettina Schöne-Seifert sagte am 19. Okt. 2014 in der Sendung von Günther Jauch in der ARD Folgendes: „Wenn ich in einen Zustand gerate, den ich dann für mich unerträglich finde, sei es, weil ich keinen Sinn mehr in meinem extrem funktionseingeschränkten Leben

Kritisch ist das Verständnis des Arztes in den Blick zu nehmen, der beim Suizid seines Patienten assistieren soll. Sein Auftrag ist das *Wohl des Patienten*. Diese Aufgabe reicht vom Heilen bis zum Lindern von Schmerzen. Im ersten Satz der *Grundsätze der Bundesärztekammer zur ärztlichen Sterbebegleitung* wird es so auf den Punkt gebracht: „Aufgabe des Arztes ist es, unter Achtung des Selbstbestimmungsrechtes des Patienten Leben zu erhalten, Gesundheit zu schützen und wiederherzustellen sowie Leiden zu lindern und Sterbenden bis zum Tod beizustehen."[48] Es ist nicht die Aufgabe des Arztes, den Tod als Dienstleistung anzubieten. Die Tötung ist nicht mit dem Ethos des Arztberufes vereinbar, was bereits der *Hippokratische Eid* formuliert: Ich werde „niemandem auf seine Bitte hin ein tödlich wirkendes Mittel geben, noch werde ich einen derartigen Rat erteilen"[49]. Eine Änderung wie sie einige Politiker und die genannten vier Wissenschaftler beabsichtigen, würde einen Bruch mit einem über 2.400 Jahre alten Verständnis des Arztberufes bedeu-

---

sähe, sei es, weil ich unvorstellbare Schmerzen hätte, dann möchte ich gerne einen Arzt finden, der sein ärztliches Ethos nicht so auslegt wie bei uns die Arztfunktionäre, die eine Art Deutungshoheit beanspruchen und sagen, der Arzt darf ‚nur' helfen und heilen. Ich würde sagen, das ärztliche Ethos muss wohlverstandenen Patientenbedürfnissen entsprechen. Dafür bezahlen und bilden Menschen ihre Ärzte aus. Und deswegen haben sie auch ein bisschen Mitspracherecht in diesen Dingen. Und „Barmherzigkeit für die Hintertür" wünsche ich mir für meinen Arzt und wäre auch getrost, dass ich einen fände." Ist hier tatsächlich Barmherzigkeit gemeint? Eine *barmherzige Hilfe beim Sterben* und *nicht zum Sterben* muss sich jedenfalls nicht wie ein Dieb durch die Hintertür schleichen.
[48] Bundesärztekammer: *Grundsätze der Bundesärztekammer zur ärztlichen Sterbebegleitung*, http://www.bundesaerztekammer.de/downloads/sterbebegleitung_17022011.pdf (eingesehen am 11. Dez. 2014).
[49] Hippokrates (2007), 54.
Borasio bezieht sich in seiner Arbeit *Selbstbestimmt sterben* auf die Stelle des Hippokratischen Eids, wonach der Arzt seine Verordnungen „zum Nutzen der Kranken" zu treffen hat. Dass es nicht zum Arztberuf gehört, eine tödliche Substanz bereitzustellen oder in dieser Richtung beratend zu wirken, zitiert er nicht. (Borasio (2014), 125).
Uwe-Christian Arnold behauptet, „kaum ein deutscher Arzt [kennte] den Wortlaut des hippokratischen Eids" (Arnold (2014), 91). Er könne nicht nachvollziehen, warum der Hippokratische Eid „ausgerechnet in der Sterbehilfedebatte eine Rolle spielen" sollte (ebd., 95). Es handle sich um einen Text aus einer fernen Vergangenheit. Er erwarte von seinen Kollegen, „dass sie sich in der Sterbehilfedebatte auf ihr Berufsethos besinnen und sich bewusst machen, dass in der Medizin das Wohl des Patienten im Zentrum stehen muss" (ebd., 215). Mit dem Begriff „Wohl" meint er, die Voraussetzung dafür zu schaffen, dass der Patient sich töten kann.

ten. Wer mit diesem Ethos brechen und das Töten und die Beihilfe zum Normalfall machen will, hat die Beweislast zu tragen.[50] Es kann keinen Anspruch eines Patienten gegenüber einem Arzt geben, in dieser Weise tätig zu werden. Borasio, Jox, Taupitz und Wiesing betonen dies in ihrem Gesetzesvorschlag;[51] in den Niederlanden fehlt jedoch ein Gewissensschutz für das Pflegepersonal, das zu Tötungshandlungen verpflichtet werden kann, und in Belgien gab es eine breite Diskussion über die Frage, ob auch Krankenhäuser in kirchlicher Trägerschaft im Hinblick auf Sterbehilfeangebote in die Pflicht genommen werden dürfen.[52]

Im Hinblick auf die ärztliche Suizidbeihilfe gilt es sich auch bewusst zu machen, dass der Arzt nicht auf den Rang eines bloßen Mittels herabgestuft werden darf. Die *Musterberufsordnung der Bundesärztekammer* (2011) ist in der Frage des ärztlich assistierten Suizids jedenfalls sehr klar: „Ärztinnen und Ärzte haben Sterbenden unter Wahrung ihrer Würde und unter Achtung ihres Willens beizustehen. Es ist ihnen verboten, Patientinnen und Patienten auf deren Verlangen zu töten. Sie dürfen keine Hilfe zur Selbsttötung leisten."[53] Die derzeitige kontroverse gesellschaftlich-politische Diskussion zum Thema begleiteter Suizid könnte zum Anlass werden, neu über die Aufgabe einer Medizin nachzudenken, die Sterben als zum Leben gehörend und somit nicht als Scheitern begreifen sollte. Es könnte eine Chance sein, sich über die eigenen Ängste Rechenschafft abzulegen und mit anderen darüber ins Gespräch zu kommen.

Die Ablehnung der Suizidbeihilfe kann ethisch sehr wohl einhergehen damit, eine Therapie, welche als nicht aussichtsreich angesehen werden

---

[50] Im Falle einer Tötung auf Verlangen, die zwar im Hinblick auf die politischen Debatten zu § 217 StGB derzeit (noch?) nicht zur Diskussion steht, aber der nächste Schritt sein könnte, wie das Beispiel europäischer Nachbarländer illustriert, würde auch das Arzt-Patienten-Verhältnis dauerhaften Schaden nehmen. Der Patient würde in seinem Arzt nicht mehr den Helfer, sondern unter Umständen seinen Henker sehen. „Tritt das Mißtrauen an die Stelle von Vertrauen, wird eine menschengerechte Bewältigung der Situation von Not und Hilfe unmöglich. Eine Institutionalisierung bedeutete auch einen Wandel des Ethos des Arztes und des Pflegepersonals – vom Helfenden zum Tötenden." (Pöltner ([2]2006), 278).

[51] Vgl. auch Borasio / Jox / Taupitz / Wiesing (2014), 22.

[52] Vgl. Hoffmann (2009), 69.

[53] Vgl. § 16 (Muster-) Berufsordnung der Bundesärztekammer (MBO-Ä). Diese deutliche Absage an den ärztlich assistierten Suizid wurde allerdings nicht von allen Landesärztekammern übernommen.

muss, abzubrechen. Das gilt auch für den Verzicht bzw. die Einschränkung einer bestimmten medizinischen Maßnahme bzw. die Einnahme von Medikamenten, die eventuell dazu führen könnten, dass der Tod schneller eintritt.[54] „Man unterläßt alles, was den Sterbeprozeß in einer Weise verlängern könnte, welche im Widerspruch zum Willen und zur Würde des Sterbenden stünde; zugleich tut man alles, was diesen Prozeß erträglich macht."[55] Es geht nicht darum, Leben einfach nur quantitativ zu verlängern. Das Sterbenkönnen zuzulassen, ist etwas anderes, als den Tod herbeizuführen. Die Intention von Patient und Arzt ist es dabei nämlich nicht, den Tod herbeizuführen.[56] Der irreversiblen Desintegration des Organismus wird zugestimmt; sie wird zugelassen. Der Patient stirbt durch seine Krankheit, nicht durch unmittelbares eigenes oder fremdes Eingreifen, nicht an einer Fremdursache. Die Haltung von Sterbendem und Begleiter ist eine des gemeinsamen Ausharrens und Wartens auf den Tod.

Wirkliche *Sterbehilfe* meint Sterbe*beistand*: einfühlende Zuwendung zu einem sterbenden Menschen in seiner Not an Leib und Seele. Wem dies verweigert wird – in allen seinen (gerade auch palliativ-medizinischen) Dimensionen – stirbt menschenunwürdig. Und nicht, wem die ärztliche Suizidbeihilfe verweigert wird. An der Hand eines anderen Menschen sterben und nicht dadurch, dass die Hand des Anderen den todbringenden Cocktail reicht: Das wäre wohl ein „gutes Sterben".[57]

---

[54] Die strafrechtlichen Bedingungen dafür hat der Bundesgerichtshof festgestellt: BGH, Urteil vom 25.06.2010 – 2 StR 454/09 – BGHSt 55,191-206 = *NJW* 2010, 2963.

[55] Beckmann (1998), 149.

[56] „Direktes Handlungsziel ist […] die Schmerzbekämpfung, die den Sterbenden von andauernden unerträglichen Schmerzen befreit; in Kauf genommen wird ein gewisses Risiko, dass aufgrund einer möglichen (nicht: sicheren) Nebenwirkung der Eintritt des Todes beschleunigt wird, etwa weil das schmerzlindernde Medikament eine Atemdepression herbeiführt. Von der Inkaufnahme dieses Übels und somit von einer indirekten Tötung kann aber nur so lange gesprochen werden, als diese Nebenwirkung nicht sicher vorhersehbar ist. Würde die Medikamentendosis absichtlich so hoch gesetzt, dass der Tod des Patienten sicher eintritt, könnte von einem ungewollten Nebeneffekt nicht mehr die Rede sein." (Schockenhoff (²2013), 275 f.).
Siehe hierzu auch: Fuchs (1997b), bes. 84 f.; Fuchs (1997a), bes. 66 ff.

[57] Ich danke Dr. Tobias Schulte (Lippstadt) ganz herzlich für die Durchsicht des Manuskriptes und für manche gute Gespräche über das vorliegende Thema.

Literatur

Arnold, U.-C.: *Letzte Hilfe. Ein Plädoyer für das selbstbestimmte Sterben*, Reinbek bei Hamburg 2014.

Beckmann, J.-P.: Patientenverfügungen: Autonomie und Selbstbestimmung vor dem Hintergrund eines im Wandel begriffenen Arzt-Patienten-Verhältnisses, in: *Zeitschrift für medizinische Ethik* 44 (1998), S. 143-156.

Borasio, G. D.: *Über das Sterben. Was wir wissen. Was wir tun können. Wie wir uns darauf einstellen*, München [5]2012.

Borasio, G. D.: *selbst bestimmt sterben. Was es bedeutet. Was uns daran hindert. Wie wir es erreichen können*, München 2014.

Borasio, G. D. / Jox, R. J. / Taupitz, J. / Wiesing, U.: *Selbstbestimmung im Sterben – Fürsorge zum Leben. Ein Gesetzesvorschlag zur Regelung des assistierten Suizids*, Stuttgart 2014.

Cioran, E. M.: *Die verfehlte Schöpfung*, Frankfurt a. M. 1979.

Fuchs, T.: Euthanasie und Suizidbeihilfe. Das Beispiel der Niederlande und die Ethik des Sterbens, in: Spaemann, R. / Fuchs, T.: *Töten oder sterben lassen?*, Freiburg 1997a, S. 31-107.

Fuchs, T.: Was heißt „töten"?, in: *Ethik in der Medizin* 9 (1997b), S. 78-90.

Hippokrates: Der Eid, in: Kollesch, J. / Nickel, D. (Hrsg.): *Antike Heilkunst. Ausgewählte Texte aus den medizinischen Schriften der Griechen und Römer*, Stuttgart 2007, S. 53-55.

Hoerster, N.: *Sterbehilfe im säkularen Staat*, Frankfurt a. M. 1998.

Hoerster, N.: Zur Legitimität der Sterbehilfe, in: *Information Philosophie*, http://www.information-philosophie.de/?a=1&t=2538&n=2&y=1&c=1 (zuletzt eingesehen am 28. Jan. 2015).

Hoffmann, T. S.: Töten auf Verlangen – eine Wohltat?, in: Kaster, G. (Hrsg.): *Sterben – an der oder durch die Hand des Menschen*, Münster 2009, S. 60-77.

Kant, I.: *Eine Vorlesung über Ethik*, Frankfurt a. M. 1990.

Kant, I.: *Grundlegung zur Metaphysik der Sitten*, Akademieausgabe, Band IV.

Kant, I.: *Die Metaphysik der Sitten*, Akademieausgabe, Band VI.

Kant, I.: *Metaphysische Anfangsgründe der Tugendlehre*, Akademieausgabe, Band VI.

Kant, I.: *Die Religion innerhalb der Grenzen der bloßen Vernunft*, Akademieausgabe, Band VI.

Kant, I.: *Kritik der praktischen Vernunft*, Akademieausgabe, Band XIX.

Kaster, G. (Hrsg.): *Sterben – an der oder durch die Hand des Menschen*, Münster 2009.

Kehlmann, D.: *Ruhm: Ein Roman in neun Geschichten*, Reinbek 2009.

Kollesch, J. / Nickel, D. (Hrsg.): *Antike Heilkunst. Ausgewählte Texte aus den medizinischen Schriften der Griechen und Römer*, Stuttgart 2007.

Küng, H.: *Glücklich sterben? Mit dem Gespräch mit Anne Will*, München / Zürich 2014.

Maio, G.: *Mittelpunkt Mensch: Ethik in der Medizin. Ein Lehrbuch. Mit einem Geleitwort von Wilhelm Vossenkuhl*, Stuttgart 2012.

Maio, G.: *Medizin ohne Maß? Vom Diktat des Machbaren zu einer Ethik der Besonnenheit*, Stuttgart 2014.

Montgomery, F. U.: Tötung auf Verlangen ist falsch, in: *FAZ*, 09. Aug. 2014, S. 4.

Pöltner, G.: *Grundkurs Medizin-Ethik*, Wien ²2006.

Putallaz, F.-X. / Schumacher, B. N. (Hrsg.): *Der Mensch als Person. Mit einem Vorwort von Pascal Couchepin, Präsident der Schweizerischen Eidgenossenschaft*, Darmstadt 2008.

Ricot, J.: Menschenwürde und Ende des Lebens, in: Putallaz, F.-X. / Schumacher, B. N. (Hrsg.): *Der Mensch als Person. Mit einem Vorwort von Pascal Couchepin, Präsident der Schweizerischen Eidgenossenschaft*, Darmstadt 2008, S. 27-38.

Roth, K. H.: „Ich klage an". Aus der Entstehungsgeschichte eines Propaganda-Films, in: Aly, G. (Hrsg.): *Aktion T4 1939-1945. Die „Euthanasie"-Zentrale in der Tiergartenstraße 4*, Berlin 1989, S. 93-120.

Schockenhoff, E.: *Ethik des Lebens. Grundlagen und neue Herausforderungen*, Freiburg ²2013.

Spaemann, R. / Fuchs, T.: *Töten oder sterben lassen?*, Freiburg 1997.

Spaemann, R. / Wannenwetsch, B.: *Guter schneller Tod? Von der Kunst, menschenwürdig zu sterben*, Basel 2013.

Spaemann, R.: Die Vernünftigkeit eines Tabus, in: Spaemann, R. / Wannenwetsch, B.: *Guter schneller Tod? Von der Kunst, menschenwürdig zu sterben*, Basel 2013, S. 9-40.

Van der Maas, P. J. (et al.): Euthanasia and other Medical Decisions Concerning the End of Life, in: Busse, R. (Hrsg.): *Health Policy*, Jg. 22 (1992/1+2).

Internetpublikationen

Begleiteter Suizid: Ethiker wollen Ärzten Sterbehilfe erlauben, in: *Spiegel online*, 26. Aug. 2014, http://www.spiegel.de/gesundheit/diagnose/sterbehilfe-ethiker-fordern-recht-auf-beihilfe-zum-suizid-durch-aerzte-a-987941.html (zuletzt eingesehen am 09. Dez. 2014)

Bundesärztekammer: *Grundsätze der Bundesärztekammer zur ärztlichen Sterbebegleitung*, http://www.bundesaerztekammer.de/downloads/sterbebegleitung_17022011.pdf (zuletzt eingesehen am 11. Dez. 2014).

Debatte um Sterbehilfe: Freiheit ist auch die Freiheit des anderen, in: *Süddeutsche Zeitung*, 03. Jan. 2014, http://www.sueddeutsche.de/leben/debatte-um-sterbehilfe-gefaehrliche-melodie-1.1854960-2 (zuletzt eingesehen am 08. Dez. 2014).

Deutsche Gesellschaft für Humanes Sterben / Giordano-Bruno-Stiftung / Internationaler
Bund der Konfessionslosen und Atheisten: „Mein Ende gehört mir!"
www.letzte-hilfe.de   .
(zuletzt eingesehen am 08. Dez. 2014).

Hoerster, N.: Zur Legitimität der Sterbehilfe, in: *Information Philosophie*,
http://www.information-philosophie.de/?a=1&t=2538&n=2&y=1&c=1
(zuletzt eingesehen am 28. Jan. 2015).

Liebeneiner, W.: *Ich klage an*, 1942,
https://archive.org/details/IchKlageAn1941
(zuletzt eingesehen am 16. Febr. 2015).

Medizinethik: Ärzten soll Sterbehilfe für Todkranke erlaubt werden, in: *Die Zeit*, 26. Aug.
2014, http://www.zeit.de/politik/deutschland/2014-08/sterbehilfe-debatte-gesetz
(zuletzt eingesehen am 09. Dez. 2014).

Pressemitteilung der Jungen Liberalen: *Aktive Sterbehilfe für Kinder ermöglichen*, 12. Okt.
2014,
http://www.julis.de/presse/archiv/pressemitteilungen.html?tx_news_pi1[news]=1722&tx_
news_pi1[controller]=News&tx_news_pi1[action]=detail&cHash=d0b8ba7b36203c24293
ea6b3eabbfcd9
(zuletzt eingesehen am 13. Dez. 2014).

Schlechte Noten für Exit: Basler Studie deckt Mängel bei der Sterbebegleitung auf, in:
Neue Zürcher Zeitung, 13. Aug. 2001,
http://www.nzz.ch/aktuell/startseite/article7KHGS-1.464198
(zuletzt eingesehen am 03. Febr. 2015).

Sterbehilfe für Lebensmüde: Deutlich mehr Frauen als Männer nehmen Suizidhilfe in
Anspruch, in: *Neue Zürcher Zeitung*, 04. Nov. 2008,
http://www.nzz.ch/aktuell/startseite/sterbehilfe-lebensmuede--1.1215812
(zuletzt eingesehen am 03. Febr. 2015).

Wissenschaftler wollen Sterbehilfe nach US-Regeln, in: *Die Welt*, 26. Aug. 2014,
http://www.welt.de/politik/deutschland/article131599442/Wissenschaftler-wollen-
Sterbehilfe-nach-US-Regeln.html
(zuletzt eingesehen am 09. Dez. 2014).

Thomas Sören Hoffmann

Das gute Sterben und der Primat des Lebens
Überlegungen zu möglichen und unmöglichen Positionen im
Kontext der Debatte um Euthanasie und Suizidassistenz

> *„Ich werde [...] niemandem eine Arznei geben, die den Tod herbeiführt, auch nicht, wenn
> ich darum gebeten werde, auch nie einen Rat in diese Richtung erteilen."*
> Aus dem Hippokratischen Eid (4. Jh. v. Chr.)

> *„If you're demented, you're wasting people's lives – your family's lives –
> and you're wasting the resources of the National Health Service. [...]
> I think that's the way the future will go, putting it rather brutally, you'd be licensing people
> to put others down."*
> Baroness Mary H. Warnock (2008)

Die Hoffnung auf einen „guten Tod", das „gute Sterben" – die „Eu-Thanasie"
– gehört zu den Zukunftsantizipationen, die Menschen ganz selbstverständlich auch über die Zeiten und Grenzen von Kulturen hinweg gemein sind.
Zwar mag es zunächst markante Unterschiede darin geben, was je als „gutes
Sterben" angesehen wird – die Palette reicht vom „Und er starb alt und le-
benssatt" des alttestamentlichen Patriarchen und dem heroischen Tod des
Spartaners, für den ihn die Mutter gebar, über den christlich-versöhnten
„süßen Tod", den Bach besingt, bis zu Nietzsches emphatischer Predigt eines
„Stirb zur rechten Zeit", das sich in schillernder Ambivalenz freilich ebenso
sehr auf mich selbst wie auch auf den anderen bezieht.[1] Doch ändern diese
Unterschiede zunächst nichts an der Gemeinsamkeit, daß Menschen nicht
irgendwie sterben wollen, sondern *gut* – was in jedem Fall meint: daß der Tod
ein möglichst der Bejahung fähiger Teil der eigenen Biographie sein möge;
daß er nichts Fremdes, sondern ein Eigenes sei.

---

[1] Nietzsche, F.: *Also sprach Zarathustra* I, KGW VI, 1, 89. Nietzsches an verschiedenen Stellen anzu-
treffende Apologien des Selbstmords sind übrigens oftmals begleitet von Bezugnahmen auf die „Viel-
zu-Vielen", die „Überflüssigen" usw., denen der Selbstmord letztlich anzuraten ist. Dazu passen die
drei Legitimationen, die die *Morgenröte* in Aphorismus 274 des Vierten Buches für den Selbstmord
nennt: 1. „zur Ehre der Menschheit", 2. „aus Mitleiden mit ihr", 3. „aus Widerwillen gegen uns" (vgl.
KGW V, 1, 216).

Allerdings hat es in den Debatten um den „guten Tod" längst eine
Schwerpunktverschiebung gegeben, die auch für die aktuellsten Fragen rund
um die Euthanasie und die Hilfe zum Selbstmord zu beachten ist. Wenn es in
den älteren Debatten – und zwar ganz unabhängig von der jeweiligen Auffassung – um den Ort des natürlichen und vor allem auch des künstlich herbeigeführten Todes in je meinem Selbstverhältnis ging, setzen die neueren Debatten den Tod in seinen verschiedenen in Frage stehenden Gestalten vielmehr als äußere, als „soziale Tatsache" an und voraus.[2] Es geht jetzt zentral
um das, was man die „gesellschaftliche Verwaltung" des Sterbens und des
Todes nennen kann, es geht um die Umdeutung des Exitus zu einer gesellschaftlichen Funktion. Nicht, daß nicht auch früher schon z.B. Rechtsfolgen
an einen Selbstmord geknüpft werden konnten;[3] neu ist jedoch, daß inzwischen die gesellschaftliche Konstruktion des Todes – in der Tendenz letztlich
jedes Todes – das eigentliche Thema geworden ist: was auch dann gilt, wenn
von „Selbstbestimmung" die Rede und insofern von einem formalen Indivi-
dualismus her angesetzt ist, denn auch in diesem Fall geht es gerade nicht um
„je meinen Tod", sondern um die öffentlichen Folgen, die an eine einzelne
Entscheidung, die inhaltlich nicht bewertet wird, mehr oder weniger mecha-
nisch geknüpft sein sollen. In neuerer Perspektive ist der Tod so ein gesell-
schaftlich-institutionell *gesetzter* geworden, und die Debatte geht um die
Modi dieser Setzung, nicht um die Bedeutung des Todes. Darin liegt unmittelbar, daß die moderne Debatte den „guten" Tod an medizinisch-technisch,
rechtstechnisch und auch sozialtechnisch umfassende Geregeltheit oder
überhaupt an die *technische Vollkommenheit* seiner Abwicklung knüpft. Bisweilen unbemerkt gilt dies mitunter für beide Parteien, die sich in der Debatte heute gegenüberstehen – für die Befürworter wie die Gegner der Euthana-

---

[2] Die bekannte Studie von Émile Durkheim: *Le suicide. Étude de sociologie*, die in erster Auflage 1897
erschienen ist, steht zwar nicht in jeder Hinsicht am Beginn der objektivierenden Sicht auf den
Selbstmord, kann aber als in besonderer Weise exemplarisch für den inzwischen weitgehend als
selbstverständlich vorausgesetzten Perspektivwechsel hin zu einer „Sozialisierung" des Todes angesehen werden. Daß sich die neue Perspektive zwanglos mit utilitaristischen bzw. sozialdarwinistischen
Betrachtungen verbinden läßt, ist nicht schwer nachzuvollziehen.
[3] Solche Folgen betrafen schon in der vorchristlichen griechischen und römischen Antike das Begräbnis oder (beim Selbstmordversuch von Soldaten) eine unehrenhafte Entlassung; auch die Todesstrafe konnte bei bestimmten Umständen verhängt werden (vgl. dazu Dig. 49.16.6.7, Menen. 3 de re
milit., Mommsen / Krueger (1963)).

sie, die Apologeten wie die Kritiker des assistierten Selbstmordes: beide Parteien argumentieren mit Bentham, Mill und der Statistik im Rücken, beide thematisieren Aspekte der Öffentlichkeit der Selbst- oder der Fremdtötung, nicht aber deren *innere* Ansichten als Weisen des Selbstseins. Machen wir uns die Verschiebung zunächst an einigen Schlaglichtern aus der Debattengeschichte klar!

1 Auf dem Weg zum sozial geregelten Exitus: Schlaglichter auf eine Verschiebung

Wie man weiß, hat die dem Menschen eigentümliche Fähigkeit, sich selbst den Tod zu geben, die Philosophen schon früh beschäftigt. Betrachtet man Verwerfung und Bejahung des Selbstmords, auf den wir uns hier zunächst konzentrieren, bei ihren frühesten Protagonisten in der Antike, so kann man einige eigentümliche Beobachtungen machen – etwa die folgende: Während Platon und also der eigentliche Gründervater des europäischen Denkens und Vorkämpfer des *Logos* den Suizid, wie es scheint, nur unter Rückgriff auf den *Mythos* verbieten kann – die Götter haben uns, wie es im *Phaidon* heißt, auf eine Wacht gestellt, von der sich niemand nach eigenem Gutdünken einfach entfernen kann[4] –, argumentiert der philosophiegeschichtlich eher ganz marginale Kyrenaiker Hegesias scheinbar mythologiefrei, wenn er im Sinne eines rationalen Lust-Unlust-Kalküls den Tod bzw. die Selbsttötung als die zuletzt überzeugendste Antwort auf die menschliche Frage nach einem gelingenden Leben anbietet. Hegesias denkt aus einem skeptisch gewordenen Hedonismus heraus, der die Brüchigkeit aller Lusterwartungen wie die hohe Wahrscheinlichkeit dauernden Unlustrisikos in Rechnung stellt und die Sinnfrage deshalb alleine in ihrer Abdankung beantwortet sieht, wie sie im Tode ge-

---

[4] Platon: *Phaidon* 62 b, wo Platon sich ausdrücklich auf die (orphischen) Mysterien bezieht. Er erklärt die entsprechende Aussage zugleich für „gewichtig", was indiziert, daß sie einen mehr als „mythischen" Sinn hat. Im Kontext wird klar, was Platons „logische" Ansicht der Sache ist: nur der Unvernünftige verläßt den Posten, auf den er sich im Rahmen einer ihm vorgängigen guten Ordnung der Dinge gestellt ist; der Vernünftige weiß, daß man das Gute nicht fliehen soll, sondern in seiner Nähe ausharrt (vgl. 62 d-e).

schieht.[5] Diese wie gesagt paradoxe Lage nimmt vorweg, was man auch heute als verbreitete Vorannahme bezüglich der Bewertung des Selbstmords antreffen kann: Angeblich ist es der „aufgeklärte" Geist, der (z.b. seit Hume) Selbstmord und Euthanasie bejaht, während Vorbehalte dagegen dem noch immer wirksamen religiösen Vorurteil älterer Zeit verpflichtet sein sollen, Vorbehalte, die unter den Prämissen der Säkularität aber auch ständig an Bedeutung verlören. Auf einen zweiten und genaueren Blick freilich wird schon im Streit zwischen Platon und Hegesias die Lage komplizierter. Die Gestalt, die im *Phaidon* die Wacht wirklich hält, auf die sie sich gestellt sieht, ist eben Sokrates, der vor aller Augen das Unrecht und den Tod erleidet und dennoch schlechthin glückselig, ein εὐδαίμων gewesen ist, wie der Text unterstreicht.[6] An der Sokratesgestalt, wie Platon sie präsentiert, wird so deutlich, daß Glückseligkeit niemals von äußeren Umständen abhängt, sondern vom inneren Selbstbesitz, daß sie nicht heteronom induziert, sondern vernunftgezeugt ist: Glückseligkeit ist zuletzt die Lust des Logos an sich selbst auch im endlichen Leben und jedenfalls nicht die Lust zum Tode. In den *Gesetzen* wird Platon später das Moment der Gewaltsamkeit (βία) im Selbstmord herausstellen und zumindest für alle aus mangelnder Tapferkeit erfolgenden Selbstmorde von einem „ungerechten Gericht (δίκη ἄδικος) an sich selber" sprechen.[7] Hegesias dagegen soll aus Alexandria vertrieben worden sein, weil sich, anders als der Lehrer, allzu viele seiner Schüler seine Todes-

---

[5] Diogenes Laertios berichtet von der Meinung der „Hegesiaker", daß nur für unvernünftige Menschen „das Leben Wert" habe, „für den Vernünftigen sei es gleichgültig" (*Vitae* II, 94 f., hier zit. nach der Ausgabe *Leben und Meinungen berühmter Philosophen*, übersetzt von O. Apelt, Hamburg ³1990, 119); vgl. im übrigen auch Zeller (⁷2006), 379 ff. – Matson (1998), 553-557 erklärt den Ansatz des Hegesias spieltheoretisch als „Maximin"-Strategie: der Selbstmord ist die einzig mögliche Option absoluter Risikobeschränkung in Beziehung auf eine sonst zu erwartende negative Lebensbilanz (ebd., 556).

[6] Platon: *Phaidon*, 58 e.

[7] Platon: *Nomoi* IX, 873 c; auf den Selbstmörder wartet dann auch eine abgesonderte und ruhmlose Bestattung (873 d). – Platon rechnet freilich damit, daß jemand durch eine extreme Zwangslage auf der Ebene äußeren Unglücks oder der persönlichen Schande zum Selbstmord „gezwungen" sein könnte; ebenso kann der Staat den Selbstmord (wohl in Vertretung der Todesstrafe) richterlich anordnen. Das Motiv der *Gewalt* gegen sich selbst wird später an prominenter Stelle wieder auftauchen: Dante führt die Selbstmörder im XIII. Gesang des *Inferno* unter den Gewalttätigen an; da ihre Gewalttat sich gegen das schöpfungsmäßige Band wendet, das Seele und Leib zu einer personalen Einheit macht, „überleben" die Selbstmörder im Jenseits nur in vegetabilischer Gestalt und werden auch im Jüngsten Gericht (anders als das Dogma es lehrt!) nicht wieder eine humane Physis erlangen.

empfehlung sehr wörtlich zu eigen gemacht hätten. Halten wir mithin fest: Während Sokrates seinen „logischen" Tod öffentlich zu sterben vermag, mündet das hegesianische Lob der Todesrationalität ins öffentliche Ärgernis. Dergleichen ist auch heute nicht ohne Parallele: Wenn nach eigenem Anspruch „humane" und „rationale" Sterbehelfer heute den „Tod zwischen Mülltonne und Grünstreifen"[8] am Autobahnrastplatz verkaufen, ist dies das gleiche Ärgernis in potenzierter Gestalt, und das Argument, durch gesetzliche Regelung solle ein öffentlich zugestandener Raum für den gewählten Tod geschaffen werden, bezieht am Ende auch aus Skandalen wie diesen für manch einen seine Plausibilität. Freilich ist dabei vielfach nicht mehr der Selbstmord selbst oder die Assistenz bei ihm als Problem gesehen, sondern nur seine „Beherbergung" im öffentlichen Raum. Die leitende Frage ist schon nicht mehr die, was Nutzen und Nachteil von Selbstmord, Suizidassistenz und Euthanasie für die beteiligten einzelnen sind, sondern die, wie die Gesellschaft, wie ihre Institutionen das Ableben ihrer Glieder, gerade auch das freiwillige, verwalten und organisieren sollen und welche systemischen Nutzen- und Schadenseffekte dabei zu bedenken sind. Man spricht in der Literatur gerne davon, daß die Debatte um den Selbstmord vom 18. Jahrhundert an zusehends „säkularisiert" worden sei;[9] bei genauerem Zusehen hat sich diese Debatte indes von einer individual- zu einer sozialethischen verschoben, womit zugleich die Einnahme einer indifferenten („objektiven") Haltung gegenüber der einzelnen Selbsttötung und dem sich in ihr aussprechenden Selbstverhältnis verbunden war. Die Frage, ob sich der einzelne Suizident mit seiner finalen Handlung *selber* schadet oder nützt, wie sie die Antike, das Mittelalter, Kant und noch Kierkegaard gestellt hat, ist evidentermaßen mit der Frage, ob die Zulassung von aktiver Sterbehilfe und assistiertem Suizid *gesellschaftlich* schädlich, nützlich oder vielleicht auch keines von beidem ist, nicht identisch, und vor allem ist die erste mit der zweiten noch in keiner Hinsicht beantwortet, es sei denn, man versteht das Individuum bereits restlos von seiner gesellschaftlichen Vermittlung her. Tatsächlich ist davon auszugehen, daß heute auch dort, wo vordergründig der Suizid „als solcher" verhandelt wird, die andere Frage nach seiner „Sozialverträglichkeit" grun-

---

[8] Vgl. den Bericht über Aktivitäten der Sterbehelfer von *Dignitas* bei Sillgitt (2007).
[9] So etwa Baumann (2001), bes. 47 ff.

dierend, wenn nicht als für die Antwort richtungsweisend mitschwingt. Das bringt auf der einen Seite zum Ausdruck, daß in der Gegenwart das Individuum längst mehr und vor allem auf sublimere Weise vom sozialen System absorbiert ist, als dies je zuvor der Fall gewesen ist. Auf der anderen Seite dokumentiert es die Tendenz des sozialen Systems, alles Anarchische, alles noch nicht zur Funktion des Systems Gemachte in das System hinein einzuholen. Das muß nicht immer die rabiate Form annehmen, die in der offenen Ausrufung einer „Pflicht zu sterben" liegt, wie sie für Demente im Jahre 2008 die prominente britische Bioethikerin Mary H. Warnock – nicht als erste – aufgestellt hat.[10] Wenn (wie in der Schweiz) Sterbehelfern die Tore der Altenheime und Spitäler geöffnet werden, mag diese stete „dezente" Erinnerung an einen vielleicht doch „eigenen" Wunsch für die gesellschaftliche Kosten-Nutzenrechnung möglicherweise sogar das probatere Mittel sein.[11] Und man muß sich auch nicht darüber täuschen, daß eine scheinbar ganz anders ausgerichtete Patientenverfügung, nach allen Regeln der Kunst am Leben gehalten zu werden, nicht ebenso sehr doch nur die neue Lage bezeugt, daß nun nicht mehr das Leben der Gesellschaft vorausliegt, sondern *jetzt die Gesellschaft leben und sterben läßt*. –

Ein kleiner Szenenwechsel! Die ethische Beurteilung des Selbstmordes ist nicht nur in der philosophischen Tradition keine einhellige, sondern bemerkenswerterweise auch in der theologischen Urteilsbildung keineswegs stets ein und dieselbe gewesen. Im frühen Christentum treffen wir zum Beispiel immer wieder die Meinung an, daß es zumindest aller Achtung wert, wenn nicht zu empfehlen sei, wenn Frauen sich einer drohenden Vergewaltigung durch den Selbstmord entziehen;[12] der frei gewählte Tod schien hier, weil die

---

[10] http://www.telegraph.co.uk/news/uknews/2983652/Baroness-Warnock-Dementia-sufferers-may-have-a-duty-to-die.html (letzter Aufruf 12. Febr. 2015). Warnocks rein utilitaristische „Argumente" sind von denen der NS-Euthanasie-Befürworter kaum zu unterscheiden. – Die neuere Debatte um die „Pflicht zu sterben" setzte im übrigen in den 90er Jahren des 20. Jahrhunderts mit einem Aufsatz des amerikanischen Bioethikers John Hardwig in dem prominenten *Hastings Center Report* ein (Hardwig (1997), 34-42).

[11] Vgl. hier nur die Stellungnahme der *Schweizerischen Akademie für Medizinische Wissenschaften* „Suizidbeihilfe in Akutspitälern: die Haltung der Zentralen Ethikkommission" vom 15. Januar 2007, in der es heißt, daß es „aus ethischer Sicht keine überzeugenden Argumente" gebe, „Suizidbeihilfe in Akutspitälern grundsätzlich auszuschließen", nur sei „den besonderen Umständen in einem Spital als Ort, an dem primär (sic!) geheilt" werden soll, „Rechnung zu tragen".

[12] So noch bei Ambrosius im dritten Buch von *De virginibus ad Marcellinam sororem* (c. VII).

Würde der Person wahrend, dem Erdulden einer entwürdigenden Gewalttat vorzuziehen zu sein – womit die entsprechenden Suizidentinnen natürlich Ahnherrinnen der modernen Würdewahrer durch Selbstmord sind. Neben anderen hat hier vor allem Augustinus mit dem Satz, daß auch jemand, der sich selber tötet, einen Menschen tötet, Klarheit geschaffen.[13] Aber dennoch: Viele Jahrhunderte später wird gerade ein durch Augustinus so tief geprägter Theologe wie Martin Luther Zweifel anmelden, ob die Selbstmörder zu verdammen seien oder doch eher nicht. Luthers Argument für das „eher nicht" ist die Auffassung, daß ein Selbstmörder „non sui iuris" gestorben sei, daß er also nicht über sich gebot, als er Hand an sich legte, sondern gleichsam unter die Räuber gefallen, daß er vom Teufel überwältigt worden sei.[14] Die angemessene Reaktion auf den Selbstmord ist entsprechend nach Luther nicht, den Suizidenten zu verdammen, sondern im Erschrecken über das, was wir geschehen sehen, Gott fürchten zu lernen, an dessen Gnade alleine es hängt, daß wir nicht alle „unter die Räuber" fallen. Luthers Position scheint hier auf den ersten Blick weiter von der neuzeitlichen Rede von „Selbstbestimmung" entfernt zu sein, als es diejenige war, die in der Alten Kirche den „würdewahrenden" Selbstmord billigen oder empfehlen konnte. Dennoch gibt es auch hier wieder eine gemeinsame Differenz zu den neueren Debatten: die Frage ist hier niemals, welche Vorkehrungen *die Gesellschaft* treffen soll, um Suizide und etwa noch die Beihilfe dazu „rechtlich zu regeln". Das Thema ist vielmehr das schlechthin *Irreguläre*, das zugleich in der Perspektive nicht des

---

[13] Vgl. Augustinus: *De civitate Dei* I, 20 : „Neque enim qui se occidit aliud quam hominem occidit." Den späteren Befürwortern des Selbstmordes mußte es dann darum gehen aufzuzeigen, daß das Tötungsverbot im Falle der Identität von Urheber und Opfer der Tötungshandlung nicht greife. Streng deontologisch betrachtet kann jedoch eine ethische Pflicht niemals so gedacht werden, daß sie nur das Fremd-, nicht das Selbstverhältnis des Akteurs betrifft und das Selbstverhältnis entsprechend „normfrei" sei. Es gehört zu den großen Leistungen der Kantischen Ethik, aufgezeigt zu haben, daß für die praktische Normativität der Anwendung auf sich selbst sogar konstitutiv der Vorrang gegenüber der Fremdanwendung gebührt. Gerade weil in der recht verstandenen Autonomie das rationale Selbstverhältnis das Modell für alle Verpflichtung ist, kann es keine „Privilegierung" des individuellen Selbstverhältnisses gegenüber anderen Adressaten der Pflicht geben.

[14] Vgl. stellvertretend für mehrere ähnliche Belege Luther, M.: WA *Tischreden* II, 91, Nr. 1413: „ [...] Tales homines ita occiduntur a Sathana sicut per latrones. Isti homines non sunt sui iuris. Non damno eos neque possum [...]." Luther steht hier in der Tradition der Verurteilung des Selbstmordes als Ausflusses eines „furor diabolicus" und kann *mutatis mutandis* zugleich als Vorläufer der existenzphilosophischen Lesart des Suizids als einer Weise nicht des Selbstbesitzes, sondern der Verzweiflung gelesen werden.

öffentlichen Schadens oder auch Nutzens, sondern zunächst des Selbstverhältnisses der betroffenen Person gesehen wird. Die Extreme sind hier die
verzweifelte Selbstbehauptung und der nicht minder verzweifelte Selbstver-
lust des Individuums – nicht die Frage nach den zu treffenden Arrangements, um den Willen zum Tod gesellschaftlich zu kanalisieren. Übrigens
schließt das nicht aus, daß in der neueren Theologie bisweilen für den Au-
ßenstehenden erstaunlich naive Übernahmen des soziologischen Stand-
punkts zu finden sind.[15]

Abschließend noch ein drittes Schlaglicht, das die bereits erwähnte zunehmend *technische* Neuformulierung der Frage nach dem Ort des Todes in
der Neuzeit beleuchten mag! Die „Euthanasie" meint begriffsgeschichtlich
von ihrem Ursprung her den leichten, gern übernommenen Tod und geht in
dieser Bedeutung bis auf den Dichter Posidipp im 3. Jh. v. Chr. zurück. Als
nicht zufällig dürfte dann aber die Tatsache anzusehen sein, daß das Wort
„Euthanasie" zu Beginn der Neuzeit transitive Bedeutung gewinnen kann,
also jetzt die Handlung eines Dritten auf eine Person, nicht mehr nur die
Selbstwahrnehmung dieser Person im Sterben meint. Die Zäsur ist bemerkenswerterweise durch keinen Geringeren als Francis Bacon gesetzt, den
ersten großen Theoretiker der Naturwissenschaften als neuer sozialer Institutionen, als entscheidender Instrumente in der sozialen Evolution; gerade
durch Bacon wird Euthanasie zur Aufgabe des medizinischen Praktikers.[16]
Dieser „Praktiker" wird – bei steigendem Bewußtsein von seiner keineswegs
nur dem Individuen geltenden, sondern „überindividuellen" sozialen Missi-
on – vom ausgehenden 19. Jh. an dann auch zunehmend diejenigen in den
Blick nehmen, die ihn um Hilfe zum Sterben nicht unbedingt gebeten haben

---

[15] So eröffnet das lange Zeit evangelischerseits in beiden Teilen Deutschlands geschätzte dreibändige
Handbuch der Praktischen Theologie, Berlin 1975 ff., seinen „Exkurs: Zum Gespräch mit Suizidgefährdeten" mit den Selbstmordstatistiken und endet mit dem praktischen Ratschlag, die „Verwandten" eines Suizidenten „darüber zu informieren, daß Suizidneigung nicht erblich ist, wie vielfach
angenommen wird" (III, 250).

[16] Bacon „sprach 1605 in ‚De dignitate et augmentis scientiarum' von einer ‚euthanasia exterior' ...
und meinte damit einen medizinisch unterstützten, milden und angenehmen Ausgang aus dem
Leben bei Erkrankungen mit hoffnungsloser Prognose; diese Form der Euthanasie gehe über die
Begleitung der Sterbenden hinaus, obliege als eine medizinische Aufgabe den Ärzten und sei ein
Desiderat. [...] Bacons Initiative zur ‚euthanasia exterior' blieb in der Medizin für zwei Jahrhunderte
ohne wesentliche Resonanz" (Wiesing (2000), 704 f.).

oder dies auch gar nicht (mehr) können; es beginnt jetzt die Geschichte des „Tötens aus Mitleid", wobei die entsprechende gefühlsethische Motivation für Tötungshandlungen vor allem über Schopenhauer vermittelt ist und noch bei den Vorläufern der NS-Euthanasien eine mehr als nur beiläufige Rolle spielt.[17] Aber auch, wenn man von den hier sichtbaren „Auswüchsen" abstrahiert: Wenn auf den Sterbewunsch die eine Seite den pharmakologisch weitergebildeten Arzt ins Rennen schickt, die andere den schmerzmedizinisch geschulten Palliativmediziner, zeigt sich schon in der Tatsache, daß man beiderseits auf „Expertenwissen" rekurriert, daß hier ein „Problem" identifiziert wurde, für dessen adäquate „Lösung" man eben den technisch versierten Fachmann in der entsprechenden Materie benötigt. Auch „regelungstechnisch" ist es nicht anders: wo geltende (gesetzliche) „Regelungen" „Lücken" lassen, sind neue Regeln zu suchen, die diese schließen, und wo die Demographie Probleme beschert, sagen wir für die Rentenkassen durch einen Alten-Überhang, geht die Frage wiederum auf Arrangements, die solche Probleme möglichst nicht auftreten lassen – durch aktive Euthanasieberatung etwa, den Appell an das Bewußtsein der Problemverursacher, doch das Ihre zu einer sozialverträglichen Lösung beizutragen oder aber die Lizenzierung der Suizidbeihilfe. Zwar kannte auch die Antike, wie man nicht nur aus Horaz wissen kann, das Selbstopfer für das Vaterland oder sonst ein übergeordnetes Ziel. Doch dieses Opfer nahmen nicht nur Individuen als „Helden" der Selbstverleugnung auf sich, die sich so einen Namen machten: eine Betrachtung bestimmter Bevölkerungsgruppen als grundsätzlich zu einer Opferleistung für das gesellschaftliche System bestimmt gab es hier nicht. Den per se „nützlichen", das System stabilisierenden Tod anonymer einzelner hat erst die Neuzeit erfunden, die auch das Menschenopfer für den medizinischen Fortschritt zuerst ersann.[18] Es ist ein Tod in den gesellschaftlichen Mechanismen, der niemals „in sich" und auch nur „für mich", sondern „für

---

[17] Vgl. dazu Hoffmann (2015).

[18] Ein bekanntes Beispiel für die Opferung bestimmter Menschengruppen im Namen des Fortschritts stellen, jenseits der einschlägig bekannten NS-Verbrechen, die US-amerikanischen Syphilis-Experimente mit Schwarzen bzw. Soldaten und Sträflingen in Tuskegee, Alabama (1932-1972) und Guatemala (1946-1948) dar. Auch aus anderen Ländern (z.B. der Tschechoslowakei und Nordkorea) sind entsprechende Projekte vor allem der Militärmedizin bekannt.

etwas" gut ist. Der „eigene" Tod ist es trotz mancher anderslautenden Re-
densart jedenfalls nicht – eher ist es die äußerste aller Entfremdungen.

2   Der Primat des Lebens, die Paradoxalität des Selbstmords und die widersprüchliche Suche nach einem Ort des Todes in der Ordnung der Koexistenz

Wenden wir uns nun aber einer systematisch orientierten Klärung der Frage
nach der Eigenbedeutung von Tod und Selbsttötung wie auch den Implikati-
onen ihrer gesellschaftlichen Einholung und Institutionalisierung zu. Wir
beginnen dazu mit einer nachgerade dialektischen Feststellung eines der
großen Pessimisten des 20. Jahrhunderts: „Das Leben ist nichts; der Tod ist
alles. Dennoch existiert kein Tod unabhängig vom Leben."[19] Der Aphorismus
Émile Ciorans, der mit diesen Worten beginnt, will ein doppeltes aufzeigen:
zum einen, daß der Tod gerade keine „autonome Wirklichkeit" hat, daß er
kein selbständiges Realprinzip ist – der Tod setzt vielmehr die Wirklichkeit
seines Oppositums, des Lebens, voraus, an die er sich wie eine Klette heftet.
Zum anderen ist der Tod gerade deshalb, weil er keine Eigenwirklichkeit,
kein eigenes Reich und Recht hat, dafür aber am Leben unvermittelt jederzeit
auftauchen kann, nur allzu „allgegenwärtig", er besitzt eine „obszöne Unendlichkeit", die eben den Eindruck erweckt: „Das Leben ist nichts; der Tod ist
alles."

Cioran knüpft, wenn auch vermittelt, mit seiner Reflexion bei einer Logik
an, die für das Verhältnis des Lebens zum Tod in der Tat konstitutiv ist. Tatsächlich hätte das Wort „Tod" keine Bedeutung, wenn durch das Wort „Leben" nicht schon der Horizont definiert wäre, in dem es sie allererst hat. Der
Tod ist die Privation des Lebens wie das Schweigen die Privation der Sprache
(und doch nur in ihr möglich), wie das Irrationale die Privation der Vernunft
ist (und doch nur im Angesicht ihrer etwas). Man kann das Leben das quali-
tative Allgemeine nennen, dem der Tod nur auf der Ebene der (quantitati-
ven) Individuation angehören kann: den Tod sterben lebendige Wesen, den
Tod stirbt nicht das Leben selbst, das sich vielmehr durch dieses Sterben der

---

[19] Cioran (1979), 120.

Individuen hindurch erhält. Insofern das meint: mit schlechthin *jeder* Individuation des Lebens tritt uns auch der Tod ins Haus (während „das Leben" im Sinne des *singulare tantum* des qualitativ Allgemeinen niemals *als solches* „ins Haus" tritt), hat Cioran recht: „Das Leben ist nichts; der Tod ist alles." Er hat insofern jedoch auch *nicht* recht, als die Aufhebung des Lebens als Allgemeinen unmittelbar auch den Tod aufheben würde. Wo Sprache nicht ist, kann man nicht schweigen; wo Wahrheit nicht vorausgesetzt werden kann, gibt es auch keine Lüge. Der Begriff, sagt Aristoteles, erklärt stets sich selbst wie auch seine Privation.[20] Der Tod „ist" als Funktion seines Anderen, des Lebens, er „selbst" *ist nicht*.

Schon diese Überlegungen implizieren, daß es zwar eine absolute Bejahung des Lebens, ein Wollen des Lebens um des Lebens willen, jedoch keine ebenso absolute Bejahung des Todes geben kann. Der Tod kann, sofern überhaupt, dann nur relativ auf das Leben, besser: *nur um des Lebens willen gewollt* werden. Was besagt nun aber dieses Gefälle, dieser strukturell unabweisliche Primat des Lebens gegenüber dem Sterben für die ethische Frage nach Euthanasie und Suizidassistenz? Liegt in ihm eine Normativität, die – jenseits einer nur unmittelbaren Bejahung des Lebens – uns sowohl bei der Klärung der Frage nach dem Ort des Todes im je eigenen Selbstverhältnis wie auch bei der Klärung der Frage nach dem Ort des Todes (und Tötens) im öffentlichen Raum Orientierung geben kann? Die Frage ist in doppelter – individual- wie sozialethischer – Hinsicht zu stellen. Eine Antwort kann in zweimal zwei Thesen gegeben werden, jeweils einer deskriptiven und einer normativen, die dann zu erläutern sind. Die Thesen wären:

1.1 Handlungen sind als intentional gerichtete Lebensvollzüge grundsätzlich lebensaffirmativ; sie sind nur wirklich, insofern sie sich auf das Leben als sich selbst vermittelnden Zweck stützen.

1.2 Das eigene Leben direkt intentional verneinende Handlungen sind der Form wie dem Inhalt nach paradox und spiegeln eine Verzweiflung am Leben, die in keinem Fall normfähig ist.

---

[20] Aristoteles: *Metaphysik* IX, 2, 1046 b 8f.

2.1 Menschliche Koexistenz ist stimmig ihrerseits nur vom Primat des Lebens her zu denken und zu organisieren.

2.2 Koexistenzordnungen (wie das Recht) können keine Handlungen einzelner zulassen, die mit der Existenz von Individuen auch die Koexistenz
als solche ohne zwingende Rechtfertigung aus der Logik der Koexistenz
heraus tangieren.

Zu These 1.1: *Handlungen* finden niemals in einem leeren Raum, in der Abs-
traktion statt, was auch dann gilt, wenn es für Analysezwecke sinnvoll sein
mag, Handlungen in methodischer Isolierung und gleichsam als „Präparat"
zu betrachten. Wirkliche Handlungen, die mehr als Präparate der Hand-
lungstheoretiker sind, sind immer wirkliche Lebensäußerungen eines erken-
nenden Wesens – nicht also nur „Lebensäußerungen" überhaupt (die man
auch im Tun und Lassen der Tiere finden und metaphorisch z.B. auch den
Kulturen zuschreiben kann), sondern auf Erkenntnis bezogene Lebensäußerungen. Wirkliche Handlungen sind von einer – wenn auch nicht immer
vollkommenen – Einsicht in Grund und Ziel der Handlung begleitet und
eben dadurch auch rational strukturiert und „kommunikabel" gemacht.
Handlungen kann man z.B. *beurteilen*, weil sie ein Ziel aufstellen und Mittel
zur Erreichung dieses Zieles mobilisieren; man kann sie auch *bejahen* oder
verurteilen, wenn man ihre Gründe kennt, oder Fragen an sie richten, wenn
man die Gründe nicht kennt. Die intelligible oder unmittelbar rationale Seite
der Handlung betrifft jedoch nur erst die Maxime zur Handlung, nicht schon
diese selbst als auch physische Wirklichkeit. Dieser Wirklichkeit oder auch
ihrem ontologischen Status nach sind Handlungen Lebensäußerungen, d.h.
zu ihnen gehört – anders als zur reinen Maxime oder zum Gedankenexperi-
ment – eine reale Energie, die auf die Außenwelt oder andere Personen ge-
richtet ist, um den Handlungszweck auch tatsächlich zu realisieren. Der allgemeine Zweck des Handelns liegt dann darin, die Umwelt des Handelnden
möglichst rational zu strukturieren: Es geht im Handeln darum, in diese
Umwelt durch rationale Mittelwahl die als richtig erkannten Zwecke des
Handelnden einzubilden und so den in der Handlungsmotivation bereits
antizipierten Zustand der Welt auch als wirklichen zu erfahren. Das *wirkliche*
oder effektive Handeln selbst ist dann Vernunftvollzug im Medium des Le-

bensvollzugs: ist Vernunft, die dem Leben Form gibt und dieses zugleich zum Mittel der Realisierung der Vernunft macht. Menschliche Praxis ist insoweit überhaupt das *Leben* der Vernunft (im doppelten Sinne des Genitivs), ihr Resultat ebenso ins Leben greifende Vernunft wie sich im Lebenszusammenhang mitteilende Einsicht. Es ließen sich an dieser Stelle die Grundtypen philosophischer Ethik leicht danach unterscheiden, ob in ihnen (wie bei Kant) die Affinität zur Erkenntnis- oder aber (wie z.b. bei Jonas) zur Lebensseite vorherrschend ist oder ob sie (wie bei Aristoteles) bei der vernünftigen Lebensform als der Mitte zwischen Vernunft und Leben ansetzen. Für unsere Zwecke genügt indes der Hinweis, daß wirkliches Handeln immer Lebensvollzug um willen gelebter Vernunft und insoweit doppelt – der Form wie dem Inhalt nach – *lebensaffirmativ* ist. *Lebensnegierend* können dagegen nur entweder sich selbst (intentional oder performativ) mißverstehende Handlungen sein oder aber solche, in denen die konkrete Lebensnegation (wie im Falle der Notwehr) unmittelbar der Lebensaffirmation dient, die also abgeleitet lebensaffirmative Handlungen sind. Was den ersten Fall betrifft, ist Kants Verwerfung der „Selbstentleibung" auf genau dieses Moment des (intentionalen) Selbstmißverständnisses gegründet: die Vernunft kann nicht die Aufhebung ihrer eigenen Existenz wollen, ohne sich mit sich selbst in Widerspruch zu setzen; sie würde, so Kant, auf diese Weise die Aufhebung der Sittlichkeit selbst wollen: „Das Subject der Sittlichkeit in seiner Person zernichten, ist eben so viel, als die Sittlichkeit selbst ihrer Existenz nach [...] aus der Welt zu vertilgen, welche doch Zweck an sich selbst ist."[21] Niemand kann im Ernst meinen, daß die Beseitigung des existierenden Selbstzwecks (des Menschen) autonomiebestimmt sei, d.h. aus dem Selbstzweck des Sittlichen fließe; vielmehr verfüge ich hier über mich selbst „als bloßes Mittel zu [einem] beliebigen Zweck"[22]. Kürzer, aber der Sache nach immer noch Kant: niemand kann meinen, daß die Beseitigung dessen, der soll, gesollt sein könne.[23] Die „Selbstentleibung" ist als Akt einer sich selbst widersprechenden Vernunft widersinnig, d.h. eben kein Akt einer Vernunft und deshalb unsitt-

---

[21] Kant, I.: *Metaphysik der Sitten. Tugendlehre*, § 6 (Akad.-Ausgabe VI, 423).
[22] Ebd.
[23] Nicht ganz in Kants Sinne, aber ihm doch verwandt und jedenfalls sehr prägnant heißt es bei Jaspers: „Selbstmord ist die einzige Handlung, die von allem weiteren Handeln befreit" (Jaspers (1973), 301).

lich. Wir ergänzen: Der Widerspruch betrifft hier nicht nur die Maxime (um
die es Kant geht), sondern die Form der Handlung selbst, die einen Lebens-
akt gegen das Leben mobilisiert, um sich von ihm, dem Leben, das auch für
diese Handlung noch die Voraussetzung (nicht nur ihr Objekt) ist, zu „befreien". Die Paradoxalität der entsprechenden Handlung macht e contrario
noch einmal deutlich, was die Aufgabe menschlicher Praxis ist: *Vernunft zu
leben* und dem Leben eine Vernunftgestalt zu geben. Das Leben zählt in einem nichtvitalistischen Sinne so zu den Größen, die unser Handeln tatsächlich normieren – nicht in dem Sinne also, daß „Vitalwerte" auch unmittelba-
re Zwecke oder Maßstäbe bei der Zweckfindung wären, wohl aber in dem
Sinne, daß die leitenden Zwecke sich einem Lebenszusammenhang einfügen
und das Leben als sich selbst verwirklichenden Zweck widerspiegeln müssen.
Ethisches Handeln wird den Lebenszusammenhang, dem es selbst angehört,
als Ort der Vernunft voraussetzen und zur Geltung bringen. Sich von ihm
„emanzipieren" wird es nicht.

Zu These 1.2: Man wird nun allerdings sagen müssen, daß eine mögliche
Paradoxalität menschlichen Handelns keineswegs nur ein Einwand gegen das
betreffende Handeln sein muß, vielmehr in einem bestimmten Sinne auch
eine Auszeichnung desselben enthalten kann. Man kann sogar sagen, daß,
wenn sich Tiere so auffallend verhaltenssicher, d.h. nicht-paradox verhalten,
im Grunde jede menschliche Handlung „paradox" ist, insofern sie nämlich
eine Unterbrechung des unmittelbaren Naturzusammenhangs enthält und
sich aus diesem heraussetzt. Es gibt dabei auch noch komplexere Aspekte der
Paradoxalität des Handelns: Zu den wichtigsten „Entdeckungen" der Exi-
stenzphilosophie etwa gehört die Einsicht, daß Menschen nicht nur dann
explizit paradox handeln, wenn sie sich über ihre Ziele im Unklaren sind
oder sich über die Mittel, die ihren Zielen eigentlich entsprächen, irren. Menschen können vielmehr durch die Paradoxalität hindurch ein Unbedingtes
als ihren Handlungsgrund aufscheinen lassen, das notwendig aller Verrech-
nung mit den alltäglichen Gründen und Zwecken des Handelns widerspricht.
Kierkegaard hat in diesem Sinne das Paradox des Glaubens an der biblischen
Abrahams-Gestalt aufgezeigt, und Karl Jaspers hat darauf hingewiesen, daß
der Selbstmord, insofern er tatsächlich als „Handeln aus Unbedingtheit" in
einer „Grenzsituation" aufgefaßt werden mag, als für Außenstehende para-

dox-uneinholbares Handeln auch ohne Erklärung und Verstehen bleibt.[24] Die Frage bleibt freilich, ob der Selbstmord (versteht sich jenseits der pathologischen Fälle, der Selbstmorde aus „Verstrickung"[25] usw.) über die Betätigung radikaler negativer Freiheit hinaus tatsächlich als eindeutige Bezeugung einer authentischen Unbedingtheit des Existierens aufgefaßt werden kann. Es ist vielmehr durchaus möglich, daran Zweifel zu hegen – zum Beispiel mit Kierkegaard, dem Ahnherrn des Existenzdenkens, als Zeugen. Kierkegaard hat als erster eine differenzierte Analyse des mit sich selbst zerfallenen, seine Identität verzweifelt suchenden, ja sie auch durch den Widerspruch zu sich hindurch noch „ertrotzenden" Bewußtseins gegeben und dabei unweigerlich auch die Problematik des Selbstmordes neu in den Blick gebracht. Nach Kierkegaard jedenfalls ist der letzte „Sinn" im Ergreifen des Selbstmordes nur von der Aufgabe her zu verstehen, unter die sich jedenfalls das sich selbst nicht vollends betäubende menschliche Bewußtsein immer gestellt sieht: von der Aufgabe her, ein geistiges Selbstverhältnis zu etablieren und dieses Selbstverhältnis konkret auch zu leben. Diese Aufgabe meint in ihrem Kern,

---

[24] Vgl. ebd., 311: „Alle Handlungen in Grenzsituationen gehen dem Sinne nach so geradezu das Selbst an, daß kein Anderer bei der Entscheidung mitwirken kann [...]. Man kann niemandem raten oder zureden zum Unbedingten. Niemand kann wegen unbedingter Handlungen andere fragen, ob er es tun solle. Im Medium von Erwägungen für das Bewußtsein überhaupt hört alle Unbedingtheit auf. Die absolute Einsamkeit ist ohne Hilfe; die unbedingte Negation als Ursprung des Selbstmords bedeutet Isolierung; darum ist Rettung, *wenn* Kommunikation gelingt". – Jaspers kann den Selbstmord zusammen mit dem „religiösen Handeln" unter dem Titel „Unbedingte, das Dasein überschreitende Handlungen" behandeln. Seine für die Abgründigkeit des Phänomens ausgesprochen sensible Darstellung (ebd., 300-314) gehört zu den wichtigsten Texten zum Thema aus dem 20. Jahrhundert. Übrigens plädiert Jaspers mit Nachdruck für die Verwendung des Titels „Selbstmord": „Psychiater sagen ‚Suicid' und rücken durch Benennen einer Rubrik die Handlung in die Sphäre reiner Objektivität, die den Abgrund verhüllt. Literaten sagen ‚Freitod' und rücken durch die naive Voraussetzung höchster menschlicher Möglichkeit für jeden Fall die Handlung in ein blasses Rosenrot, das wiederum verhüllt. Allein das Wort ‚Selbstmord' fordert unausweichlich, die Furchtbarkeit der Frage zugleich mit der Objektivität des Faktums zu behalten: ‚Selbst' drückt die Freiheit aus, die das Dasein dieser Freiheit vernichtet [...], ‚Mord' die Aktivität in der Gewaltsamkeit gegenüber einem in der Selbstbeziehung als unlösbar Entschiedenen [...]" (ebd., 300 f.).
[25] Ebd., 310: Der Selbstmord aus „Verstrickung" erfolgt nicht als „unbedingte Handlung aus der Grenzsituation", vielmehr wird „aus endlichen Motiven, ohne existentielles Bewußtsein, [...] aus Affekten des Trotzes, der Angst, der Rache das Leben fortgeworfen, in unbestimmter, nicht zur Klarheit gebrachter Flucht". In Beziehung auf die aktuelle Diskussion um die Suizidassistenz dürfte dies der „Normalfall" sein, für dessen möglichst geräuschlose Abwicklung nunmehr Vorkehrungen getroffen, damit aber die Verstrickungen nur erweitert werden sollen.

eine Synthese zu leisten „von Unendlichkeit und Endlichkeit, von Zeitlichem
und Ewigem, von Freiheit und Notwendigkeit"[26]. Eine geistige Existenz führt
ein Mensch, der nicht nur die genannten Extreme in sich findet (was in der
Tat jeder kann, auch wenn er dann kein Problem dabei erblickt, daß er ebenso durch ein Bewußtsein seiner Freiheit wie durch ein Bewußtsein einer über
ihn hinausgreifenden Notwendigkeit bestimmt ist), sondern der sich dazu,
daß er sich in einem konkreten Verhältnis dieser Gegensätze in ihm findet,
nochmals ins Verhältnis zu setzen in der Lage ist. Dieses geistige Selbst und
Selbstsein ist freilich immer prekär: es ist nur als der jeweilige und einzelne
Akt, sich zu einem Widerspruch in mir selbst zu verhalten und eben darin
bei sich zu sein. Der Selbstmord ist nach Kierkegaard insoweit immer ein
Ausdruck des Scheiterns im Selbstverhältnis, ein definitives Bekenntnis der
nicht geleisteten Synthese. Er ist wesentlich nicht die Verzweiflung über dieses und jenes, zum Beispiel über eine ungünstige Fügung der äußeren Umstände oder eine unheilbare Krankheit; weder äußere Umstände noch eine
Krankheit erzwingen irgend etwas von mir, sie können aber der Anlaß werden, an der Möglichkeit zu zweifeln, ihnen gegenüber ein Selbstverhältnis
aufzubauen. Kierkegaard spricht bezüglich dieser Zweifel vielmehr von der
Verzweiflung im strengen Sinne des Wortes, die ein Differenzbewußtsein
meint, in welchem alles Selbstbewußtsein untergeht (der Selbstmörder verzweifelt *an sich selbst* und seinem Vermögen, sein geistiges Sein darzustellen,
nicht an der Welt, und er verschließt sich im Akt des Selbstmordes zugleich
in sich, so daß seine Handlung ein Verstummen anderer Art als dasjenige
derer ist, die im Wechsel der Worte je den andern zu Wort kommen lassen;
es ist ein Verstummen der Sprache selbst, ein Abbruch von Verhältnis überhaupt und damit ein Zurücksinken auf die Stufe der stummen Gegenständ-
lichkeit). Der Selbstmord ist so gesehen gerade niemals, auch wenn er diesen
Anschein erwecken will, ein Akt der Selbstbehauptung, sondern umgekehrt
der Verzicht auf sie und das Eingeständnis der Verzweiflung an ihr als Aufgabe, oder er ist der Widerspruch, „verzweifelt man selbst sein zu wollen"
und durch die Tat zu zeigen, daß dafür *alle* Verhältnisse – zu sich, zu den
andern, zu den Dingen – abzubrechen sind. Dieser Abbruch aller Verhältnis-

---

[26] Kierkegaard (2011), 191.

se entspricht unmittelbar einer radikalen Selbstverdinglichung, die in jedem Selbstmord ja tatsächlich und gewollt geschieht.

Kierkegaards Analyse unterstreicht zum einen die, wie gezeigt, auch von Kant her zu gewinnende Einsicht, daß der Selbstmord in jedem Fall eine sinnwidrige bzw. definitiv in Heteronomie mündende Handlung ist. Über Kant hinaus jedoch zeigt Kierkegaard auch auf, daß die sich hier manifestierende Sinnwidrigkeit in der bewußten Wahl der vollständigen Heteronomie jedenfalls nicht einfach nur in *logischer* Hinsicht zu bewerten ist. Sie korrespondiert einer bestimmten phänomenologischen Struktur, der Struktur eines Bewußtseins, das in den Sog einer scheiternden Suche nach der eigenen Identität gerät und sich dabei am Ende in einem streng verdinglichten Selbstbewußtsein selbst begräbt. Von hieraus ergibt sich dann auch, was die Aufgabe der jeweils einbezogenen Nebenmenschen alleine sein kann: nicht die, den Prozeß der Selbstverdinglichung zu unterstützen, geschweige denn die, sie aktiv zu Ende zu führen, sondern alleine die, die Option des Selbstseins in den Beziehungen zu den anderen Selbst sich neu entfalten zu lassen.[27] Es ist aus dieser Sicht eine für unsere Zeit durchaus brennende Frage, inwieweit die Tendenz auf ein öffentliches Ordnen des Tötens nicht nur eine gesamtgesellschaftliche Verzweiflung widerspiegelt, die wiederum einer Logik des allenthalben dominierenden verdinglichten Bewußtseins entspricht. Man kann dabei zwar immer noch – durchaus plausibel – den individuellen Selbstmord auch als Zeichen des Willens zur Nichtverdinglichung deuten, so wie in einem ideologischen Kontext das konkrete Verstummen eben den Willen zum Nicht-Geschwätz manifestieren kann. Aber die schon wieder ambivalente Tragik dieser Manifestation besteht ja darin, daß sie der Logik der Dinglichkeit überhaupt erst endgültig, nämlich durch ihre Selbstverdinglichung, rechtgibt, so wie der *schlechthin* Schweigende neben seiner Verzweiflung an der wirklich gesprochenen Sprache auch der Verzweiflung an einer wahrhaft sprechenden Sprache zum Ausdruck bringt, derer er selbst nicht mächtig ist. Einen irgendwie normfähigen oder gar normgeleiteten Sinn hat der Selbstmord nicht: eher bemißt sich an ihm und seiner Wirklichkeit die Größe der

---

[27] Auch Kierkegaard diagnostiziert den Abbruch der Kommunikation, die absolute „Verschlossenheit" als das Element, in dem die Selbstmordgefahr besteht (vgl. ebd., 248).

Aufgabe, tatsächlich die authentische Synthese von Unendlichkeit und Endlichkeit, Zeitlichem und Ewigem, von Freiheit und Notwendigkeit zu leben.

Zu These 2.1: Die aktuellen Debatten um Euthanasie und Suizidassistenz
kreisen in der Sache um die Frage nach der Gewährung eines öffentlichen
Raums für die Tötung bzw. die Selbsttötung. Aus dem bislang Gesagten heraus legt sich bereits nahe, daß der Selbstmord in seiner Innenansicht als nicht
nur paradoxale, sondern auch als, sei es „unbedingte", sei es „verzweifelte"
Tat eigentlich öffentlich niemals darstellbar sein kann; als umfassendes De-
menti eines möglichen Selbst- wie Weltverhältnisses handelt es sich vielmehr
um eine Art Kontraktion in die Extensionslosigkeit hinein, die man als solche
auch ernstnehmen und nicht künstlich wieder zurücknehmen sollte.[28] Unter
„eigentlicher Öffentlichkeit" verstehen wir dabei einen durch reelle Teilnah-
meoptionen qualifizierten Raum des Gemeinsamen und Gemeinschaftlichen,
der durch einen qualifizierten Austausch der einzelnen untereinander wie
ebenso der einzelnen mit dem sie verbindenden Allgemeinen gekennzeichnet
ist. „Öffentlichkeit" ist niemals zureichend dadurch gekennzeichnet, daß es
keine formalen Zugangsbeschränkungen gibt – die Leichenhalle wäre andernfalls der öffentlichste aller Orte. „Öffentlichkeit" verfügt vielmehr über
ein jeweiliges *qualitatives Strukturprinzip*: sie wird durch den Kult gestiftet
oder die Kunst, sie erzeugt sich durch wirkliche Wissenschaft und im günsti-
gen Fall auch im Raum der Politik, sofern diese jedenfalls nicht von der bloßen Interessendurchsetzung her, also instrumentell aufgefaßt ist, sondern
sich selbst als *Artikulation des Rechts* und der Würde des Menschen versteht.
Das Recht überhaupt als Medium der Objektivierung der Freiheit kann dabei
als Prinzip der Etablierung äußerer Bedingungen für das Leben der Freiheit
angesehen werden. Es ist in diesem Sinne das Prinzip der Etablierung einer
freiheitlichen Koexistenzordnung dieses Lebens der Freiheit, die man auch

---

[28] Auch medial inszenierte Selbstmorde, die es gerade in Zeiten medialer Substitution von Öffentlichkeit geben kann, sind keineswegs zwangsläufig etwas anderes als ein Ausdruck von „Verstrickung"
(im Sinne von Jaspers) und gescheiterter existentieller Kommunikation; sie sind in gewissem Sinne
vielleicht „interessant", enthalten jedoch schon auf Grund der Adressierung eines anonymen Publi-
kums keine echte Teilhabeoption. Bei dem allen ist die hier zu beantwortende Frage ohnehin nicht,
inwieweit das individuelle „Sein zum Tode" auch auf dem Markt, wenn nicht Jahrmarkt stattfinden
kann, sondern die, ob eine im Sinne des Primats des Lebens etablierte Öffentlichkeit eben auch die
Bühne der Hand an sich Legenden sein kann.

als vorlaufende Ordnung der Solidarität aller Freiheitswesen[29] im Zeichen einer freiheitsbestimmten Öffentlichkeit verstehen kann; es ist das Prinzip *anerkannten Seins*, auf dessen Verwirklichung dann auch weitergehende konkrete Gestalten von Öffentlichkeit aufgebaut werden können. Kann es in diesem Kontext ein „Recht" auf die Euthanasie, die Suizidassistenz geben?

Die Antwort liegt auf der Hand: die Koexistenzordnung des Rechts und die durch sie erschlossene Gestalt der Öffentlichkeit enthalten *tautologischerweise* kein „Recht" auf Nichtexistenz, wie es im Euthanasiebegehren (und noch mehr in einer Euthanasiepraxis ohne Bezug auf ein vorliegendes Begehren) bzw. in der Forderung nach Suizidassistenz vorausgesetzt ist. Was maximal erwartet werden könnte, wäre, daß von der Koexistenzordnung des Rechts her ein individueller Selbstmord als „nichtbeachtlich" (und entsprechend als nicht eigens zu sanktionieren) angesehen wird. „Nichtbeachtlich" wäre er insbesondere auf der Basis eines atomistischen Rechts- und Gesellschaftsbegriffs, in dessen Rahmen der Wille zum Suizid als Kündigung der Rechtsgemeinschaft verstanden werden kann, die dem Individuum jedenfalls insofern freistehen muß, als damit die juridische Koexistenzordnung nicht betroffen ist und anderen Rechtsgenossen kein Schaden entsteht. In dem gleichen Sinne kann es auf der Basis eines atomistischen Rechts- und Gesellschaftsbegriffs aber auch keinen Anspruch an die Rechtsgenossenschaft geben, die individuelle „Kündigung der Rechtsgemeinschaft" zu unterstützen – geschweige denn, sie durch ein aktives Tötungshandeln zu vollziehen. Es ist in diesem Zusammenhang bemerkenswert, daß auch explizite Euthanasiebefürworter bei hinreichender juristischer Schulung festhalten, daß es ein „Recht" auf den Tod (den dann die Rechtsgemeinschaft zu ermöglichen, wenn nicht zu vollziehen hätte) im strengen Sinne nicht geben kann. So hat Karl Binding, also immerhin der Anwalt der „Vernichtung des lebensunwerten Lebens", ausdrücklich betont, daß die Auffassung vom „Recht" auf die

---

[29] „Vorlaufend" ist diese Ordnung, weil das sich selbst recht verstehende Recht niemanden dazu verpflichten kann, in einem moralischen Sinne „solidarisch" mit fremder Freiheit zu sein. In der Verpflichtung zur Anerkennung der Rechtsordnung selber aber liegt eine „objektive", von der einzelnen Zustimmung unabhängige Solidarität, die sich auf die öffentliche Garantie der Existenzbedingungen fremder Freiheit bezieht. Das Tötungsverbot ist rechtlich gesehen nicht deshalb fundamental, weil die Tötungsmaxime gegen den kategorischen Imperativ verstößt (was natürlich der Fall ist), sondern weil sie den äußersten Gegensatz zum Rechtswillen auf Etablierung einer Koexistenzordnung darstellt.

„Selbsttötung" eine „rein theoretische Konstruktion" sei, „die sich einer vollständigen Verkennung des Wesens der subjektiven Rechte und der üblichen
Verwechslung der Reflexwirkungen von Verboten mit solchen Rechten
schuldig macht. Da die Tötung nur des Nebenmenschen verboten ist, so wird
gefolgert, daß jeder Mensch ein *Recht* entweder auf Leben oder am Leben
oder gar über das Leben" habe, woraus wiederum geschlossen wird, daß ein
jeder „das Leben ebenso behaupten als von sich werfen" könne, weil er ein
Lebens- und dann auch Tötungsrecht in Beziehung auf sich habe, daß er
dann sogar „mit Bezug auf sich selbst auf andere übertragen" könne.[30] Würde
die Rechtsgemeinschaft ein wirkliches und wirksames (nicht nur rhetorisch
apostrophiertes und allenfalls „moralisch" gemeintes) „Recht" auf Selbsttötung anerkennen, wäre sie eo ipso verpflichtet, den Hinderungsversuch am
Selbstmord durch Dritte unter Strafe zu stellen bzw. das Tötungspersonal im
Falle der Assistenznotwendigkeit zu stellen.[31] Man muß sich jedoch gar nicht
an extreme Gestalten wie Binding halten, um den Sachverhalt genauer zu
durchdringen. Es reicht auch ein Blick auf Hegel, der in seiner Rechtsphilo-
sophie aus grundlegenden Überlegungen heraus bestreitet, daß es in des
Wortes eigentlicher Bedeutung ein „Recht" in Beziehung auf das eigene Leben gebe. Faßt man Hegels diesbezügliche Argumentation zusammen, so
lassen sich deren entscheidende Momente wie folgt festhalten:[32] 1. Das „Leben" ist kein Besitz oder äußeres Eigentum des einzelnen, über das er „gegen-
ständlich" verfügen könnte wie über ein Ding, das er sich vertraglich aneig-
net: „Die *umfassende* Totalität der äußerlichen Tätigkeit", sagt Hegel, „*das
Leben*, ist gegen die Persönlichkeit, als welche selbst diese und *unmittelbar*
ist, kein Äußerliches". 2. Das Leben ist vielmehr die Form und Wirklichkeit
der Vermittlung des einzelnen mit allen anderen einzelnen und dem Allgemeinen, oder das Subjekt ist sich in seinem Leben immer schon *auch exzent-
risch*; das Recht ist die Darstellung dieses Lebens als konkreter Idee, die ihr-
seits Macht über das Individuum hat (z.B. indem sie ihm sein bestimmtes

[30] Binding / Hoche (1920), 11.
[31] Vgl. ebd., 12 f.
[32] Das folgende bezieht sich auf den § 70 der Hegelschen *Grundlinien der Philosophie des Rechts* mit
Einschluß der handschriftlichen Notizen dazu, wie sie in der Ausgabe von Eva Moldenhauer / Karl
Markus Michel (Hegel, G. W. F.: *Werke in zwanzig Bänden*, Bd. 7, Frankfurt a. M. 1970) abgedruckt
sind.

Anerkanntsein vermittelt). 3. *Der Tod* als die Privation des Lebens ist kein mögliches Objekt einer Wahl des Individuums, er geschieht ihm ebenso unmittelbar, wie es sich im Leben unmittelbar vorfindet. Im „Zusatz" zu dem entsprechenden Paragraphen heißt es dann, die Argumentation zusammenfassend: „Dann kann [sc. die Selbsttötung] wiederum als ein Unglück betrachtet werden, indem Zerrissenheit des Inneren dazu führt. Aber die Hauptfrage ist: Habe ich ein Recht dazu? Die Antwort wird sein, daß ich als dieses Individuum nicht Herr über mein Leben bin, denn die umfassende Totalität der Tätigkeit, das Leben, ist gegen die Persönlichkeit, die selbst diese Totalität unmittelbar ist, kein Äußerliches."[33] Hegel bestätigt hier das, was wir den Primat des Lebens genannt haben, ohne übrigens damit blind zu sein für subjektive Lagen wie „Elend, reines, abstraktes Unglück" oder auch „Schande" als Konstellationen, in bezug auf welche man den Selbstmord möglicherweise „verstehen", „aber nicht rechtfertigen"[34] kann. Das Recht schaut, wie man auch sagen kann, nicht auf das Subjekt, sondern auf die Person; es schaut auf das in einen Lebenszusammenhang eingelassene Subjekt und bringt den Anspruch dieses Zusammenhangs auch in der Ausstattung des Subjekts mit Rechten zur Darstellung. Ein Ausscheren des Subjekts aus eben dem Lebenszusammenhang von Personen, der das Recht ist, kann nicht behaupten, auf „Recht" gegründet zu sein.

Zu These 2.2: Wenn es in diesem Sinne aus dem Begriff des Rechts als des Prinzips der Etablierung einer Koexistenzordnung als eines öffentlichen Freiheitsraums heraus kein *Recht* auf Nichtexistenz geben kann, so bliebe die Möglichkeit, doch eine mögliche (Rechts-)*Pflicht* zur Nichtexistenz anzunehmen, jedenfalls so weit in Verwirklichung dieser Pflicht die Koexistenzordnung selbst gerettet oder doch stabilisiert werden kann. Es liegt in der

---

[33] Ebd., 152. Hervorzuheben ist, daß Hegel herausarbeitet, daß der Selbstmord eine Art richten der Person über sich selbst ist, was jedoch einen „Widerspruch" enthält, „denn sie steht nicht über sich und kann sich nicht richten" (ebd.). Die Bemerkung erinnert an Platons Gedanken vom Selbstmord als „ungerechtem Gericht" (vgl. oben Anm. 7).

[34] Hegel ebd. (handschriftliche Notiz). Vgl. auch die folgende moralische Reflexion Hegels: „Wenn der Mensch in diese Tiefe hinabsteigt, – sein Leben [...] zur Frage bringt, – so tritt damit die Forderung ein, daß er auch in die Tiefe seines Geistes steigt, – ehe er urteilt, dies Leben hat keinen Wert. Ist in ihm nichts vorhanden, wodurch er ihm einen Wert verschaffen könnte, – so steht er auf einer untergeordneten Stufe seines sittlichen Bewußtseins" (151).

Logik der Staatlichkeit, daß der Staat im Rahmen der Wahrnehmung des Rechtssicherungsrechts seine Bürger verpflichten kann, ihr eigenes Leben nicht für den absoluten Maßstab aller Dinge zu halten und zum Beispiel dazu bereit zu sein, es für die Wahrung des wirklich existierenden Rechts auch aufs Spiel zu setzen – eine Wehrpflicht beispielsweise ist ohne entsprechende Überlegung nicht denkbar. In der Tat können die aktuellen Argumentationen zugunsten einer „Pflicht zu sterben" in gewisser Weise als die *stringentesten* Antworten auf die Frage nach der Eröffnung eines öffentlichen Raumes für Euthanasie und Suizid angesehen werden, weshalb zu vermuten steht, daß entsprechende Argumentationen weiter an Zuspruch gewinnen werden. Die Schwierigkeiten, eine bejahende Antwort auf die Zulässigkeit der Selbsttötung und des Tötens um einen geringeren Preis zu erhalten, sind auch über das hier Angesprochene hinaus evident: Kann das Recht – außer in dem Falle, in dem es um des Rechtes eigene Existenz geht – Individuen die Befugnis erteilen, die Existenz von Individuen – die eigene oder die fremde – anzutasten? Reicht die Berufung auf eine formal freie „Selbstbestimmung" des einzelnen tatsächlich aus, um Hand an die Substruktionen des Rechts als öffentlicher Koexistenzordnung zu legen? Kann das Recht wirklich auf Grund eines vermeinten subjektiven Rechtes „auf den eigenen Tod" einen regelrechten (und dann nicht mehr nur subjektiven) *Tötungsstab* einsetzen, der von der Assistenz bis zur aktiven Sterbehilfe die Existenzauslöschung übernimmt – ja dazu verpflichtet sein sollte? Kann, kurz gefaßt, das Recht wirklich sagen, daß im Namen des Rechts um willen der Befriedigung subjektiver Willensmeinungen generell getötet, das Töten normalisiert und der Tötende als im Sinne des Rechts handelnd angesehen werden darf? Oder noch einmal anders: kann die *Anerkennungsordnung* des Rechts den Akt grundlegendster Nicht-Anerkennung, nämlich den Akt der Tötung, d.h. der Reduktion einer Person auf einen materiellen Gegenstand in Raum und Zeit – affirmieren oder gar setzen, und das dann, wenn nicht das Recht selbst zur Debatte steht? Die mehr oder weniger offen ausgesprochene Antwort sowohl des Utilitarismus wie auch sonstiger Vertreter der „Duty to die"-These lautet: Eben weil all das aus der Rechtsidee heraus schwierig, wenn nicht unmöglich ist, sind zur Etablierung eines öffentlichen Raums und Rahmens des Tötens Gründe aufzusuchen, die am Ende doch die Erhaltung der Rechtsordnung selbst betreffen; es muß hier zuletzt aus einem Notrecht heraus argumentiert werden können, was ja immer die Reflexion über das Recht als ganzes enthält und in Akten (wie dem Töten), die formell wichtigen Rechtsprinzipien widerstreiten, doch das Recht als ganzes zum Grund haben. In diesem Sinne sind seit jeher einzelne, die das Selbstopfer um willen des großen Ganzen geleistet haben, geachtet worden – und warum sollte das, was vordem einen Simson adelte, nicht heute die Großmutter auszeichnen, die (im Beispiel John Hardwigs) mit Rücksicht auf das Familienbudget auf die Krebsbehandlung verzichtet? Warum sollten – im Sinne von Lady Warnocks Vorschlag – Demente am Leben gelassen werden, wenn sie doch nur den Sozialversicherungen zur Last fallen, damit aber möglicherweise den Rechtsfrieden gefährden? Und warum sollten – wie in den Niederlanden z.B. offenkundig der Fall[35] – Personen nicht auch *ohne* ausdrücklichen Wunsch euthanasiert werden, die doch nur kostspielig leiden oder dahinvegetieren? In diesem Kontext zeigt sich dann rasch eine der fatalen Konsequenzen der Verlagerung des Bedenkens vor allem des Selbstmordes von der (ihn als Selbstverhältnis thematisierenden) individuellen Binnen- auf die scheinbar nur einfach „objektive" Außenperspektive: sobald das Verhältnis zum Tode „sozialisiert" worden ist und jetzt auch Dritte betrifft (den Tötenden zum Beispiel bei der Euthanasie), verliert der Tod auch sein individuelles Geheimnis, das er auch in der „Verschlossenheit" (Kierkegaard) des Selbstmörders noch hat. Er wird jetzt „einsehbar", „begründbar" und damit zur kalkulablen, planbaren, ja gezielt einsetzbaren Größe im sozialen Geflecht. Wer wird, wenn objektive Gründe vorhanden sind, den Tod zu suchen, so hartnäckig, sprich egoistisch sein, es nicht zu tun? Wer wird, wenn diese Gründe doch „soziale" sind, noch viele Hemmungen haben, anderen den Tod zu „geben"? In entsprechenden „Gründen" sind Sterben und Tod, Selbst- und Fremdtöten nicht nur dem Denken und Verstehen, sondern auch der sozialen Praxis schon erschlossen. Daß in den „Gründen" fürs Töten dann in Wahrheit Abgründe lauern, er-

---

[35] Für die Niederlande sind (auch ohne Rekurs auf Dunkelziffern) folgende Zahlen für ärztliche Euthanasien *ohne* Einwilligung veröffentlicht worden: 1990: 1000, 1995: 900, 2001: 1000, 2005: 550 (vgl. die Übersicht bei Jochemsen (2009), 83; für 2010 wird gemeldet, daß immer noch 0,2 % aller Todesfälle in den Niederlanden nichteingewilligte Euthanasien seien (Onwuteaka-Philipsen (2012), 908-915). In Belgien liegen die Dinge noch extremer: so bezieht sich eine Studie zur Euthanasie in Flandern für das Jahr 2007 auf Rückmeldungen von Euthanasieärzten, die sich für 32 % der durchgeführten Tötungen auf keinen ausdrücklichen Wunsch der Betroffenen stützen konnten (vgl. Chambaere / Bilsen / Cohen (2010), 895-901).

kennen Gesellschaften wie auch die einzelnen Tötenden oft erst im Nach-hinein. Der fatalste dieser Abgründe ist, daß hier ausgerechnet im Namen des Rechts die große Solidarität der Lebenden (für die das Recht ja wesentlich steht) auf dem Wege der Konditionierung, der Bindung an Voraussetzungen und nicht entgegenstehende Pflichten, gekündigt wird. Da es eine „Solidari-tät der Sterbewilligen" nicht geben kann – sie hebt sich am Widerspruch gegen den Primat des Lebens unmittelbar auf und wäre auch ohne dies der Unbegriff einer Gemeinschaft der die Gemeinschaft Aufgebenden – ist das, was bleibt, die Aussicht auf eine Gesellschaft, in der die guten Gründe der Profiteure jener Kündigung der Stecken sind, über den springen muß, wer andere Gründe, gar keine Gründe oder auch sonst nichts aufzuweisen hat, was ihn als „erhaltenswert" erscheinen läßt. Es ist, kurzum, die Aussicht auf eine Gesellschaft, in der das Leben im selben Sinne rechtlos geworden ist, wie in ihr nicht eigentlich mehr das Recht gelebt wird.

Platon hat im *Phaidon*, von dem bereits die Rede war, davon gesprochen, daß Menschen, die sich selbst von der Wacht stehlen, auf die sie gestellt sind, nicht gut behütet sein können; sie fallen aus der Sorge (θεραπεία) der Göt-ter.[36] Das ist wieder – auf den ersten Blick – die Sprache des Mythos. Gegen die Erzählungen aber, die heute die Normalisierung des Tötens begründen und dem Tod seinen Raum im Recht öffnen sollen, ist es die schiere Ver-nunft.

Literatur

Ammer, H. / Henkys, J. / Holtz u.a. (Hrsg.): *Handbuch der Praktischen Theologie*, Berlin 1975 ff.

Aristoteles: *Metaphysik*, hrsg. von W. Jaeger, Oxford 2008.

Augustinus: *De civitate Dei*, hrsg. von B. Dombart und A. Kalb, Darmstadt 1981.

Baumann, U.: *Vom Recht auf den eigenen Tod. Die Geschichte des Suizids vom 18. bis zum 20. Jahrhundert*, Weimar 2001.

---

[36] Vgl. Platon: *Phaidon* 62 d.

Beckford, M.: Baroness Warnock: Dementia sufferers may have a 'duty to die', in: *The Telegraph*, http://www.telegraph.co.uk/news/uknews/2983652/Baroness-Warnock-Dementia-sufferers-may-have-a-duty-to-die.html (letzter Aufruf 12. Febr. 2015).

Binding, K. / Hoche, A.: *Die Freigabe der Vernichtung lebensunwerten Lebens. Ihr Maß und ihre Form*, Leipzig 1920.

Chambaere, K. / Bilsen, J. / Cohen, J. et al.: Physician-assisted deaths under the euthanasia law in Belgium: a population-based survey, in: *Canadian Medical Association Journal* 182,9 (2010), S. 895-901.

Cioran, E. M.: *Vom Nachteil, geboren zu sein*, Frankfurt a. M. 1979.

Diogenes Laertios: *Vitae* II, hier zit. nach der Ausgabe *Leben und Meinungen berühmter Philosophen*, übersetzt von O. Apelt, Hamburg ³1990.

Durkheim, E.: *Le suicide. Étude de sociologie*, Paris 1897.

Hardwig, J.: Is there a duty to die?, in: *Hastings Center Report* 27/2 (1997), S. 34-42.

Hegel, G. W. F.: Grundlinien der Philosophie des Rechts mit Einschluß der handschriftlichen Notizen dazu, in: Hegel, G. W. F.: *Werke in zwanzig Bänden*, hrsg. von E. Moldenhauer / K. M. Michel, Bd. 7, Frankfurt a. M. 1970.

Hoffmann, Th. S.: Mitleidstyrannei. Über die Ambivalenz von Mitleidsargumenten in der Ethik, in: Spieker, M. (Hrsg.): *Entzugskost. Zum 70. Jahrestag des Hungererlasses*, Tutzing 2015 (im Erscheinen).

Jaspers, J.: *Philosophie. Band II: Existenzerhellung*, Berlin / Heidelberg / New York ⁴1973.

Jochemsen, H.: Die aktuelle Situation der Sterbehilfe in den Niederlanden in: Kaster, G. (Hrsg.): *Sterben – an der Hand oder durch die Hand des Menschen?*, Münster 2009, S. 82-94.

Kant, I.: *Metaphysik der Sitten*, Akad.-Ausgabe VI.

Kierkegaard, S.: *Die Krankheit zum Tode*, hrsg. von Th. S. Hoffmann, Wiesbaden ²2011.

Luther, M.: *Kritische Gesamtausgabe (Weimarer Ausgabe), Tischreden*, 6 Bde., Weimar 1912-1967.

Matson, W. I.: Hegesias the Death-Persuader; or, the Gloominess of Hedonism, in: *Philosophy* 73/04 (1998), S. 553-557.

Mommsen, T. / Krueger, P. (Hrsg.): *Digesten*, Berlin 1963.

Nietzsche, F.: *Kritische Gesamtausgabe. Werke* (KGW), hrsg. von G. Colli und M. Montinari, Berlin / New York 1967 ff.

Onwuteaka-Philipsen, B. et al.: Trends in end-of-life practices before and after the enactment of the Euthanasia Law in the Netherlands from 1990 to 2010: a repeated cross-sectional survey", in: *The Lancet* 380 (2012), S. 908-915.

Platon: *Werke in acht Bänden, griechisch und deutsch*, hrsg. von G. Eigler, Darmstadt 1973.

Schweizerische Akademie für Medizinische Wissenschaften: *Suizidbeihilfe in Akutspitälern: die Haltung der Zentralen Ethikkommission*, vom 15. Januar 2007, http://www.samw.ch/dms/de/Ethik/Lebensende/d_Suizidbeihilfe.pdf (letzter Aufruf 12. Febr. 2015).

Sillgitt, A.: *Sterbehilfe: Letzte Ausfahrt Parkplatz*, http://www.spiegel.de/panorama/sterbehilfe-letzte-ausfahrt-parkplatz-a-516121.html (letzter Aufruf 12. Febr. 2015).

Wiesing, U.: Art. „Euthanasie", in: Korff, W. / Beck, L. / Mikat, P. (Hrsg.): *Lexikon der Bioethik*, Gütersloh 2000, I, S. 704 f.

Zeller, E.: *Die Philosophie der Griechen in ihrer geschichtlichen Entwicklung. Zweiter Teil, erste Abteilung: Sokrates und die Sokratiker / Plato und die alte Akademie*, Darmstadt ⁷2006.

Dokumentationsteil

1. Eid des Hippokrates

„Ich schwöre und rufe Apollon, den Arzt, und Asklepios und Hygieia und Panakeia und alle Götter und Göttinnen zu Zeugen an, dass ich diesen Eid und diesen Vertrag nach meiner Fähigkeit und nach meiner Einsicht erfüllen werde.

Ich werde den, der mich diese Kunst gelehrt hat, gleich meinen Eltern achten, ihn an meinem Unterricht teilnehmen lassen, ihm, wenn er in Not gerät, von dem Meinigen abgeben, seine Nachkommen gleich meinen Brüdern halten und sie diese Kunst lehren, wenn sie sie zu lernen verlangen, ohne Entgelt und Vertrag. Und ich werde an Vorschriften, Vorlesungen und aller übrigen Unterweisung meine Söhne und die meines Lehrers und die vertraglich verpflichteten und nach der ärztlichen Sitte vereidigten Schüler teilnehmen lassen, sonst aber niemanden.

Ich werde ärztliche Verordnungen treffen zum Nutzen der Kranken nach meiner Fähigkeit und meinem Urteil, hüten aber werde ich mich davor, sie zum Schaden und in unrechter Weise anzuwenden.

Auch werde ich niemandem ein tödliches Gift geben, auch nicht, wenn ich darum gebeten werde, und ich werde auch niemanden dabei beraten; auch werde ich keiner Frau ein Abtreibungsmittel geben. Rein und fromm werde ich mein Leben und meine Kunst bewahren.

Ich werde nicht schneiden, sogar Steinleidende nicht, sondern werde das den Männern überlassen, die dieses Handwerk ausüben.

In alle Häuser, in die ich komme, werde ich zum Nutzen der Kranken hineingehen, frei von jedem bewussten Unrecht und jeder Übeltat, besonders von jedem geschlechtlichen Missbrauch an Frauen und Männern, Freien und Sklaven.

Was ich bei der Behandlung oder auch außerhalb meiner Praxis im Umgange mit Menschen sehe und höre, das man nicht weiterreden darf, werde ich verschweigen und als Geheimnis bewahren.

Wenn ich diesen Eid erfülle und nicht breche, so sei mir beschieden, in meinem Leben und in meiner Kunst voranzukommen indem ich Ansehen bei
allen Menschen für alle Zeit gewinne; wenn ich ihn aber übertrete und breche, so geschehe mir das Gegenteil."

Quelle: Hippocrates: Iusiurandum, De medico, in: *C(orpus) M(edicorum) G(raecorum)* I 1,
hrsg. von J. L. Heiberg, Leipzig / Berlin 1927.

2. Lehrstuhlinhaber für Palliativmedizin in Deutschland sprechen sich geschlossen gegen den ärztlich assistierten Suizid aus

Mit wachsender Sorge verfolgen die Lehrstuhlinhaber für Palliativmedizin in Deutschland die aktuelle Diskussion um die ärztliche Suizidassistenz. Vor dem Hintergrund gesetzgeberischer Bemühungen zur Regulierung des ärztlich assistierten Suizids entwickelt sich die Debatte derzeit in eine beunruhigende Richtung. Die Professorinnen und Professoren für Palliativmedizin, die an palliativmedizinischen Kliniken und Zentren selbst Tausende von schwerkranken und sterbenden Patienten - Erwachsene wie Kinder - betreut haben, betonen, dass die bestehenden gesetzlichen Regelungen ausreichen und dass eine ärztliche Beihilfe zum Suizid keine ärztliche Aufgabe ist.

Sehr wohl ist es ärztliche Aufgabe, sich den Menschen in Not mit aller Kompetenz und Fürsorge zuzuwenden. Die Lehrstuhlinhaber sprechen sich geschlossen dafür aus, die Sorge der Menschen um ein würdevolles Leben und Sterben ernst zu nehmen. Notwendige Grundlagen hierfür sind intensive Maßnahmen zur öffentlichen Aufklärung und Auseinandersetzung mit den Themen Krankheit, Sterben, Tod und Trauer, die Verbesserung der Aus-, Fort- und Weiterbildung der Gesundheitsberufe zur Begleitung Schwerkranker und Sterbender sowie vor allem die bedarfsdeckende palliativmedizinische Versorgung von schwerkranken Patientinnen und Patienten und ihren Angehörigen.

Trotz Fortschritten in der ambulanten und stationären Palliativversorgung in den vergangenen Jahren haben in Deutschland noch bei weitem nicht alle Patientinnen und Patienten mit einem entsprechenden Bedarf einen ausreichenden Zugang zu spezialisierten palliativmedizinischen Angeboten. Eine fürsorgliche Gesellschaft sollte palliativmedizinische Angebote zur Norm machen. In der Ausnahmesituation einer mit großem Leiden verbundenen Erkrankung mag für einige Menschen ein assistierter Suizid als einziger Ausweg erscheinen. Dabei steht jedoch in der Regel nicht der Todeswunsch im Vordergrund, sondern vielmehr die Sehnsucht nach einem Beenden des Leidens.

Eine Gesetzesänderung zur Ermöglichung eines ärztlich assistierten Suizids ist keine adäquate Antwort auf Leiden. Dies ersetzt nicht die Auseinandersetzung und das Finden eines individuellen Lösungsweges mit den betroffenen Patienten. Auch der in der Debatte zum Ausdruck kommenden Angst gesunder Menschen vor dem Sterben kann nicht durch eine Änderung der gesetzlichen Regelungen begegnet werden, sondern vielmehr durch eine kritische Reflexion des Umgangs mit Sterben und Tod in Medizin und Gesellschaft.

Die Lehrstuhlinhaber unterstützen die in einer aktuellen Stellungnahme und in den Reflexionen der Deutschen Gesellschaft für Palliativmedizin (DGP) zum Ausdruck gebrachte Haltung gegen den ärztlich assistierten Suizid. Die Qualität einer Gesellschaft zeigt sich nicht zuletzt auch im Umgang mit ihren schwächsten Mitgliedern.

Prof. Dr. Christoph Ostgathe, Erlangen, für die Lehrstühle für Palliativmedizin in Deutschland:
Prof. Dr. Claudia Bausewein, München,
Prof. Dr. Gerhild Becker, Freiburg,
Prof. Dr. Friedemann Nauck, Göttingen,
Prof. Dr. Lukas Radbruch, Bonn,
Prof. Dr. Roman Rolke, Aachen,
Prof. Dr. Raymond Voltz, Köln
Prof. Dr. Martin Weber, Mainz,
Prof. Dr. Boris Zernikow, Witten / Herdecke

09.10.2014

Quelle: http://www.klinikum.uni-muenchen.de/Klinik-und-Poliklinik-fuer-Palliativ medizin/download/de/aktuelles/PressemitteilungPMLehrstuehle.pdf

3. Stellungnahme des *Deutschen Hospiz- und PalliativVerbands* zur Diskussion über ein Verbot gewerblicher und organisierter Formen der Beihilfe zum Suizid sowie über die ärztliche Beihilfe zum Suizid

Grundposition des Deutschen Hospiz- und PalliativVerbands (DHPV)

Die Hospizbewegung betrachtet das menschliche Leben von seinem Beginn bis zu seinem Tod als ein Ganzes und das Sterben als einen Teil des Lebens. Im Zentrum der hospizlichen Sorge stehen die Würde des Menschen am Lebensende, die Verbundenheit mit dem Sterbenden und die Beachtung seiner Autonomie. Voraussetzung hierfür sind die personale anteilnehmende Sorge, die weitgehende Linderung von Schmerzen und Symptomen durch eine palliativärztliche und palliativpflegerische Versorgung sowie eine psychosoziale und spirituelle Begleitung der Betroffenen und Angehörigen, soweit und wie diese gewünscht wird. Der in der Bevölkerung verbreiteten Angst vor Würdeverlust in Pflegesituationen und bei Demenz sowie vor unerträglichen Schmerzen und Leiden ist durch eine Kultur der Wertschätzung gegenüber kranken und sterbenden Menschen sowie flächendeckende Angebote der Hospiz- und Palliativversorgung zu begegnen.

Forderung nach Verbot aller Formen der gewerblichen und organisierten Beihilfe zum Suizid sowie der Werbung für diese Gelegenheiten

Der DHPV begrüßt die Diskussion um ein Verbot aller Formen der gewerblichen und organisierten Beihilfe zum Suizid. Keinesfalls darf es politische und gesetzlich eröffnete Optionen geben, die diesen Formen der Beihilfe zum Suizid und der Werbung dafür Legitimation verleihen. Ein - wie schon in der letzten Legislaturperiode angestrebtes - alleiniges Verbot der gewerblichen Beihilfe zum Suizid ist unzureichend, denn es verhindert nicht, dass Angebote für organisierte Formen der Beihilfe zur Selbsttötung geschaffen werden, etwa unter Vorspiegelung einer altruistischen Motivation.

Begründet ist die Forderung nach einem umfassenden Verbot aller Formen der gewerblichen und organisierten Beihilfe zum Suizid nicht zuletzt
durch die staatliche Schutzpflicht, wie sie sich aus Art. 1 Abs. 1 des Grundgesetzes ergibt: „Die Würde des Menschen ist unantastbar. Sie zu achten und
zu schützen ist Verpflichtung aller staatlicher Gewalt." Das Maß dieser
Schutzpflicht wird durch Art. 2 Abs. 2 des Grundgesetzes bestimmt: „Jeder
hat das Recht auf Leben und körperliche Unversehrtheit. Die Freiheit der
Person ist unverletzlich. In diese Rechte darf nur aufgrund eines Gesetzes
eingegriffen werden." Daraus ergibt sich zum einen das Verbot, den Wert des
Lebens eines anderen Menschen in Frage zu stellen oder gar dieses Urteil in
seinem Handeln umzusetzen. Zum anderen verpflichtet es, das Bewusstsein
der unabdingbaren und unantastbaren Würde gerade in den Lebenslagen
und Situationen aufrecht zu erhalten und zu stützen, in denen Menschen in
besonderer Weise verletzlich sind.

Daher bedarf es vor allen anderen Dingen der Förderung einer Kultur der
Wertschätzung eines Lebens unter Bedingungen von Pflege, schwerer
Krankheit und Demenz. Diese Kultur hat sich in der Sprache ebenso wieder-
zufinden wie in der öffentlichen Rede, die heute noch verbreitet von der
Dehumanisierung derartiger Lebensbedingungen geprägt ist. Sie hat sich
auch in entsprechenden sowohl von der Zivilgesellschaft getragenen als auch
sozialstaatlich garantierten Formen der menschlichen und fachlichen Unterstützung niederzuschlagen.

**Die Nöte und Ängste schwerstkranker und sterbender Menschen sowie
ihrer Angehörigen ernst nehmen**

Der Wunsch, bei schwerer Krankheit sein Leben zu beenden, hat Gründe.
Häufig ist es die Angst vor Schmerzen und vor dem Alleinsein, die Angst
davor, die Selbstbestimmung zu verlieren und anderen zur Last zu fallen. Die
Betonung der Selbstbestimmung im Zusammenhang mit Ängsten verkehrt
sich aber ohne personale Zuwendung und Beziehung schnell in ihr Gegenteil:
der angebotene „selbstbestimmte" Ausweg vergrößert den Druck auf
schwerkranke Menschen, anderen nicht zur Last zu fallen und Angebote zur
assistierten Selbsttötung in Anspruch zu nehmen. Deshalb darf in keinem

Fall die Tür zu einem gesellschaftlich geebneten oder sogar zur Normalität erhoben Weg zur assistierten Selbsttötung und zur Tötung auf Verlangen geöffnet werden.

Die beschriebenen Ängste und der daraus resultierende Todeswunsch müssen ernst genommen werden. Beidem ist mit Verständnis und Zuwendung zu begegnen. Menschen, die haupt- oder ehrenamtlich in der Hospiz- und Palliativversorgung tätig sind, machen täglich die Erfahrung, dass durch entsprechende Schmerz- und Symptomkontrolle, durch menschliche Begleitung sowie das Eingehen auf Ängste und Sorgen der Wunsch nach assistiertem Suizid in den Hintergrund tritt.

Leitbild der sorgenden Gesellschaft und Ausbau der Strukturen der Hospiz- und Palliativversorgung

In einer Gesellschaft des langen Lebens, in der die Zahl der auf fremde Hilfe angewiesenen Menschen ebenso zunimmt wie die Angst, dass für einen nicht gesorgt sein wird, in einer Zeit, die von Zeitknappheit und Mobilität geprägt ist, müssen die Voraussetzungen für die Sorgefähigkeit der Gesellschaft - kulturell und infrastrukturell - in den Vordergrund der politischen und gesellschaftlichen Bemühungen gerückt werden. Dazu gehört auch, wie im Koalitionsvertrag vereinbart, der weitere Ausbau der Strukturen der Hospiz- und Palliativversorgung.

Ärztliche Beihilfe zum Suizid

Eine ärztliche Beihilfe zum Suizid lehnt der DHPV ausdrücklich ab. Ärztinnen und Ärzte tragen im Umgang mit schwerstkranken und sterbenden Menschen eine besondere Verantwortung. Der ärztlich assistierte Suizid hätte unübersehbare Konsequenzen für die Haltung und das Handeln der Ärzte sowie für das Vertrauensverhältnis zwischen Arzt und Patient. In einer vertrauensvollen Begleitung ist es Aufgabe des Arztes, Schmerzen und Symptome zu behandeln und zu lindern. Der Arzt soll die Ängste der Patienten vor Schmerzen, vor dem Alleinsein, die Angst vor Autonomieverlust und davor, anderen zur Last zu fallen, ernst nehmen, ihnen mit Verständnis und

Zuwendung begegnen sowie über die Möglichkeiten hospizlicher und palliativer Betreuung aufklären. Ärztliche Beihilfe zum Suizid würde, wie auch
andere Formen der gewerblichen und organisierten Beihilfe zum Suizid, den
Druck auf kranke und alte Menschen erhöhen, anderen nicht zur Last fallen
zu wollen. Dies wäre eine Entwicklung, die in einer solidarischen Gesellschaft
nicht gewollt sein kann.

Die aktuelle Diskussion sollte stattdessen dazu führen, die politischen Anstrengungen um Sorgestrukturen vor Ort, um eine grundsätzliche Reform
der Pflegesicherung und den Ausbau hospizlicher Hilfen und palliativer Versorgung - endlich - mit der gebotenen Priorität zu verfolgen. Nur so wird
glaubhaft, dass schwerstkranke und sterbende Menschen Teil der Gesellschaft sind, in ihren Wünschen und Bedürfnissen ernst genommen werden
und darüber hinaus der Staat in seiner Schutzfunktion ausreichend wahrgenommen wird.

Dies greift auch die „Charta zur Betreuung schwerstkranker und sterbender
Menschen in Deutschland" (Charta) auf. Ziel der im Jahr 2010 durch Vertre-
terinnen und Vertreter von 50 bundesweiten gesellschafts- und gesundheits-
politischen Organisationen und Institutionen konsentierten Charta ist es,
dass jeder Mensch am Ende seines Lebens unabhängig von der zugrunde
liegenden Erkrankung, seiner jeweiligen persönlichen Lebenssituation oder
seinem Lebens- bzw. Aufenthaltsort eine qualitativ hochwertige, multiprofes-
sionelle hospizliche und palliativmedizinische Versorgung und Begleitung
erhält. Nur so kann den Bestrebungen nach einer Legalisierung der Tötung
auf Verlangen oder der Beihilfe zum Suizid durch eine Perspektive der Fürsorge und des Miteinanders entgegen gewirkt werden.

Der Deutsche Hospiz- und PalliativVerband e.V. (DHPV)

Der Deutsche Hospiz- und PalliativVerband e.V. (DHPV) vertritt die Belan-
ge schwerstkranker und sterbender Menschen. Er ist die bundesweite Inte-
ressensvertretung der Hospizbewegung sowie zahlreicher Hospiz- und Pallia-
tiveinrichtungen in Deutschland. Als Dachverband der überregionalen Ver-
bände und Organisationen der Hospiz- und Palliativarbeit sowie als Partner
im Gesundheitswesen und in der Politik steht er für über 1.000 Hospiz- und

Palliativdienste und -einrichtungen, in denen sich mehr als 100.000 Menschen ehrenamtlich, hauptamtlich und bürgerschaftlich engagieren.

19.09.2014

Quelle: http://www.dhpv.de/tl_files/public/Aktuelles/Stellungnahme/Stellungnahme_
Beihilfe_zum%20Suizid_Sept2014.pdf

4. Ärztlich assistierter Suizid: Wenn die Ausnahme zur Regel wird.

Stellungnahme der *Deutschen Gesellschaft für Palliativmedizin* zur aktuellen Sterbehilfe-Diskussion

In der aktuellen Diskussion zum ärztlich assistierten Suizid wird von vielen Seiten gefordert, dass es Ärzten unter bestimmten, klar geregelten Bedingungen erlaubt sein soll, schwerkranken Patienten beim Suizid zu helfen, zum Beispiel durch Verordnung eines tödlichen Medikaments.

Dabei werden immer wieder einzelne Situationen beschrieben, für die leicht nachvollzogen werden kann, warum ein Mensch nur noch den assistierten Suizid als Ausweg aus seinem Leid sieht. Es sind jedoch wenige Ausnahmen, in denen die Situation so klar ist, und wenn ein Gesetzentwurf diese Ausnahmen zu einer Regel formuliert, besteht die Gefahr einer Ausweitung und eines „Dammbruchs".

Dies bestätigen die Erfahrungen aus den Niederlanden und Belgien. In beiden Ländern sind Tötung auf Verlangen ("aktive Sterbehilfe") und ärztlich assistierter Suizid nicht strafbar, wenn strenge Sicherheitskriterien befolgt werden. In beiden Ländern werden diese Möglichkeiten häufig genutzt, in Belgien ist die Zahl der Tötung auf Verlangen in den letzten 10 Jahren von 235 auf 1.432 angestiegen (1,35 % aller Todesfälle), in den Niederlanden starben 2010 circa 4.000 Menschen durch Tötung auf Verlangen (2,8 % aller Todesfälle). Vor allem aber gibt es eine Ausweitung der Indikationen, so können in den Niederlanden mittlerweile auch Patienten mit Depression oder Demenz die Tötung auf Verlangen einfordern. In Belgien wurden in den letzten 10 Jahren insgesamt 25 Erweiterungen des Gesetzes beschlossen, darunter in diesem Jahr die Möglichkeit, dass auch Kinder und Jugendliche Tötung auf Verlangen oder ärztlich assistierten Suizid erhalten können.

In der Schweiz und im US-Bundesstaat Oregon können Ärzte schwerkranken Patienten ein Medikament zum Suizid verordnen. In Oregon hat die Zahl der Patienten von 16 in 1998 auf 75 in 2013 zugenommen (0,22 % aller Todesfälle in Oregon). Auch in der Schweiz ist die Zahl der Menschen, die über eine der Sterbehilfeorganisationen Suizid begehen, in den letzten 10 Jahren kontinuierlich angestiegen.

Demgegenüber werden andere Optionen für die Begleitung am Lebensende nicht ausgereizt. Die Erfahrungen der wissenschaftlichen Fachgesellschaft DGP zeigen, dass eine adäquate ambulante und stationäre Hospiz- und Palliativversorgung den Wunsch nach der Beihilfe zum Suizid in den allermeisten Fällen ausräumen kann. Dennoch hatten zum Beispiel in Belgien nur 40 % der Patienten, die durch Tötung auf Verlangen starben, vorher Kontakt zu einem Palliativmediziner. In Deutschland ist die ambulante und stationäre Palliativversorgung in den letzten Jahren ausgebaut worden, aber bei weitem noch nicht flächendeckend.

Der Angst insbesondere schwerkranker und / oder älterer Menschen vor einem unwürdigen und leidvollen Sterben in Pflegeheimen, in Krankenhäusern oder auch zuhause muss deshalb dringend mit einem flächendeckenden Ausbau der Palliativ- und Hospizversorgung begegnet werden. Die Deutsche Gesellschaft für Palliativmedizin (DGP) fordert dazu vor allem die Etablierung eines verantwortlichen Palliativbeauftragten in jedem Krankenhaus und in jeder Pflegeeinrichtung sowie den Zugang zur Palliativversorgung über alle Lebensalter und alle lebensbedrohlichen Erkrankungen einschließlich der Demenz.

Die DGP geht davon aus, dass viele Menschen, die sich für die Beihilfe zum Suizid aussprechen, damit ihrer Furcht Ausdruck verleihen, am Ende ihres Lebens die Kontrolle zu verlieren, und nicht mehr freiverantwortlich über das Unterlassen, Begrenzen oder Abbrechen lebenserhaltender oder lebensverlängernder Maßnahmen wie künstliche Ernährung, Flüssigkeitszufuhr, Medikamentengabe, Beatmung, Intubation, Dialyse oder Reanimation entscheiden zu können.

In diesem Zusammenhang ist es überaus wichtig, Patienten und Angehörige darüber aufzuklären, dass nach aktueller Rechtslage kein medizinischer Eingriff und auch keine lebensverlängernde Maßnahme gegen den Willen eines Patienten erfolgen darf. Als Instrumente für den Erhalt von Kontrolle und Selbstbestimmung bis an das Lebensende können neben frühzeitigen Gesprächen auch Patientenverfügung und Vorsorgeplanung (Advance Care Planing) genutzt werden.

Sicherlich kann trotz einer optimalen Palliativversorgung der Wunsch eines Patienten nach einem baldigen Sterben entstehen. Auch auf einer Palliativstation fragen Patienten mitunter nach einem möglichst schnellen Sterben oder nach assistiertem Suizid. Die Erfahrung aus der Palliativversorgung zeigt aber auch, dass diese Wünsche oft nicht anhalten oder sehr ambivalent sind. Vor allem zeigt die Erfahrung auch, dass diese Wünsche nicht immer als Handlungsaufforderung zu verstehen sind.

Bei vielen Patienten ist der Ruf nach Hilfe zum Suizid vor allem ein Hilferuf, der dringende Wunsch, über Leiden und Qual zu sprechen. Oft geht es gar nicht um die jetzt erlebten Beschwerden, sondern um die Angst vor dem, was noch auf die Patienten zukommt. Dabei bestehen oft falsche oder übertriebene Schreckensbilder zu der befürchteten Zukunft. Hier hilft Aufklärung über den Krankheitsverlauf und die Möglichkeiten der Palliativversorgung, wenn zum Beispiel durch die Linderung von Luftnot ein qualvolles Ersticken vermieden werden kann. Hinter dem Sterbewunsch kann somit durchaus ein Lebenswunsch stehen - nämlich leben zu wollen, „aber nicht so".

Als häufigste Motivation wird von Patienten mit dem Wunsch nach assistiertem Suizid geschildert, dass sie den Angehörigen nicht zur Last fallen wollen. Das sollte aber für die soziale Gemeinschaft in Deutschland kein Grund für die Beschleunigung des Lebensendes sein, sondern eher dazu führen, dass zum Beispiel durch den Ausbau der Palliativversorgung eine Entlastung für schwerkranke und sterbende Patienten und ihre Angehörigen geschaffen wird.

Die wesentliche Botschaft der Palliativmedizin lautet: Das Team aus Ärzten, Pflegenden und weiteren Berufsgruppen lässt den Patienten und seine Angehörigen im Leben und im Sterben nicht allein, gewährleistet die bestmögliche Linderung von Symptomen und Nöten und hält gemeinsam mit ihm und der Familie auch kritische Phasen der Erkrankung aus, in denen Lebenswille und Todessehnsucht zeitweilig durchaus nebeneinander bestehen können. Die Palliativmedizin geht respektvoll mit Suizidwünschen in verzweifelt scheinenden Situationen um, ohne diese zu verurteilen. Sie stellt ihr Angebot zum Umgang mit Leid am Lebensende zur Verfügung. Es gehört jedoch nicht zu ihrem Grundverständnis, Beihilfe zum Suizid zu leisten.

Wie will unsere Gesellschaft mit dem Lebensende umgehen? Dies wird sich auch in der jetzt stattfindenden Diskussion um den ärztlich assistierten

Suizid abbilden. Berichte aus Belgien weisen darauf hin, dass die Angehörigen von schwerkranken Patienten das Sterben zunehmend als würdelos,
nutzlos und sinnlos empfinden, selbst wenn das Sterben friedlich, ohne Beschwerden und mit professioneller Unterstützung stattfinden kann.

Ziel muss es jetzt sein, einen gesellschaftlichen Diskurs anzustoßen, wie
gerade die Schwächsten unserer Gesellschaft so umsorgt werden können,
dass nur noch sehr wenige von ihnen ihrem Leben ein Ende setzen möchten.

26.08.2014

Quelle: http://www.dgpalliativmedizin.de/images/stories/20140826_DGP_Stellungnahme
_%C3%84rztlich_ass_Suizid.pdf

5. Stellungnahme des *Nationalen Suizid-präventionsprogramms für Deutschland* (NaSPro) und der *Deutschen Gesellschaft für Suizidprävention* (DGS) zur Diskussion gesetzlicher Änderungen bezüglich eines Verbots der gewerbsmäßigen und geschäftsmäßigen Sterbehilfe

Die gesellschaftliche Diskussion über ein Verbot der gewerbsmäßigen und geschäftsmäßigen Sterbehilfe in Deutschland hat zu öffentlichen Stellungnahmen und Forderungen geführt, die Grundprinzipien der Suizidprävention insgesamt in Frage stellen. Diese Forderungen erstrecken sich nicht nur auf die Situation terminal Erkrankter, sondern gehen so weit, tödlich wirkende Medikamente einem breiten Kreis von Personen zur Verfügung zu stellen, die Suizidwünsche äußern. Darüber hinaus ist ein Bestreben vorhanden, die Möglichkeit der Suizidassistenz – auch von Laien – geschäftsmäßig und organisiert ausgeübt zu legalisieren.

Vorab soll darauf hingewiesen werden, dass nur äußerst wenige der ungefähr 10.000 Suizide im Jahr in Deutschland von sterbenden Menschen verübt werden. In der überwiegenden Mehrzahl der Fälle geschehen Suizide vor dem Hintergrund einer psychischen Erkrankung. Suizidale Äußerungen und suizidale Handlungen hingegen dürfen nicht als Ausdruck des unbedingten Willen zum Sterben verstanden werden, sondern als ein Ausdruck der Befindlichkeit, unter den derzeit gegebenen Umständen nicht mehr weiter Leben zu können. Der angemessene Umgang mit Suizidalität ist das individuelle Gespräch und ggf. eine angemessene medikamentöse Behandlung, aber in keinem Fall die Gabe eines tödlichen Medikaments.

Vor diesem Hintergrund setzen wir uns für eine gesetzliche Regelung ein, die keine legale gewerbsmäßig oder geschäftsmäßig ausgeübte Suizidbeihilfe in Deutschland ermöglicht und den Vorrang von Therapie, Prävention und Leidensminderung sowohl feststellt als auch aktiv befördert.

Aus unserer Sicht müssen bei einer gesetzlichen Regelung folgende Aspekte berücksichtigt werden:

1. Die geschäftsmäßige, gewerbsmäßige und von Laien ausgeübte Beihilfe zum Suizid soll ausgeschlossen werden. Dies sollte jedwede Werbung für Angebote der Suizidbeihilfe und für Suizidmittel einschließen.
2. Die *qualifizierte* ärztliche leidensmindernde - und damit ggf. auch lebensverkürzende - Behandlung zur Erleichterung des Sterbeprozesses darf von dieser gesetzlichen Regelung nicht berührt und unter Strafe gestellt werden.
3. Eine gesetzliche Regelung darf nicht zu einer Tabuisierung der Suizidproblematik führen. Die Thematisierung suizidaler Befindlichkeiten durch Betroffene, sowohl in therapeutischen als auch in öffentlichen Kontexten, darf nicht strafbewehrt sein.

Eine gesetzliche Regelung muss aus unserer Sicht zwingend von Maßnahmen begleitet werden, die einen Anspruch auf Hilfe und Beistand leidender Menschen begründen. Damit soll vermieden werden, dass in der Not Hilfe in der Illegalität gesucht werden muss.

4. Ambulante und stationäre palliativmedizinische Angebote für die Behandlung Sterbender und Schwerstkranker müssen qualifiziert und flächendeckend ausgebaut und zur Verfügung gestellt werden. Dies beinhaltet einen Anspruch auf palliativmedizinische Behandlung und die massive Förderung der Qualifikation der im Gesundheitswesen Tätigen.
5. Die Aufklärung über palliative Behandlung und über Patientenrechte muss gefördert werden. Dazu gehört auch die Information über das Recht, eine lebenserhaltende Behandlung zu verweigern bei gleichzeitigem Anspruch auf leidensmindernde, das Sterben erleichternde Maßnahmen.
6. Die Förderung und der Ausbau des breiten Spektrums suizidpräventiver Maßnahmen, die dem vielfältigen Charakter suizidaler Phänomene gerecht werden. Dazu gehört u.a. die Förderung und der Aus-

bau auch niedrigschwelliger Angebote für unterschiedliche spezifische Risikogruppen, insbesondere Ältere und körperlich Erkrankte, Aufklärung über das Phänomen „Suizid" und die Hilfsmöglichkeiten sowie die massive Förderung der Qualifikation der im Gesundheitswesen Tätigen.

Erläuterung

Die Forderungen sollen wie folgt begründet werden. Der Fokus liegt aufgrund der gegenwärtigen Diskussion auf den aus der Suizidforschung bekannten Erkenntnissen zur Suizidalität und besonders auch auf der Situation sowohl alter als auch schwerstkranker und sterbender Menschen.

ad 1. In Deutschland sind derzeit mehrere Organisationen sowie weitere einzelne Personen an der Beihilfe zum Suizid beteiligt. Bei vielen der mit Hilfe dieser Organisationen zu Tode gekommenen Personen hätte es durchaus die Möglichkeit einer medizinischen Behandlung (z.B. einer psychiatrischen und psychotherapeutischen Behandlung oder im Rahmen der Palliativmedizin) gegeben. Derartige Organisationen versprechen eine „schnelle Hilfe" durch Beihilfe zum Suizid, indem sie nicht professionelle Beratung, Behandlung und Hilfe, sondern die Suizidmittel direkt bereitstellen. In diesem Rahmen werden Maßnahmen der Sterbehilfe häufig nicht dokumentiert. *Sie unterliegen keinen definierten Qualitätskriterien. D.h., die Entscheidungen sind i.d.R. nicht überprüfbar und tödliche Medikamente werden auch von medizinischen Laien zur Verfügung gestellt.* Deshalb ist auch unbekannt, in welchem Umfang tödliche Medikamente -auch nicht sterbenden Menschen- zur Verfügung gestellt wurden und welche Komplikationen es gegeben hat.

Bei Suizidgedanken älterer und / oder schwer erkrankter Menschen sollte die Auseinandersetzung mit der Angst vor Abhängigkeit, den Erfahrungen von Einsamkeit, Isolation und mit Trauerprozessen im Vordergrund stehen. *Auch wenn die psychiatrische, psychotherapeutische, psychosomatische und palliativmedizinische Versorgung von schwer Erkrankten und Älteren Menschen bislang nicht ausreichend ist, so ist dies kein Grund, Menschen mit Problemen im Alter dem Suizid zu überlassen.* Vielmehr bedarf es gesundheitspolitischer Anstrengungen, die psychiatrische, psychotherapeutische und psychosomatische Versorgung Älterer zu verbessern. Hierzu gehört auch die gesellschaftliche Förderung der Suizidprävention und der Palliativmedizin.

ad 2. *Eine gesetzliche Regelung darf qualifizierte palliativmedizinische Maß-nahmen hinsichtlich einer leidensmindernden Behandlung nicht einschränken.* Dies gilt auch, wenn dadurch gleichzeitig in seltenen Fällen das Leben ver-kürzt wird. In sehr seltenen Fällen, in denen palliative Symptomlinderung nicht ausreichend möglich ist, kann die Behandlung unter strenger Beach-tung des Patientenwillens das Leben beenden (z.B. durch terminale Sedie-rung, terminales Wheening oder eine, das Sterben beschleunigende Medika-tion). Diese Entscheidung sollte reflektiert, qualifiziert kollegial supervidiert und mit dem Betroffenen und seinen Angehörigen geklärt sein. *Sie sollte deshalb im Falle eines Sterbewunsches nicht i.S. einer „Beihilfe zum Suizid" gewertet und strafbewehrt werden.* Ärzte brauchen im Rahmen einer palliativ-medizinischen Behandlung die Rechtssicherheit, in diesem Fall Leiden min-dernde Maßnahmen durchführen zu dürfen, auch wenn diese das Leben ihrer Patienten möglicherweise verkürzen.

ad 3. Eine gesetzliche Regelung sollte weiterhin ermöglichen, dass über Le-bensmüdigkeit und über Suizidwünsche, sowohl im öffentlichen Diskurs als auch in Therapien, frei gesprochen werden kann, ohne in Gefahr zu geraten, an der Mitwirkung an einer Selbsttötung beteiligt zu sein. Professionelle Ge-spräche, nicht nur am Lebensende, bedürfen eines geschützten Raumes, in dem Verstehen vor sofortigem Handeln steht. Die ärztliche und psychiat-risch-psychotherapeutische Behandlung suizidgefährdeter Patienten kann es u.a. erforderlich machen, dass der Behandler in der Absicht, eine Behandlung überhaupt erst zustande kommen zu lassen, die suizidale Befindlichkeit des Patienten akzeptiert, sie nicht ausredet oder unmittelbar Zwangsmaßnahmen ergreift.

Auch die von Betroffenen oder von Hilfseinrichtungen organisierten Dis-kussionen zu suizidalen Befindlichkeiten, z.B. in Internetforen, sollten durch eine gesetzliche Regelung nicht kriminalisiert werden, sofern sie nicht dazu dienen, gewerblich oder nicht gewerblich Suizidmittel zur Verfügung zu stellen bzw. mittelbar oder unmittelbar Werbung für eine Sterbehilfeorganisation zu machen.

ad 4. Menschen, die sich einer unheilbaren Krankheit und dem nahen Lebensende gegenüber sehen, befürchten oftmals, ohne jede Hilfe erst nach einem langen Leidensprozess und bei unwürdiger Behandlung sterben zu müssen. Hierbei kann der Wunsch nach einem baldigen, selbst bestimmten und selbst herbeigeführten Ende sehr drängend werden. Es darf nicht verschwiegen werden, dass eine palliativmedizinische Unterstützung für diese Menschen bislang nicht in ausreichendem Maß flächendeckend zur Verfügung steht und es noch einen dringenden Qualifizierungsbedarf für im Gesundheitswesen Tätige gibt.

Diese unheilbar Kranken und Sterbenden sollten von daher einen Anspruch auf eine bedarfsgerechte Behandlung haben, die den Sterbeprozess insbesondere durch eine ausreichende Schmerzbekämpfung, Linderung von Atemnot und Übelkeit erleichtert und eine psychosoziale Begleitung ermöglicht.

Mehr Fortbildungen hinsichtlich der Möglichkeiten der palliativmedizinischen Versorgung, der Patientenrechte und in psychotherapeutisch orientierter Gesprächsführung sind dringend notwendig. Die gewonnene Kompetenz dient der Verbesserung der medizinischen Versorgung schwerst kranker, sterbender, lebensmüder und suizidaler Patienten.

ad 5. Die in Umfragen erhobenen Mehrheiten für eine aktive Sterbehilfe können auch dahingehend interpretiert werden, dass die Möglichkeiten einer palliativmedizinisch leidensmindernden Sterbebegleitung nicht bekannt sind. Darüber hinaus herrscht aus unserer Sicht – auch bei Professionellen im Gesundheits- und Pflegebereich – eine Unkenntnis bezüglich des Rechtes der Patienten auf die Verweigerung einer – auch lebenserhaltenden und -verlängernden – Behandlung bei gleichzeitigem Anspruch auf leidensmindernde Maßnahmen. *Die Aufklärung über diese Sachverhalte und deren Kenntnis ist aus unserer Sicht ein absolut notwendiger Beitrag für eine qualifizierte Diskussion und Entscheidungsfindung zum würdigen Sterben.*

Ad 6. Besonders ausserhalb der Lebenssituation schwerst körperlich Kranker und Sterbender gilt: *Menschen mit Suizidgedanken wollen nicht unbedingt sterben.* Sie wissen meist nicht, wie sie in der Situation, in der sie sich erleben, weiterleben können. Ihre Stimmung ist geprägt von Gefühlen von Hoffnungslosigkeit, Aussichtlosigkeit, Scham und Wut auf sich und die Anderen. Häufig suchen sie mehr oder weniger Hilfe. Sie können diesen Wunsch jedoch in ihrer psychischen Befindlichkeit oft nicht adäquat artikulieren oder werden durch Ängste und Befürchtungen gehemmt. Suizidalität kann also als ein Zustand der Zuspitzung einer seelischen Krise verstanden werden, in denen die Betroffenen in ihrem Denken nicht selten so weit eingeengt sind, dass sie ohne Unterstützung keine Wege mehr sehen, die Krise mit anderen Mitteln als mit suizidalen Handlungen zu lösen. *Ungefähr 70 % der Menschen die einen Suizidversuch unternommen haben begehen keinen weiteren Suizidversuch und 90 % der Menschen mit einem Suizidversuch sterben nicht durch Suizid.*

Auch wenn Einzelfälle dagegen sprechen mögen - es ist keinesfalls suizidpräventiv, wenn suizidgefährdete Menschen in einer akuten Krise legal Suizidmittel zur Verfügung gestellt würden. *Eine der wirksamsten Methoden der Suizidprävention ist die Einschränkung des Zugangs zu Suizidmitteln. Dies hilft Menschen oft über den Zeitraum akuter Krisen hinweg und ermöglicht psychosoziale Hilfe und Unterstützung.* Aus Studien ist bekannt, dass ein großer Teil derjenigen, die durch Suizid starben, in den vier Wochen vor dem Suizid einen Arzt aufgesucht haben. Allerdings haben sie ihre Selbstgefährdung oft nicht angesprochen.

Es gibt zu wenig spezielle Hilfsangebote für suizidgefährdete Menschen, welche ihre psychische Befindlichkeit berücksichtigen. Vorhandene Angebote werden deshalb viel zu selten angenommen. Die Wartezeiten bei Psychiatern und Psychotherapeuten sind zu lang, in Kliniken müssen erst Gespräche mit vielen Ärzten und Therapeuten geführt werden, bis es zu einer Behandlung kommt. Darüber hinaus erschweren Vorurteile gegenüber psychischen Erkrankungen, als auch gegenüber suizidgefährdeten Personen die Suizidprävention. Hierzu zählen Vorstellungen, wie „durch Nachfragen bei gefährdeten Menschen kann man diese erst auf Suizidgedanken bringen", „Wer darüber spricht tut es nicht" und „Man kann niemanden davon abhalten, wenn er es wirklich will". Vorurteile und Unwissen verhindern auch nicht selten eine angemessene leidensmindernde Sterbebegleitung schwerkranker sterbender Menschen und können bei diesen den Wunsch nach einem assistierten Suizid fördern.

Eine Hamburger Studie ergab, dass es suizidgefährdete ältere Menschen gibt, die in ärztlicher oder psychiatrischer Behandlung sind, ihre Suizidgedanken aber nicht ansprechen. Sie befürchten, die Beziehung zu ihrem Arzt zu gefährden. Diese Gruppe von Suizidgefährdeten hat Angst, abgelehnt zu werden, in die geschlossene Psychiatrie eingeliefert und ihrer Autonomie beraubt zu werden oder als schwach und psychisch krank zu gelten. Suizidgedanken werden als ein Stigma empfunden, das besser nicht offenbart wird.

Es werden deshalb deutlich mehr wirkungsvolle regional angepasste Strukturen für eine bessere Primärprävention (allgemeine suizidpräventive Maßnahmen), sekundäre (Erkennung und Behandlung suizidgefährdeter Menschen) und tertiäre Prävention (Versorgung von Personen nach einem Suizidversuch) benötigt. Jeder, der Hilfe sucht, sollte unkompliziert und schnell qualifizierte Hilfe finden können.

Für das Nationale Suizidpräventions-   *Für die Deutsche Gesellschaft*
Programm für Deutschland   *für Suizidprävention*
Prof. Dr. Armin Schmidtke   Univ. Prof. Dr. Elmar Etzersdorfer
Dipl. Psych. Georg Fiedler   Prof. Dr. Barbara Schneider

Koordination
Dipl. Psych. Georg Fiedler
PD Dr. Reinhard Lindner

Juni 2014

Quelle: http://www.suizidprophylaxe.de/2014-06-Stellungnahme-Sterbehilfe-DGS-NaSPro.pdf

6. Stellungnahme der ARGE „Ethik"der ÖGARI zur gegenwärtigen Sterbehilfe-Diskussion

Die Arbeitsgemeinschaft „Ethik" der ÖGARI erlaubt sich, zu den gegenwärtigen Ansätzen einer österreichischen Diskussion rund um Sterbehilfe und Beihilfe zum Suizid, die zuletzt durch Entscheidungen in Belgien am 13.02.2014 neue Nahrung erhalten hat, eine öffentliche Stellungnahme abzugeben.

Die Gruppe praktizierender AnästhesistInnen, Intensiv- und PalliativmedizinerInnen, spricht sich dabei unmissverständlich gegen eine Lockerung der derzeit gültigen Gesetze bezüglich aktiver Sterbehilfe aus.

Argument „unbeherrschbarer Schmerz"

Die Diskussionen rund um das Thema „Sterbehilfe" werden zumeist mit dem Argument des sich in „unbeherrschbarem Schmerz windenden Patienten" eröffnet, um in der Gesellschaft die intuitive Plausibilität eines „Notausganges" aufzuzeigen.

Dies ist aus Sicht der ARGE „Ethik" nicht nachzuvollziehen!

Denn eine weitgehend befriedigende Schmerztherapie ist mit modernen Medikamenten und Verfahrensweisen zu erreichen. Selbst ultimative Möglichkeiten wie narkoseähnliche Zustände der „Sedierung", die erfahrenen Ärztinnen auch noch bei einem ausgeschöpften Repertoire zur Verfügung stehen, erlauben eine Hilfe zumeist sogar in ausweglos erscheinenden Situationen.

Freilich soll nicht verschwiegen werden, dass das – vom Schmerz unabhängige – „Leiden" am zu Ende gehenden Leben ein konstitutives Element des fragilen menschlichen Lebens darstellt, ein Gedanke, der in einer vorwiegend auf Spaß und Erlebnis ausgerichteten Gesellschaft fast gänzlich ausgeblendet bleibt. Sich diesen Gedanken, die jeden Menschen einmal betreffen, nicht stellen zu müssen und daher durch aktive Sterbehilfe dem Tod „zuvor zu kommen", bzw. es als „würdelos" zu qualifizieren, den Augenblick des Todes nicht selbst steuern zu dürfen, übersieht die grundlegenden Dimensionen menschlichen Lebens!

Argument „Recht auf Selbstbestimmung"

In den Diskussionen wird zudem auf das Recht auf Selbstbestimmung verwiesen, dem selbstverständlich auch die ARGE „Ethik" eine zentrale Bedeutung zuerkennt. Jedoch muss auch dieses Argument kritisch hinterfragt werden, beobachtet man die tendenziell unaufhaltsame Überdehnung gerade in jenen Ländern, in denen die Tötung auf Verlangen straffrei gestellt wurde: Vom zunächst klar und über einen längeren Zeitraum hinweg geäußerten Willen über den mutmaßlichen Willen bis hin zur bloßen Lebensqualitätseinschätzung durch Dritte. Die allgemein als Maßstab der Entscheidung genannte Selbst-Bestimmung relativiert sich auch angesichts von Beeinträchtigungen durch psychische Belastungen (z.B. Depression!) bis hin – wie eben jetzt in Belgien – zur grundsätzlichen Fragwürdigkeit einer schon ausreichend freien Willensbildung und Folgenabschätzung bei jüngeren Kindern, die insbesondere auch der Suggestion der Umgebung besonders ausgesetzt sind!

Selbstbestimmung und Selbstwertgefühl

Die freie Selbstbestimmung steht zudem in Frage, wenn der Stellenwert gewisser Bevölkerungsgruppen – oft auch aus ökonomischen Gründen – bedenklich niedrig eingeschätzt wird, wie dies derzeit bei alten und hochbetagten Menschen, Menschen mit großen Defiziten in kognitiven Fähigkeiten oder sozialen Randgruppen zu beobachten ist. Sinkt in der Folge das Selbstwertgefühl dieser Menschen und steigt die Vermutung einer eigenen „Nutzlosigkeit", kann allzu leicht Tod als Vermeidung eines Lebens, in welchem die Würde des Menschen nicht mehr gesichert erscheint, als Ausweg erscheinen!

„Sterbewilligkeit" kann schließlich auch dann als „logischer" angesehen werden, wenn in der Gesellschaft bestimmte Krankheiten – später wohl auch wieder Behinderungen! – allgemein als „unannehmbar" angesehen werden!

Sicherung der Selbstbestimmung

Die in der Diskussion so oft zitierte Sicherung der Selbstbestimmung – bis hin zu einem unvermeidbaren, aber gelungenen Lebensende in bestmögli-

cher Lebensqualität – hat in Österreich Instrumente wie die Patientenverfügung und die Vorsorgevollmacht hervorgebracht, – eine Entwicklung die von
der ARGE „Ethik" ausdrücklich begrüßt wurde, da ihre Hilfsmächtigkeit
gerade auch im intensivmedizinischen Bereich erkannt wurde.

Es ist uns ein Anliegen, dass diese Instrumente in der Gesellschaft ernst
genommen und daher verstärkt beworben werden sollten. Die sorgfältige
Behandlung der Thematik sollte dabei auch nicht vor den jungen Menschen
(8.Schulstufe AHS) haltmachen müssen, wie dies aufgrund der Ablehnung
von Projekten des „Forum Medizin Ethik" durch das BM für Bildung geschehen ist!

Kein therapeutisches Handeln

Als ARGE „Ethik" müssen wir zudem feststellen, dass aktive Sterbehilfe niemals ein ärztliches Handeln sein kann, da jede therapeutische Intention auf
das Erleben der Verbesserung eines belastenden Zustandes abzielt, keineswegs jedoch in einer aktiven Beendigung des Lebens bestehen kann!

Herausforderungen und Forderungen

Die derzeit stattfindende Diskussion ist auch Ausdruck des Leidens und Un-
behagens von PatientInnen und deren Angehörigen. Wir fühlen uns als Mitarbeiter des Gesundheitssystems direkt angesprochen und sehen die Tätigkeit unserer Arbeitsgruppe neben der Vermittlung von Sachwissen auch in
der Mitwirkung an der laufenden Verbesserung des Angebots an adäquater
medizinischer Betreuung und Begleitung der uns anvertrauten PatientInnen
und deren Angehörigen.

Angesichts der vorgetragenen Argumente, welche auf der Erfahrung der in
der ARGE „Ethik" tätigen Intensiv- und PalliativmedizinerInnen beruhen
und eine breitere Sichtweise der gegenwärtigen Diskussion gewährleisten
sollen, fordern wir daher die Verantwortlichen in Gesellschaft und Politik
auf:

1) Die schon in zahlreichen Konzepten erarbeitete stationäre und ambulante Schmerz- und Palliativmedizinische Versorgung in Österreich zu verbessern, bzw. gemäß dem ÖBIG-Konzept aus dem Jahr 2004 umzusetzen;
2) Die Grundlagen und strukturellen Möglichkeiten für eine fundierte Schmerz- und Palliativmedizinische Aus- und Fortbildung zu schaffen;
3) Jedwede Anstrengungen zu unterstützen, welche den Wissensstand über die Möglichkeiten der Patientenverfügung bzw. Vorsorgevollmacht verbessern, wobei auch die Bildungsinstitutionen mit qualitätvollen fächerübergreifenden Ausbildungskonzepten in die Pflicht genommen werden sollen.

Zweifellos wird nach Durchführung dieser dringend notwendigen Maßnahmen die Diskussion um aktive Sterbehilfe nicht gänzlich verstummen. Wenn es jedoch gelingt, in Österreich eine flächendeckende, qualitativ hochwertige Palliativ- und Schmerztherapeutische Versorgung unserer PatientInnen zu schaffen und mittels Hilfskonstrukten die Selbstbestimmung verantwortungsvoll bis zum Lebensende zu gewährleisten, sind wir als ARGE überzeugt, dass eine Form der Unterstützung eines zu Ende gehenden Lebens geboten werden kann, welche dem Menschen und der Gesellschaft angemessener ist als dies alle Rufe zur vorgezogenen Lebensbeendigung – einschließlich neuer gesetzlicher Normsetzungen – zu leisten vermögen!

Unterzeichnet:

Prim. Dr.med. Günther Frank, Abteilung für Anästhesie und Intensivmedizin, Krankenhaus Barmherzige Brüder, Eisenstadt
Univ.-Prof. Dr. med. Barbara Friesenecker, Oberärztin, Allgemein Chirurgische Intensivstation, Universitätsklinik für Allgemeine und Chirurgische Intensivmedizin, Medizinische Universität Innsbruck
Ao. Univ. Prof. Dr.med. Sonja Fruhwald, Univ. Klinik für Anästhesiologie und Intensivmedizin, Medizinische Universität Graz
Prim. Univ. Prof. Dr.med. Walter Hasibeder, Abteilung für Anästhesie und Perioperative Intensivmedizin, St. Vinzenz Krankenhaus Betriebs GmbH, Zams
OÄ Dr.med. Maria Luise Hoffmann, Bereichsleitende Oberärztin der Allgemeinen Intensivstation, Abteilung für Anästhesie und Intensivmedizin, Landesklinikum Baden-Mödling, Standort Baden
A.o. Univ.Prof. Dr.med. Claus Krenn, Klinische Abteilung für Allgemeine Anästhesie und Intensivmedizin, Medizinische Universität Wien

OÄ Dr.med. Andrea Lenhart-Orator, Bereichsleitung Operative Intensivstation, Abt. f. Anästhesie, Intensiv-und Schmerzmedizin, Wilhelminenspital, Wien

Prim. Univ-Prof Dr.med. Rudolf Likar, MSc, Abteilung für Anästhesie und Intensivmedizin, Zentrum für interdisziplinäre Schmerztherapie, Onkologie und Palliativmedizin, Klinikum Klagenfurt am Wörthersee

Univ.Lektor OA Dr.med. Michael Peintinger, Abteilung für Anästhesie und Intensivmedizin, Krankenhaus „Göttlicher Heiland", Wien, Lehrbeauftragter für Medizinethik an der Medizinischen Universität Wien, Wirtschaftsuniversität Wien, Donau-Universität Krems, Medizinische Privatuniversität Salzburg, FH Krems, FH Campus Wien

Prim. Univ. Doz. Dr.med. Thomas Pernerstorfer, Abteilung für Anästhesie und Intensivmedizin, Konventhospital Linz der Barmherzigen Brüder

OA Dr.med. Christian Roden, Facharzt für Anästhesie und Intensivmedizin, Leiter der Palliativstation, Krankenhaus der Barmherzigen Schwestern Ried Betriebsgesellschaft m.b.H.

Ass.-Prof. Priv.-Doz. Dr.med. Eva Schaden, Oberärztin, Stellvertretende Leiterin der Intensivstation 13c1, Universitätsklinik für Anaesthesie, Allgemeine Intensivmedizin und Schmerztherapie, Medizinische Universität Wien

OÄ Dr.med. Astrid Steinwendtner, Klinik für Anästhesiologie, perioperative Medizin und allgemeine Intensivmedizin, Landeskrankenhaus Salzburg und Paracelsus Medizinische Privatuniversität

Dr. med. Rainer Thell, Arzt für Allgemeinmedizin, Facharzt für Anästhesie und Intensivmedizin, Universitätsklinik für Anästhesie und Intensivmedizin, Medizinische Universität Wien, Lehrbeauftragter für Ethik in der Medizin an der Karl Landsteiner Privatuniversität Krems

Prim. Univ. Doz. Dr.med. Günther Weber, Institut für Anästhesiologie, Intensivmedizin und Schmerzambulanz, Krankenhaus der Barmherzigen Brüder Graz

OA Dr. med. Dietmar WeixlerMsc, Abteilung für Anästhesie, Intensivmedizin und Notarztdienst, Palliativkonsiliardienst und mobiles Palliativteam, Landesklinikum Horn-Allentsteig

Prim. Priv.-Doz. Dr.med. Michael Zink, D.E.A.A., Abteilung f. Anästhesiologie und Intensivmedizin, A. ö. Krankenhaus der Barmherzigen Brüder und A. ö. Krankenhaus der Elisabethinen GmbH, St Veit / Glan, Klagenfurt

Wien, 13.03.2014

Quelle: https://www.oegari.at/web_files/dateiarchiv/643/%C3%96GARI-ARGE-ETHIK-StellungnahmeSterbehilfe-V3-Off-13-03-2014.pdf

7. *British Medical Association* (BMA): What is current BMA policy on assisted dying?

Current BMA policy

- opposes all forms of assisted dying
- supports the current legal framework, which allows compassionate and ethical care for the dying and
- supports the establishment of a comprehensive, high quality palliative care service available to all, to enable patients to die with dignity

The BMA represents doctors throughout the UK who hold a wide range of views on the issue of assisted dying.

While the BMA fully acknowledges this broad spectrum of opinion within its membership, the consensus since 2006 has remained that the law should not be changed to permit assisted dying or doctors' involvement in assisted dying.

The Association has clear policy on the issue, agreed in 2006.

The BMA:

- believes that the ongoing improvement in palliative care allows patients to die with dignity
- insists that physician-assisted suicide should not be made legal in the UK
- insists that voluntary euthanasia should not be made legal in the UK
- insists that non-voluntary euthanasia should not be made legal in the UK
- insists that if euthanasia were legalised there should be a clear demarcation between those doctors who would be involved in it and those who would not.

How is BMA policy made?

The majority of BMA policy, including the policy on assisted dying, is made through debate at the Association's annual representative meetings (ARMs), where representatives discuss motions put forward by local divisions and vote on them after hearing the arguments on both sides. The BMA's democratic process is intended to capture a representative snapshot of BMA members' views.

What are the key arguments for the BMA's opposition to assisted dying?

The BMA has considerable sympathy with individuals facing the effects of terminal illnesses and other incurable conditions but is concerned that giving them a legal right to end their lives with physician assistance, even where that assistance is limited to assessment, verification or prescribing, could alter the ethos within which medical care is provided.

Current BMA policy firmly opposes assisted dying for the following key reasons.

- Permitting assisted dying for some could put vulnerable people at risk of harm.
- Such a change would be contrary to the ethics of clinical practice, as the principal purpose of medicine is to improve patients' quality of life, not to foreshorten it.
- Legalising assisted dying could weaken society's prohibition on killing and undermine the safeguards against non-voluntary euthanasia. Society could embark on a 'slippery slope' with undesirable consequences.
- For most patients, effective and high quality palliative care can effectively alleviate distressing symptoms associated with the dying process and allay patients' fears.

- Only a minority of people want to end their lives. The rules for the majority should not be changed to accommodate a small group.

Quelle: http://bma.org.uk/practical-support-at-work/ethics/bma-policy-assisted-dying

Autorenverzeichnis

Axel W. Bauer, geb. 1955, Dr. med., ist Professor für Geschichte, Theorie und Ethik der Medizin an der Medizinischen Fakultät Mannheim der Universität Heidelberg.
Veröffentlichungen (Auswahl): Sterbenachhilfe: Warum Staat und Gesellschaft mehr Einfluss auf unser Lebensende gewinnen wollen, in: *Fachprosaforschung – Grenzüberschreitungen* 8/9 (2012/13), S. 467-475; Todes Helfer. Warum der Staat mit dem neuen Paragraphen 217 StGB die Mitwirkung am Suizid fördern will, in: Krause Landt, A.: *Wir sollen sterben wollen. Warum die Mitwirkung am Suizid verboten werden muss* / Bauer, A. W.: *Todes Helfer. Warum der Staat mit dem neuen Paragraphen 217 StGB die Mitwirkung am Suizid fördern will* / Schneider, R.: *Über den Selbstmord* (1947), (= Edition Sonderwege bei Manuscriptum), Waltrop / Leipzig 2013, S. 93-169; Ethik statt Empathie? Ursachen und Folgen knapper Ressourcen, in: Frewer, A. / Bruns, F. / Rascher, W. (Hrsg.): *Gesundheit, Empathie und Ökonomie. Kostbare Werte in der Medizin, Jahrbuch Ethik in der Klinik*, Band 4, Würzburg 2011, S. 67-86.

Ulrich Eibach, geb. 1942, ist apl. Professor für Systematische Theologie und Ethik an der Evangelisch-Theologischen Fakultät der Universität Bonn. Er war von 1981-2007 ev. Klinikpfarrer am Uniklinikum Bonn (seit 2008 ehrenamtlich) und Beauftragter der Ev. Kirche im Rheinland für Fortbildung und Fragen der Ethik in Biologie und Medizin.
Veröffentlichungen (Auswahl): *Medizin und Menschenwürde. Ethische Probleme in der Medizin aus christlicher Sicht*, Wuppertal 1976, 5. Aufl. 1997; *Sterbehilfe – Tötung aus Mitleid?*, Wuppertal 1998; *Autonomie, Menschenwürde und Lebensschutz in der Geriatrie und Psychiatrie*, Münster 2005.

Christian Hillgruber, geb. 1963, ist Professor für Öffentliches Recht an der Friedrich-Wilhelms-Universität Bonn.
Veröffentlichungen (Auswahl): *Der Schutz des Menschen vor sich selbst* (= Studien zum öffentlichen Recht und zur Verwaltungslehre, Bd. 48), München 1992; Forschungsfreiheit und Embryonenschutz. Verfassungsrechtliche und rechts-

ethische Überlegungen, in: *Die Neue Ordnung* 63 (2009), S. 84-97; Tod aus rechtlicher Perspektive, in: Lüke, U. (Hrsg.): *Tod - Ende des Lebens!?*, Grenzfragen Band 38, Freiburg 2014, S. 193-225.

Thomas Sören Hoffmann, geb. 1961, ist Professor für Praktische Philosophie (Ethik, Recht, Ökonomie) an der FernUniversität in Hagen.
Veröffentlichungen (Auswahl): *Philosophische Physiologie. Untersuchungen zur Systematik des Begriffs der Natur im Spiegel der Geschichte der Philosophie*, Stuttgart-Bad Cannstatt 2003; gem. mit W. Schweidler (Hrsg.): *Normkultur versus Nutzenkultur. Über kulturelle Kontexte von Bioethik und Biorecht*, Berlin / New York 2006; *Grundbegriffe des Praktischen*, hrsg. von T. S. Hoffmann, Freiburg / München 2014, 2. Aufl. 2015.

Marcus Knaup, geb. 1979, Dr. phil., Dipl. theol., ist Wissenschaftlicher Mitarbeiter am Institut für Philosophie der FernUniversität in Hagen.
Veröffentlichungen (Auswahl): *Leib und Seele oder mind and brain? Zu einem Paradigmenwechsel im Menschenbild der Moderne*, Freiburg / München 2013, 3. Aufl. 2015; gem. mit M. Hähnel (Hrsg.): *Leib und Leben. Perspektiven für eine neue Kultur der Körperlichkeit*, Darmstadt 2014; gem. mit T. Müller und P. Spät (Hrsg.): *Post-Physikalismus*, Freiburg / München 2011.

Susanne Kummer, geb. 1970, MA, ist Ethikerin und Geschäftsführerin von IMABE - Institut für medizinische Anthropologie und Bioethik in Wien.
Veröffentlichungen (Auswahl): gem. mit J. Bonelli: Die Wandlung der Perspektive des Lebens durch Schmerz, in: *Imago Hominis* (2014), 21(3), S. 279-286; Lebenshilfe statt Tötungslogik. Für eine neue Kultur des Beistands, in: *Imago Hominis* (2014), 21(3), S. 166-168; Das Recht, ungetestet ins Leben zu treten, in: *Soziale Sicherheit* 10/2012, S. 460-465.

Andreas S. Lübbe, geb. 1960, Dr. med. Dr. rer. nat. (USA), ist Professor für Innere Medizin an der Medizinischen Fakultät der Philipps-Universität Marburg, Ärztlicher Direktor des MZG-Westfalen in Bad Lippspringe sowie Chefarzt der Palliativstation in der Karl-Hansen-Klinik und der Cecilien-Klinik, beide ebenfalls in Bad Lippspringe. Er ist Facharzt für Palliativmedizin, Hämatologie und Internistische Onkologie, Rehabilitationswesen und Sozialmedizin.
Veröffentlichungen (Auswahl): *Für ein gutes Ende – Von der Kunst, Menschen in ihrem Sterben zu begleiten. Erfahrungen auf einer Palliativstation*, München 2014;

„Assistierter Suizid ist moralisch genauso problematisch wie die Tötung auf Verlangen – Wer dafür ist, dass Ärzte beim Suizid assistieren, redet der Tötung auf Verlangen das Wort", in: *Meinungsseite Berliner Tagesspiegel*.

Benedict Maria Mülder, geb. 1955, gehört zu den Gründungsmitgliedern der *taz* und arbeitet als Publizist in Berlin. Er ist seit 2008 an ALS erkrankt.
Veröffentlichung (Auswahl): Lebenshilfe statt Sterbehilfe, in: *Tagesspiegel* vom 11. Nov. 2014, S. 1.

Günther Pöltner, geb. 1942, ist Professor em. der Philosophie an der Universität Wien. Er ist Mitglied der Päpstlichen Akademie des hl. Thomas von Aquin, der Akademie für Ethik in der Medizin in Göttingen und war langjähriges Mitglied bzw. stv. Vorsitzender der österreichischen Bioethikkommission.
Veröffentlichungen (Auswahl): *Grundkurs Medizin-Ethik*, Wien ²2006; Spezies, Identität, Kontinuität, Potentialität. Philosophisch-anthropologische Voraussetzungen einer Bioethik, in: Covic, A. / Hoffmann, T. S. (Hrsg.): *Integrative Bioethik*, Sankt Augustin 2007, S. 35-42; Sorge um den Leib – Verfügen über den Körper, in: *Zeitschrift für medizinische Ethik* 54 (2008), S. 3-11.

Markus Rothhaar, geb. 1968, ist Inhaber der Stiftungsprofessur für Bioethik an der Katholischen Universität Eichstätt-Ingolstadt.
Veröffentlichungen (Auswahl): gem. mit R. Kipke: Die Patientenverfügung als Ersatzinstrument. Die Differenzierung von Autonomiegraden als Grundlage für einen angemessenen Umgang mit Vorausverfügungen, in: Frewer, A. / Fahr, U. / Rascher, W. (Hrsg.): *Patientenverfügungen und Ethikberatung in der Praxis, Jahrbuch Ethik in der Klinik*, Band 2, Würzburg 2009, S. 61-75; Artikel: Sterbebegleitung, in: Wittwer, H. / Frewer A. / Schäfer, D. (Hrsg.). *Sterben und Tod. Ein interdisziplinäres Handbuch*, Stuttgart / Weimar 2010, S. 225-229; Autonomie und Würde in der Sterbehilfe-Debatte, in: *Zeitschrift für Lebensrecht* 22 (2013), Heft 4, S. 100-105.

Marcus Schlemmer, geb. 1961, PD Dr. med., arbeitet als Chefarzt der Abteilung für Palliativmedizin am Krankenhaus der Barmherzigen Brüder München.
Veröffentlichungen (Auswahl): gem. mit U. Suchner, u.a.: Is glutamine deficiency the link between inflammation, malnutrition, and fatigue in cancer patients?, in: *Clinical Nutrition*, Jan. 2015, doi:10.1016/j.clnu.2014.12.021; gem. mit H. Joensuu u.a.: Risk factors for gastrointestinal stromal tumor recurrence in pa-

tients treated with adjuvant imatinib, in: *Cancer*, 2014, 120 (15), S. 2325-2333, doi: 10.1002/cncr.28669; gem. mit S. P. Sourbron u.a.: Perfusion patterns of metastatic gastrointestinal stromal tumor lesions under specific molecular therapy, in: *Eur J Radiol.* 2011, S. 312-318, doi: 10.1016/j.ejrad.2009.07.031.

Christian Spaemann, geb. 1957, Dr. med., Facharzt für Psychiatrie und Psychotherapie, ist in Simbach am Inn in freier Praxis tätig.
Veröffentlichungen (Auswahl): Was muss gegeben sein, damit wir geben können? Überlegungen zur Anthropologie der Gabe, in: Maio, G. (Hrsg.): *Ethik der Gabe, Humane Medizin zwischen Leistungserbringung und Sorge um den anderen*, Freiburg i. Br. 2014, S. 159-189; Wie autonom ist der Mensch am Ende des Lebens?, in: *Imago Hominis*, Band 17, Heft 2 (2010), S. 136-142; Lebensqualität und Schicksal, in: *Wiener Medizinische Wochenschrift*, 1992, Heft 23/24, JG 124, S. 533-536.

Manfred Spieker, geb. 1943, Dr. phil., ist Professor em. für Christliche Sozialwissenschaften im Institut für Katholische Theologie der Universität Osnabrück.
Veröffentlichungen (Auswahl): Die Logik des assistierten Suizids, in: *Zeitschrift für Lebensrecht*, 24. Jg. (2014), S. 90-95; Euthanasie – die tödlichen Fallen der Selbstbestimmung, in: Ders.: *Der verleugnete Rechtsstaat. Anmerkungen zur Kultur des Todes in Europa*, 2. aktualisierte und erweiterte Auflage, Paderborn 2011, S. 47-62; Die Sprache der Kultur des Todes, in: *Internationale Katholische Zeitschrift Communio*, 43. Jg. (2014), S. 71-82.

The manufacturer's authorised representative in the EU is Springer
Nature Customer Service Centre GmbH, Europaplatz 3, 69115 Heidelberg,
Germany. If you have any concerns regarding our products, please
contact ProductSafety@springernature.com

Printed and bound by CPI Group (UK) Ltd, Croydon, CR0 4YY
27/04/2026
02097652-0009